CAD/CAM/CAE 高手成长之路丛书

SOLIDWORKS 曲面应用实例详解

（微视频版）

主　编　毛成芳　韩叶忠　严海军
副主编　任冠林　芦新春　张　涛
参　编　段　念　姜启龙　白月香
　　　　张冬颖　周福成　严涵雅

U0279136

机械工业出版社

本书主要讲述曲面建模方法与常见曲面实例的建模思路。曲面建模方法部分主要讲解功能，如曲线的绘制、曲面特征、曲面编辑、曲面与实体转换等；曲面实例部分主要介绍曲面造型的常用手段与思路。实例中涉及的基本建模功能不做详细讲解，可以参考其他实体建模的相关书籍。本书重要实例均配有操作视频，可直观地展示所讲解的操作要点。无论是 SOLIDWORKS 初学者还是有一定操作经验的人员，均可通过本书的学习对 SOLIDWORKS 的曲面建模有更深入的了解。

本书适合有一定 SOLIDWORKS 基础、想在曲面建模方面有所提升的三维建模爱好者学习，也适合作为高校工业设计相关专业的教材。

图书在版编目（CIP）数据

SOLIDWORKS 曲面应用实例详解：微视频版 / 毛成芳，韩叶忠，严海军主编 . —北京：机械工业出版社，2024.7
（CAD/CAM/CAE 高手成长之路丛书）
ISBN 978-7-111-75942-3

Ⅰ . ① S… Ⅱ . ①毛… ②韩… ③严… Ⅲ . ①曲面 – 机械设计 – 计算机辅助设计 – 应用软件 Ⅳ . ① TH122

中国国家版本馆 CIP 数据核字（2024）第 107885 号

机械工业出版社（北京市百万庄大街 22 号 邮政编码 100037）
策划编辑：张雁茹　　　　责任编辑：张雁茹　戴　琳
责任校对：曹若菲　薄萌钰　　责任印制：刘　媛
唐山楠萍印务有限公司印刷
2024 年 7 月第 1 版第 1 次印刷
184mm × 260mm · 14.5 印张 · 374 千字
标准书号：ISBN 978-7-111-75942-3
定价：59.80 元

电话服务　　　　　　　　网络服务
客服电话：010-88361066　机 工 官 网：www.cmpbook.com
　　　　　010-88379833　机 工 官 博：weibo.com/cmp1952
　　　　　010-68326294　金 书 网：www.golden-book.com
封底无防伪标均为盗版　机工教育服务网：www.cmpedu.com

前　言

SOLIDWORKS 软件是世界上第一款基于 Windows 开发的三维 CAD 软件，从第一个版本的推出到现在二十多年里一直在发展优化。SOLIDWORKS 凭借功能强大、易学易用、技术创新三大特点成为主流的三维机械设计软件之一。

曲面存在于生活的方方面面，在实际设计过程中，不但有形状规则的基本模型，也有复杂的曲面模型，有些是为了美化外观，有些是为了满足特定功能需求。随着工业造型的概念向各行各业渗透，单纯简单地满足功能需求已不适应当前市场趋势，人们在产品外观造型方面追求更美观、更符合人体工程学的设计。因此在学习了 SOLIDWORKS 基础建模功能后，很有必要系统地学习曲面建模功能，以设计出更优秀的产品。

本书以曲面建模为主线，全面讲解了曲面建模方法，并通过多个工业造型实例将其贯穿于整个设计过程中。通过本书可以学习各类常用曲面的建模思路，理解曲面建模三要素“拆、挖、补”。当然，曲面造型与基本造型不一样，其变化更为繁杂，仅靠书中几个实例不足以成为曲面建模高手，还需在工作、生活中灵活应用，通过更多的实例练习来提升曲面建模的技巧并形成自己独特的建模思路。

本书中使用的命令只有第一次出现时配以该命令的图标，后续该命令再次出现时将省略图标示意。基础命令不提供属性栏参数解释，如果需要了解基础命令的属性参数，可参考机械工业出版社出版的教材《SOLIDWORKS 参数化建模教程》(ISBN 978-7-111-68573-9)。

本书讲解的操作均基于 SOLIDWORKS 2022，若使用不同版本的软件，在实际操作过程中会有所出入，请练习时加以注意。

由于编者水平有限，书中难免存在疏漏与不足之处，恳请读者与专家批评指正。

编者

目　录

第 1 章 曲面的基本概念

学习目标：

1）了解曲面与实体的关系。
2）了解曲面使用场合。
3）熟悉曲面质量的评估方法。

曲面的创建方法虽然有别于实体的创建，但两者有着紧密的关系，了解这些关系有利于曲面的学习，也有利于评估何时使用曲面、何时使用实体。本章主要阐述曲面的基本概念及曲面与实体的关系。

1.1 曲面与实体

在 SOLIDWORKS 中实体与曲面的创建方法大部分情况下是非常接近的，如“拉伸凸台 / 基体”与“拉伸曲面”，两者的操作过程几乎一样，只是生成的结果一个是实体一个是曲面。这也就是说，大部分通过曲面创建的模型，实际上完全可以通过实体创建完成，只有少部分复杂外形需通过曲面创建。大家在学习曲面时不要纠结于非曲面不可，可以同时尝试实体创建方法。本书中的许多实例其曲面与实体创建方法是通用的，实际建模过程中需加以灵活应用。

如何快速创建复杂的曲面模型是衡量一个三维软件使用者水平的要素之一，但对于某一类具体模型来讲，其实更看重的是能想出多少种方法，然后快速筛选出最合适的方法，因为大部分三维软件使用者的研究对象在一定时间内是相对固定的。

1.1.1 曲面与实体的区别

在 SOLIDWORKS 中，曲面也被称为曲面实体，那么如何区分曲面与实体呢？其核心区别有以下两点：

1）对于曲面，其中任意一条边线仅属于一个面，如图 1-1a 所示；对于实体，其中任意一条边线同时属于两个面且只属于两个面，如图 1-1b 所示。

2）曲面不存在厚度，所以也就不存在体积与重量属性，而实体同时具备体积与重量属性。

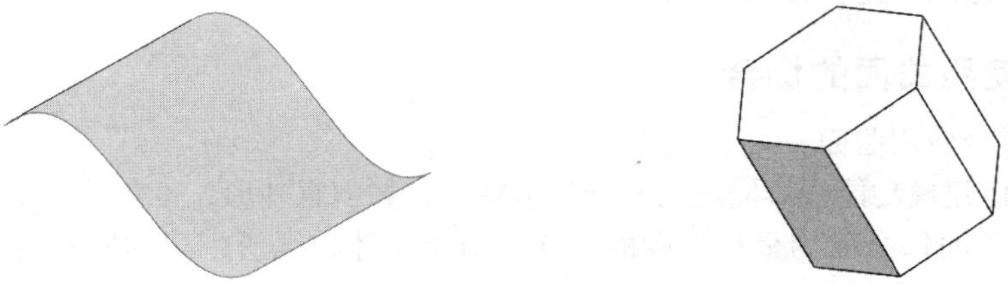

a）曲面　　b）实体

图 1-1　曲面与实体的边线界定

提示

如图 1-2 所示实体，当两个拉伸特征共线时，系统无法生成一个实体，而会生成两个实体，且无法“组合”。这是因为不符合实体的基本定义，如果能生成一个实体，那共线的边就属于四个面了。

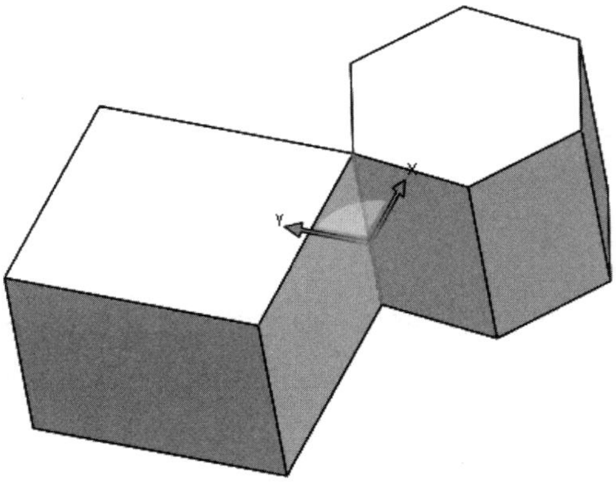

图 1-2　多实体现象

1.1.2　曲面与实体的关系

在 SOLIDWORKS 中，曲面与实体是密不可分的，两者之间可以通过特定的操作进行转换，其主要关系如下：

1）在标准实体建模中，我们看到的是建立了实体模型，其实软件后台是通过曲面功能生成相应的曲面，再将这些曲面集合起来形成封闭的实体单元，只是这个过程是系统自动处理的，我们看不到这个过程而已。

2）通过曲面功能创建的模型，可以通过“缝合曲面”“加厚”“使用曲面切除”“替换面”等功能来实现将曲面转换为实体。

3）已建立好的实体模型可以通过“删除面”“等距曲面”等功能转换为曲面。

1.2　使用曲面的场合

实际建模过程中并非曲面越多越好，建模并非“炫技”，要综合衡量各个要素，使用合适的建模方法，以达到快速、有效地创建易于修改、编辑的模型。

1.2.1　适合使用曲面的场合

以下场合适合使用曲面：

1）使用实体建模功能很难完成的复杂外形特征，如创意外形、工艺品、模型修补等。

2）最终对象的每个面均呈现不同的流向。由于实体特征所创建的所有边、线、面均呈单一流向，所以涉及大量修改且后续修改困难，此时可通过曲面功能完成。

3）作为参考几何体，如作为拉伸的终止参考面等。

1.2.2　不适合使用曲面的场合

以下场合不适合使用曲面：

1）对于同一个模型来讲，用曲面建模的步骤比实体建模的步骤多，过程更复杂，为了得到相同的模型，在满足建模要求的前提下，应该优先选用实体建模。

2）大部分情况下，曲面建模只是通往实体建模的中间步骤，使用实体特征比使用曲面可以更简单、更有效地得到最终结果，因为对于同样的结果，如果采用曲面建模，实际建模时间与模型重建时间都要长很多。

1.2.3　混合建模的场合

有些模型通过单一的建模方法无法满足需求，这时就需要充分结合实体建模与曲面建模的优点，进行混合建模，最终再转为实体。汇总起来主要有以下几种类别：

1）利用曲面来替换现有实体中的相关面。

2）利用曲面构造几何体，再使用实体建模时特征终止条件中的“成形到一面”选项。

3）利用曲面对现有实体对象进行曲面切除、加厚切除等操作。

4）利用曲面分割实体，并生成两个或多个实体模型。

1.3　曲面连续性定义

连续性的概念在曲面中非常重要，是曲面质量优劣的重要评判标准，曲面的连续性定义与曲线的连续性是类似的。在 SOLIDWORKS 系统中共提供了四类连续性概念：

1）不连续。两个面没有任何接触，如图 1-3a 所示。

2）位置连续。也称为 G0 连续，两个面接触于一条边线，曲面在交线处处处连续，其表现是仅连接在一起，没有其他关联关系，如图 1-3b 所示。

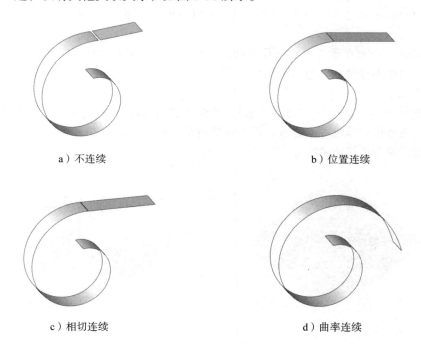

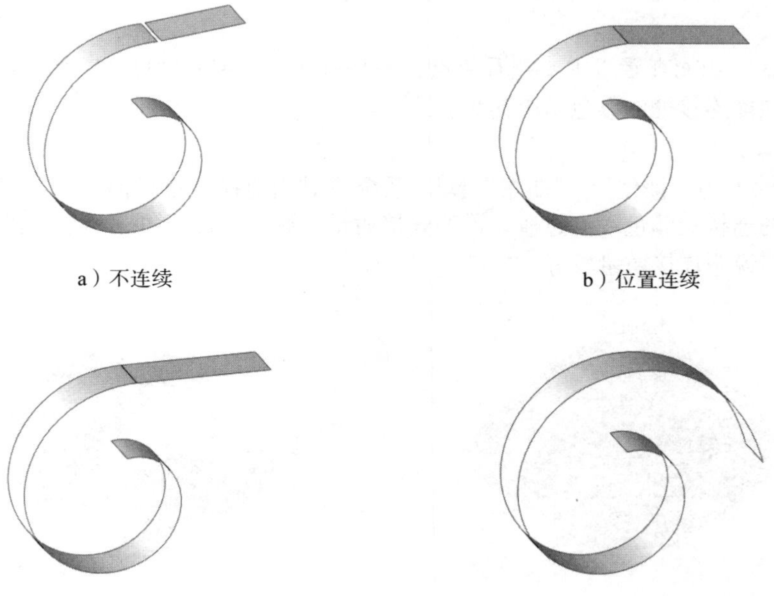

a）不连续　　b）位置连续

c）相切连续　　d）曲率连续

图 1-3　曲面连续性定义

3）相切连续。也称为 G1 连续，两个面接触且保持相切，为一阶导数连接，曲面间达到了光滑连接的要求，但对外观要求较高时无法满足，如图 1-3c 所示。

4）曲率连续。也称为 G2 连续，两个面接触且接触处还保持曲率相同，为二阶导数连接，过渡非常自然，通常的 A 级曲面均是 G2 连续，如图 1-3d 所示。

当然还有比 G2 连续更高阶的连续曲面，但在 SOLIDWORKS 中并不体现，所以不做解释。本书主要讨论的是 G1 与 G2 连续曲面。

1.4　曲面质量的评估方法

曲面易建，好的曲面难建。曲面不像实体特征那样有着明确的评估标准，更多的是抽象性的评判，那么如何评估一个曲面的好与不好呢？曲面的连贯、光滑连接、易于修改等均是曲面质量的评估指标，通俗地讲就是“好看易改”，而满足功能性需求则是这些评估的前提条件。这些评估当然不能只靠眼睛看，SOLIDWORKS 提供了几个直观的用于评估曲面质量的工具，可以在实际操作中选择性使用。

注意

设计需要的曲面不连续不在评估范围内。

1.4.1　曲率

“曲率”功能可以根据曲面的曲率半径使曲面呈现出不同的颜色。曲率定义为半径的倒数（1/ 半径），使用当前模型的单位，默认情况下，所显示的最大曲率值为 1.0000，最小曲率值为 0.0010。随着曲率半径的减小，曲率值增大，相应的颜色从黑色（0.0010）依次变为蓝色、绿色和红色（1.0000）；随着曲率半径的增大，曲率值减小。平面的曲率值为零，因为平面的半径为无穷大。

通过“曲率”功能查看时主要查看两点：一是有无颜色突变区域，突变区域的曲率变化较大；二是两个曲面连接处的颜色是否连续。

操作方法如下：

单击工具栏中的“评估”/“曲率”，系统将对当前模型进行曲率颜色显示。如图 1-4a 所示，两曲面的连接处颜色没有过渡，说明连接质量不好；如图 1-4b 所示，两曲面的连接处颜色有一定过渡，说明连接质量较好。

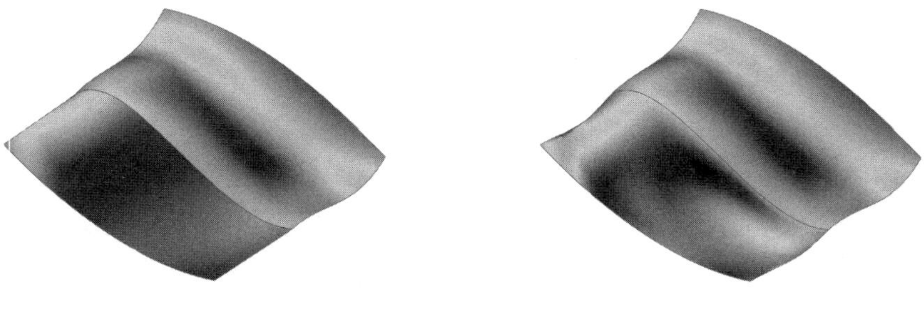

a）无过渡　　b）有过渡

图 1-4　曲率显示

“曲率”功能所显示的颜色范围可以根据需要进行调整。单击工具栏中的“选项”，选择“文档属性”/“模型显示”，如图 1-5 所示。单击该页面右侧的“曲率”按钮，系统弹出如图 1-6 所示的曲率【颜色修改】对话框。在该对话框中选择所需的颜色后单击“应用”按钮即可。需要注意的是，由于该选项属于“文档属性”，所以每个文档均需单独设定。

提示

所更改内容如果经常使用，可将其在零件模板中设定并保存。

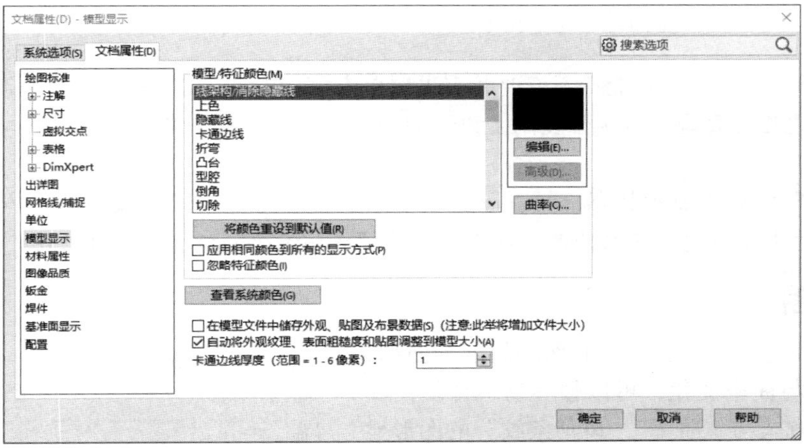

图 1-5　曲率修改命令

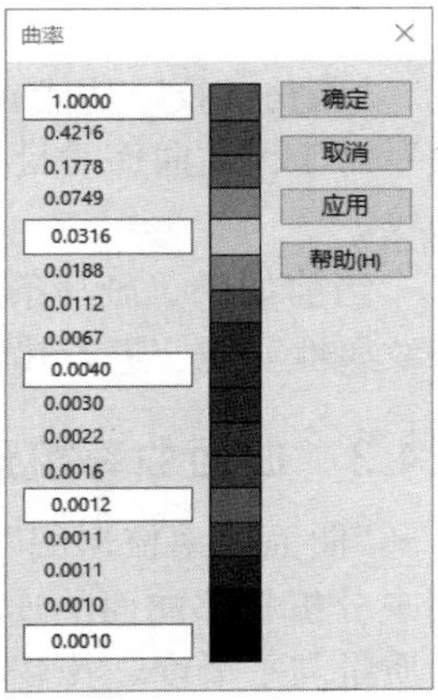

图 1-6 【曲率】对话框

“曲率”功能是一个开关功能，不需要时需再次单击该功能选项以关闭。

1.4.2　斑马条纹

“斑马条纹”功能可以用来查看曲面中在标准显示状态下难以分辨的细小变化，其原理是模仿长光线条纹在光滑表面上的反射。通过斑马条纹，可方便地查看曲面连接处是否连接、相切或曲率连续，同时还可以查看曲面中小的褶皱或瑕疵点。

操作方法如下：

单击工具栏中的“评估”/“斑马条纹”，系统弹出如图 1-7 所示对话框。可在该对话框中更改条纹的数量、宽度、颜色及方向等，以便适应当前曲面。

参数更改完成后单击“确定”。如图 1-8a 所示，当曲面连接质量为 G0 时，可以看到连接处的条纹是不连续且错开的；如图 1-8b 所示，当曲面连接质量为 G1 时，可以看到连接处的条纹是连续的，但并不光滑；如图 1-8c 所示，当曲面连接质量为 G2 时，可以看到连接处的条纹不但连续，而且是光滑连接的。

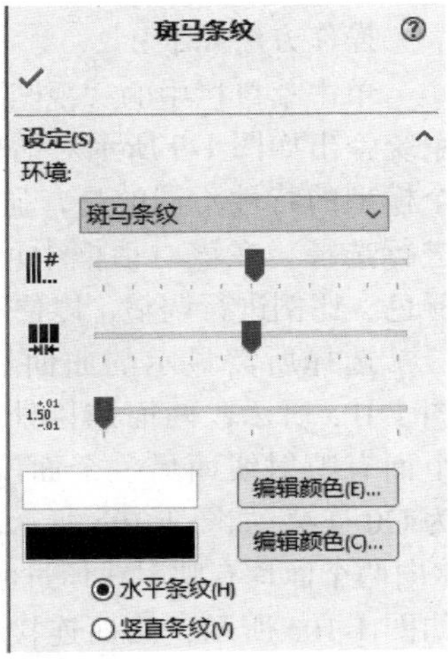

图 1-7 【斑马条纹】对话框

a）G0 连续　　b）G1 连续　　c）G2 连续

图 1-8　斑马条纹显示

“斑马条纹”功能同样是一个开关功能，不需要时需再次单击该功能选项以关闭。“斑马条纹”对于评估曲面质量来说相当直观，以至于在网上讨论曲面质量好坏时首先要看的就是斑马条纹。

当前如果“斑马条纹”已处于显示状态，可以单击菜单栏中的“视图”/“修改”/“斑马条纹属性”，进入其属性对话框进行参数修改，而无须退出“斑马条纹”显示状态再打开。

1.4.3　曲面曲率梳形图

“曲面曲率梳形图”可用于直观地观察曲面的斜度和曲率，用来分析相邻曲面的连接与曲率变化，可以很容易地评估曲面的质量与平滑度。其显示方式与“曲率”“斑马条纹”的图形显示不同，“曲面曲率梳形图”在所选面的边界上显示 *U* 向、*V* 向（*UV* 坐标是纹理贴图坐标的简称，其定义了贴图上每个点的位置信息，这些点与 3D 模型是相互关联的，*U* 向与 *V* 向互相垂直，由系统自动创建）的映射线，通过映射线的长短来判断曲率的变化程度。

操作方法如下：

单击菜单栏中的“视图”/“显示”/“曲面曲率梳形图”，系统弹出如图 1-9 所示对话框。与“曲率”“斑马条纹”显示整个模型的特性不同的是，显示哪个曲面的梳形图可以根据需要进行选择。在该对话框中可以根据需要对映射线的网格密度、颜色、比例进行调整，以便观察。

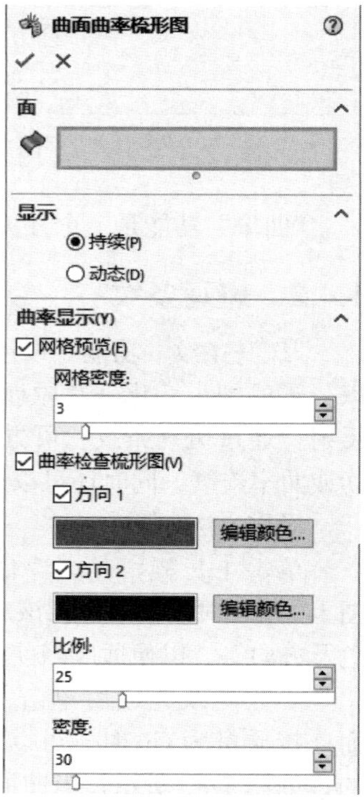

图 1-9 【曲面曲率梳形图】对话框

选择所需显示的曲面后会即时显示出对应的映射线。如图 1-10a 所示，两面连接处的映射线 *U* 向的为分叉的，*V* 向一个面有映射线而另一个面没有映射线，这说明两面只是连接，为 G0 连续；如图 1-10b 所示，两面连接处的映射线 *U* 向的重合，*V* 向两个面均有映射线但过渡不平滑，这说明两面只是 G1 连续；如图 1-10c 所示，两面连接处的映射线 *U* 向的重合，*V* 向两个面均有映射线且过渡平滑，这说明两面是 G2 连续。

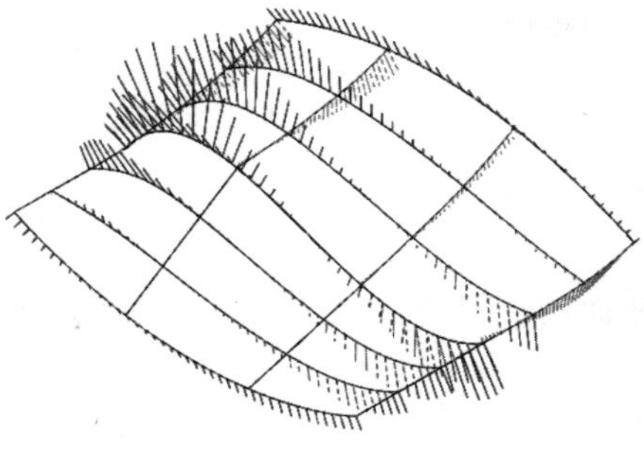

a）G0 连续

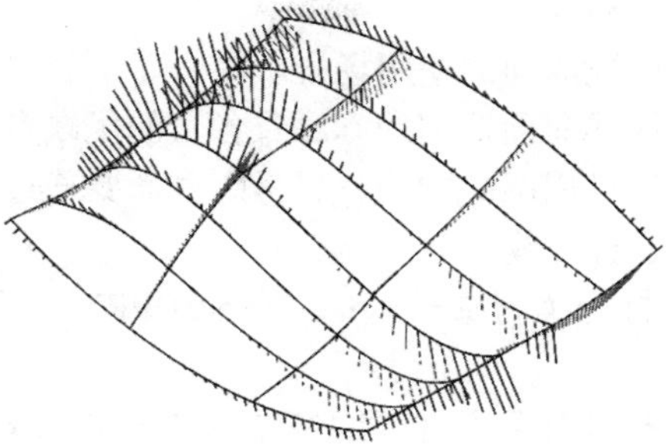

b）G1 连续

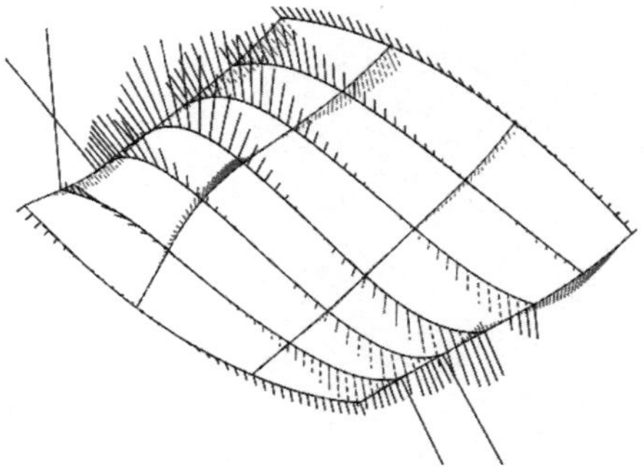

c）G2 连续

图 1-10　曲面曲率梳形图显示

注意

图 1-10c 中有几根特别长的映射线，这说明该映射线所处的曲面存在曲率突变现象，通常属于曲面质量不佳的表现，实际操作过程中需要加以注意，曲面要求较高时需要对该曲面参数进行调整或做其他处理。

单一曲面质量不佳不等同于该曲面与其他曲面的连接质量不佳，反之亦然，实际操作中要加以区别。

“曲面曲率梳形图”功能同样是一个开关功能，不需要时需再次单击该功能选项以关闭。通过映射线不但可以评估曲面连接处的连续性，还可以评估曲面质量的好坏程度，对于要求较高的曲面尤为重要。

通过本章可以了解到使用曲面建模的手段与实体建模类似，实际使用过程中使用实体建模还是曲面建模要以结果为导向。当使用曲面建模时，为保证创建的曲面达到要求，需要适时地对曲面进行评估。

练 习 题

一、简答题

1. 简述曲面的使用场合。

2. 简述曲面评估的方法及各自的优缺点。

3. 观察周围的物品，思考哪些需要通过曲面才能完成建模。

二、操作题

1. 打开练习文件“L1-2-1.SLDPRT”，判断两曲面的连接属于何种类型，各自的曲面质量如何。

2. 打开练习文件“L1-2-2.SLDPRT”，现对中间圆形面有两种意见，一种是质量不错，另一种是质量不佳，请从这两种意见的角度出发分别给出你的理由，用以说服对方。

第 2 章 曲线的创建

学习目标：

1）复习基本草图曲线的创建方法。
2）掌握空间曲线的常用创建方法。
3）理解曲线对于曲面的重要性。

曲面最基本的构建要素是曲线。就像实体依赖于草图一样，曲面可利用的曲线可以是草图曲线、已有实体的边线、已有曲面的边线，但实际操作过程中大多需要根据曲面的需要，创建出所需的空间曲线。SOLIDWORKS 提供了多种创建空间曲线的方法，本章将一一进行介绍。关于草图曲线的创建，相信大家在学习实体建模时已有充分认识，在此不做介绍。

2.1 3D 草图

3D 草图是基本的空间曲线创建方法，其基本功能沿用 2D 草图的部分绘制工具，直接在 3D 空间绘制。由于在空间直接绘制较难控制，实际使用时会通过预先绘制参考对象，再进入 3D 草图根据参考对象绘出所需的空间草图。

实例：绘制图 2-1 所示 3D 草图。

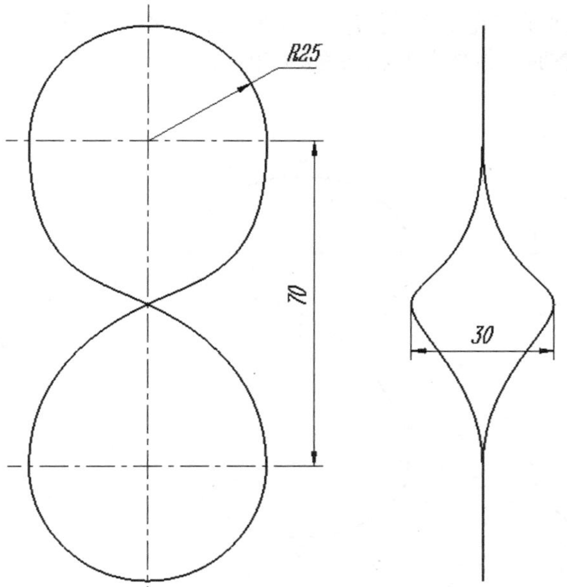

图 2-1 3D 草图实例

实例分析：

从图 2-1 中可以看出上下两个半圆在同一平面上，可通过 2D 草图绘制，再绘制以半圆所在平面为基准、标高 15 的样条曲线连接，为了方便定位样条曲线的型值点，可绘制相应长度的直线作为参考，最后利用已完成的参考对象绘制 3D 草图。

操作步骤：

1）以“前视基准面”为基准绘制草图，如图 2-2 所示，为方便后续尺寸定位，两半圆按原点水平方向上下对称。

2）以“右视基准面”为基准绘制草图，如图 2-3 所示，该直线用于下一步样条曲线的定位，参考原点左右对称。

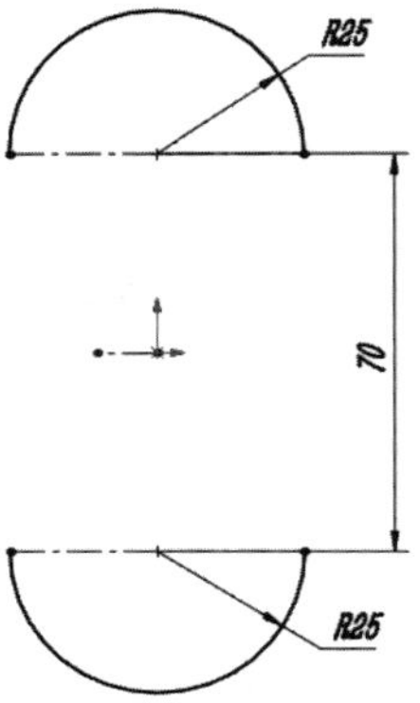

图 2-2　绘制半圆

图 2-3　绘制参考直线

3）单击工具栏中的“草图”/“3D 草图”进入 3D 草图环境。单击工具栏中的“草图”/“转换实体引用”，选择第 1）步所绘两半圆，将其转换至当前草图，如图 2-4a 所示。单击工具栏中的“草图”/“样条曲线”，绘制三点样条曲线，三点为上下两圆弧端点及辅助直线的端点，对样条曲线与圆弧添加“相切”几何关系，如图 2-4b 所示。用同样的方法绘制另一条样条曲线，如图 2-4c 所示。

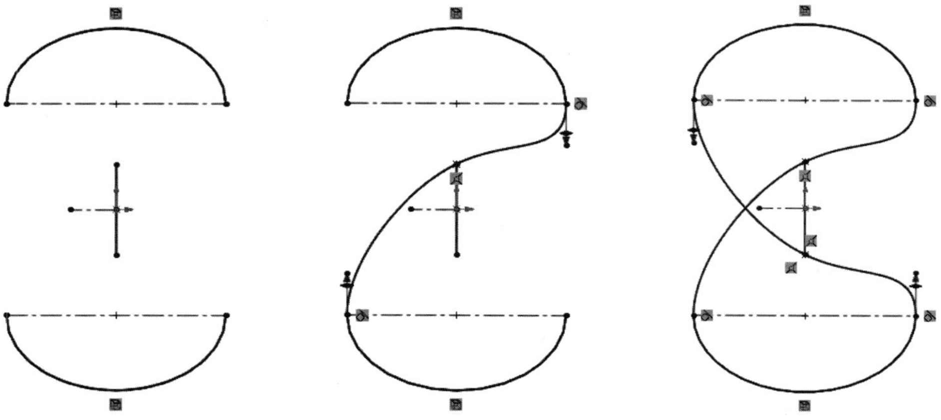
a）　b）　c）

图 2-4　绘制样条曲线

注意

样条曲线分别与两圆弧添加“相切”关系后可以看到两处相切的曲线状态并不一致，这是因为当添加一处“相切”时，样条曲线的状态已发生改变，添加另一处“相切”时由于其初始状态的不同会导致结果不一致。此时可以在选中该样条曲线时，在其属性栏中单击“重设所有控标”，使样条曲线的所有控标还原为初始状态，相切处曲线状态也会变得一致。

4）退出 3D 草图状态，完成绘制，隐藏作为辅助线的两个草图。

2.2　交叉曲线

“交叉曲线”功能通过已有的面与面之间相交形成曲线，支持的相交面形式包括基准面与曲面、两个曲面、曲面与实体表面、基准面与实体、曲面与实体。

实例：图 2-5 所示是一输入曲面，现需要提取顶点至底边所在面的垂线中点位置的曲线。

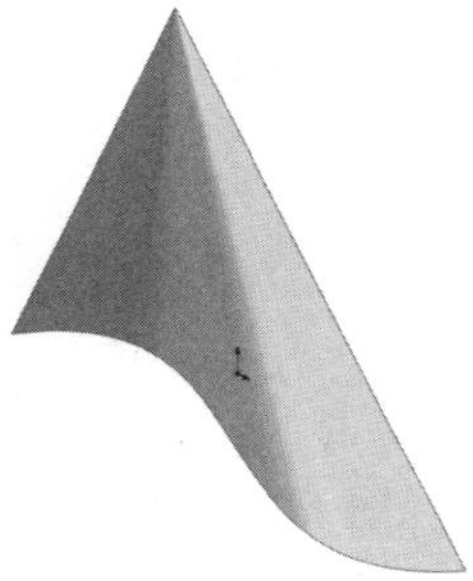

图 2-5　已知曲面

实例分析：

要求垂线中点位置的曲线，首先要求出垂线，而垂线的绘制需要底边所在平面作为参考，在没有其他条件的情况下，可通过底边的两端点与中点生成三点平面。

操作步骤：

1）单击工具栏中的“特征”/“参考几何体”/“基准面”，分别选择底边的两端点与中点，生成基准面，如图 2-6 所示。

提示

默认生成的基准面为狭长形，选择不便，此时可拖动基准面的边角点以扩大基准面。

2）进入 3D 草图环境，单击工具栏中的“草图”/“直线”，从曲面顶点向下方绘制直线。绘制完成后给直线的下方端点与新建基准面添加“使在平面上”的几何关系，再添加直线与新建基准面的“垂直”几何关系，结果如图 2-7 所示。

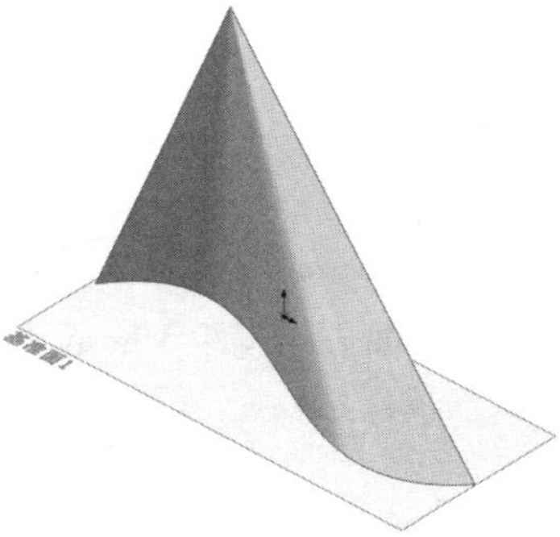

图 2-6　生成基准面

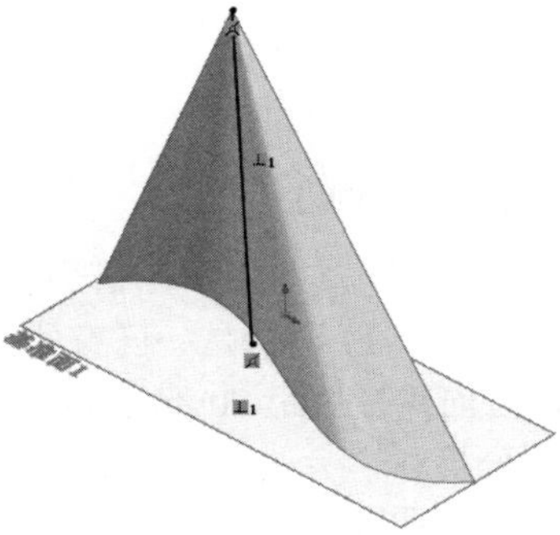

图 2-7　绘制直线

3）单击工具栏中的“特征”/“参考几何体”/“点”▪，绘制上一步所绘直线的中点，如图 2-8 所示。

4）单击工具栏中的“特征”/“参考几何体”/“基准面”，选择第 1）步生成的基准面及上一步生成的点，生成的基准面如图 2-9 所示。

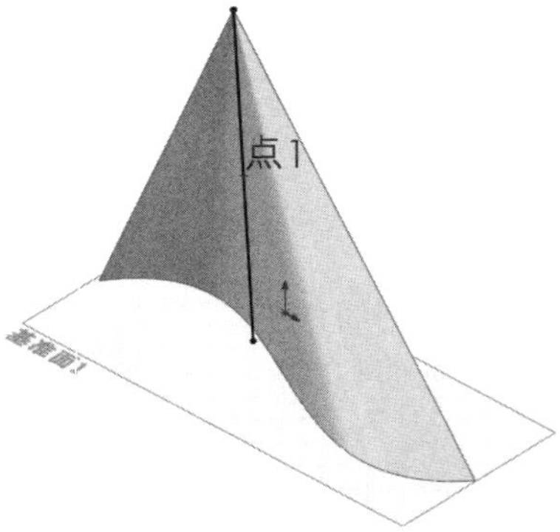

图 2-8　生成中点

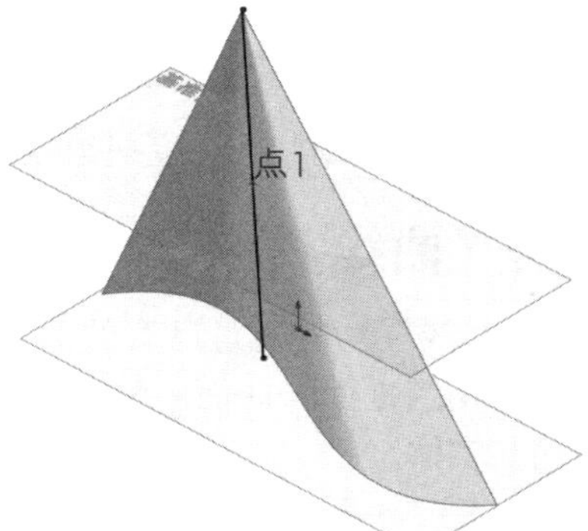

图 2-9　生成过中点的基准面

5）单击工具栏中的“草图”/“交叉曲线”，弹出如图 2-10a 所示属性框，选择上一步生成的基准面及曲面，单击“确定”✔，生成交叉曲线，如图 2-10b 所示。

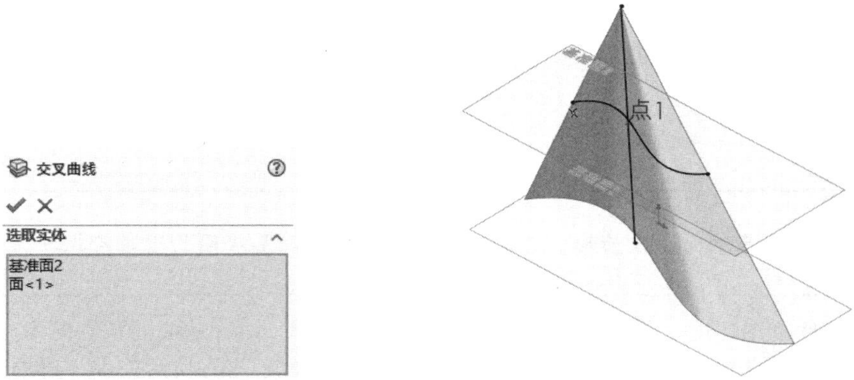

a）　　b）

图 2-10　生成交叉曲线

2.3　曲面上偏移

“曲面上偏移”功能用于在已有曲面上生成距离边线一定距离的偏移曲线。

实例：图 2-11 所示是一已有曲面，现需要从右上方边线沿曲面方向偏距 15mm，右下方边线向曲面方向线性偏距 20mm，两条线相交于一点，保留较长一段。

实例分析：

利用已有曲面边线可以直接偏距，偏距时主要注意偏距值的测量方法，再对生成的曲线进行剪裁即可得到所需曲线。

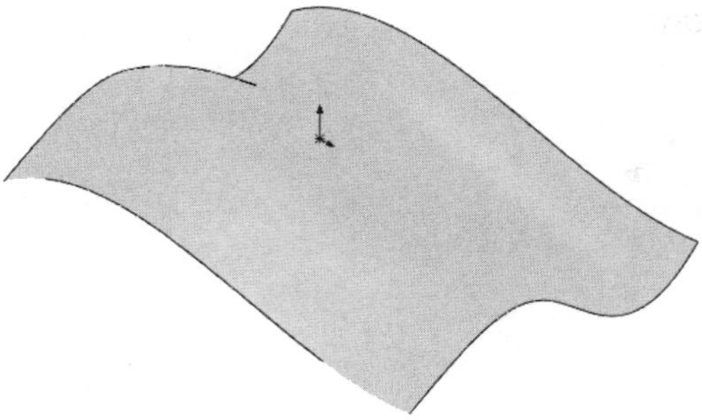

图 2-11　已有曲面

提示

如工具栏没有显示某个命令的图标，可通过自定义方式将该命令加入相应的工具栏。

操作步骤：

1）单击工具栏中的“草图”/“曲面上偏移”，弹出如图 2-12a 所示属性框，选择“测地线等距距离”选项，输入偏移值“15mm”，再选择右上方的边线，结果如图 2-12b 所示。

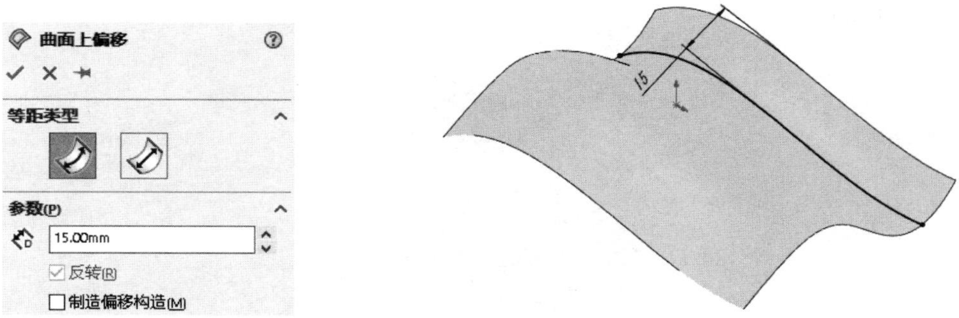

a）　　　　b）

图 2-12　偏移曲线 1

提示

当选择整个面时，该面的所有边线均同步偏移。

2）单击工具栏中的“草图”/“曲面上偏移”，弹出如图 2-13a 所示属性框，选择“欧几里得等距距离”选项，输入偏移值“20mm”，再选择右下方边线，结果如图 2-13b 所示。

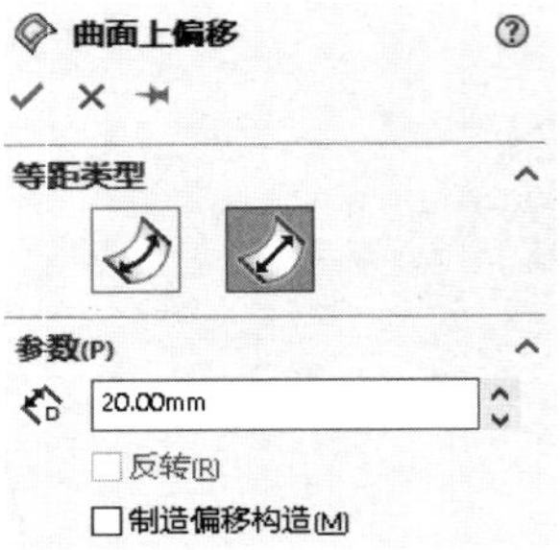

a）

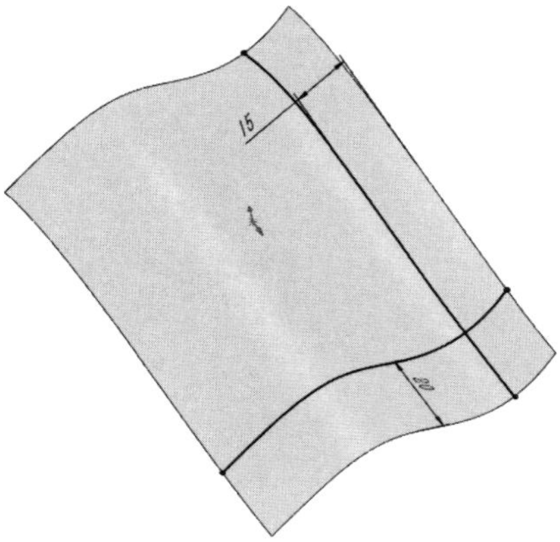

b）

图 2-13　偏移曲线 2

提示

“欧几里得等距距离”对原边线与生成的线之间的线性距离进行测量，“测地线等距距离”对原边线与生成的线之间的距离沿曲面进行测量。

3）单击工具栏中的“草图”/“剪裁实体”，选择两曲线交点的较短侧边线完成剪裁，结果如图 2-14 所示。

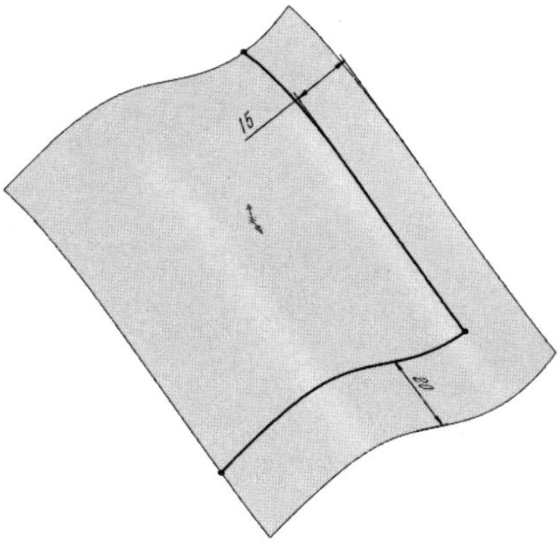

图 2-14　剪裁曲线

2.4　曲面上的样条曲线

“曲面上的样条曲线”功能可以在曲面上直接绘制样条曲线，所生成的样条曲线完全贴合于所参考曲面。如果两个面相切，则在绘制样条曲线时可跨越两个曲面绘制。

实例：如图 2-15 所示，在曲面上绘制样条曲线，所绘曲线的 Y 向投影接近于参考草图圆。

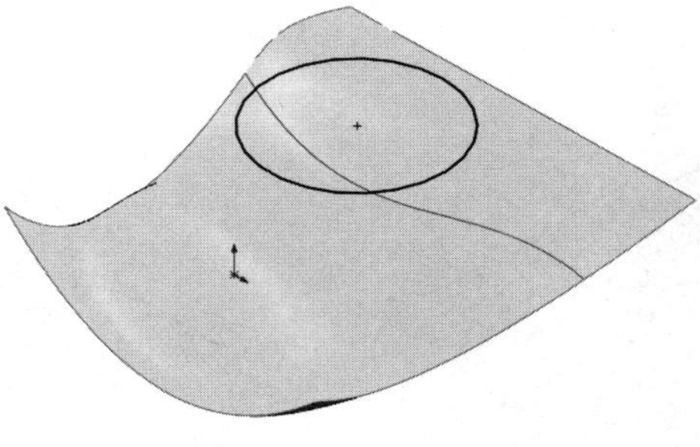

图 2-15　已有曲面与草图圆

实例分析：

该实例的关键是所绘样条曲线如何与参考草图圆相似。可以先对草图圆进行分割，得到相应的分割点，用于样条曲线的型值点参考，要提高拟合精度，可以增加分割点的数量。

操作步骤：

1）编辑参考草图圆，单击工具栏中的“草图”/“分割实体”，将草图圆分割为 8 段，如图 2-16 所示。

技巧

分割时可先选择 4 个象限点分割成 4 段，再选择每一段圆弧的中点进行分割。

提示

拟合的精度取决于参考点的数量，要求较高时可以分割为更多的圆弧段。

2）单击工具栏中的“草图”/“曲面上的样条曲线”，在曲面上绘制 8 个型值点的样条曲线，如图 2-17 所示。

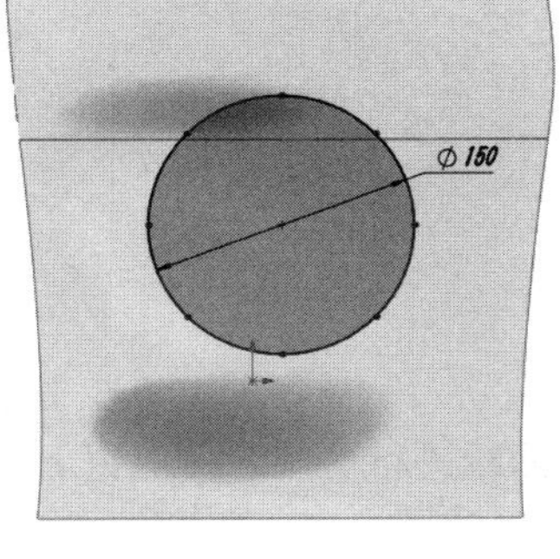

图 2-16　分割草图圆

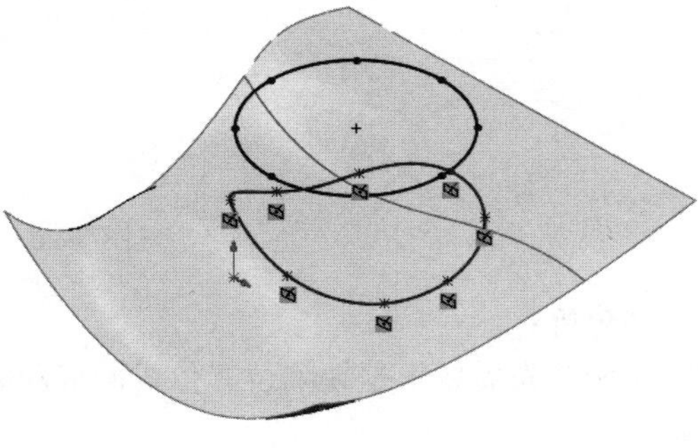

图 2-17　绘制曲面样条曲线

3）给样条曲线的每个型值点与对应的草图圆分割点添加“使沿 Y”的几何关系，结果如图 2-18 所示。

4）单击“确定”退出 3D 草图环境，结果如图 2-19 所示。

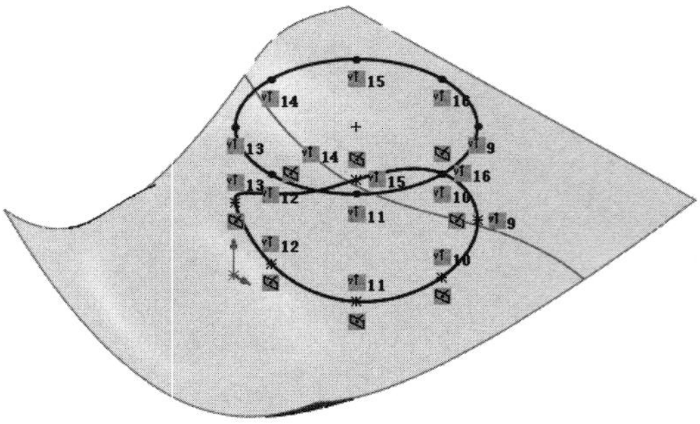

图 2-18　添加几何关系

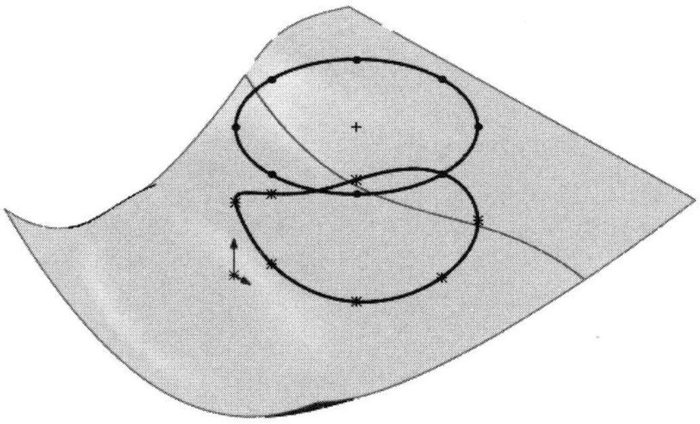

图 2-19　完成曲线绘制

注意

在曲面上的投影草图形状可由更便捷的命令完成，在此只是为了讲解曲面上的样条曲线如何绘制。

2.5　面部曲线

“面部曲线”功能可以从面或曲面中提取“iso- 参数 (UV) 曲线”，主要用于为输入的曲面提取曲线，作为新建曲面的参考或对原有曲面进行剪裁。

实例：图 2-20 所示为输入曲面，该曲面有一处缺陷，需将缺陷部分剪掉后再进行修补。

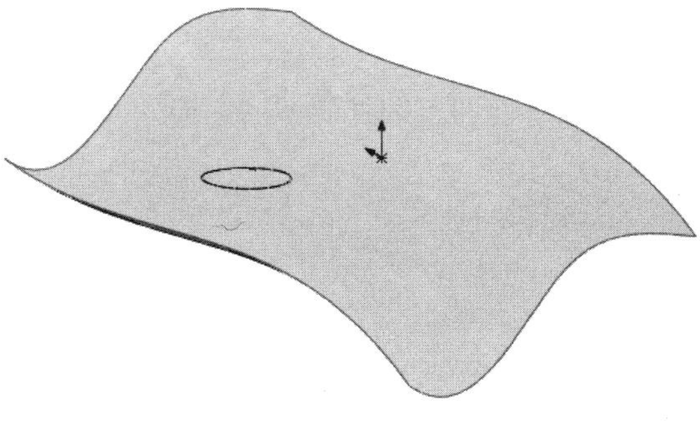

图 2-20　输入曲面

实例分析：

该实例首先需要根据缺陷位置生成面部曲线，通过面部曲线进行剪裁，再对留下的部分补全曲面。

操作步骤：

1）单击工具栏中的“草图”/“面部曲线”，选择曲面，如图 2-21a 所示，选择“位置”选项，“方向 1 位置”输入“55%”，取消勾选“方向 2 位置”，单击“确定”完成第一条面部曲线的生成，如图 2-21b 所示。

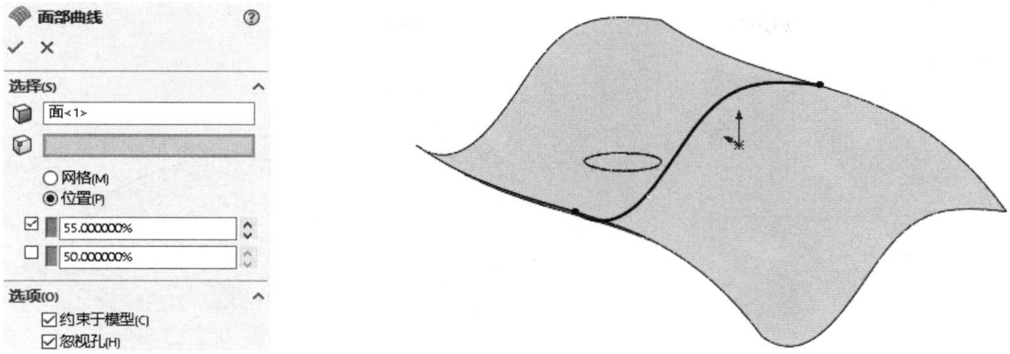

a）　　　　b）

图 2-21　生成面部曲线 1

2）单击工具栏中的“草图”/“面部曲线”，选择曲面，选择“位置”选项，“方向 1 位置”输入“80%”，取消勾选“方向 2 位置”，单击“确定”完成第二条面部曲线的生成，如图 2-22 所示。

3）单击工具栏中的“草图”/“3D 草图”进入 3D 草图环境。单击工具栏中的“草图”/“转换实体引用”，如图 2-23 所示，选择前两步生成的面部曲线，单击“确定”并退出 3D 草图环境。

提示

此处的转换是因为“剪裁曲面”中的剪裁工具只能选择一个对象。

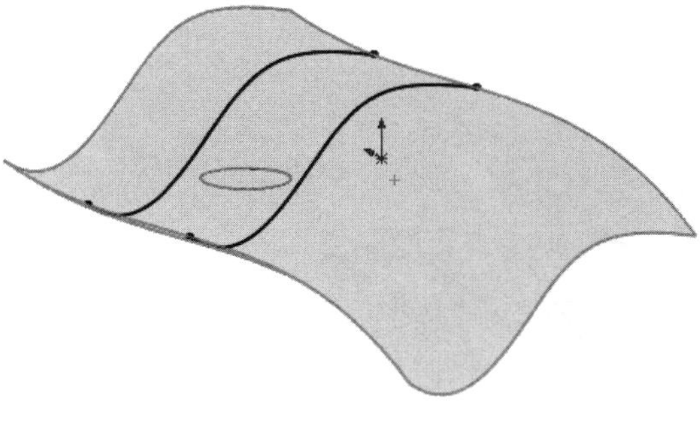

图 2-22　生成面部曲线 2

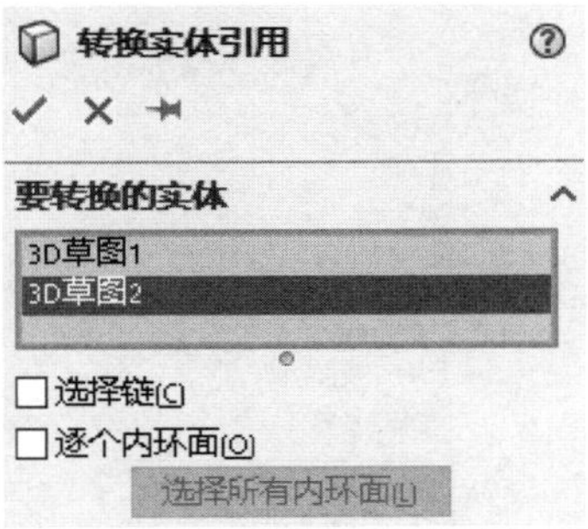

图 2-23　两条曲线转换至同一草图

4）单击工具栏中的“曲面”/“剪裁曲面”，如图 2-24a 所示，“剪裁类型”选择“标准”，“剪裁工具”选择上一步合并的 3D 草图，选择“保留选择”并选择左右两侧的曲面，单击“确定”，结果如图 2-24b 所示。

5）隐藏所有 3D 曲线。

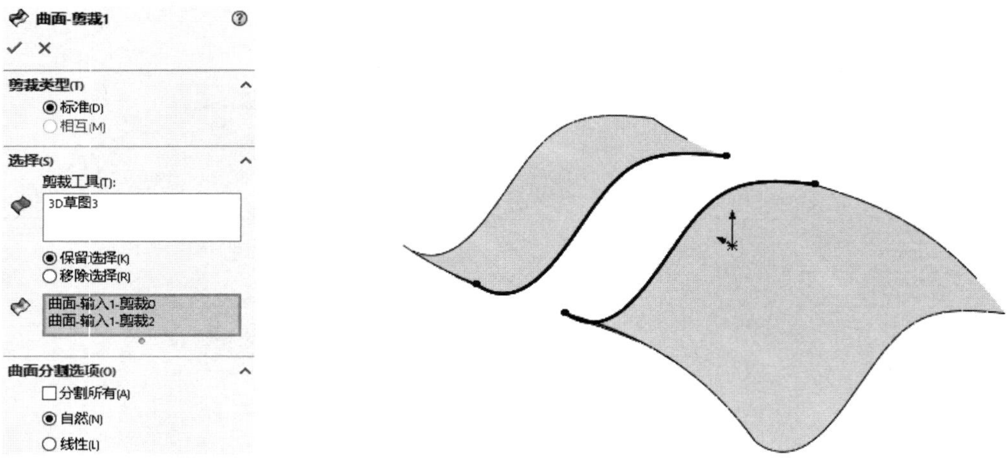

a）　　　　　　　　b）

图 2-24　剪裁曲面

提示

隐藏是为了方便选择曲面的边线。

6）单击工具栏中的“曲面”/“放样曲面”，如图 2-25a 所示，轮廓分别选择剪裁部分的两条边线，“开始/结束约束”两个选项均选择“与面的曲率”，单击“确定”，结果如图 2-25b 所示。

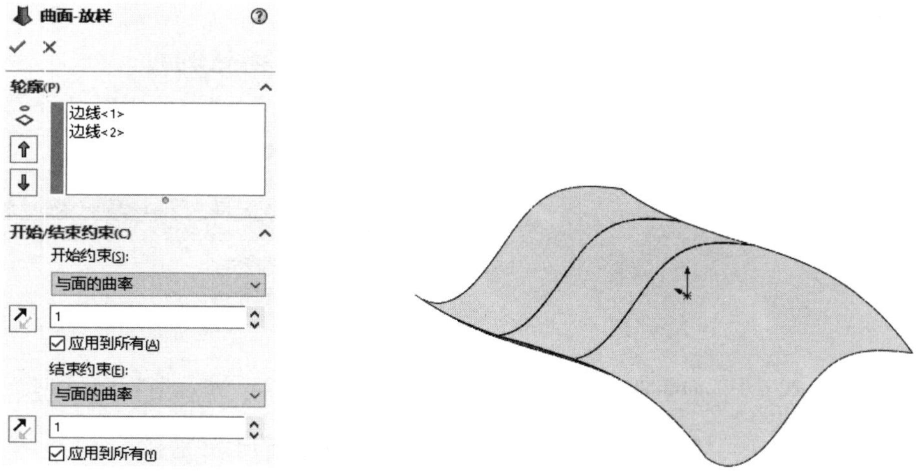

a）　　　　　　　　b）

图 2-25　放样曲面

7）单击菜单栏中的“视图”/“显示”/“斑马条纹”，显示结果如图 2-26 所示，可以看到条纹在面连接处为光顺连接，曲面质量较好。

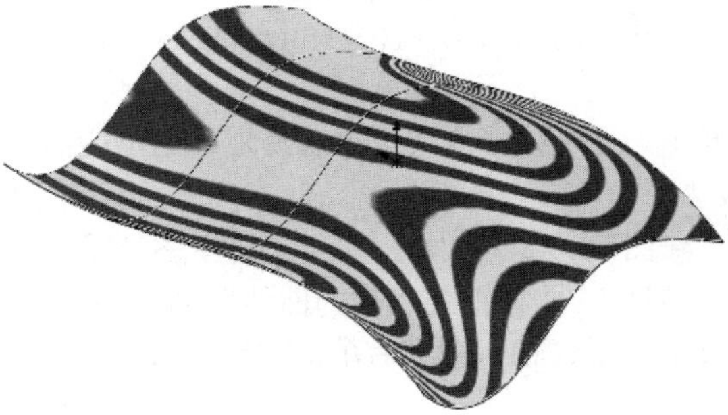

图 2-26 检查曲面质量

注意

“与面的曲率”选项是曲面连接质量的保证，为了得到较高质量的曲面，从曲线开始，就要注意曲率连续的约束及相关选项。当然，复杂的曲面要获得曲率连续是较为困难的，如果要求较高，同时不考虑建模的时间成本，可通过不断调整相关参数，甚至更换建模思路以满足要求，否则，可以退而求其次，选择相切连续。

2.6 方程式驱动的曲线

“方程式驱动的曲线”功能通过定义曲线的方程式来生成曲线，方程式中的角度数值必须是弧度值。

实例：图 2-27 所示为空间螺旋线，其主螺旋高度为 200mm，半径为 100mm，圈数为 4，缠绕在主螺旋线上的小螺旋线半径为 10mm，总圈数为 120。

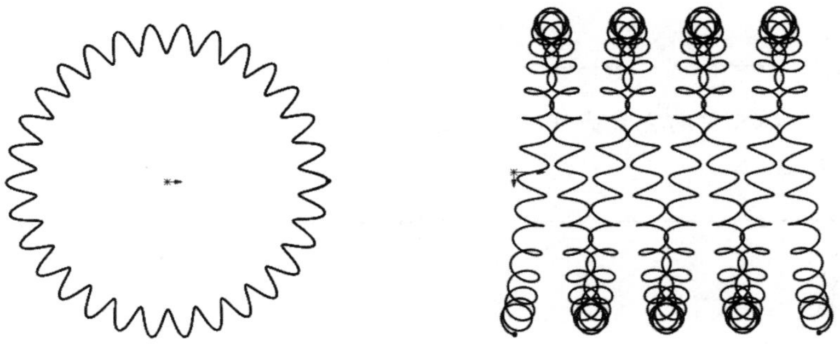

图 2-27 空间螺旋线

实例分析：

对于复杂的有规律的空间曲线，通常都有相应的公式与其对应，推导出其公式是最为关键的。该实例的要求通过推导可得到其公式如下：

$x_t = (100+10\times\cos(t\times120))\ \times\cos(t\times4) - 10\times\sin(t\times120)\times\cos(\mathrm{atn}(2\times\mathrm{pi}\times100\times4/200))\ \times\sin(t\times4)$

$y_t = 200/2/\mathrm{pi}\times t - 10\times\sin(t\times120)\ \times\sin(\mathrm{atn}(2\times\mathrm{pi}\times100\times4/200))$

$z_t = (100+10\times\cos(t\times120))\ \times\sin(t\times4)+10\times\sin(t\times120)\ \times\cos(\mathrm{atn}(2\times\mathrm{pi}\times100\times4/200))\ \times\cos(t\times4)$

式中，pi 为圆周率，t 为变量。通过公式曲线可很容易地绘制出所需的空间曲线。

操作步骤：

1）单击工具栏中的“草图”/“3D 草图”，进入 3D 草图环境。

2）单击工具栏中的“草图”/“方程式驱动的曲线”，在属性框中输入对应的公式，参数 t_1=0，t_2=2×pi，如图 2-28a 所示，输入完成后单击“确定”，生成的空间曲线如图 2-28b 所示。

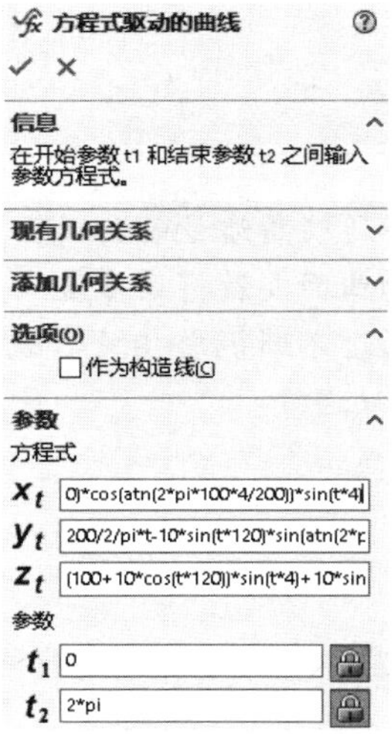

a）

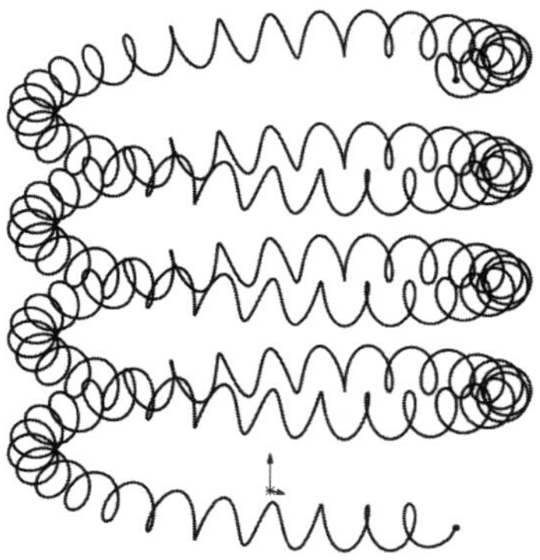

b）

图 2-28　生成的空间曲线

注意

SOLIDWORKS 中的公式曲线不支持结果为首末点重合的公式曲线，如果有此类公式曲线，可分段生成。

2.7　分割线

“分割线”功能用于将所选对象投影到实体表面或曲面，将该面分割成多个独立的面。“分割线”功能实际上并不产生空间曲线，其分割面所形成的边线可作为创建曲面的参考对象。该功能在拔模、抽壳、分析等操作中均有着重要的应用。

实例：如图 2-29a 所示模型，需切除其 Y 方向最高位置的下侧部分，并将切除所得到的面增加厚度 50mm，得到如图 2-29b 所示模型。

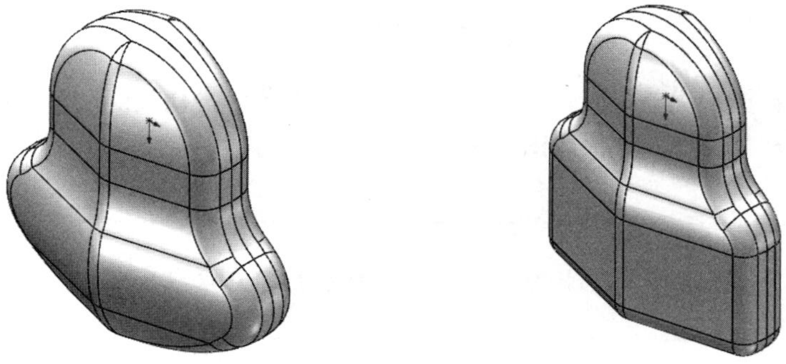

a）　　　　　　　　　　b）

图 2-29　实例模型

实例分析：

该实例最关键的是找到 *Y* 方向的最高点，此时通过“分割线”功能可以快速找到，找到后创建面将下半部分切除，再拉伸即可得到所需的形状。

操作步骤：

1）单击工具栏中的“特征”/“曲线”/“分割线”，如图 2-30a 所示，“分割类型”选择“轮廓”，“拔模方向”选择“上视基准面”，要分割的面选择最高位置可能所在的面，单击“确定”，结果如图 2-30b 所示。

提示

如果无法判断最高位置所处的面，可以将有可能的面均选中，系统只会在最高位置所处的面上进行分割。

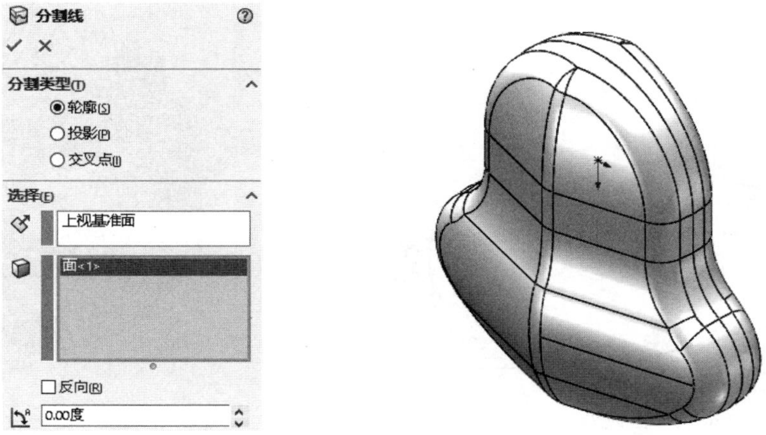

a）　　　　　　　　　　b）

图 2-30　分割线

2）以分割线的端点为参考，生成一过该点平行于“上视基准面”的基准面，如图 2-31 所示。

3）单击工具栏中的“曲面”/“使用曲面切除”，“进行切除的所选曲面”选择上一步创建的基准面，单击“确定”，结果如图 2-32 所示。

注意

如果切除方向相反，可选择属性框中的“反转切除”选项。

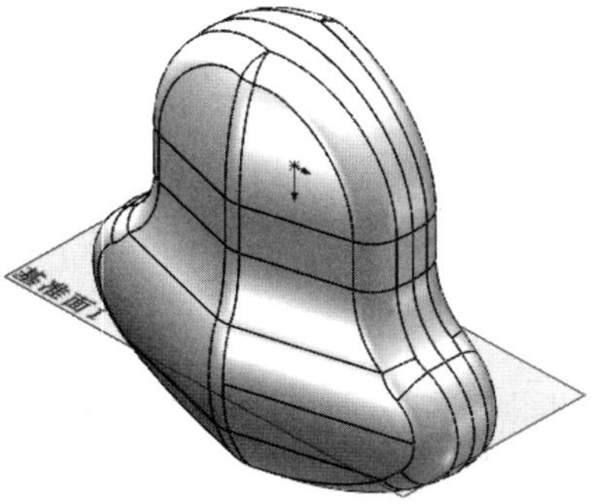

图 2-31　创建基准面

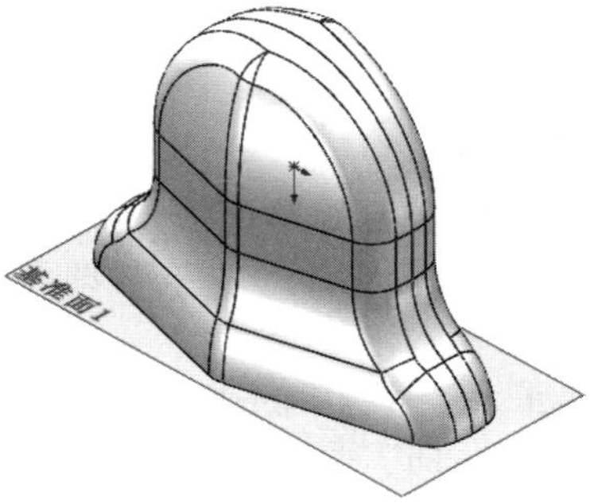

图 2-32　切除实体

4）以第 2）步创建的基准面为基准绘制草图，单击工具栏中的“草图”/“转换实体引用”，选择切除实体形成的面，结果如图 2-33 所示。

5）单击工具栏中的“特征”/“拉伸凸台/基体”，拉伸深度为“50mm”，结果如图 2-34 所示。

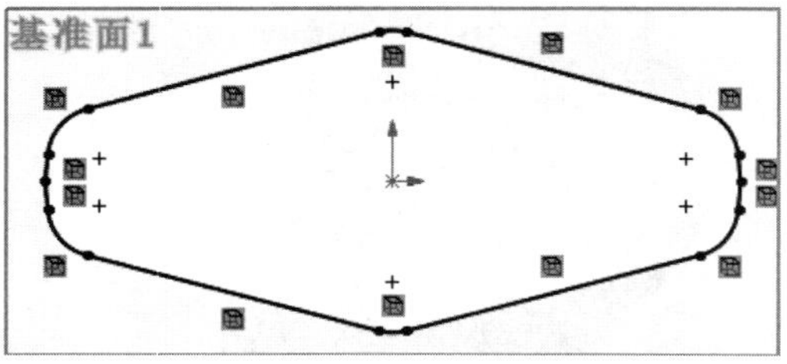

图 2-33　绘制草图

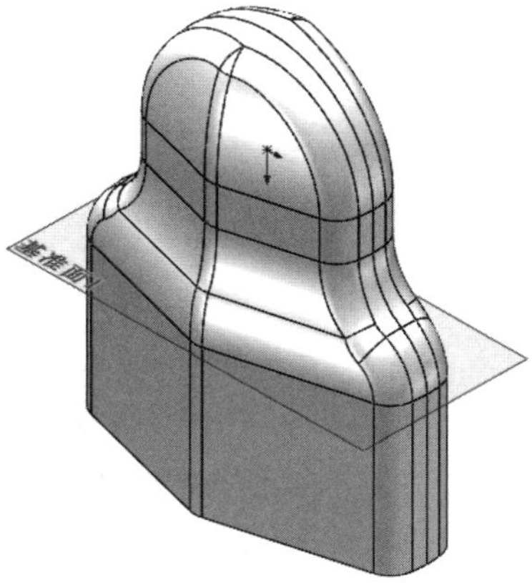

图 2-34　拉伸实体

6）单击工具栏中的“特征”/“圆角”，半径为“10mm”，圆角对象选择底面，结果如图 2-35 所示。

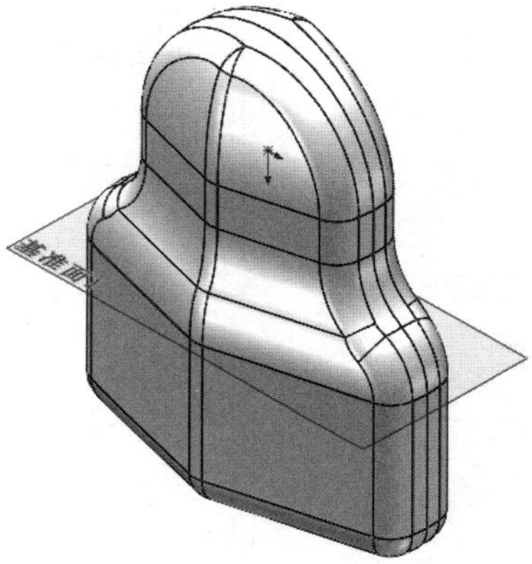

图 2-35　添加圆角

提示

分割类型共有三种："轮廓"——通过一参考基准面确定拔模方向，以在面上生成最佳的分割位置；"投影"——将草图投影到所选面上并分割；"交叉点"——用于将相交面分割。

2.8　投影曲线

"投影曲线"功能是将绘制的曲线投影到模型面上来生成一条 3D 曲线。也可以是两个相交的基准面上的草图，此时系统会将每一个草图沿所在平面的垂直方向投影得到一个曲面，最后这两个曲面在空间中相交而生成一条 3D 曲线。

注意

"投影曲线"功能与"分割线"功能中"投影"选项的区别是，"投影曲线"功能仅生成曲线，对所选面无任何处理。

实例：根据图 2-36 所示视图创建模型。

实例分析：

该模型是一典型的扫描特征模型，绘制出扫描路径就可以很容易地完成模型的创建。从三视图中可以看出，路径可以分为上下两个部分，在已有两个以上视图时，可以选择两个能明确表示曲线投影特性的视图，再通过"投影曲线"功能生成所需的空间曲线。

操作步骤：

1）以"上视基准面"为基准绘制草图，如图 2-37 所示。

2）单击工具栏中的"曲面"/"拉伸曲面" ，两侧对称，深度为"100mm"，结果如图 2-38 所示。

3）以"前视基准面"为基准绘制如图 2-39 所示草图。

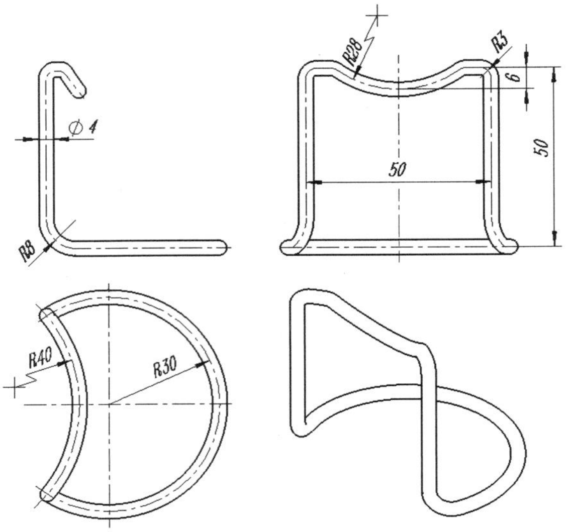

图 2-36　实例

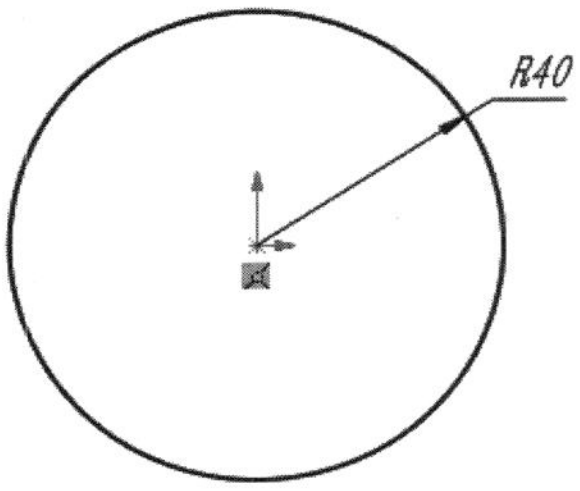

图 2-37　绘制草图 1

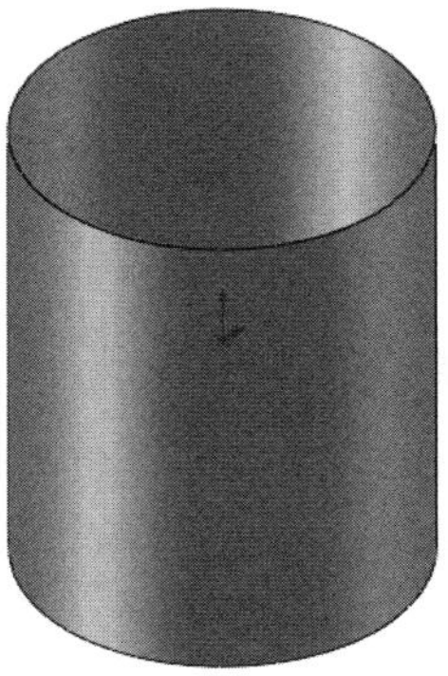

图 2-38　拉伸曲面

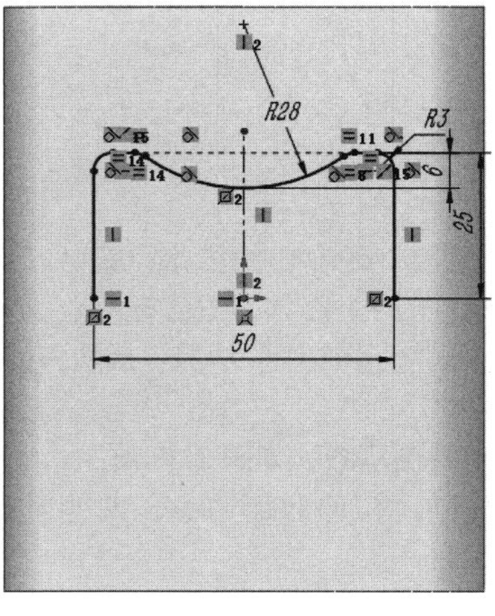

图 2-39　绘制草图 2

4）单击工具栏中的“特征” / “曲线” / “投影曲线”，如图 2-40a 所示，“投影类型”选择“面上草图”，“要投影的草图”选择上一步绘制的草图，“投影面”选择拉伸曲面，勾选“反转投影”，单击“确定”，结果如图 2-40b 所示。

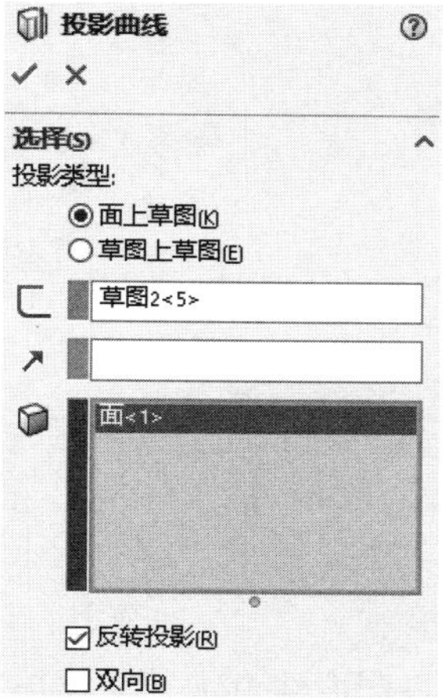

a）

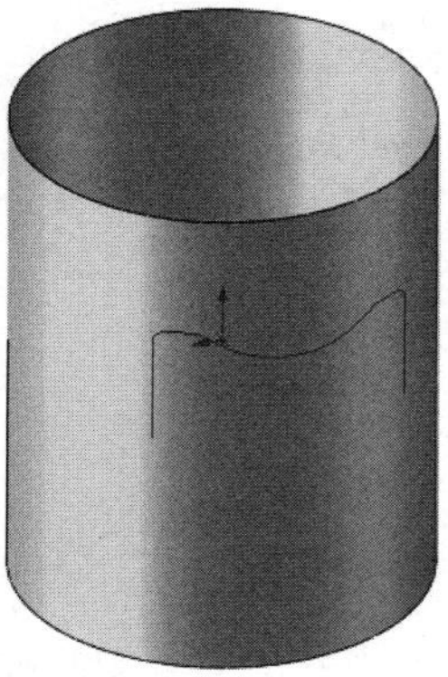

b）

图 2-40　投影曲线 1

5）隐藏作为辅助的拉伸曲面。

6）以“右视基准面”为基准绘制草图，注意为竖直线的上端点与“投影曲线 1”添加“重合”关系，如图 2-41 所示。

7）以“上视基准面”为基准绘制草图，在草图圆上添加两个辅助点，并添加其与“投影曲线 1”的“使穿透”几何关系，结果如图 2-42 所示。

提示

添加辅助点是为了使后续生成的投影线与已有的投影曲线在连接点处完全重合。

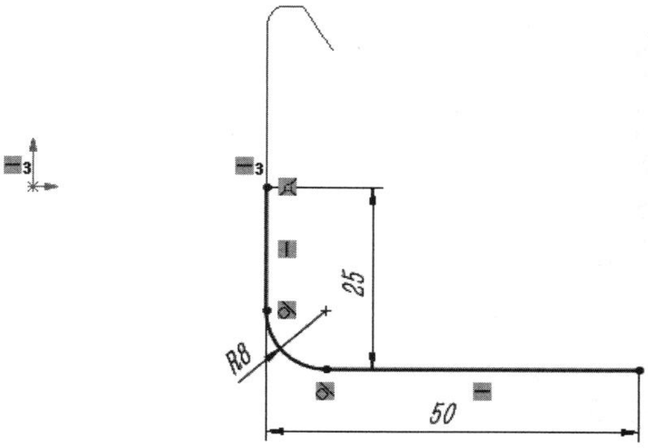

图 2-41　绘制草图 3

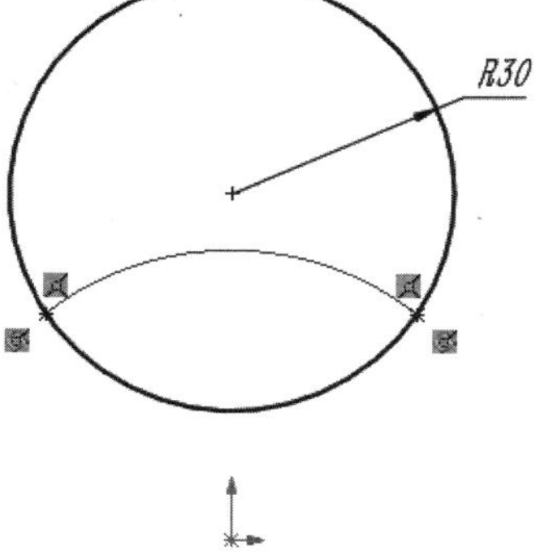

图 2-42　绘制草图 4

8）单击工具栏中的“特征”/“曲线”/“投影曲线”，如图 2-43a 所示，“投影类型”选择“草图上草图”，选择前两个步骤绘制的草图，单击“确定”，结果如图 2-43b 所示。

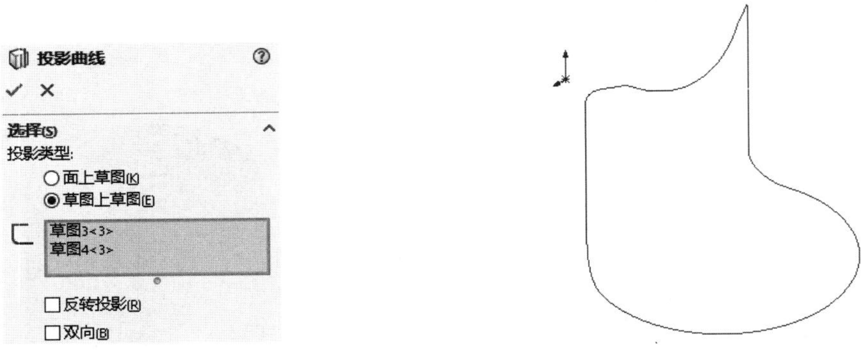

a）　　b）

图 2-43　投影曲线 2

9）以“上视基准面”为基准绘制草图，为圆心与任一投影曲线添加“使穿透”几何关系，如图 2-44 所示。

10）单击工具栏中的“特征”/“扫描”，“轮廓”选择上一步生成的草图，“路径”选择下方的投影曲线，结果如图 2-45 所示。

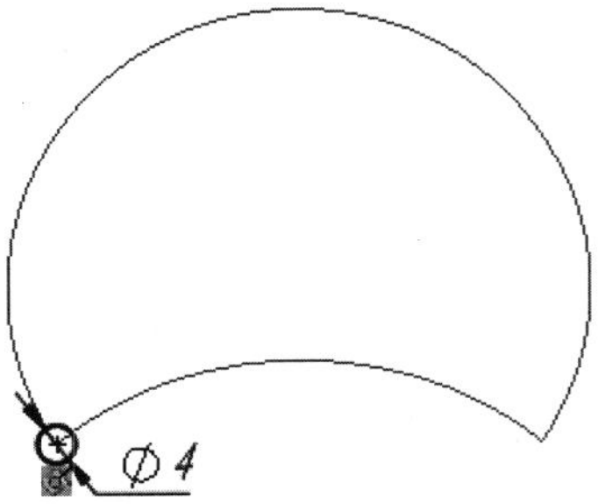

图 2-44　绘制草图 5

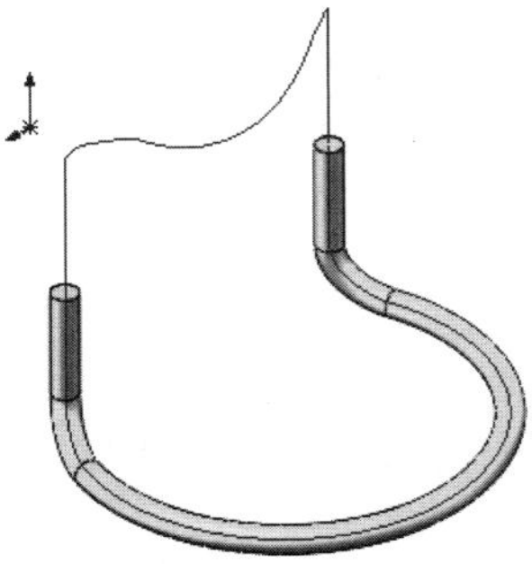

图 2-45　扫描 1

11）用同样的方法生成另一个扫描特征，结果如图 2-46 所示。

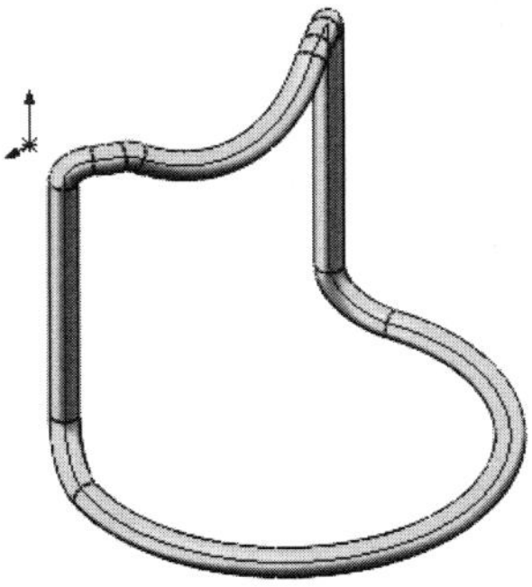

图 2-46　扫描 2

2.9　组合曲线

“组合曲线”功能可以将首尾相连的曲线、草图线、实体边线等组合为一条单一曲线。

实例：将 2.8 节实例中两步扫描特征更改为一步扫描完成。

实例分析：

2.8 节中的实例采用了分段完成的建模思路，这是由于其作为路径的曲线比较复杂，无法一次生成，而通过“组合曲线”功能则可以将两根曲线组合为一根曲线，再用组合后的曲线作为路径，可以一次生成所需的扫描特征。

操作步骤：

1）打开 2.8 节中最终完成的模型文件。

2）删除两个扫描特征。

3）单击工具栏中的“特征”/“曲线”/“组合曲线”，如图 2-47a 所示，选择两条投影曲线，单击“确定”完成组合，结果如图 2-47b 所示。

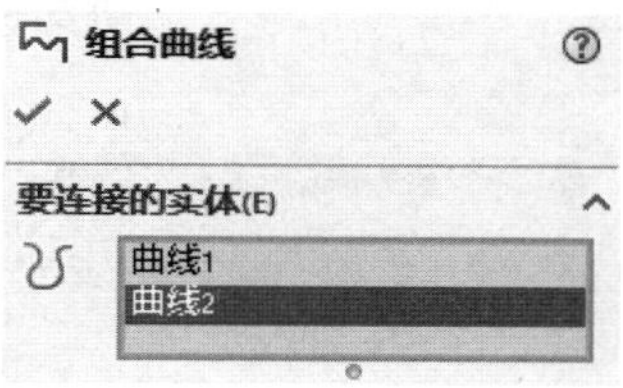

a）

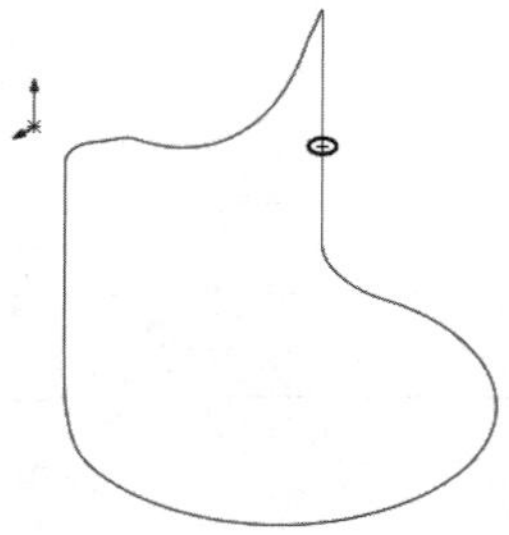

b）

图 2-47　组合曲线

4）单击工具栏中的“特征”/“扫描”，“轮廓”选择“10mm”的草图圆，“路径”选择组合曲线，结果如图 2-48 所示。

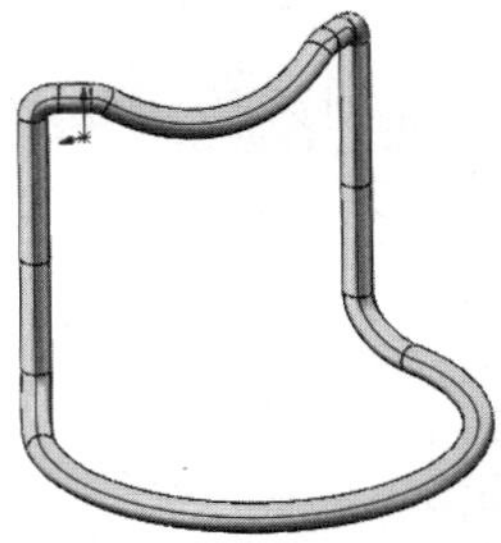

图 2-48　扫描实体

提示

1）使用 3D 草图中的“转换实体引用”，选择需组合的曲线也可得到类似的功能效果。

2）当扫描轮廓为单一圆时，可以不绘制轮廓草图，而使用扫描特征中的“圆形轮廓”选项。

2.10 通过 *XYZ* 点的曲线

通过输入 *X*、*Y* 和 *Z* 的坐标生成对应的 3D 曲线，坐标值可以从文件导入。

实例：根据所提供的坐标测量数据生成相应的空间曲线。

实例分析：

对于已有实物的复杂模型，通过测量获取其表面的坐标值，再导入软件中进行建模，是较常用的逆向建模手段。其中，测量数据又分为单一线条数据与整体数据，单一线条数据可通过“通过 XYZ 点的曲线”功能生成，整体数据则要通过“ScanTo3D”插件生成。此实例提供了线条的坐标测量数据，直接导入即可生成所需的空间曲线。

操作步骤：

1）单击工具栏中的“特征”/“曲线”/“通过 XYZ 点的曲线”，弹出如图 2-49a 所示对话框，单击“浏览”按钮，弹出如图 2-49b 所示对话框，右下角的文件类型选择“Text Files(*.txt)”，选择坐标文件“2-10 测量坐标 .txt”，单击“打开”按钮。

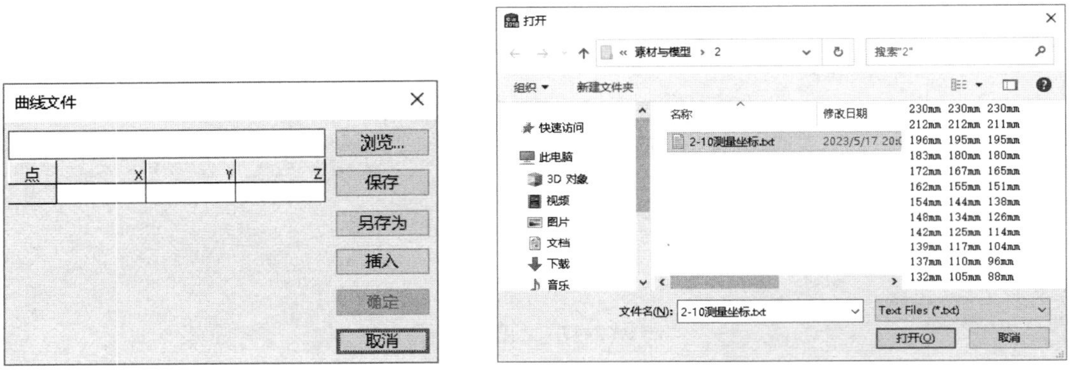

a）　　　　b）

图 2-49　输入坐标数据

2）系统将文件中的坐标值输入至当前对话框，如图 2-50a 所示，单击“确定”按钮完成空间曲线的生成，如图 2-50b 所示。

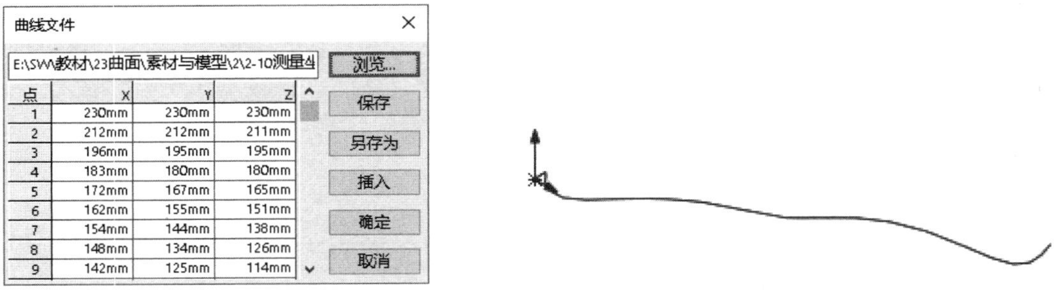

a）　　　　b）

图 2-50　生成曲线

2.11　通过参考点的曲线

通过直接点选草图点、参考点、已有实体对象的顶点生成空间曲线。

实例：如图 2-51 所示模型，现需要绘制一条连接边线 1、2、3 的中点及椭圆象限点 4 的封闭曲线。

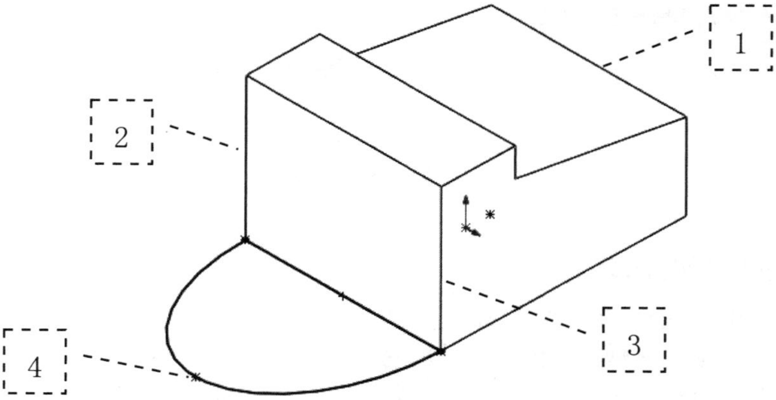

图 2-51　已有模型

实例分析：

参考点已知，可通过“通过参考点的曲线”功能进行绘制，由于该命令不支持选择实体边线的中点，所以需要先创建三条边的中点再进行连接。

操作步骤：

1）单击工具栏中的“特征”/“参考几何体”/“点”，选择边线 1，参数选择“均匀分布”选项，参考点数量输入“1”，结果如图 2-52 所示。

2）重复步骤 1）生成边线 2、3 的中点，结果如图 2-53 所示。

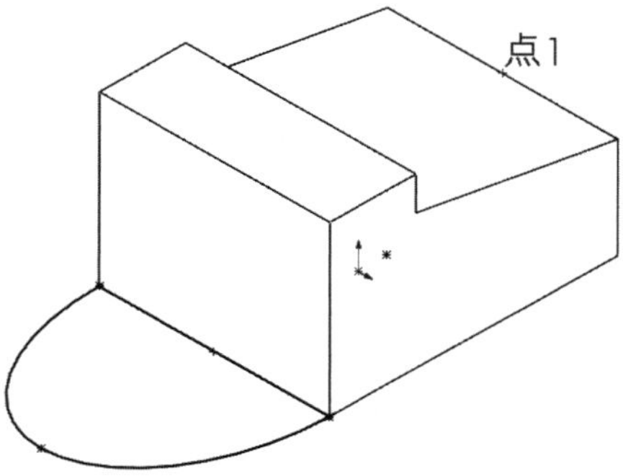

图 2-52　生成中点 1

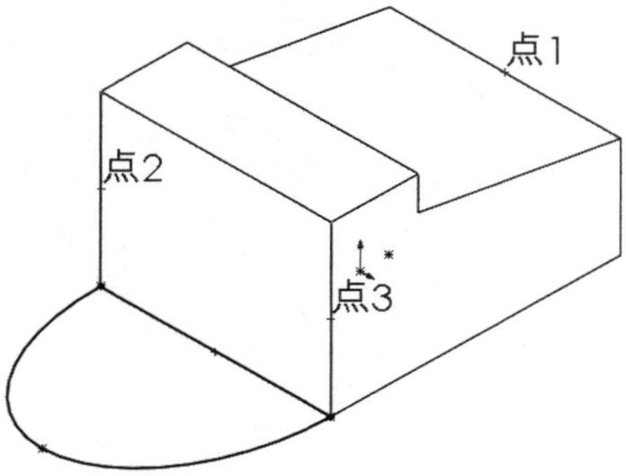

图 2-53　生成中点 2、3

3）单击工具栏中的“特征”/“曲线”/“通过参考点的曲线”，如图 2-54a 所示，依次选择点 1、点 2、椭圆象限点、点 3，并勾选“闭环曲线”选项，单击“确定”，结果如图 2-54b 所示。

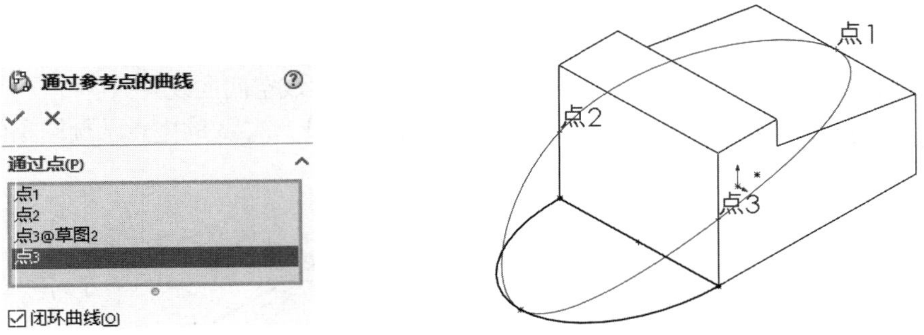

a）　　b）

图 2-54　生成曲线

2.12　螺旋线 / 涡状线

通过输入螺距、圈数、高度等参数产生螺旋线与二维涡状线。

实例：图 2-55 所示模型主要由两部分组成：下半部分为 *SR*80mm 的球面弹簧，其中心线的平面投影为螺距 10mm、5 圈的涡状线；上半部分为螺距 10mm、3 圈的螺旋弹簧。其余尺寸如图 2-55 所示。

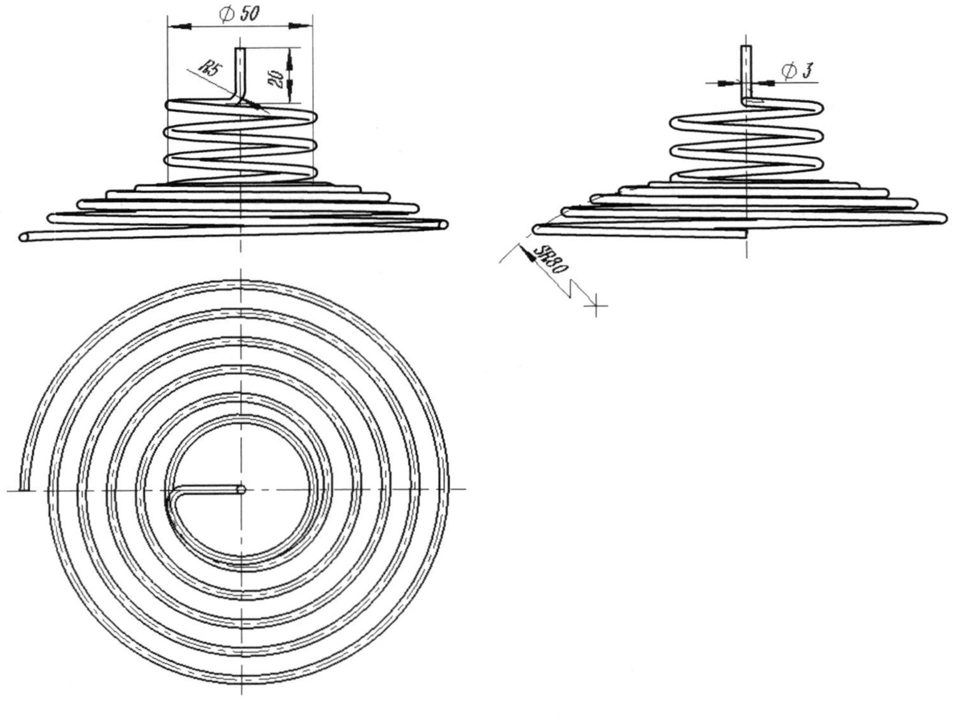

图 2-55　专用弹簧

实例分析：

该实例通过扫描可完成，其主要难点是路径曲线的生成。路径可分为三部分：最下方的球面弹簧路径可利用标准的涡状线投影至球面的方法完成，上方的弹簧路径用螺旋线生成即可，最上方的直线部分与螺旋线的连接也是难点，可通过平面的 *R*5mm 圆角向曲面投影的方法生成。

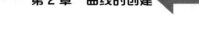

操作步骤：

1）以“上视基准面”为基准绘制草图圆，如图 2-56 所示。

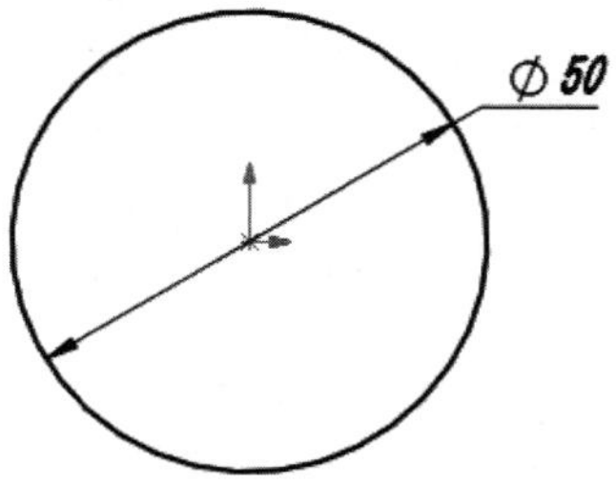

图 2-56　绘制草图圆 1

2）单击工具栏中的“特征”/“曲线”/“螺旋线 / 涡状线”，选择上一步生成的草图圆作为参考，如图 2-57a 所示，“定义方式”选择“涡状线”，“螺距”输入“10mm”，“圈数”输入“5”，“起始角度”输入“0 度”，方向选择“逆时针”，单击“确定”，结果如图 2-57b 所示。

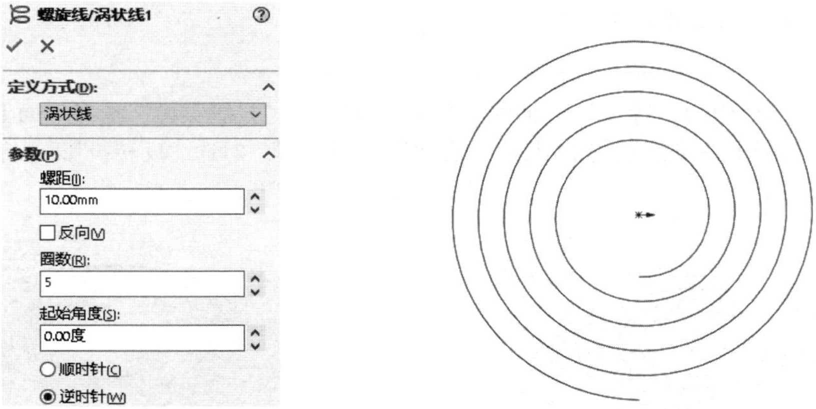

a）　　　　　　　　　　b）

图 2-57　生成涡状线

3）以“前视基准面”为基准绘制草图，如图 2-58 所示。注意为圆弧右侧端点与草图圆 1 添加“使穿透”的几何关系，中间绘制一条过原点竖直的中心线作为旋转轴。

提示

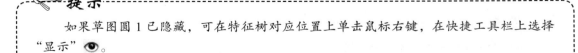

如果草图圆 1 已隐藏，可在特征树对应位置上单击鼠标右键，在快捷工具栏上选择“显示”。

4）单击工具栏中的“曲面”/“旋转曲面”，按默认参数生成球面，结果如图 2-59 所示。

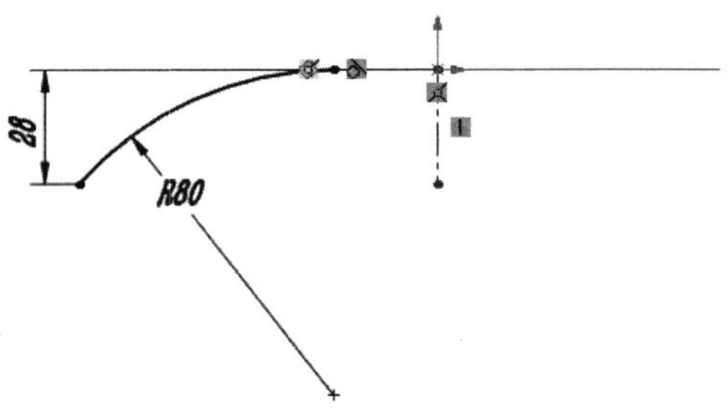

图 2-58　绘制草图 1

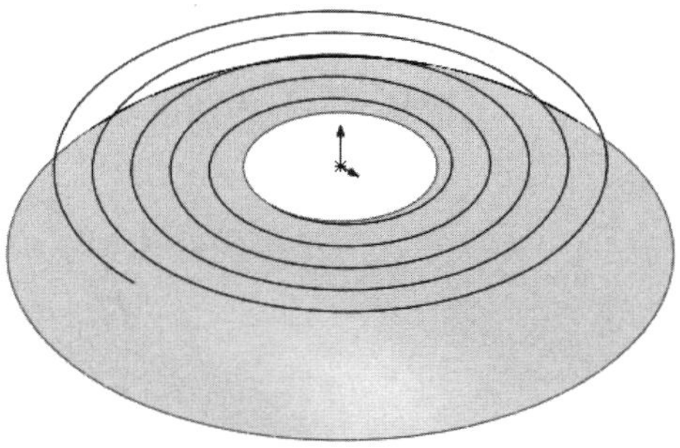

图 2-59　生成球面

5）以“上视基准面”为基准绘制草图，通过“转换实体引用”将涡状线转换至当前草图，结果如图 2-60 所示。

注意

由于 SOLIDWORKS 中不支持涡状线向曲面投影，在此增加一个草图，将其转化为草图线，为投影曲线做准备。

6）单击工具栏中的“特征”/“曲线”/“投影曲线”，“投影类型”选择“面上草图”，“要投影的草图”选择上一步绘制的草图，“投影面”选择球面，勾选“反转投影”，单击“确定”，结果如图 2-61 所示。

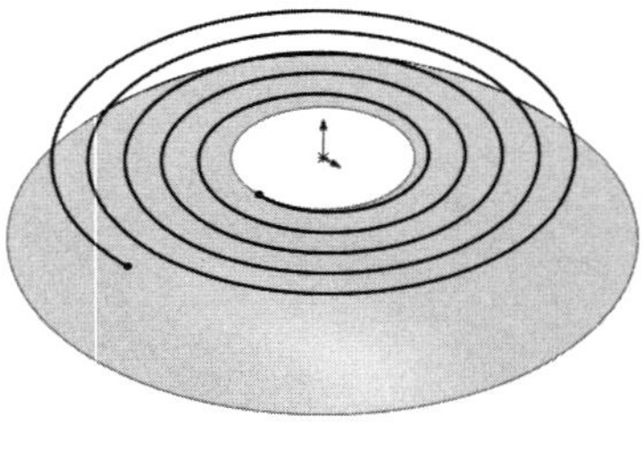

图 2-60　转换涡状线

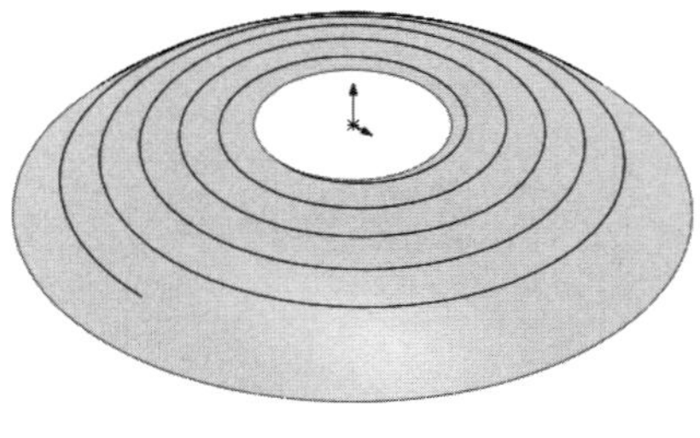

图 2-61　投影涡状线

7）隐藏球面。

8）以“上视基准面”为基准绘制草图，将草图圆 1 转换至当前草图，如图 2-62 所示。

提示

SOLIDWORKS 中“螺旋线 / 涡状线”的参考圆无法共享，每个特征均需单独的草图圆参考。

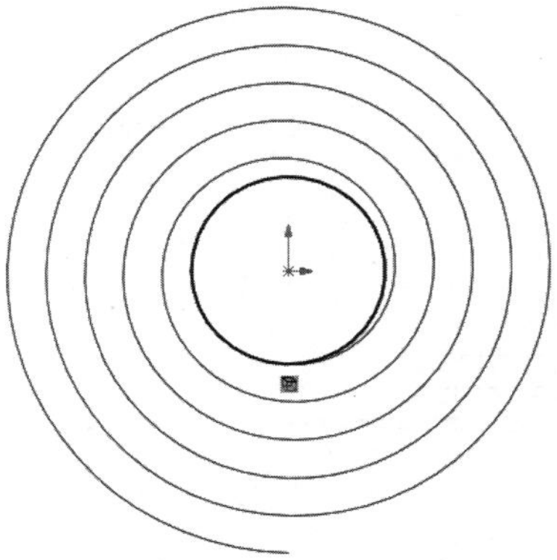

图 2-62　绘制草图圆 2

9）单击工具栏中的“特征”/“曲线”/“螺旋线 / 涡状线”，选择上一步生成的草图圆作为参考，如图 2-63a 所示，“定义方式”选择“螺距和圈数”，“参数”选择“恒定螺距”，“螺距”输入“10mm”，“圈数”输入“3”，“起始角度”输入“0 度”，方向选择“顺时针”，单击“确定”，结果如图 2-63b 所示。

注意

此处的螺旋方向与前面的涡状线是相反方向。

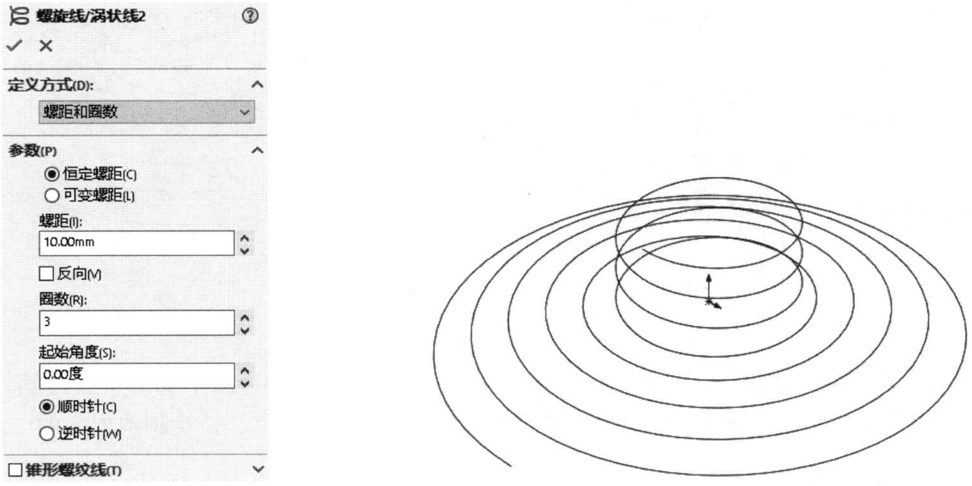

a）　　　　b）

图 2-63　生成螺旋线

10）以“右视基准面”为基准绘制草图，为水平直线的左侧端点与螺旋线添加“使穿透”的几何关系，结果如图 2-64 所示。

11）单击工具栏中的“草图”/“3D 草图”，将螺旋线转换至当前草图，并用“分割实体”命令进行分割，保留与直线连接的一小部分，结果如图 2-65 所示。

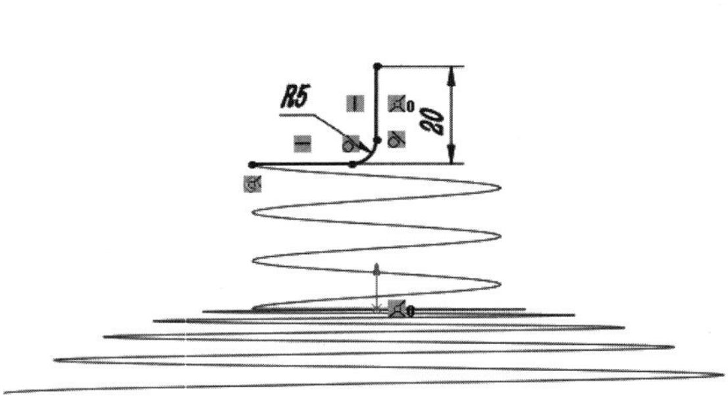

图 2-64　绘制草图 2

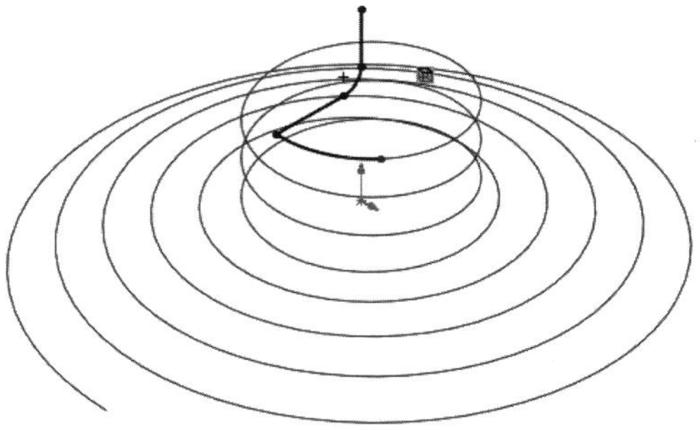

图 2-65　提取部分螺旋线

提示

此处所保留的螺旋线长度不需太精确，大概与上一步草图的水平线长度一致即可。

12）单击工具栏中的“曲面”/“放样曲面”，在“轮廓”框中单击鼠标右键选择“SelectionManager”，弹出如图 2-66a 所示对话框，选择“选择组”，再选择第 10）步所生成草图中的水平线，单击“确定”完成选择。再选择第 11）步所生成的曲线，如图 2-66b 所示，单击“确定”，生成放样曲面如图 2-66c 所示。

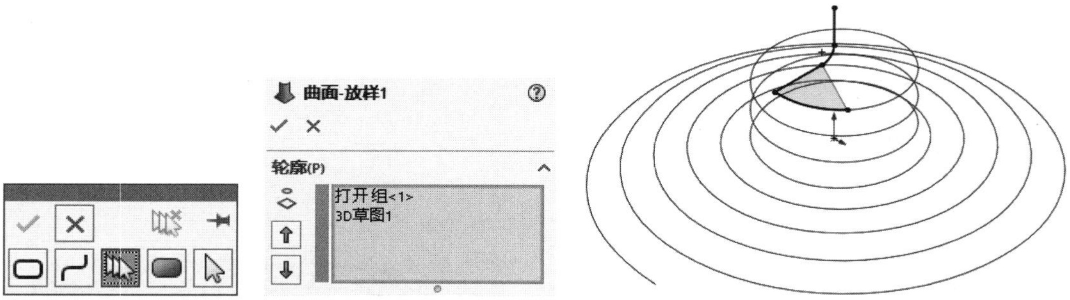

a）　　b）　　c）

图 2-66　生成放样曲面

13）以“上视基准面”为基准绘制草图，将第 10）步所生成草图中的水平线及第 11）步中所生成的曲线转换至当前草图，并将两根转换的线更改为“构造线”，绘制两根线的过渡圆角“R5”，如图 2-67 所示。

14）单击工具栏中的“特征”/“曲线”/“投影曲线”，“投影类型”选择“面上草图”，“要投影的草图”选择上一步生成的草图，“投影面”选择第 12）步生成的放样面，单击“确定”，结果如图 2-68 所示。

15）隐藏放样曲面。

16）单击工具栏中的“草图”/“3D 草图”，将第 10）步生成的草图、第 14）步生成的空间圆弧、螺旋线、球面涡状线均转换至当前草图，再通过“剪裁实体”功能剪掉空间圆弧外侧部分对象，结果如图 2-69 所示。

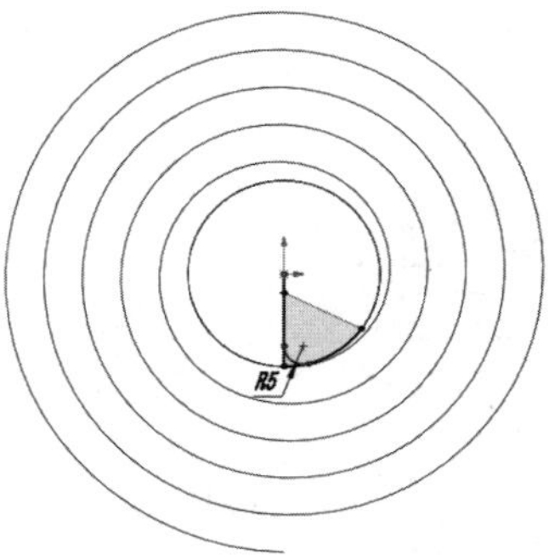

图 2-67　绘制圆弧

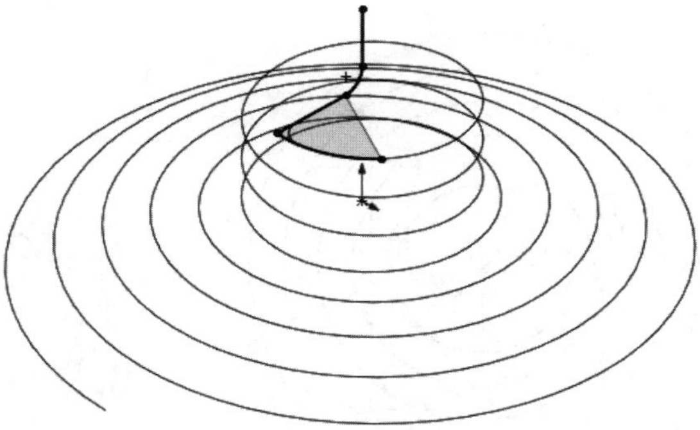

图 2-68　投影圆弧曲线

提示

该步骤是关键步，且涉及线条较多，操作时要多加注意。

17）生成过曲线的最上端端点且平行于“上视基准面”的基准面，如图 2-70 所示。

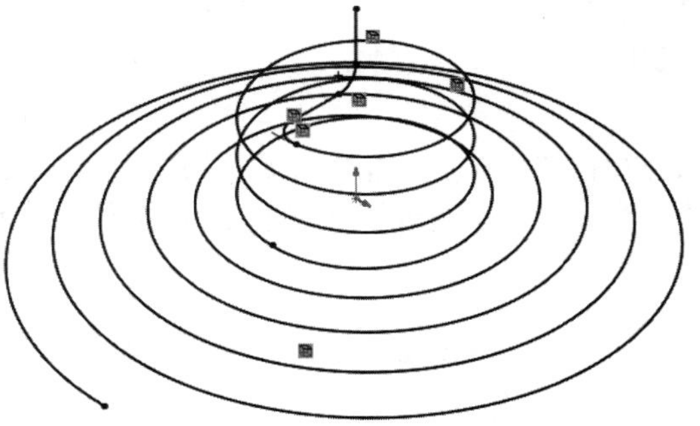

图 2-69　整合曲线

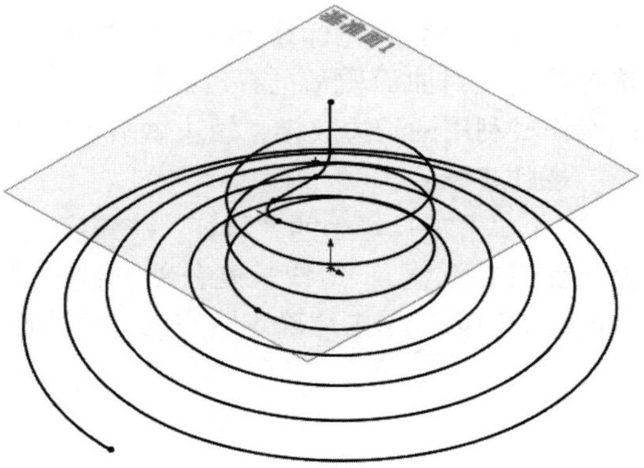

图 2-70　生成基准面

18）以上一步生成的基准面为基准绘制草图圆，如图 2-71 所示。

19）单击工具栏中的“特征”/“扫描”，“轮廓”选择上一步生成的草图，“路径”选择第 16）步生成的空间曲线，结果如图 2-72 所示。

思考

如果以曲线下侧端点为参考生成基准面并绘制草图轮廓，最终生成的扫描特征有什么区别？试操作并做对比。

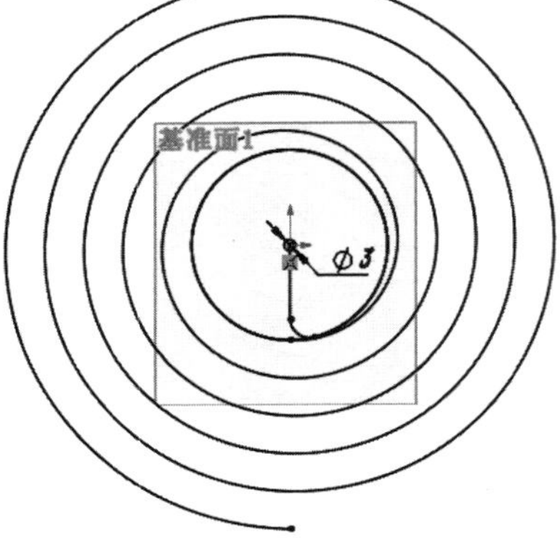

图 2-71　绘制草图圆 3

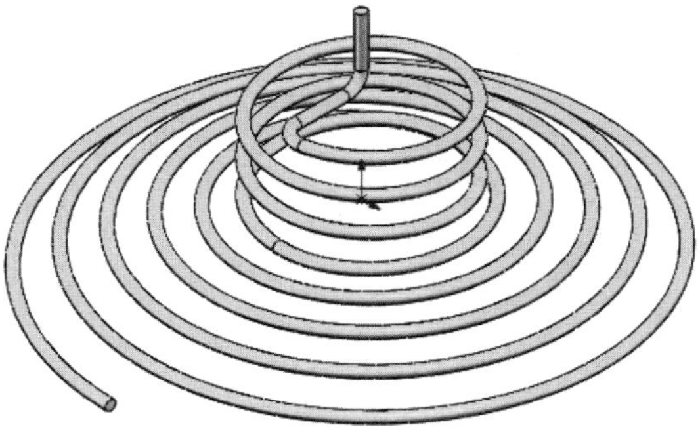

图 2-72　生成扫描实体

2.13　愈合边线

“愈合边线”功能用于将多条边线合并成一条边线，这对于输入模型的修补有着重要的作用，因为有时输入的模型的同一条边会作为多条短边线输入。

实例：图 2-73 所示为外部输入曲面，需将缺口部分补全。

实例分析：

打开模型后将光标移至缺口边线位置会发现，这些边线均由多段组成，这种情况下会增加选择难度且对曲面质量也有负面影响，此时可通过“愈合边线”功能将这些边线合并再进行后续操作，利用两长边放样，短边做引导线即可完成修补。

操作步骤：

1）单击工具栏中的“特征”/“愈合边线”，如图 2-74 所示，选择需愈合的面，“角度公差”保持默认值，“边线长度公差”输入“30mm”，单击“愈合边线”按钮，在下方列出了愈合前后的边数，单击“确定”完成边线的愈合。

图 2-73　输入曲面

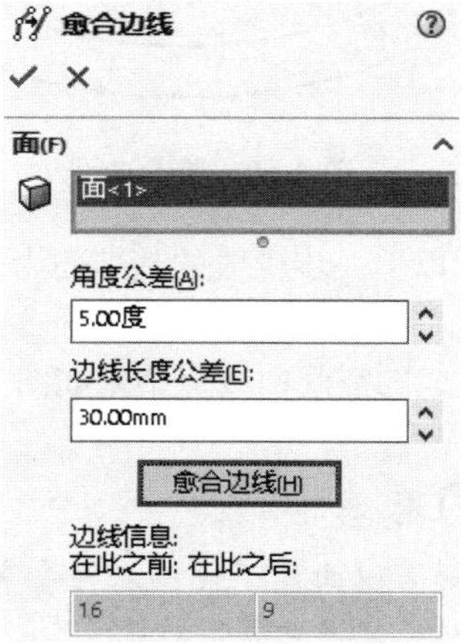

图 2-74　愈合边线

提示

1）“愈合边线”功能虽然处理的是线条问题，但 SOLIDWORKS 中将该命令归类在“特征”类命令中。

2）“边线长度公差”的值取决于需要修复的边线（不是所有边线）中最长的一根线长度，只要大于该值即可。

思考

为什么修复后的边数为“9”而不是“8”？

2）单击工具栏中的“曲面”/“放样曲面”，如图 2-75a 所示，“轮廓”选择两条长边，“起始/结束约束”均选择“与面相切”，“引导线”选择短边，单击“确定”，结果如图 2-75b 所示。

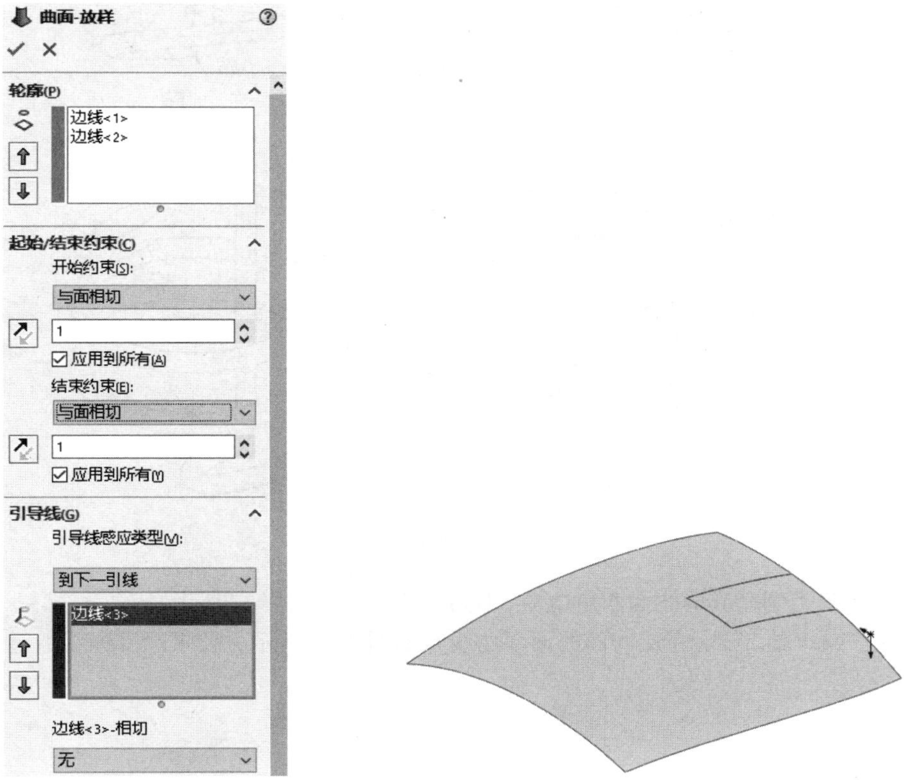

a）　　　　b）

图 2-75　放样曲面

练 习 题

一、简答题

1. 简述 2D 草图与 3D 草图的异同。

2. 列出多条实体边线转换为同一曲线的方法，并描述各自的应用场合。

3. 如何将已有实体表面分割为多个面？

二、操作题

1. 完成如图 2-76 所示模型。

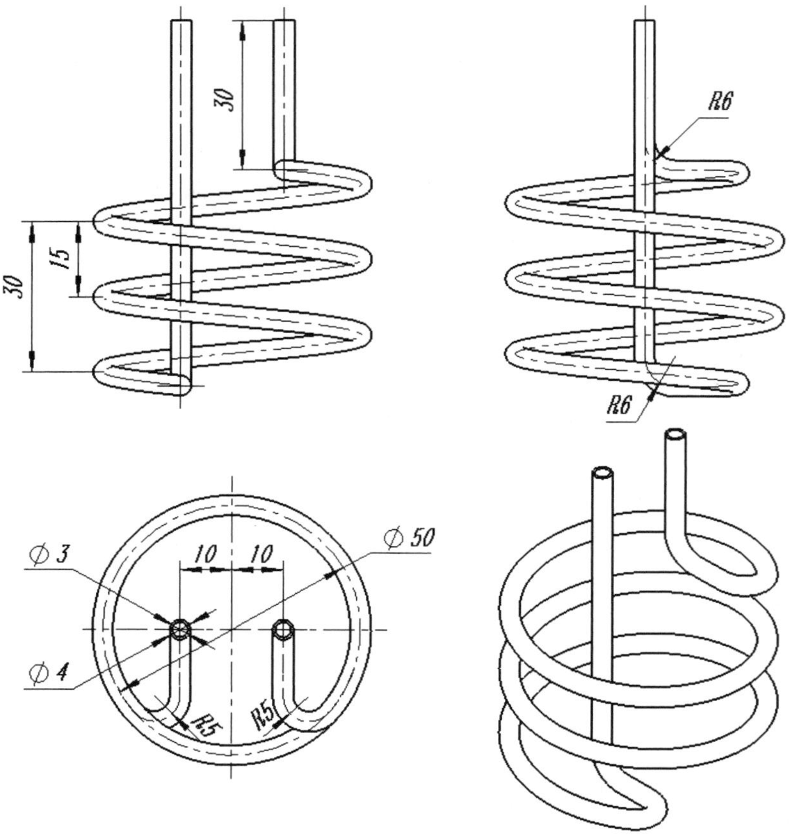

图 2-76 操作题 1

2. 将 2.13 节实例完成的曲面四角增加 R10mm 圆角，如图 2-77 所示。

3. 提取“操作题 2”所完成曲面的面部曲线，如图 2-78 所示，要求面部曲线通过缺口长边的中点。

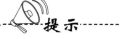

提示

“面部曲线”支持草图点、草图线的端点作为位置参考。

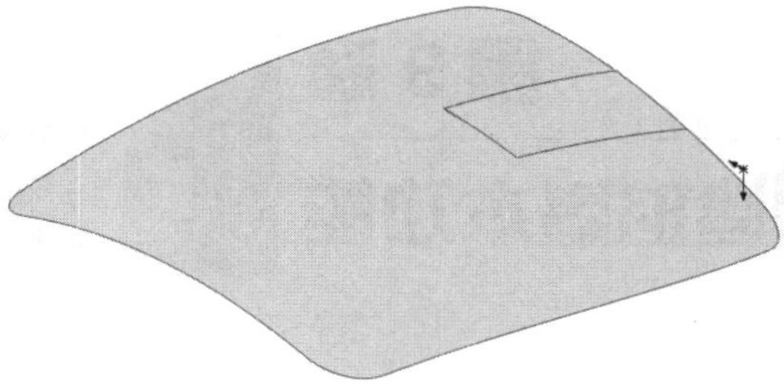

图 2-77　操作题 2

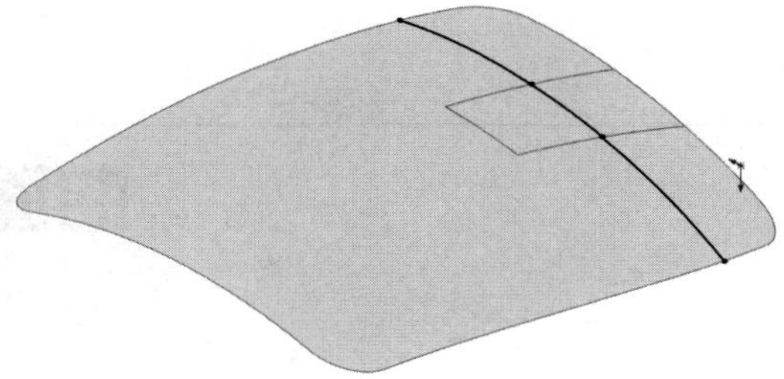

图 2-78　操作题 3

4. 根据公式：$x = 10 \times \cos(t \times 360 \times 0.1)$，$y = 15 \times \sin(t \times 360 \times 0.1)$，$z = t \times 12$，变量 $t = 0 \sim 2$，绘制空间曲线。

第3章 曲面创建的基本功能

学习目标：

1）熟练分析基本曲面的条件要求。

2）熟悉各种基本曲面的创建方法。

3）掌握曲面编辑修改的操作方法。

曲面的创建是建立曲面模型的核心过程，不管多复杂的曲面模型，都是通过各种基本曲面创建再进行叠加组合，并最终转化为实体模型。本章将讲解 SOLIDWORKS 中常用的曲面创建功能及曲面编辑功能，这些基础曲面功能是后续创建曲面模型的基础。由于单一功能通常满足不了建模需求，在具体功能的讲解中会穿插使用未讲解过的命令，需要注意灵活应用。

3.1 拉伸曲面

扫码看视频

“拉伸曲面”功能用于将所选草图拉伸给定的高度或拉伸至参考对象形成曲面，其基本属性参数与特征“拉伸凸台 / 基体”相同，草图可以是封闭的也可以是开放的。

实例：按图 3-1 所示图样创建模型。

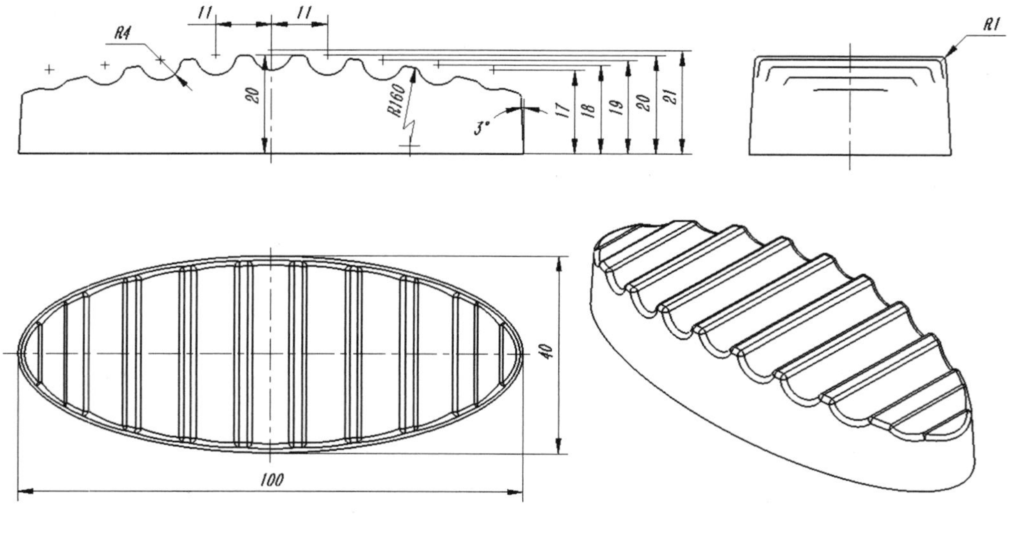

图 3-1　拉伸实例

实例分析：

模型主体是一椭圆体，通过顶部切除 R160mm 的圆弧面，再切除多个小圆弧形成。先拉伸出顶部的 R160mm 圆弧面，然后用椭圆草图拉伸到圆弧面形成主体部分的曲面，再补上底面，将三个面缝合后转为实体，接着切除 R4mm 圆弧面并阵列，由于 R4mm 圆弧的圆心位置有一定规律，阵列时可通过“变化的实例”选项进行控制，最后添加所需的圆角。

提示

大部分拉伸曲面所生成的实体均可用“拉伸凸台 / 基体”功能完成，由于本书以讲解曲面为主，所以主体部分会优先使用“拉伸曲面”功能。

操作步骤：

1）以“前视基准面”为基准绘制草图，如图 3-2 所示，圆弧的弦长需超过椭圆的长轴直径。

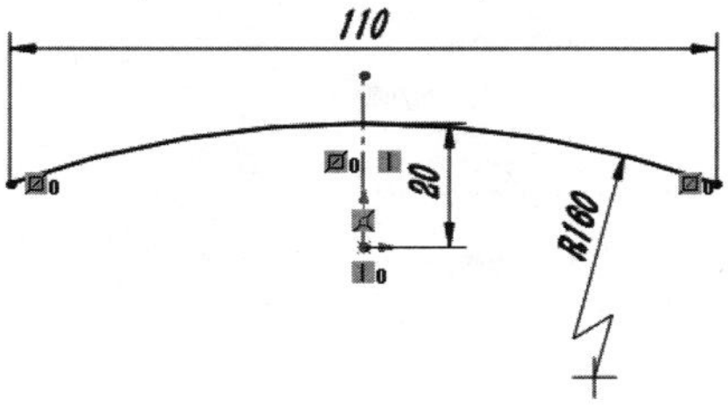

图 3-2　绘制草图圆弧

2）单击工具栏中的“曲面”/“拉伸曲面”，如图 3-3a 所示，“终止条件”选择“两侧对称”，“深度”输入“50mm”，结果如图 3-3b 所示。

3）以“上视基准面”为基准绘制草图椭圆，如图 3-4 所示。

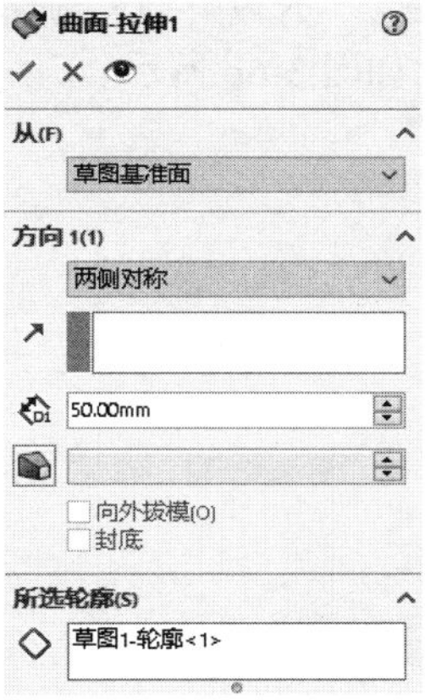

a）

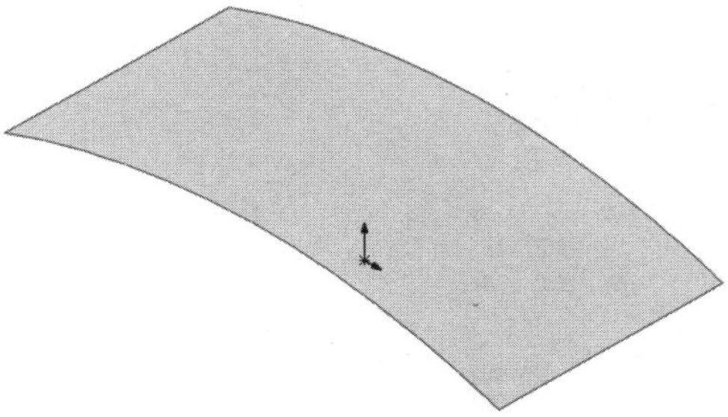

b）

图 3-3　拉伸曲面 1

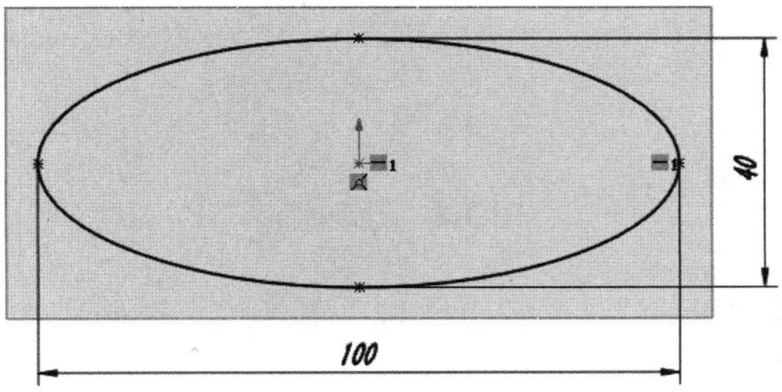

图 3-4　绘制草图椭圆

4）单击工具栏中的“曲面”/“拉伸曲面”，如图 3-5a 所示，“终止条件”选择“成形到一面”，“参考面”选择第 2）步拉伸的圆弧曲面，打开“拔模开 / 关”选项，并输入角度“3 度”，结果如图 3-5b 所示。

a）

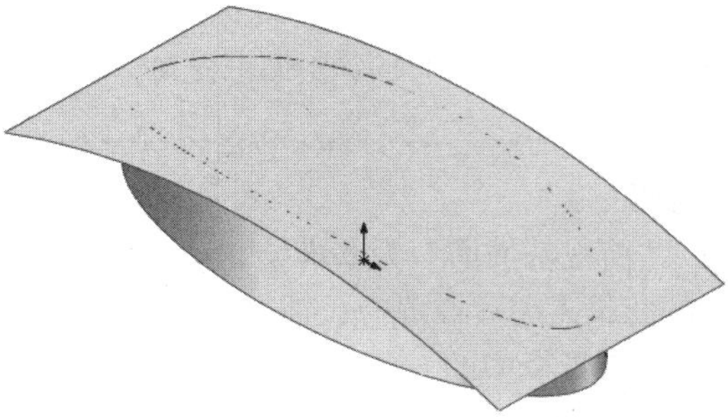
b）

图 3-5　拉伸曲面 2

5）单击工具栏中的“曲面”/“剪裁曲面”，如图 3-6a 所示，“剪裁类型”选择“标准”，“剪裁工具”选择椭圆拉伸面，保留圆弧拉伸面的中间部分，结果如图 3-6b 所示。

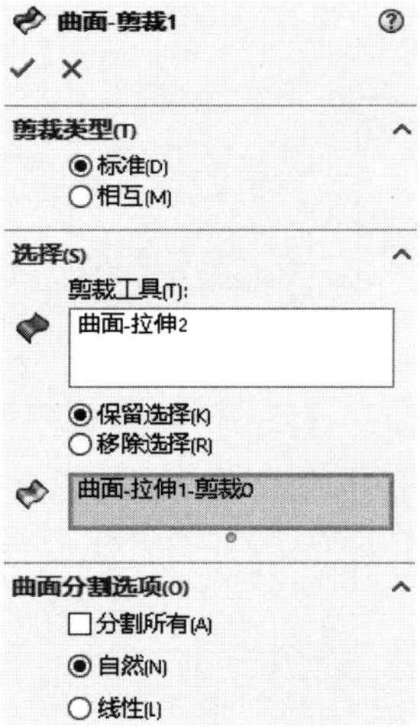

a）

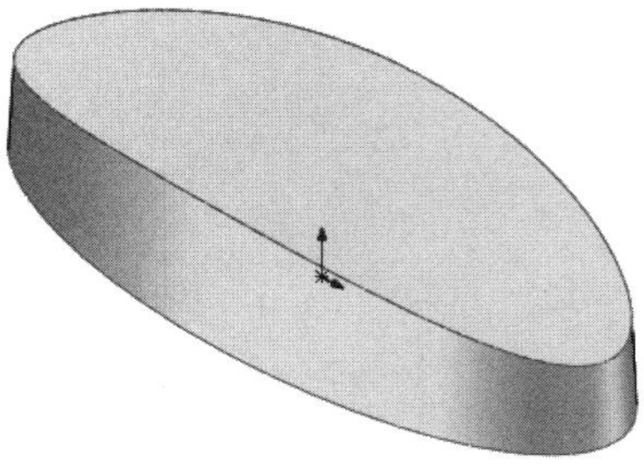
b）

图 3-6　剪裁曲面

6）单击工具栏中的“曲面”/“平面区域”，选择椭圆拉伸曲面的底部，结果如图 3-7 所示。

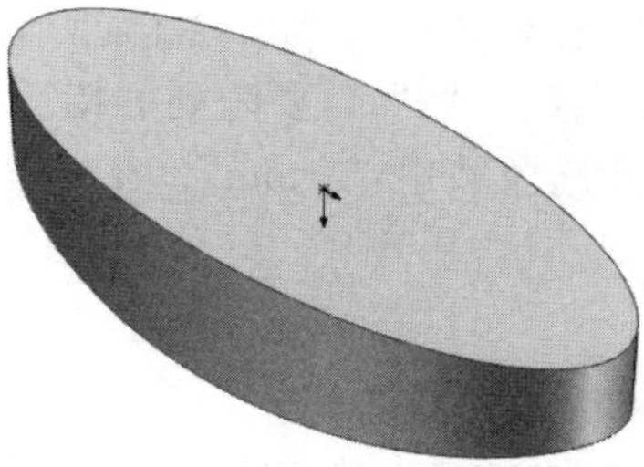

图 3-7 平面区域

7）单击工具栏中的“曲面”/“缝合曲面”，如图 3-8a 所示，选择已有的三个曲面，并勾选选项“创建实体”，结果如图 3-8b 所示。

提示

曲面有没有转变为实体，可以通过剖视图、质量属性等方式进行验证。

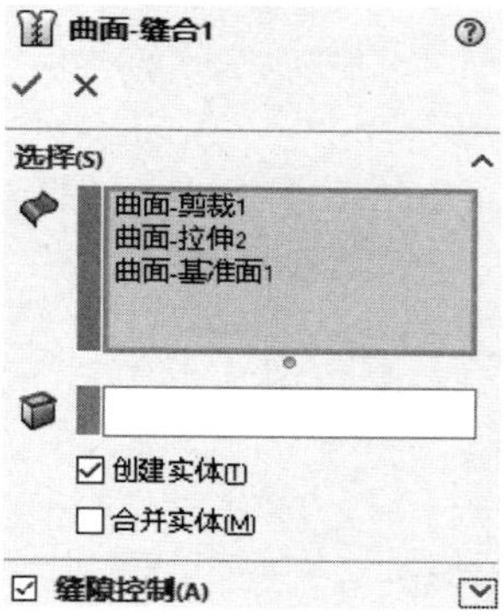

a）

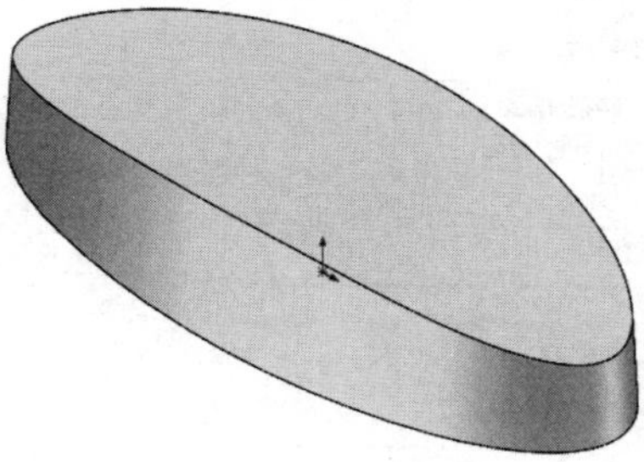

b）

图 3-8 缝合曲面

8）以“前视基准面”为基准绘制如图 3-9 所示草图。

9）单击工具栏中的“特征”/“拉伸切除”，“终止条件”选择“完全贯穿 - 两者”，结果如图 3-10 所示。

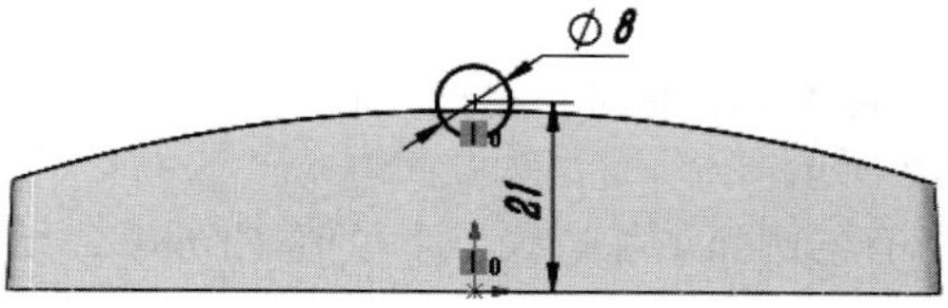

图 3-9 绘制草图圆

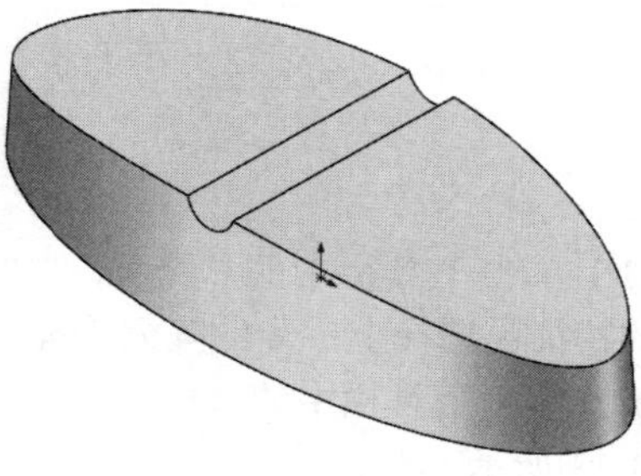

图 3-10 拉伸切除

10）单击工具栏中的“特征”/“线性阵列”，如图3-11a所示，“方向1”选择“右视基准面”，“间距”输入“11mm”，“实例数”输入“5”，“要阵列的特征”选择上一步生成的拉伸切除特征，勾选“变化的实例”选项，并选择尺寸“21mm”，在“增量”栏中输入尺寸“-1mm”，结果如图3-11b所示。

提示

该阵列中“变化的实例”是关键选项，用于控制阵列时，尺寸“21mm”按规则变化，以满足实例中每个圆弧槽中心逐步降低的要求。

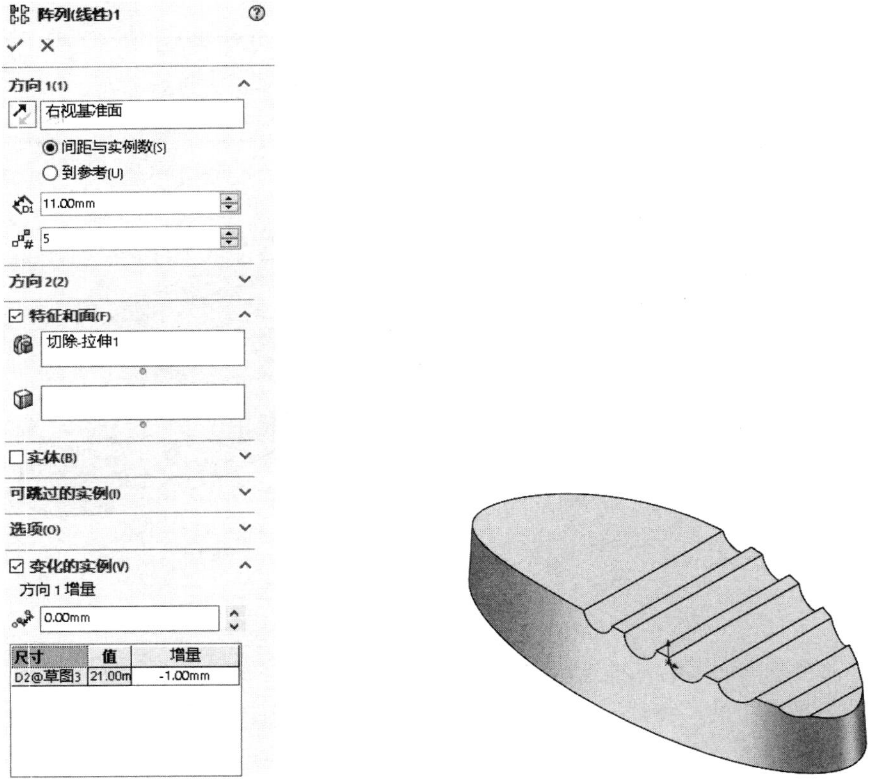

a）　　　　b）

图3-11　线性阵列

11）单击工具栏中的“特征”/“镜像”，“镜像面/基准面”选择“右视基准面”，“要镜像的特征”选择上一步的阵列特征，结果如图3-12所示。

12）单击工具栏中的“特征”/“圆角”，选择所有的圆弧切除边线，半径值“1mm”，结果如图3-13所示。

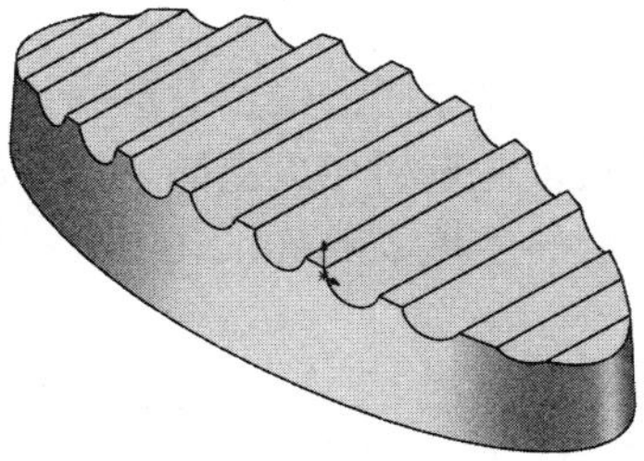

图 3-12　镜像特征

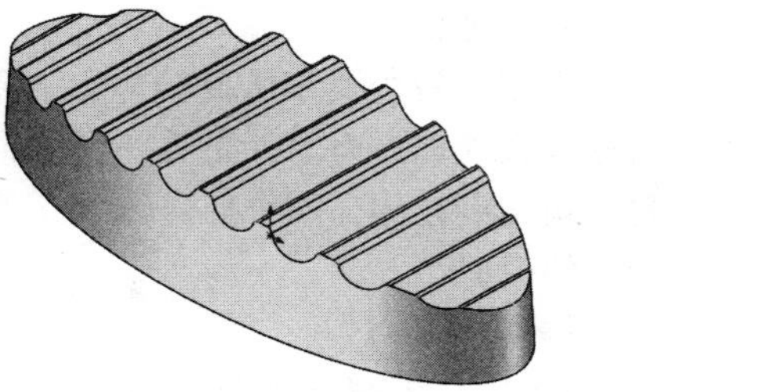

图 3-13　生成圆角 1

13）单击工具栏中的“特征”/“圆角”，选择所有的椭圆曲面边线，半径值为“1mm”，结果如图 3-14 所示。

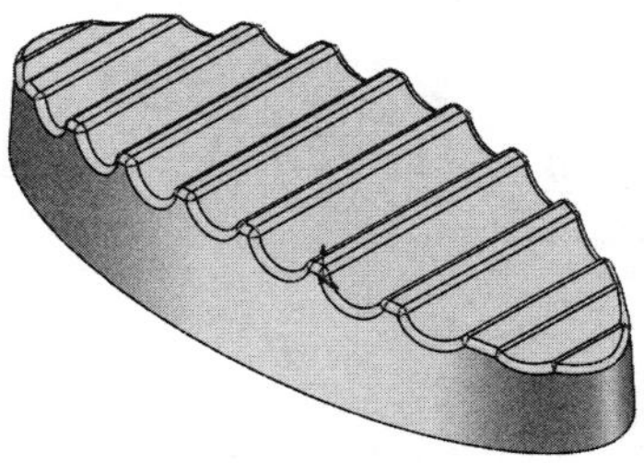

图 3-14　生成圆角 2

3.2　旋转曲面

扫码看视频

“旋转曲面”功能用于将所选草图绕指定中心轴旋转形成曲面，其基本属性参数与“旋转凸台 / 基体”相同，草图可以是封闭的也可以是开放的。

实例：按图 3-15 所示图样创建模型。

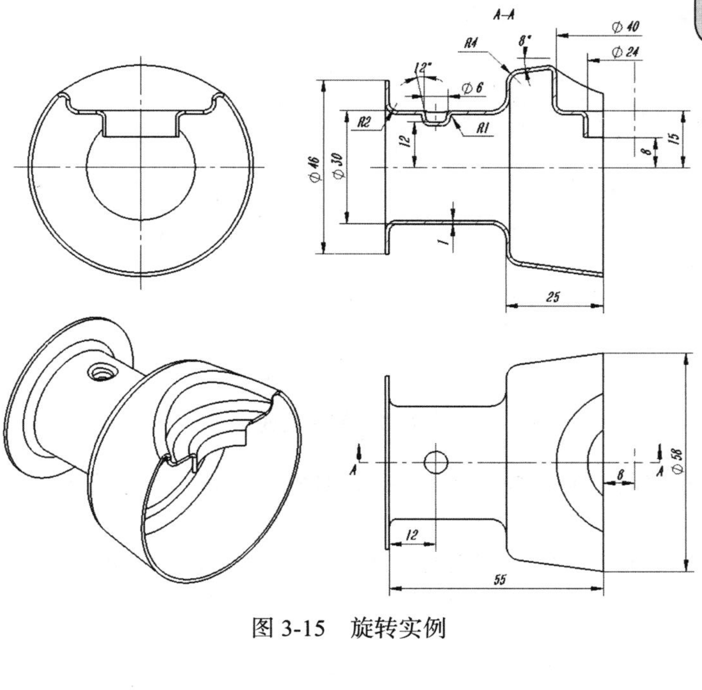

图 3-15　旋转实例

实例分析：

模型是较为典型的旋转体，如果用“旋转凸台 / 基体”功能完成，则右上角的相交旋转体部分较难处理，而零件是等壁厚的，所以选择曲面方法完成。先旋转生成主体，然后旋转生成右上角的旋转体，两个旋转体相互剪裁得到主要部分，再旋转生成 ϕ6mm 沉孔，最终加厚形成所需的模型。

操作步骤：

1）以“上视基准面”为基准绘制草图，如图 3-16 所示，由于草图是为旋转曲面准备的，所以需绘制一条作为旋转轴的辅助线。

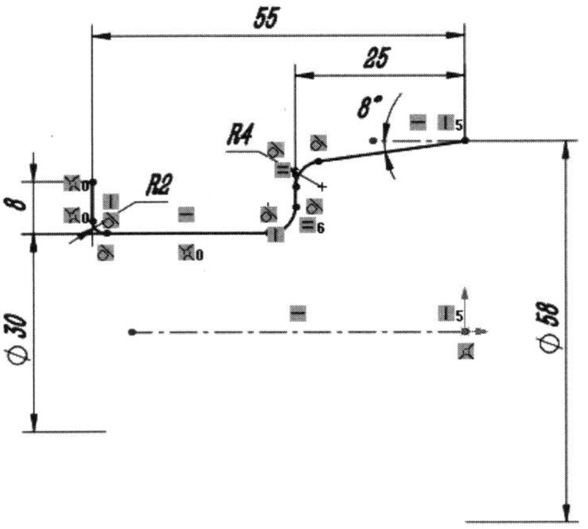

图 3-16　绘制草图 1

2）单击工具栏中的“曲面”/“旋转曲面”，如图 3-17a 所示，“旋转轴”选择过原点的辅助线，结果如图 3-17b 所示。

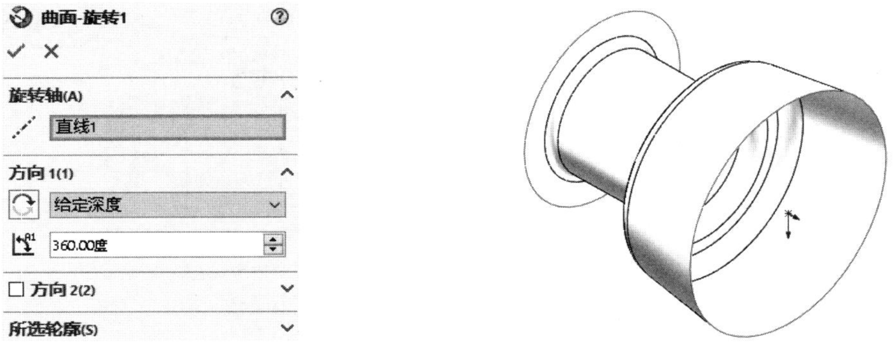

a）　　b）

图 3-17　旋转曲面 1

3）以“上视基准面”为基准绘制草图，如图 3-18 所示，注意绘制与原点偏距“8mm”的竖直辅助线。

4）单击工具栏中的“曲面”/“旋转曲面”，以“草图 2”中的竖直辅助线为旋转轴，结果如图 3-19 所示。

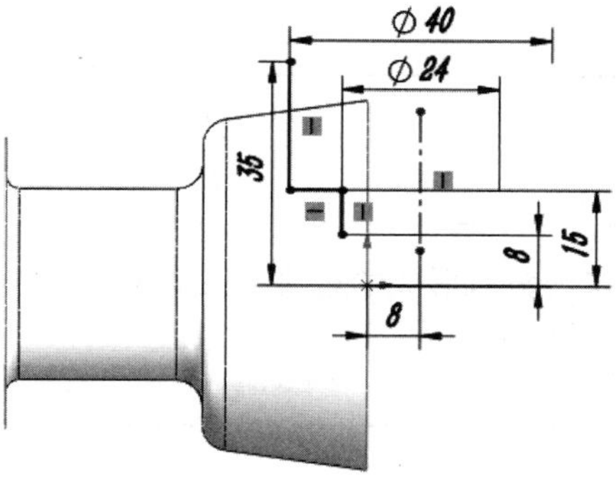

图 3-18　绘制草图 2

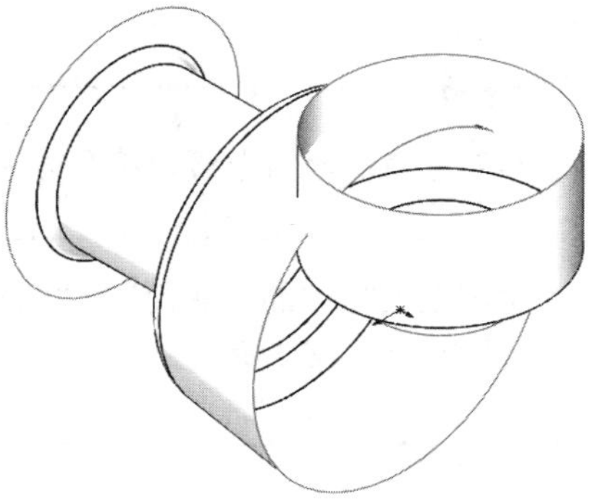

图 3-19　旋转曲面 2

5）单击工具栏中的“曲面”/“剪裁曲面”，如图 3-20a 所示，“剪裁类型”选择“标准”，“剪裁工具”选择“右视基准面”，保留第 2 个旋转曲面左侧部分，结果如图 3-20b 所示。

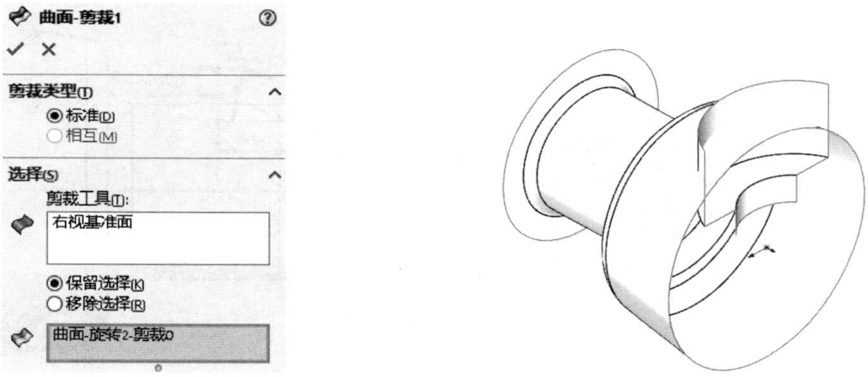

a）　　b）

图 3-20　剪裁曲面 1

6）单击工具栏中的“曲面” / “剪裁曲面”，如图 3-21a 所示，“剪裁类型”选择“相互”，“曲面”选择两个旋转曲面，保留第 1 个旋转体的主体部分及第 2 个旋转体的下侧部分，结果如图 3-21b 所示。

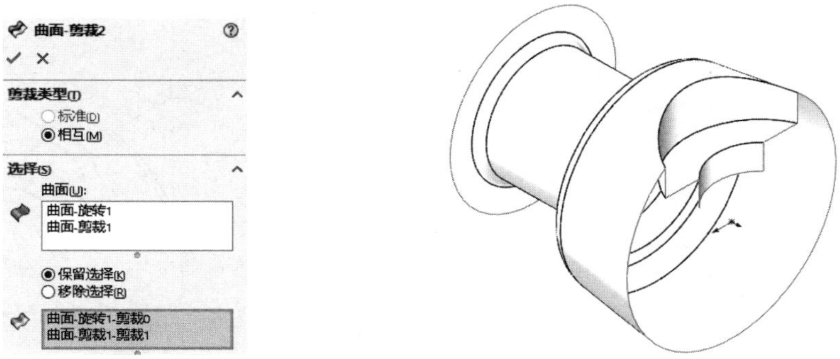

a）　　b）

图 3-21　剪裁曲面 2

提示

相互剪裁后的两个曲面将合并为一个曲面。

7）单击工具栏中的“曲面”/“圆角”，选择上一步剪裁后形成的边线，圆角半径输入尺寸“2mm”，结果如图 3-22 所示。

注意

“特征”与“曲面”两个工具栏中的“圆角”命令相同，均可对实体和曲面添加圆角。

8）以“上视基准面”为基准绘制如图 3-23 所示草图，注意绘制与左侧端面偏距“12mm”的竖直辅助线。

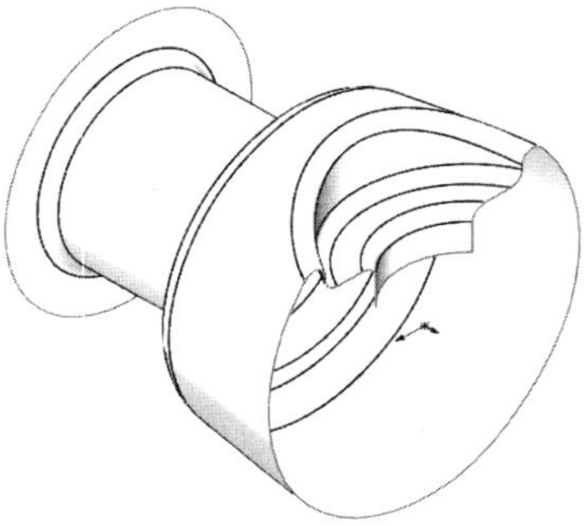

图 3-22　添加圆角 1

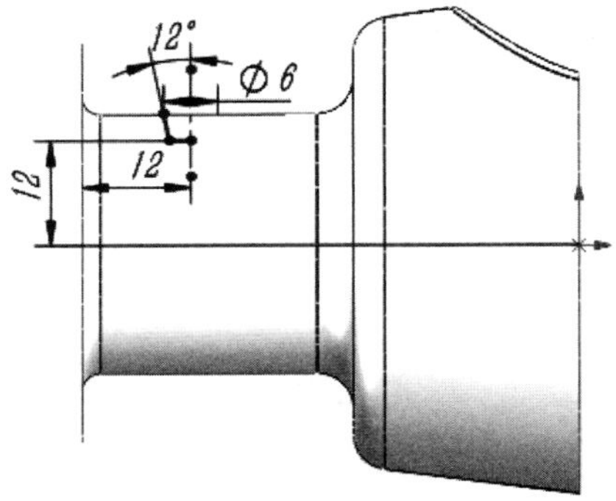

图 3-23　绘制草图 3

9）单击工具栏中的“曲面”/“旋转曲面”，以“草图 3”中的竖直辅助线为旋转轴，结果如图 3-24 所示。

10）单击工具栏中的“曲面”/“剪裁曲面”，“剪裁类型”选择“相互”，“曲面”选择“剪裁曲面 2”与上一步生成的旋转曲面，保留主体部分及上一步生成旋转曲面的下侧部分，结果如图 3-25 所示。

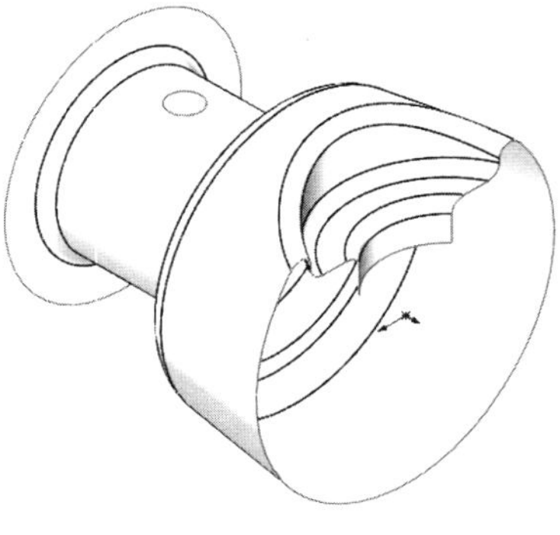

图 3-24　旋转曲面 3

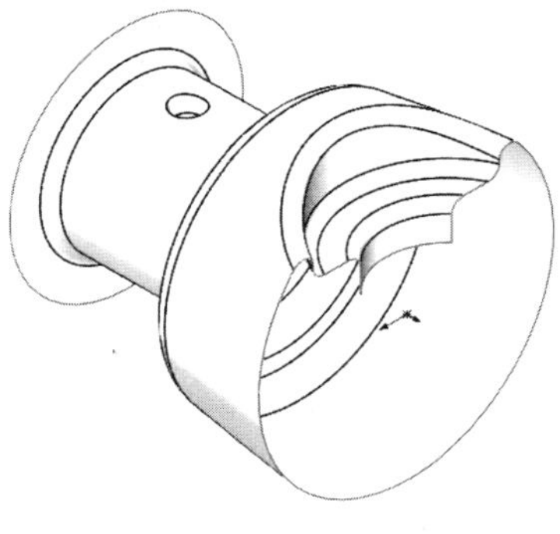

图 3-25　剪裁曲面 3

技巧

在系统选项中对于曲面的开环边线的颜色可以单独设置，设置合适的颜色可以方便判断当前曲面的状态。

11）单击工具栏中的“曲面”/“圆角”，选择上一步剪裁后形成的边线（包括孔底边线），圆角半径输入尺寸“1mm”，结果如图 3-26 所示。

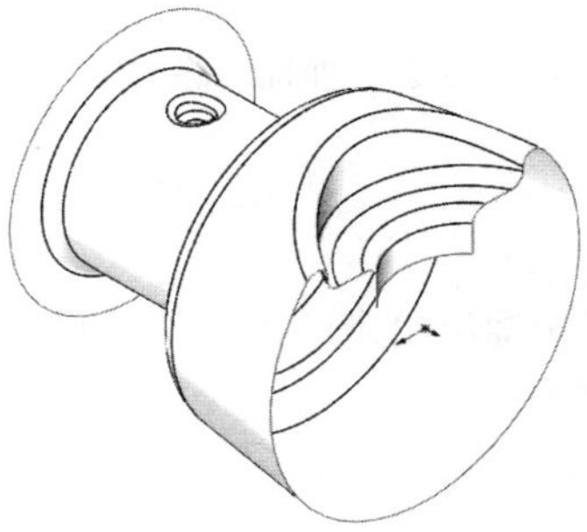

图 3-26　添加圆角 2

12）单击工具栏中的“曲面”/“加厚”，如图 3-27a 所示，“要加厚的曲面”选择已有的曲面实体，向内侧加厚，尺寸输入“1mm”，结果如图 3-27b 所示。

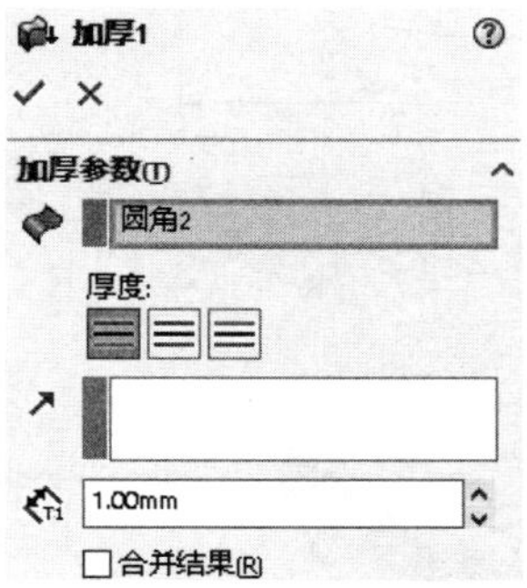

a）

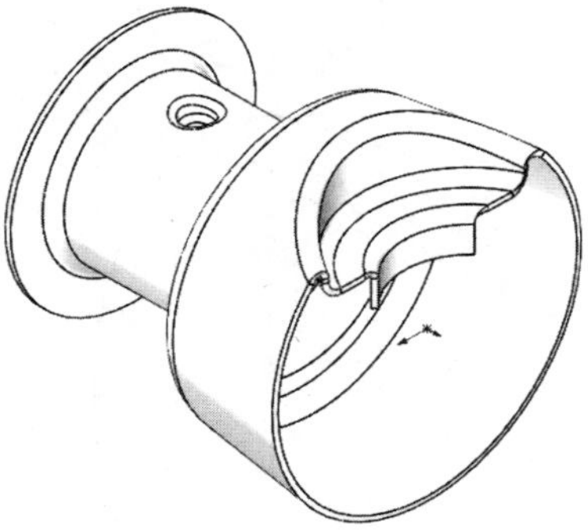

b）

图 3-27　加厚曲面

13）单击工具栏中的“曲面”/“使用曲面切除”，切除的参考面选择“右视基准面”，切除外侧部分，结果如图 3-28 所示。

思考

此处为什么要添加切除操作？

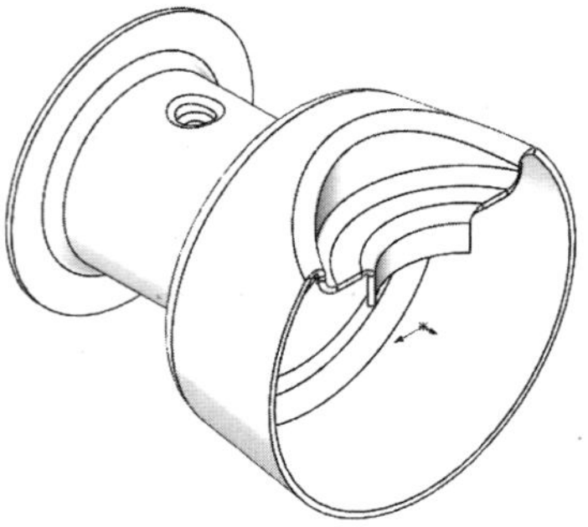

图 3-28　曲面切除实体

3.3　扫描曲面

扫码看视频

“扫描曲面”功能用于将草图轮廓沿给定的路径移动形成曲面，可以通过添加引导线生成复杂的扫描曲面。

实例：按图 3-29 所示图样创建模型。

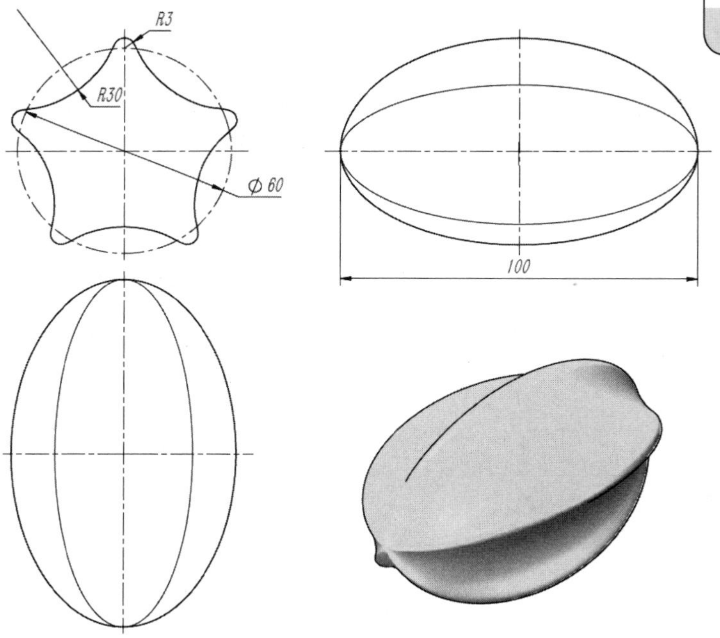

图 3-29　扫描实例

实例分析：

该实例从其主视图上看出其圆周方向确定，可视为路径，另一方向为椭圆弧，但这样作为路径的草图过于复杂，椭圆弧无法完整跟随变动。此时可简化路径草图，以圆代替完成圆周扫描动作，同时将主视图截面草图作为引导线控制扫描过程中的变化。

操作步骤：

1）以“上视基准面”为基准绘制如图 3-30 所示草图。

2）以“右视基准面”为基准绘制如图 3-31 所示草图，该草图为四分之一椭圆，其中右侧的象限点要与草图 1 添加“使穿透”的几何关系。

注意

“使穿透”的几何关系是保证扫描同时按“草图 1”变化的关键性条件。

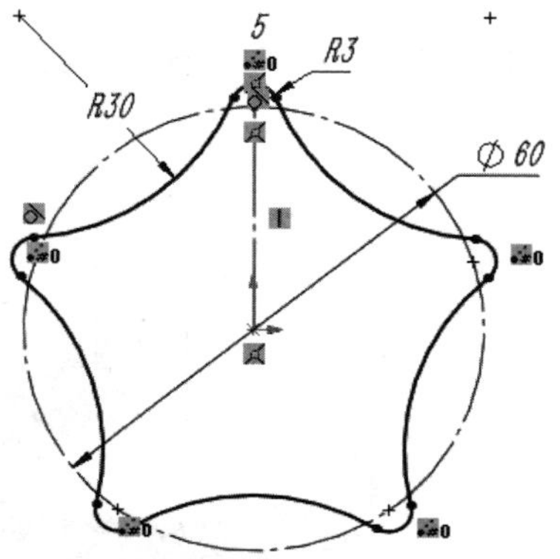

图 3-30　绘制草图 1

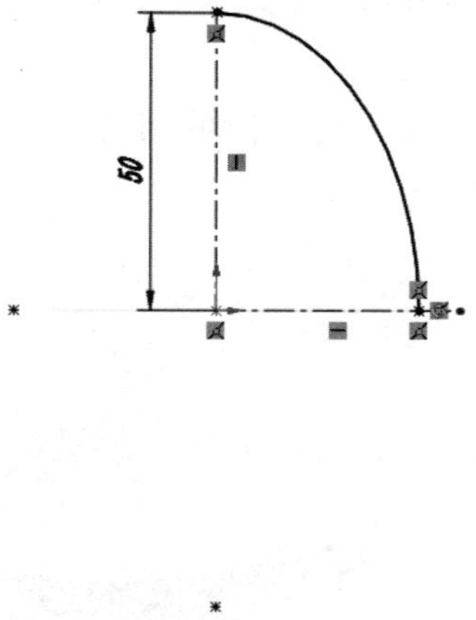

图 3-31　绘制草图 2

3）以“上视基准面”为基准绘制草图，如图 3-32 所示，该草图是保证椭圆弧完成圆周扫描的条件，其直径大小任意。

4）单击工具栏中的“曲面”/“扫描曲面”，如图 3-33a 所示，“轮廓”选择“草图 2”，“路径”选择“草图 3”，“引导线”选择“草图 1”，结果如图 3-33b 所示。

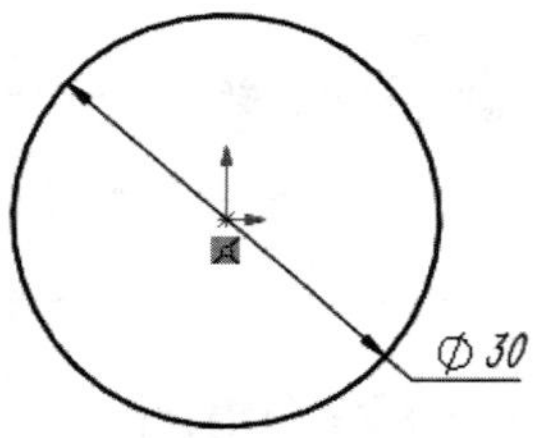

图 3-32　绘制草图 3

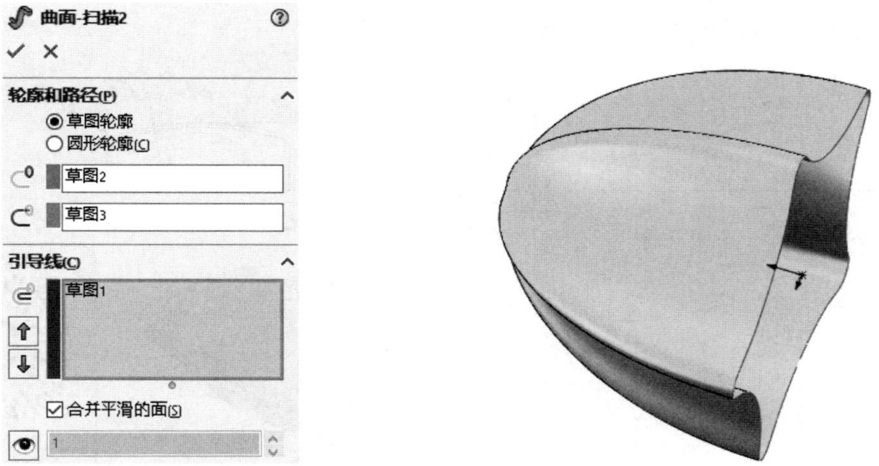

a）　　b）

图 3-33　扫描曲面

5）单击工具栏中的“特征”/“镜像”，“镜像面/基准面”选择“上视基准面”，“要镜像的实体”选择扫描曲面，结果如图 3-34 所示。

提示

SOLIDWORKS 中曲面归类为独立的“曲面实体”，所以在对曲面进行阵列、镜像时，属性框中要切换至实体选项再选择，不可以在特征选项中选择。

6）单击工具栏中的“曲面”/“缝合曲面”，选择已有的两个曲面，并勾选选项“创建实体”，结果如图 3-35 所示。

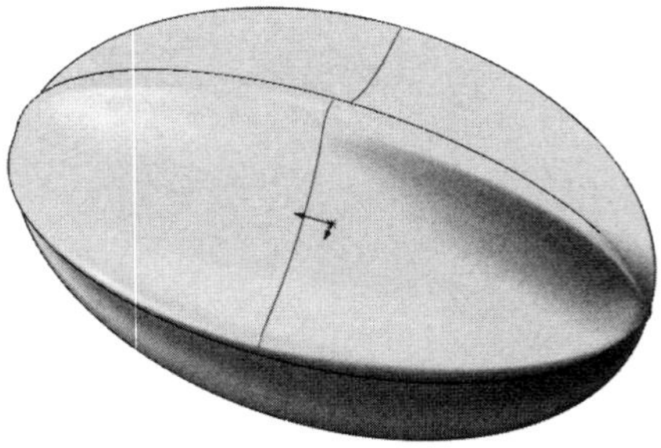

图 3-34　镜像曲面

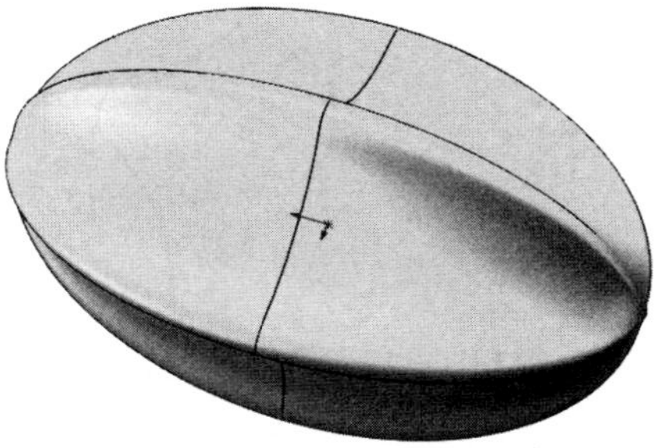

图 3-35　缝合曲面

思考

四分之一的椭圆弧能否做成二分之一椭圆弧一次性生成完整曲面？试操作进行验证。

3.4　放样曲面

“放样曲面”功能用于将多个不同的草图根据条件过渡生成曲面，可以生成较为复杂的曲面。

实例：按图 3-36 所示图样创建模型。

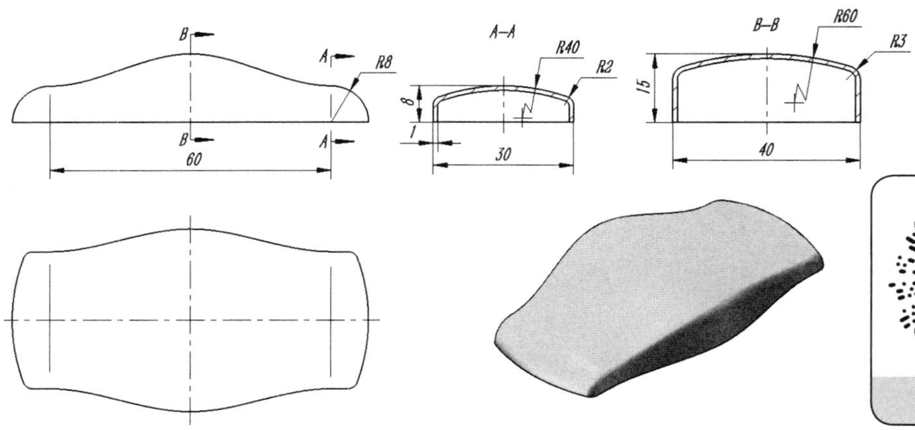

扫码看视频

图 3-36　放样实例

实例分析：

从给出的两个不同的截面可以很容易地判断该模型主要用“放样曲面”功能完成。对于对称型模型而言通常先创建其中的一半或四分之一，甚至更小的一部分。此模型先创建一半再镜像，然后添加底部平面，再缝合，完成实体创建。

操作步骤：

1）以“上视基准面”为参考偏距“30mm”新建一基准面。

2）以新建的基准面为基准绘制草图，如图 3-37 所示。

3）单击工具栏中的“曲面”/“旋转曲面”，以“草图 1”中的水平辅助线为旋转轴，旋转角度为“90 度”，向着 Y 轴的正方向旋转，结果如图 3-38 所示。

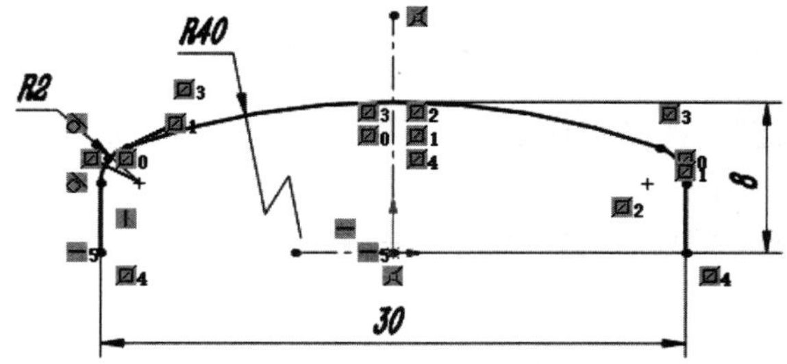

图 3-37　绘制草图 1

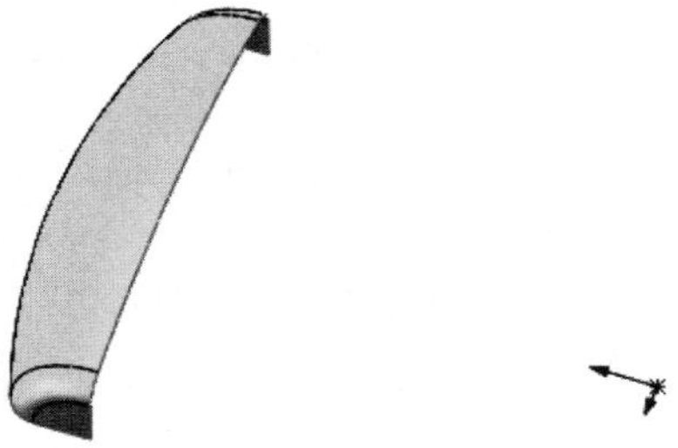

图 3-38　旋转曲面

4）以“上视基准面”为基准绘制如图 3-39 所示草图。

5）单击工具栏中的“曲面”/“放样曲面”，如图 3-40a 所示，“轮廓”分别选择旋转曲面的边线及“草图 2”，为保证曲面质量，“开始约束”选择“与面相切”，“结束约束”选择“垂直于轮廓”，结果如图 3-40b 所示。

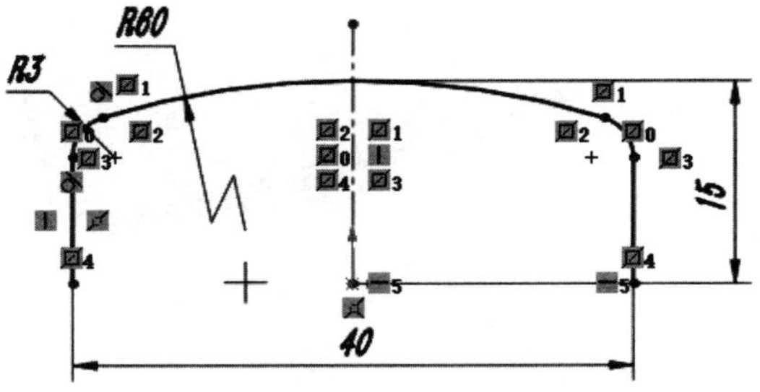

图 3-39　绘制草图 2

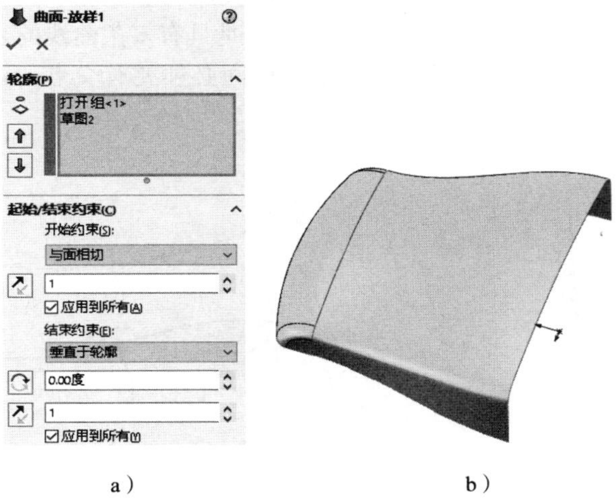

a）　　b）

图 3-40　放样曲面

6）单击工具栏中的“特征”/“镜像”，“镜像面/基准面”选择“上视基准面”，“要镜像的实体”选择旋转与放样两个曲面，结果如图 3-41 所示。

7）单击工具栏中的“曲面”/“平面区域”，选择底部所有边线，结果如图 3-42 所示。

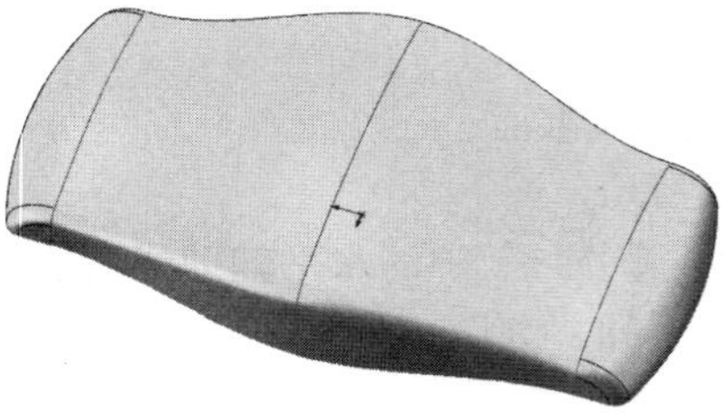

图 3-41　镜像曲面

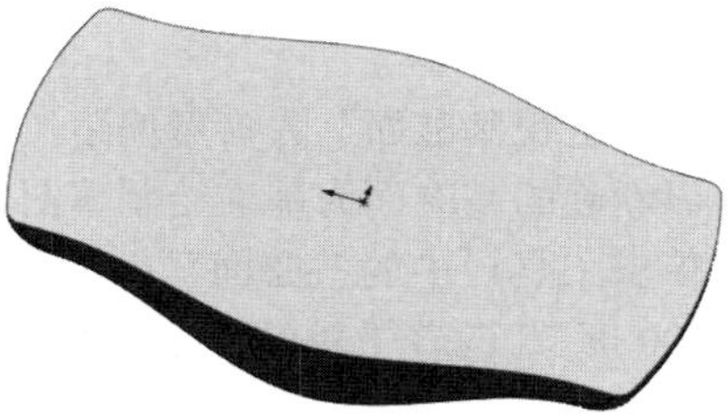

图 3-42　生成平面

8）单击工具栏中的“曲面”/“缝合曲面”，选择所有曲面，并勾选选项“创建实体”，结果如图 3-43 所示。

9）单击工具栏中的“特征”/“抽壳”，“厚度”输入尺寸“1mm”，“移除的面”选择底面，结果如图 3-44 所示。

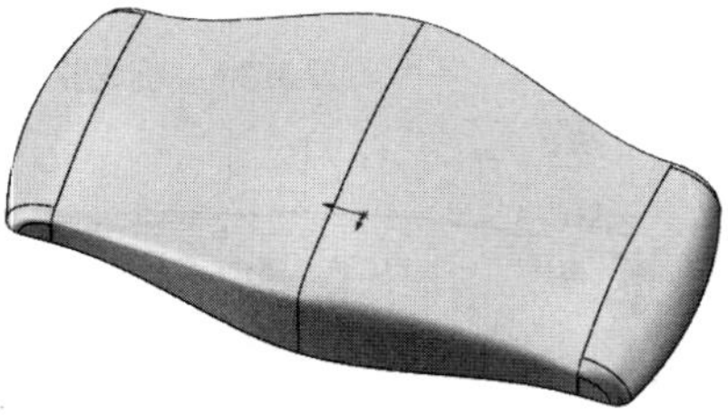

图 3-43　缝合曲面

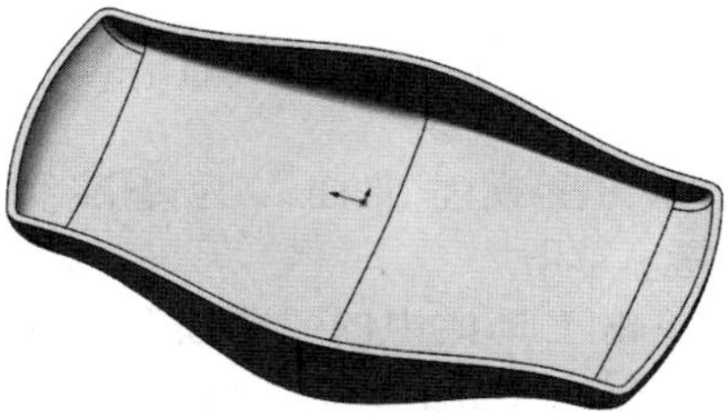

图 3-44　抽壳

3.5　边界曲面

扫码看视频

“边界曲面”功能可用于生成在两个方向上（曲面所有边）相切或曲率连续的曲面，最少可以是两条相交的曲线，也可以是具有多条曲线的复杂曲面，如图 3-45 所示。不管有几条曲线，线与线间必须要有交点，否则无法生成。

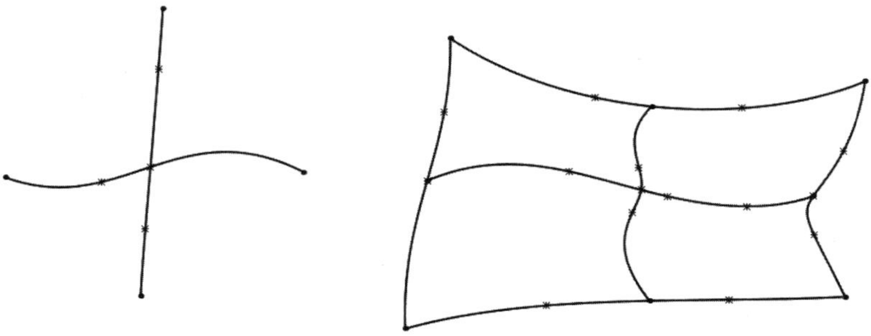

图 3-45　边界曲面的条件

提示

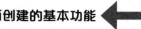

大多数情况下，“边界曲面”功能产生的结果比“放样曲面”功能产生的结果质量更高。消费性产品设计以及其他需要高质量曲率连续曲面的情形可以优先使用该功能。

实例：按图 3-46 所示图样创建模型。

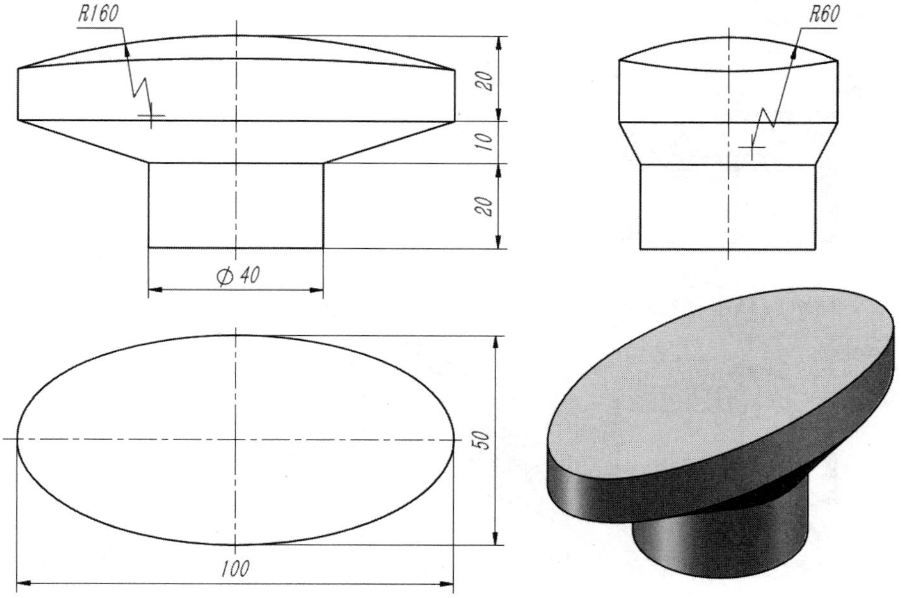

图 3-46　边界曲面实例

实例分析：

零件可分为三个部分：上部分条件是两条圆弧，这符合边界曲面的条件，可先生成边界曲面，再用椭圆草图拉伸到该面；中间部分有上下两个不同截面，通过实体放样即可；下部分为简单圆柱体，通过拉伸、旋转均可实现。

操作步骤：

1）以“前视基准面”为基准绘制如图 3-47 所示草图。

2）以“右视基准面”为基准绘制如图 3-48 所示草图。

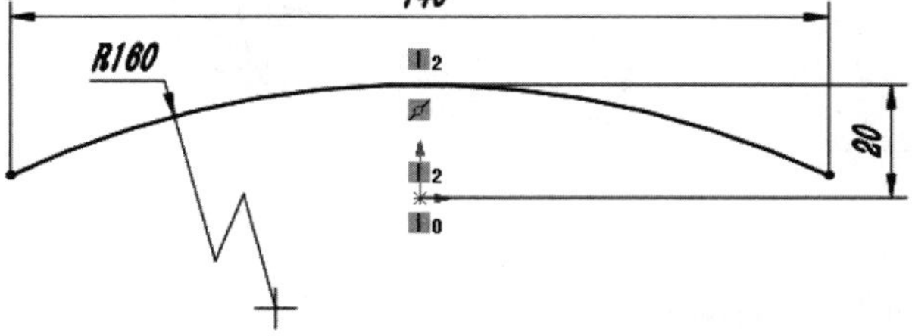

图 3-47　绘制草图 1

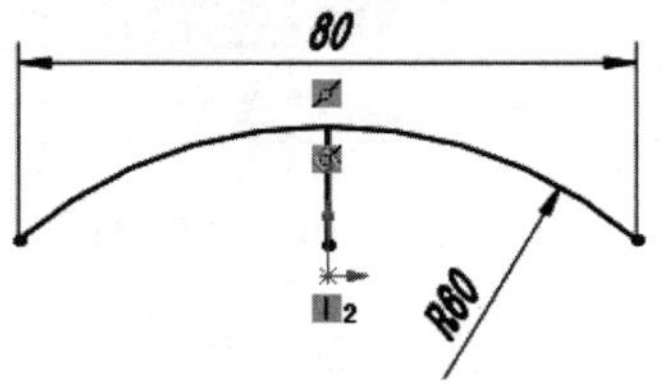

图 3-48　绘制草图 2

提示

作为辅助曲面，通常要比所需的范围尺寸大些。

3）单击工具栏中的“曲面”/“边界曲面”，如图 3-49a 所示，“方向 1 曲线感应”选择“草图 1”，“方向 2 曲线感应”选择“草图 2”，结果如图 3-49b 所示。

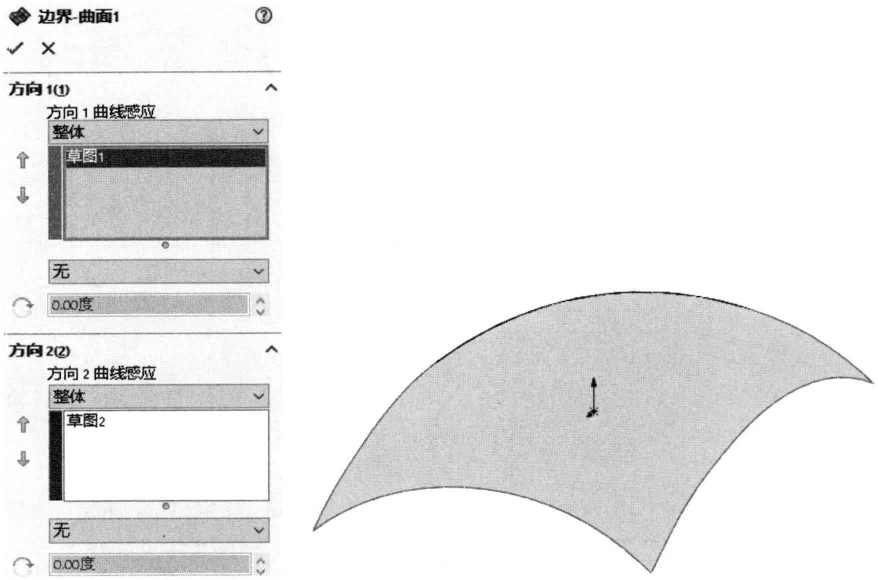

a）　　　　　　　　b）

图 3-49　边界曲面

4）以“上视基准面”为基准绘制椭圆草图，如图 3-50 所示。

5）单击工具栏中的“特征”/“拉伸凸台 / 基体”，“终止条件”选择“成形到一面”，并选择边界曲面作为参考，完成后隐藏边界曲面，结果如图 3-51 所示。

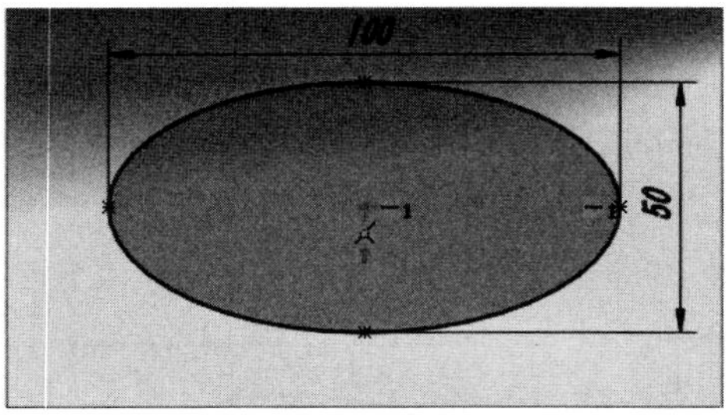

图 3-50　绘制草图 3

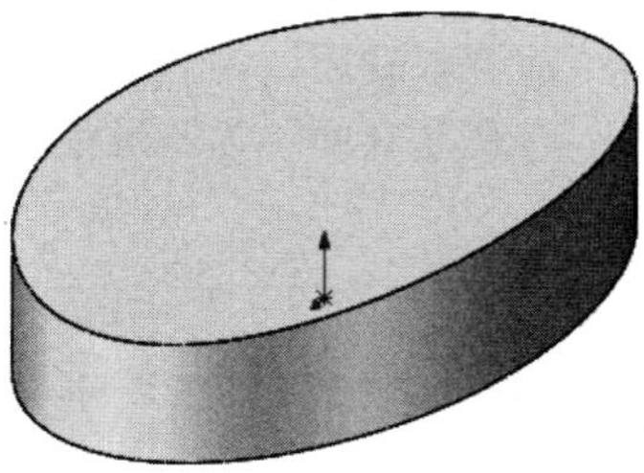

图 3-51　拉伸到面

6）以“上视基准面”为参考，向 Y 轴的负方向偏距“10mm”生成一新基准面。

7）以新建基准面为基准绘制如图 3-52 所示草图。

8）单击工具栏中的“特征”/“放样凸台 / 基体”，选择椭圆拉伸体的底面边线及圆形草图，结果如图 3-53 所示。

注意

为保证放样质量，需注意放样接头的对应。

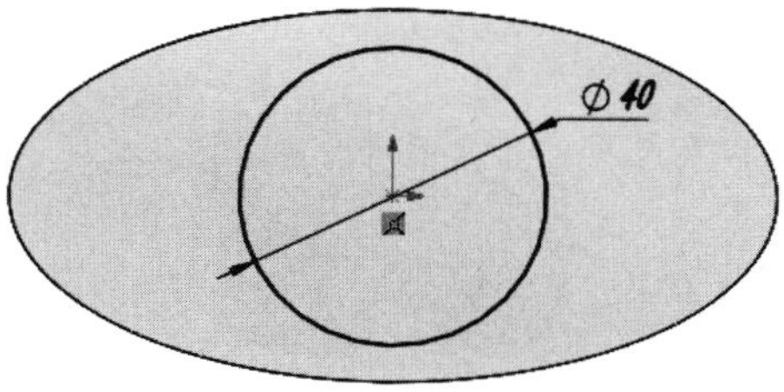

图 3-52　绘制草图 4

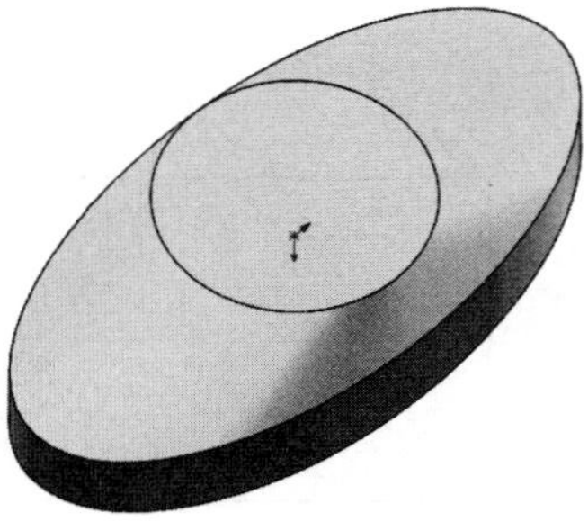

图 3-53　放样实体

9）单击工具栏中的“特征”/“拉伸凸台 / 基体”，将圆形草图向 *Y* 轴的负方向拉伸“20mm”，结果如图 3-54 所示。

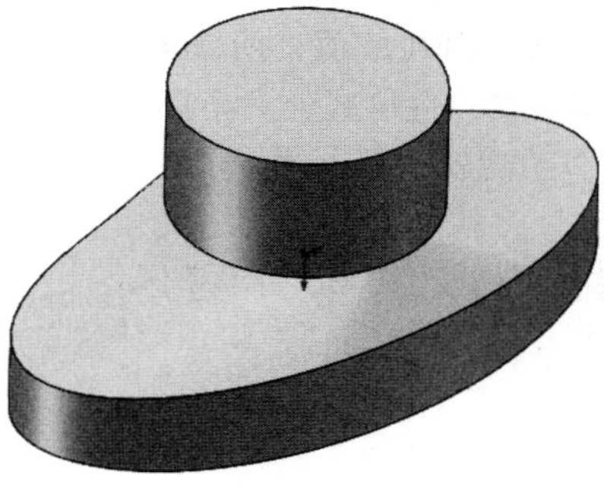

图 3-54　拉伸圆柱

思考

除边界曲面外其他特征均通过曲面特征完成该如何操作？试操作验证。

3.6　填充曲面

“填充曲面”功能用于在现有模型边线、草图、曲线（包括组合曲线）定义的边界内生成任何边数的曲面修补。可使用此功能来构造填充模型中的缝隙，还有一个重要用途是作为输入模型问题曲面的修补。

扫码看视频

实例：按图 3-55 所示图样创建模型。

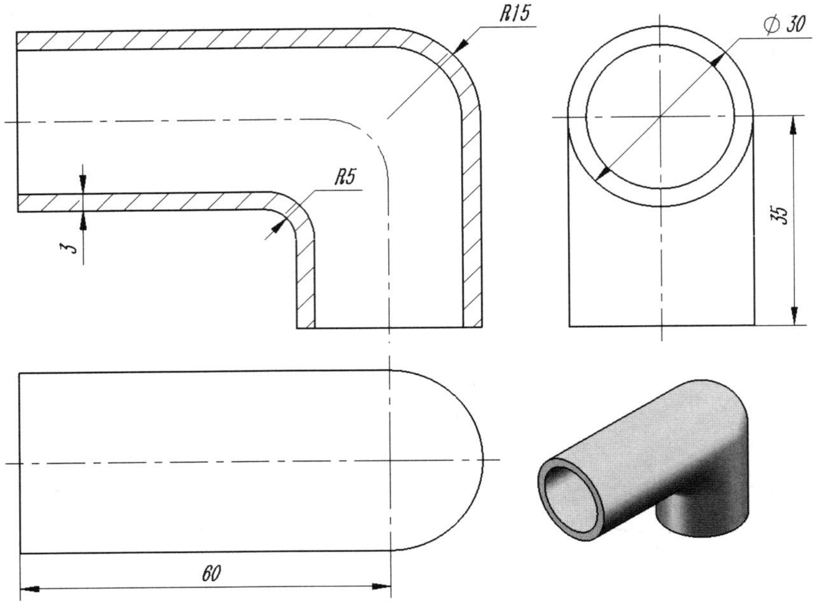

图 3-55　填充曲面实例

实例分析：

初看该实例，由于主要的直径相同，认为可以用扫描完成，但仔细观察发现其直角部分外圆角半径尺寸不是内圆角半径加管子直径的值，所以无法用扫描完成。此时可将其“拆”开，分为三部分，两端的直管用拉伸生成，直角部分上半部分可以用半圆扫描生成，下半部分此时已有了四周的边线，“填充曲面”功能就可派上用场了。

操作步骤：

1）以“上视基准面”为基准绘制如图 3-56 所示草图。

2）单击工具栏中的“曲面”/“拉伸曲面”，将“草图 1”向 Y 轴的正方向拉伸“15mm”，结果如图 3-57 所示。

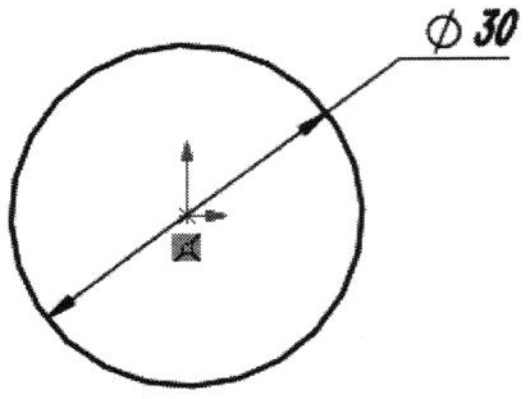

图 3-56　绘制草图 1

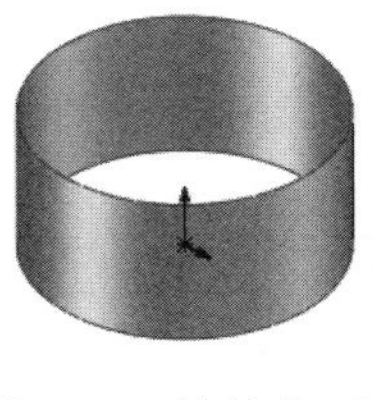

图 3-57　拉伸曲面 1

3）以“右视基准面”为参考向 X 轴的负方向偏距“20mm”生成新基准面。

思考

为什么偏距“20mm”？有没有其他方案？哪种方案最优？

4）以新建的基准面为基准绘制如图 3-58 所示草图。

5）单击工具栏中的“曲面” / “拉伸曲面”，将“草图 2”向 X 轴的负方向拉伸“40mm”，结果如图 3-59 所示。

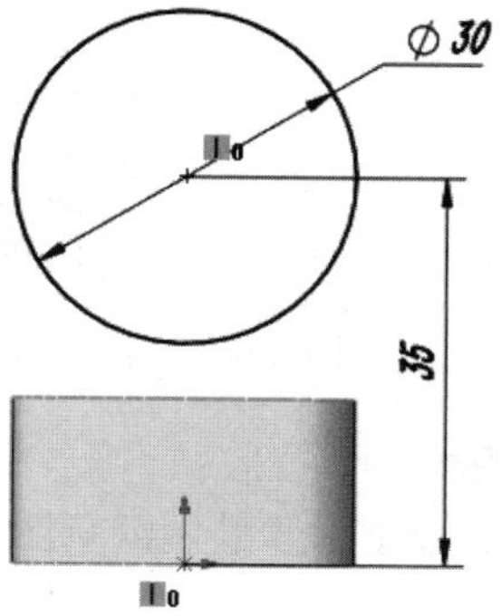

图 3-58　绘制草图 2

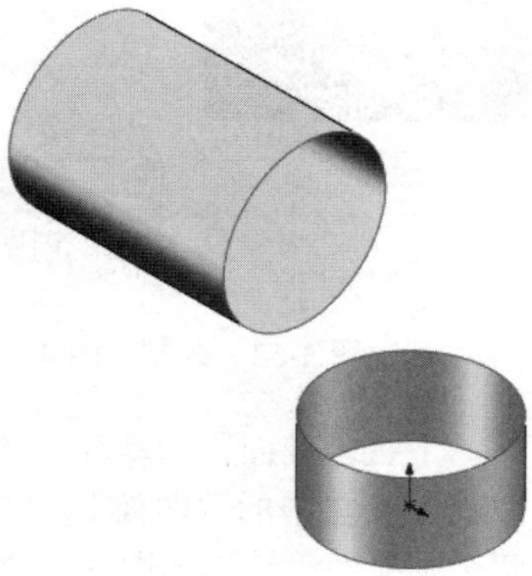

图 3-59　拉伸曲面 2

6）以“前视基准面”为基准绘制如图 3-60 所示草图。

7）单击工具栏中的“曲面” / “曲线” / “分割线”，以上一步绘制的草图分割已有的两个圆柱面，结果如图 3-61 所示。

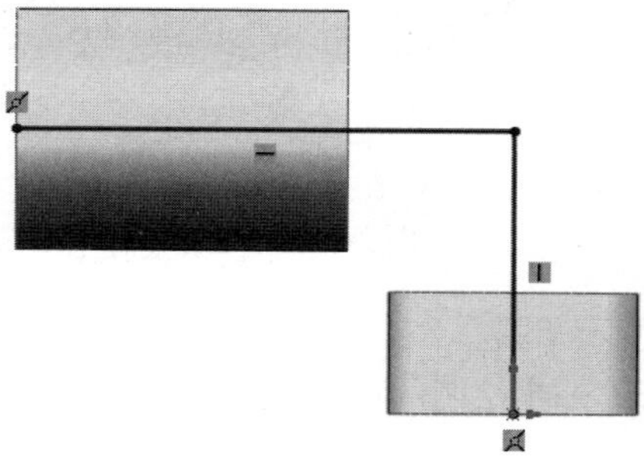

图 3-60　绘制草图 3

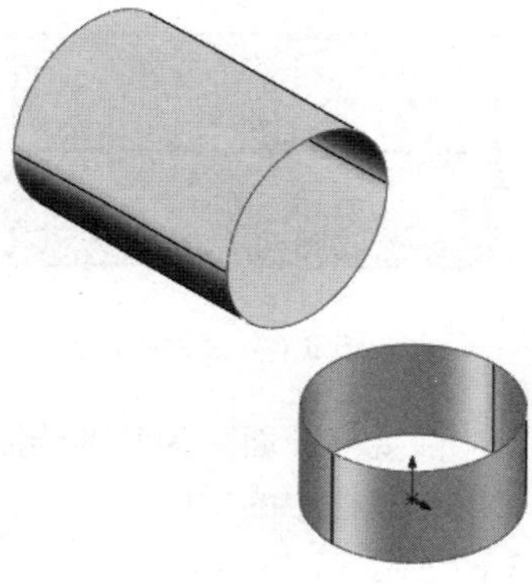

图 3-61　分割曲面 1

8）以“前视基准面”为基准绘制如图 3-62 所示草图。

提示

为保证草图与圆柱面相交，需分别为两端点与对应的曲面边线添加“使穿透”的几何关系。

9）单击工具栏中的“曲面”/“扫描曲面”，“轮廓”选择上方圆柱面的右上侧半圆边线，“路径”选择上一步绘制的草图，结果如图 3-63 所示。

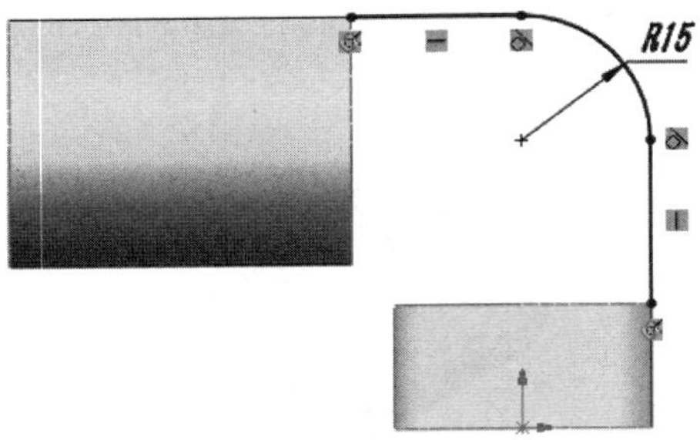

图 3-62　绘制草图 4

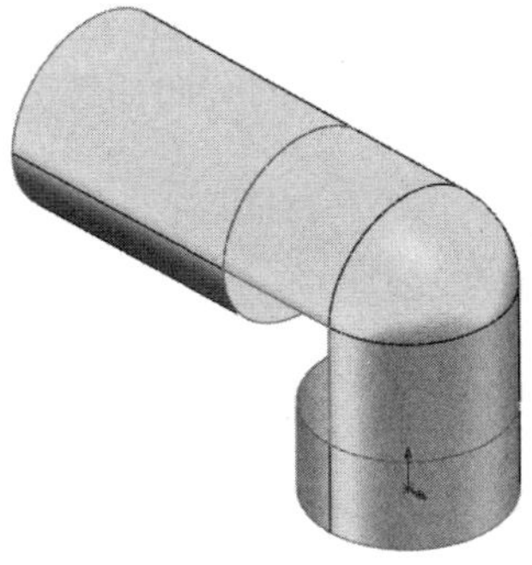

图 3-63　扫描曲面

10）以“上视基准面”为基准绘制如图 3-64 所示草图。

11）单击工具栏中的“曲面”/“曲线”/“分割线”，以上一步绘制的草图分割扫描曲面没有连接的两个圆弧面，结果如图 3-65 所示。

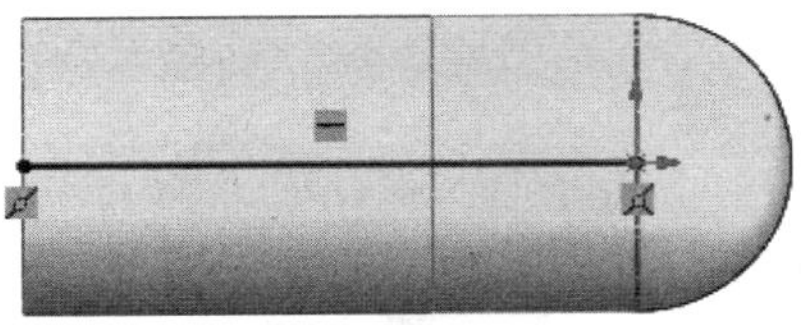

图 3-64　绘制草图 5

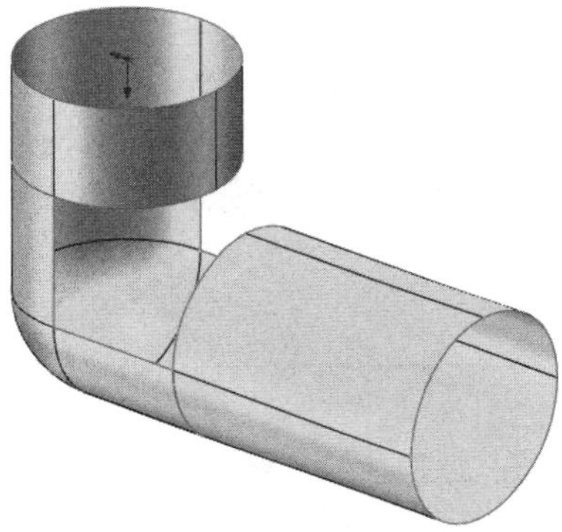

图 3-65　分割曲面 2

12）以“前视基准面”为基准绘制如图 3-66 所示草图。

13）单击工具栏中的“曲面”/“拉伸曲面”，将上一步绘制的草图拉伸“10mm”，生成曲面，结果如图 3-67 所示。

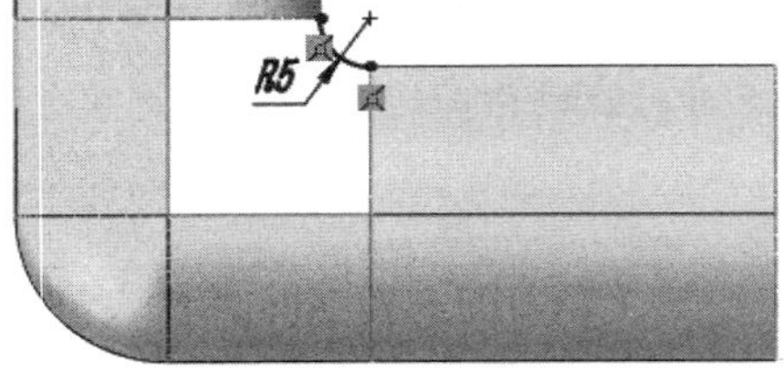

图 3-66　绘制草图 6

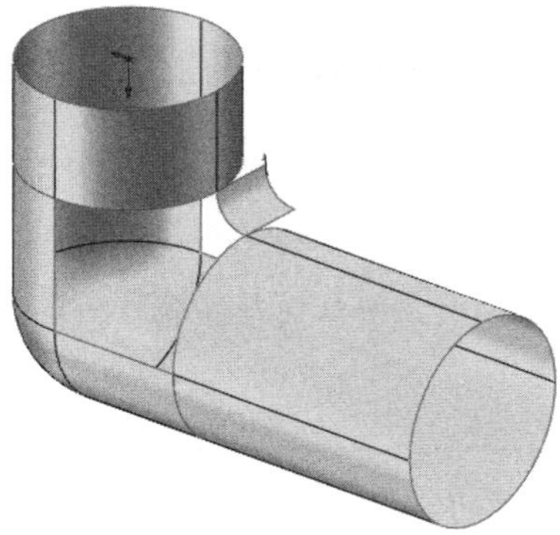

图 3-67　拉伸曲面 3

注意

由于“填充曲面”功能只支持与曲面边线添加“曲率控制”，不支持与草图线添加，所以这步操作是保证曲面质量的重要步骤。

14）单击工具栏中的“曲面”/“填充曲面”，如图 3-68a 所示，“修补边界”选择上一步拉伸曲面与已有曲面在 Z 轴的正方向形成封闭区域的所有曲面边线，“曲率控制”选择“相切”，结果如图 3-68b 所示。

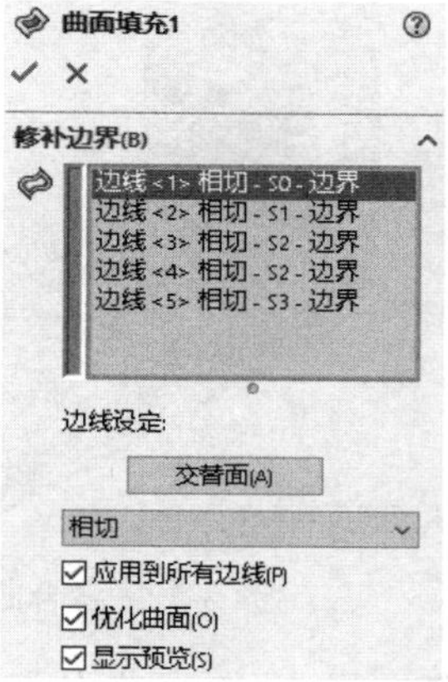

a）

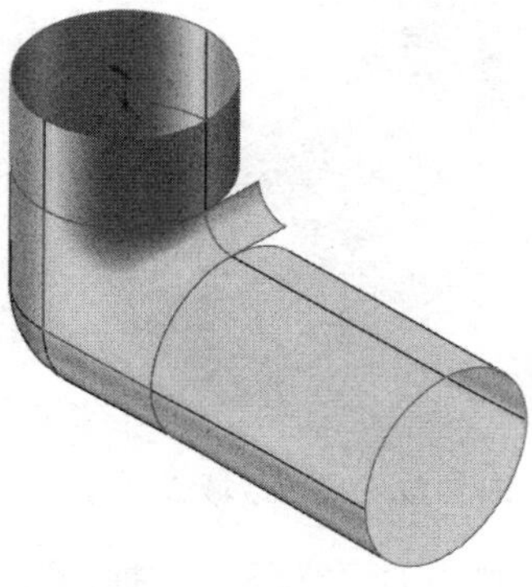

b）

图 3-68　填充曲面

15）隐藏第 13）步生成的拉伸曲面。

16）单击工具栏中的“特征”/“镜像”，“镜像面 / 基准面”选择“前视基准面”，“要镜像的实体”选择填充曲面，结果如图 3-69 所示。

17）单击工具栏中的“曲面”/“平面区域”，选择较长圆柱面的端面边线，结果如图 3-70 所示。

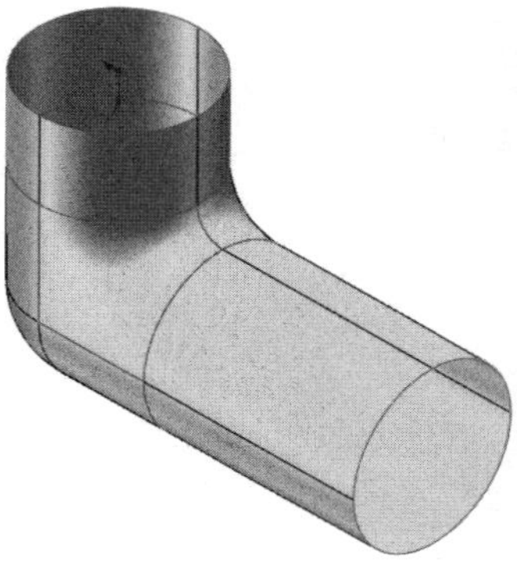

图 3-69　镜像填充曲面

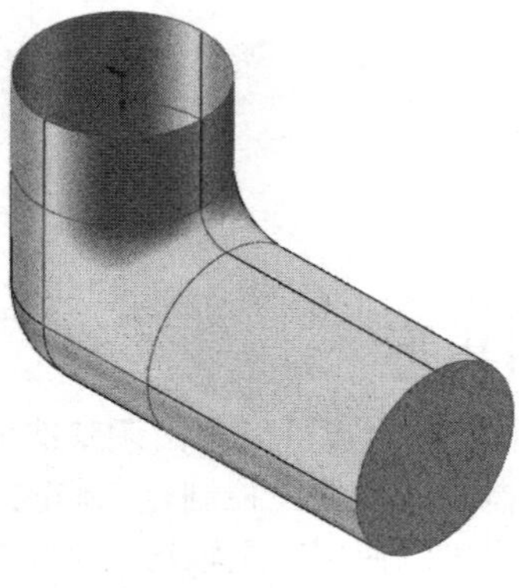

图 3-70　平面区域 1

18）单击工具栏中的“曲面”/“平面区域”，选择较短圆柱面的端面边线，结果如图 3-71 所示。

技巧

“平面区域”功能支持多个独立封闭的区域同时生成，可以利用这个特性将两步“平面区域”合并为一步完成操作。

19）单击工具栏中的“曲面”/“缝合曲面”，选择所有曲面，并勾选选项“创建实体”，结果如图 3-72 所示。

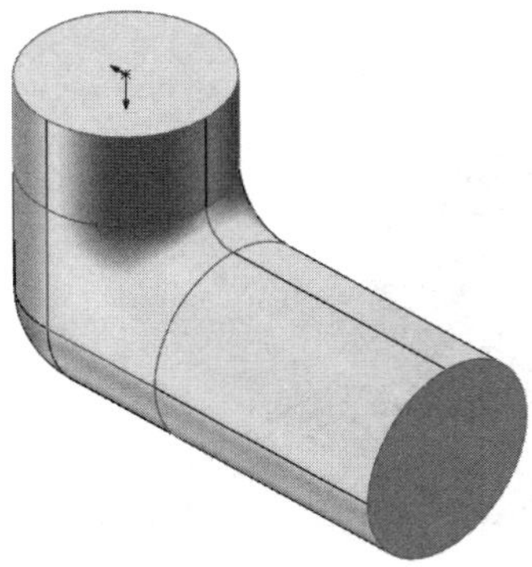

图 3-71　平面区域 2

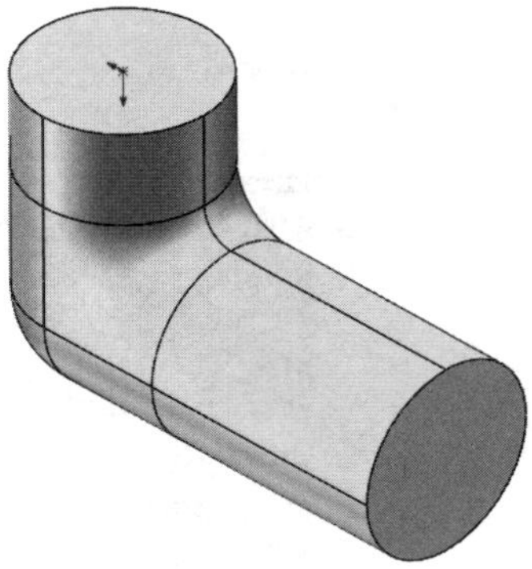

图 3-72　缝合曲面

20）单击工具栏中的“特征”/“抽壳”，“厚度”输入尺寸“3mm”，“移除的面”选择两个圆柱端面，结果如图 3-73 所示。

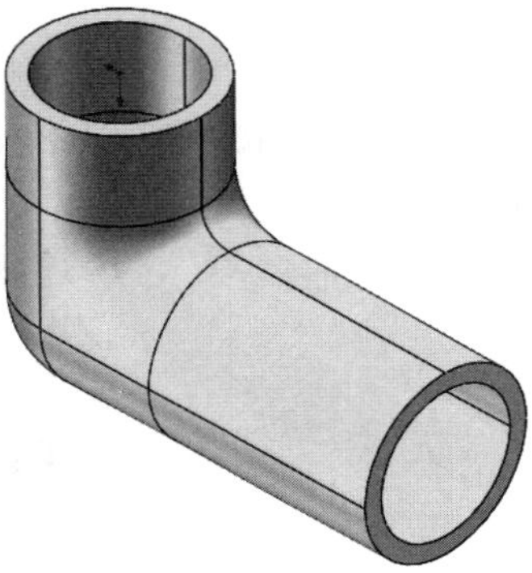

图 3-73　抽壳

3.7　自由形

“自由形”功能可以自由调整曲面或实体的表面。设计人员可以通过生成的控制曲线和推拉控制点来修改面，对变形曲面进行直接的交互式控制更改，也可以使用三重轴约束推拉方向。

扫码看视频

注意

“自由形”功能每次只能修改单一面，该面可以有任意条边线。

实例：图 3-74a 所示为已完成的模型，现造型师重新做了工业设计，给出了图 3-74b 所示的草绘图片，根据图片对模型进行修改。

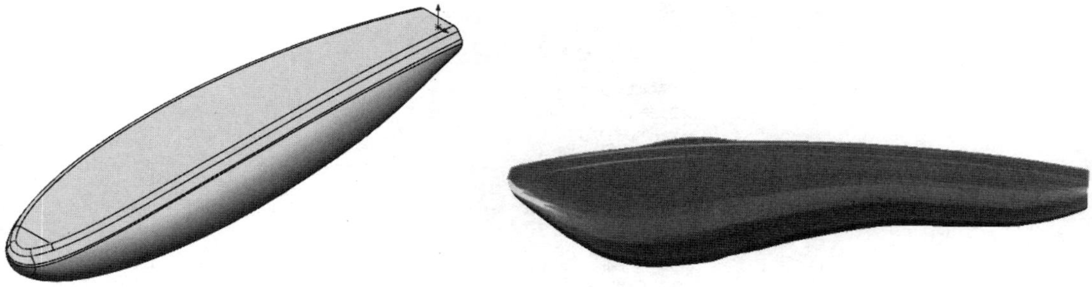

a）　　　　b）

图 3-74　自由形实例

实例分析：

对比两个图，可以看到图 3-74b 中模型下半部分与已有模型不同，上表面多了一个凸点。原模型是输入数据，没有建模过程，甚至不知道原模型是用什么方法创建的，通过修改参数不可能完成，而模型曲面相对比较复杂，通过建模过程还原将会消耗大量时间。此时通过“自由形”功能直接对模型的表面进行修改则方便快捷得多。

操作步骤：

1）打开素材模型“3-7.x_t”。

2）以“右视基准面”为基准绘制草图，在草图中插入素材中的图片“3-7.jpg”，并调整图片的大小及位置，结果如图 3-75 所示。

图 3-75　插入草图图片

3）单击工具栏中的“曲面”/“自由形”，如图 3-76a 所示，“要变形的面”选择下方曲面，单击“添加曲线”按钮，添加 Z 轴方向中间位置的曲线，此处只添加一条曲线，再单击“添加点”按钮，添加如图 3-76b 所示的 3 个点（后续需要可随时添加），将“面透明度”设为“0.2”，“网格密度”更改为“5”。

提示

“添加曲线”时如果方向不是所要的，可以单击“反向（标签）”按钮进行切换。

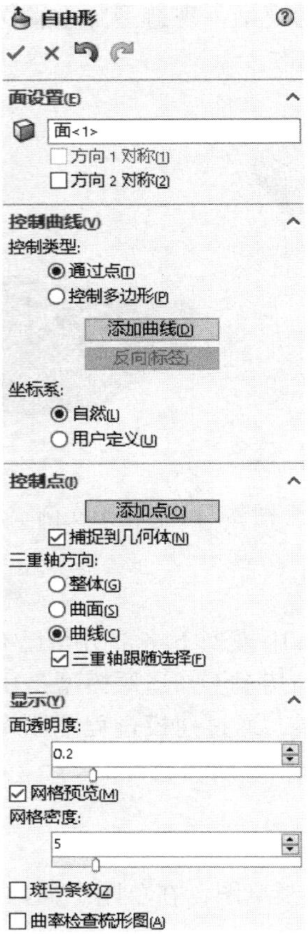

a）

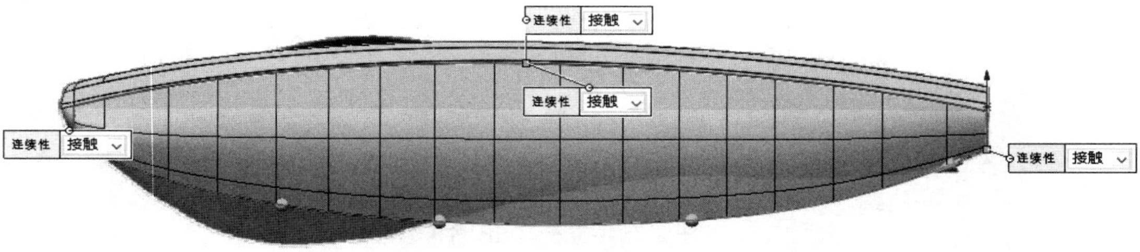

b）

图 3-76　设置参数

4）再次单击“添加点”按钮，然后拖动已添加的点，拖动时与参考图片尽量吻合，结果如图 3-77 所示。

注意

当进入“添加点”状态后，系统一直处于添加状态，必须再次单击以退出“添加点”的状态。

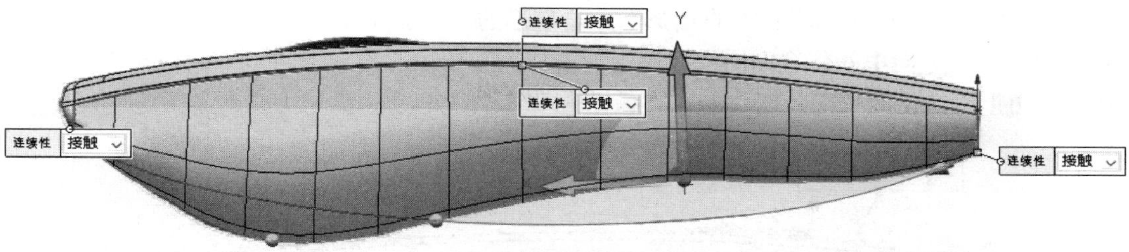

图 3-77　拖动控制点 1

5）单击“确定”，结果如图 3-78 所示。

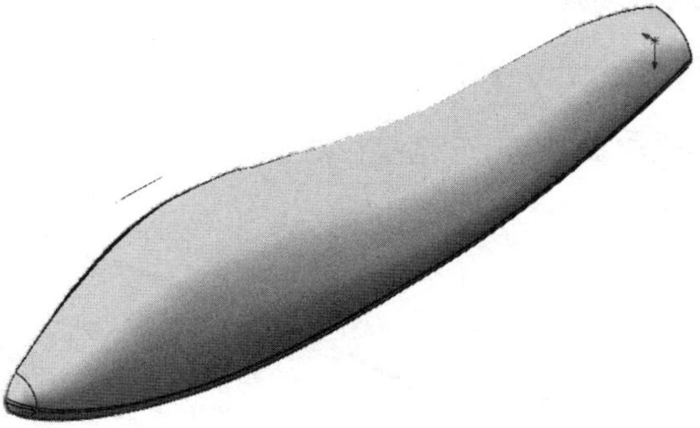

图 3-78　变形结果 1

6）以“上视基准面”为基准绘制如图 3-79 所示草图。

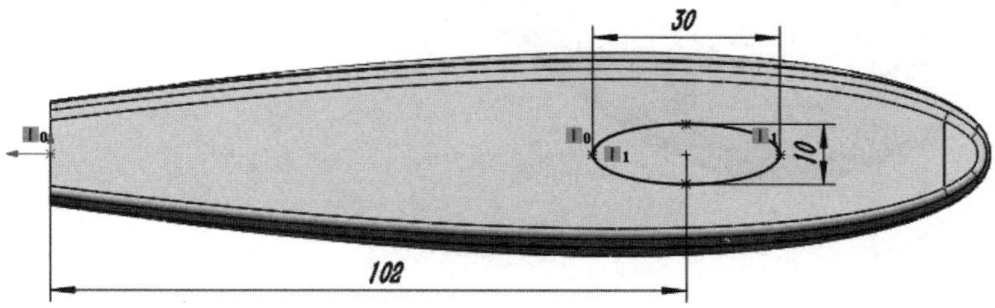

图 3-79　绘制草图

7）单击工具栏中的“曲面”/“曲线”/“分割线”，“分割类型”选择“投影”，“要投影的草图”选择上一步生成的椭圆草图，“要分割的面”选择上表面，结果如图 3-80 所示。

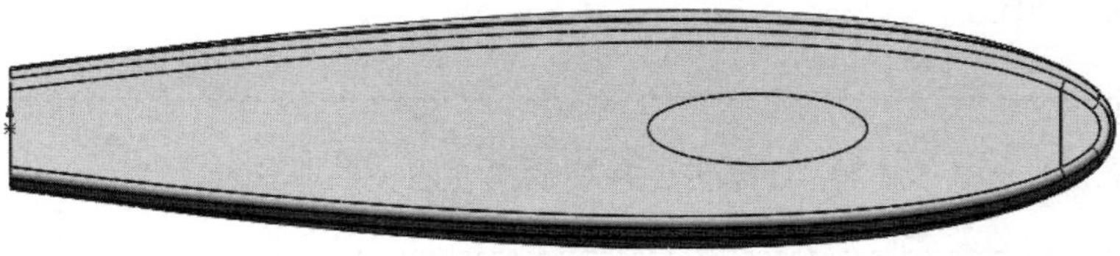

图 3-80　分割曲面

8）单击工具栏中的“曲面”/“自由形”，“要变形的面”选择椭圆分割面，单击“添加曲线”按钮，添加 Z 轴方向中间位置的曲线，单击“添加点”按钮，添加中间一个点。其余参数与上一次“自由形”操作的相同。拖动添加的点与草图图片吻合，如图 3-81 所示。

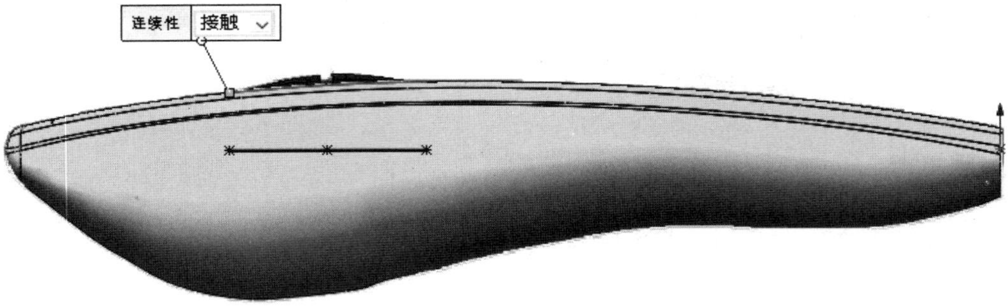

图 3-81　拖动控制点 2

9）单击“确定”，并隐藏草图图片，结果如图 3-82 所示。

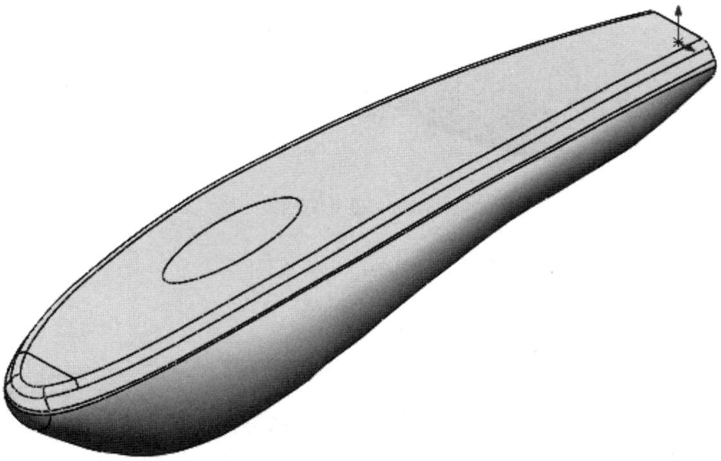

图 3-82　变形结果 2

3.8　平面区域

“平面区域”功能可以通过同一平面上的封闭草图或实体边线生成平面，虽然通过“平面区域”功能生成的面用其他曲面功能生成的面均可替代，但由于其占用系统资源少、运算效率高，在同样条件下还是建议优先使用“平面区域”功能。

扫码看视频

注意

“平面区域”功能不支持 3D 草图，即使它满足在同一平面的要求。

实例：按图 3-83 所示图样生成模型。

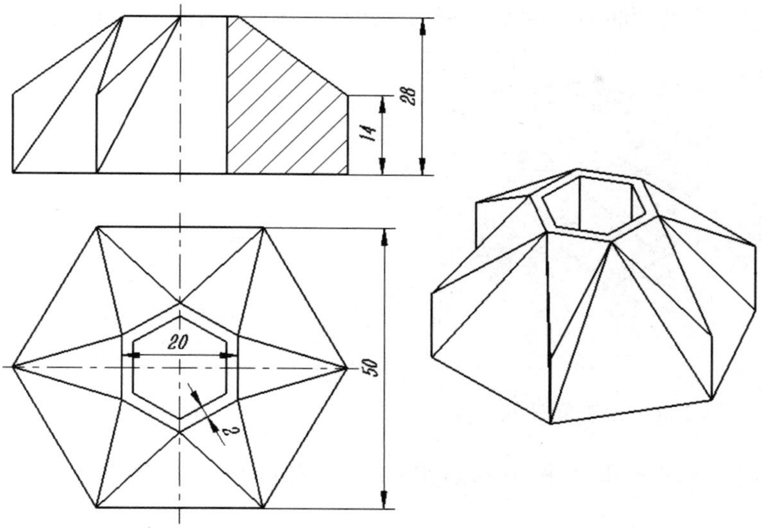

图 3-83　平面区域实例

实例分析：

该图样有多种建模思路，现作为“平面区域”功能的实例，需要优先使用“平面区域”功能完成。三点确定一个平面，所以该模型的任何一个面均可看成是一个平面区域，上下两个六边形也可生成平面区域。这样先生成不含凸起小三棱柱的主体，然后拉伸出小三棱柱，用“平面区域”功能生成小三棱柱的上表面，再用“曲面切除”功能得到倾斜的小三棱柱即可。

操作步骤：

1）以“上视基准面”为基准绘制如图 3-84 所示草图。

2）单击工具栏中的“曲面”/“平面区域”，如图 3-85a 所示，“边界实体”选择“草图 1”，结果如图 3-85b 所示。

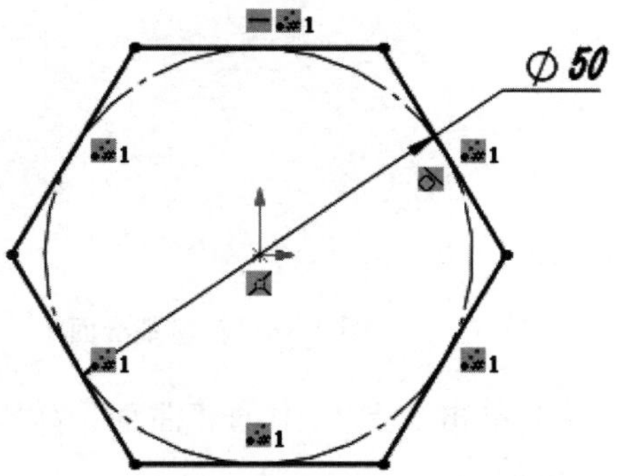

图 3-84　绘制草图 1

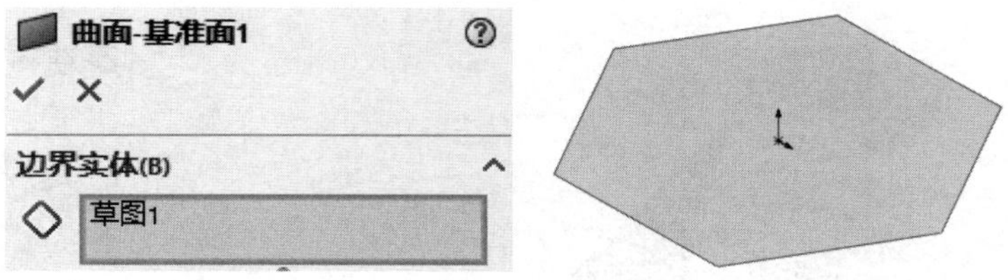

a）　　b）

图 3-85　平面区域 1

3）以“上视基准面”为参考向 Y 轴的正方向偏距“28mm”生成一新的基准面。

4）以新基准面为参考绘制草图，如图 3-86 所示。

5）单击工具栏中的“曲面”/“平面区域”，“边界实体”选择小六边形，结果如图 3-87 所示。

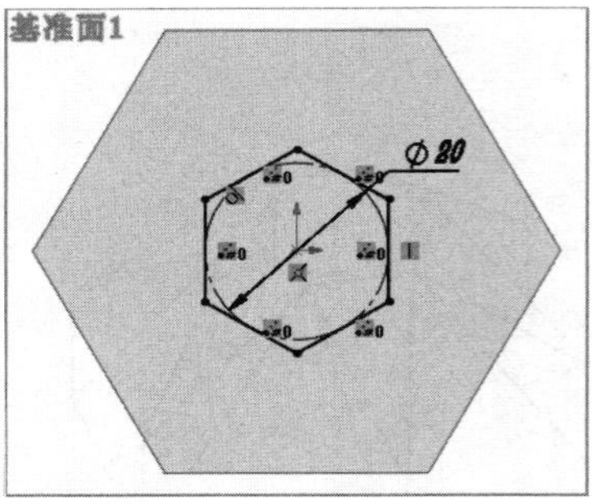

图 3-86 绘制草图 2

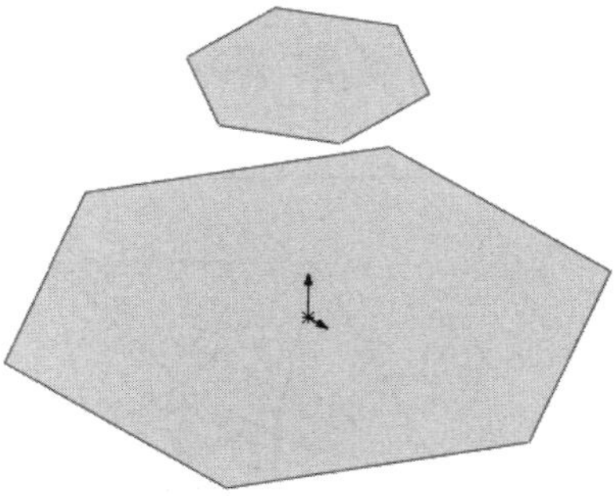
图 3-87 平面区域 2

6）以大六边形的一条边和小六边形的一个对应顶点为参考生成基准面，结果如图 3-88 所示。

7）以新建基准面为基准绘制草图三角形，连接三个顶点，结果如图 3-89 所示。

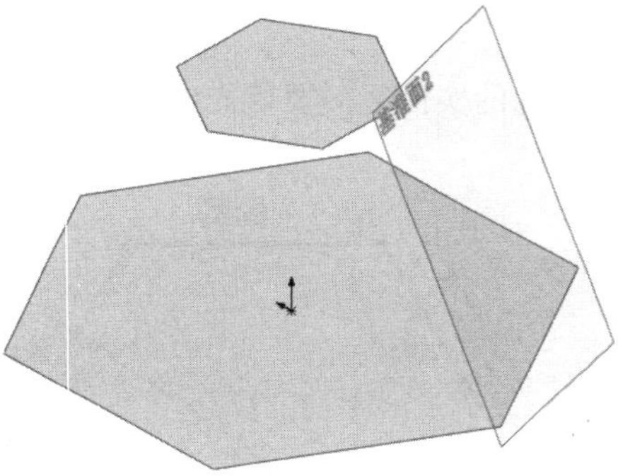

图 3-88 新建基准面 1

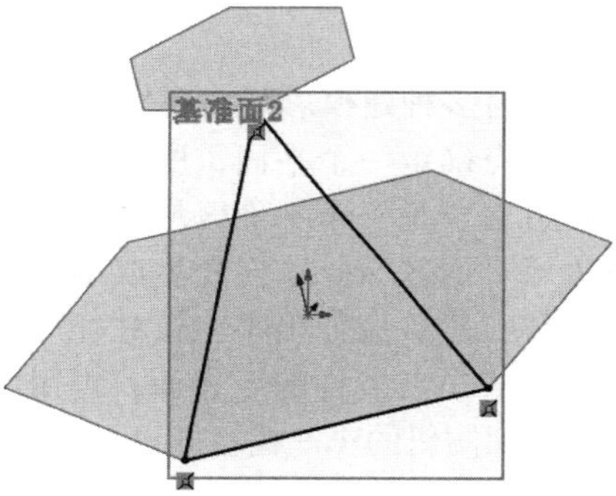

图 3-89 绘制草图 3

8）单击工具栏中的“曲面”/“平面区域”，“边界实体”选择三角形草图，结果如图 3-90 所示。

9）单击工具栏中的“曲面”/“参考几何体”/“基准轴”，“参考实体”选择“前视基准面”与“右视基准面”，生成基准轴如图 3-91 所示。

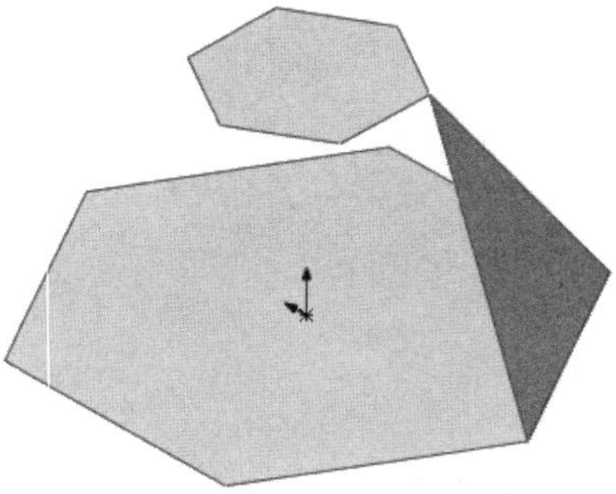
图 3-90 平面区域 3

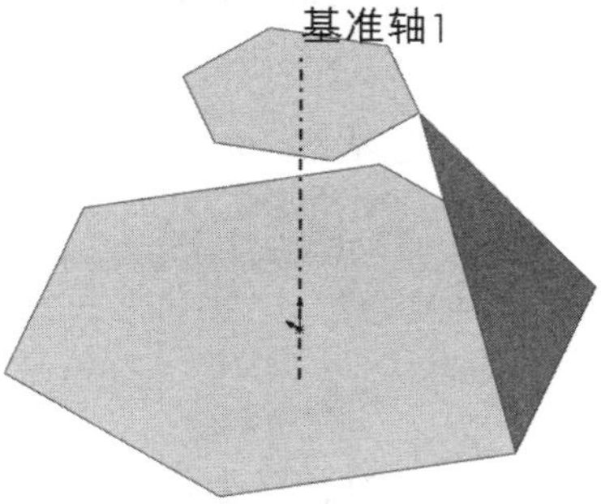

图 3-91 生成基准轴

10）单击工具栏中的“特征”/“圆周阵列”，“阵列轴”选择上一步生成的基准轴，“要阵列的实体”选择三角平面，等间距阵列数量为 6，结果如图 3-92 所示。

注意

“平面区域”功能所生成的面也属于曲面实体，所以在阵列对象选择时一定要切换至“要阵列的实体”项再选择。

11）单击工具栏中的“曲面”/“平面区域”，“边界实体”选择小三角形区域的三条边线，结果如图 3-93 所示。

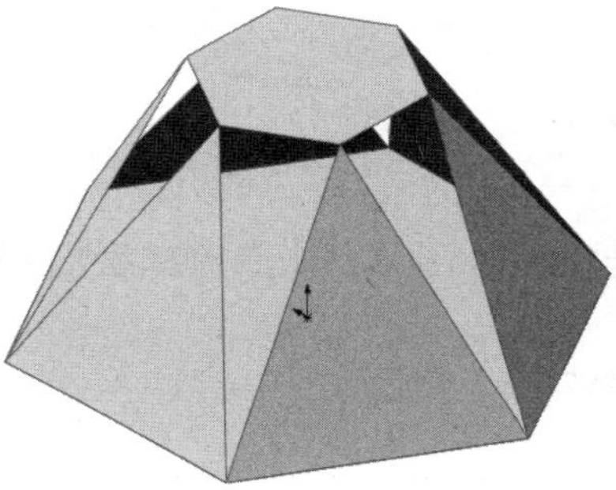

图 3-92　阵列大三角平面

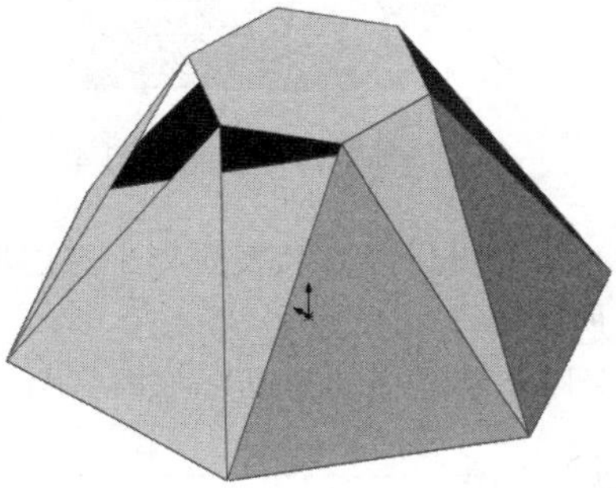

图 3-93　平面区域 4

12）单击工具栏中的“特征”/“圆周阵列”，“阵列轴”选择第 9）步生成的基准轴，“要阵列的实体”选择上一步生成的小三角平面，等间距阵列数量为 6，结果如图 3-94 所示。

13）单击工具栏中的“曲面”/“缝合曲面”，选择所有曲面，并勾选选项“创建实体”，结果如图 3-95 所示。

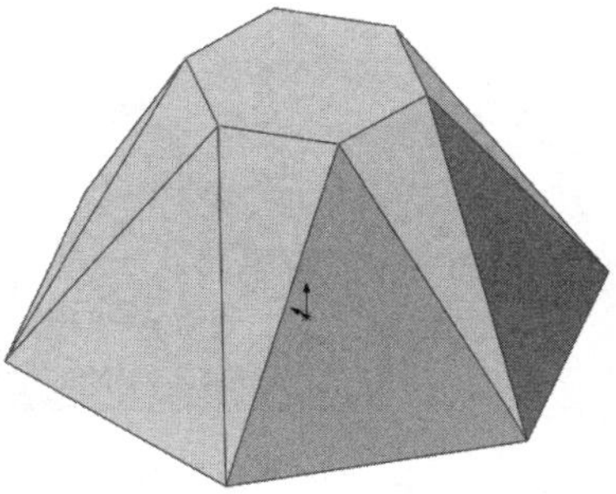

图 3-94　阵列小三角平面

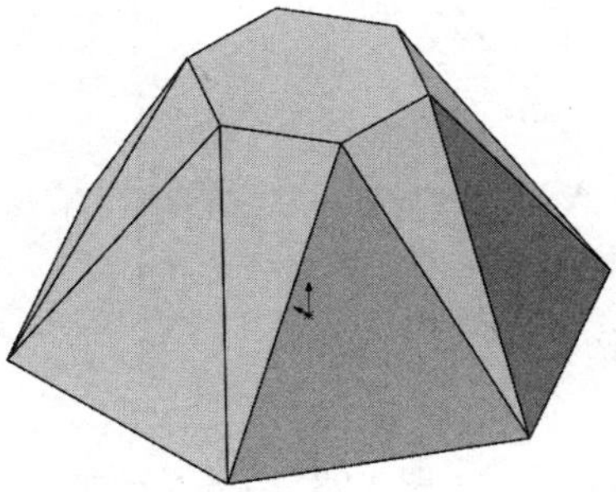

图 3-95　缝合曲面

14）以“上视基准面”为基准绘制如图 3-96 所示草图。

提示

直接将其中一个小三角形边线投影至当前草图即可。

15）单击工具栏中的“特征”/“拉伸凸台/基体”，“终止条件”选择“成形到一面”，参考面选择小六边形表面，结果如图 3-97 所示。

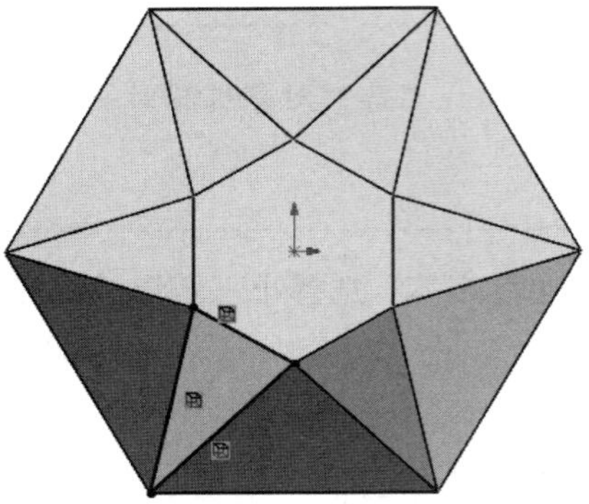

图 3-96　绘制草图 4

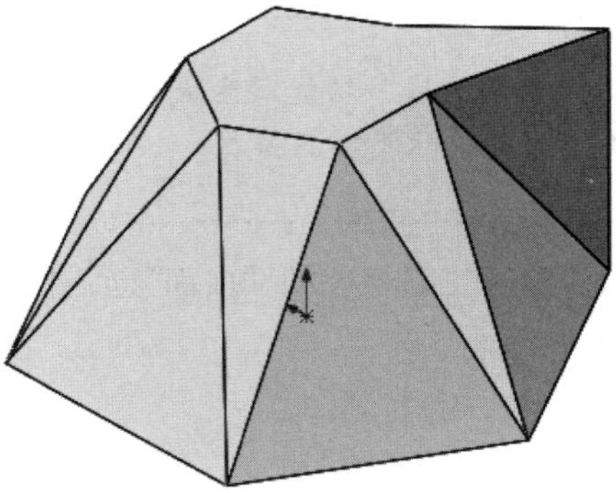

图 3-97　拉伸凸台

16）以拉伸凸台的上表面与小六边形的两个交点及外侧棱边的中点为参考生成基准面，如图 3-98 所示。

17）以新建基准面为基准绘制草图三角形，结果如图 3-99 所示。

注意

三角形下侧点与小三角凸台的侧棱中点重合。

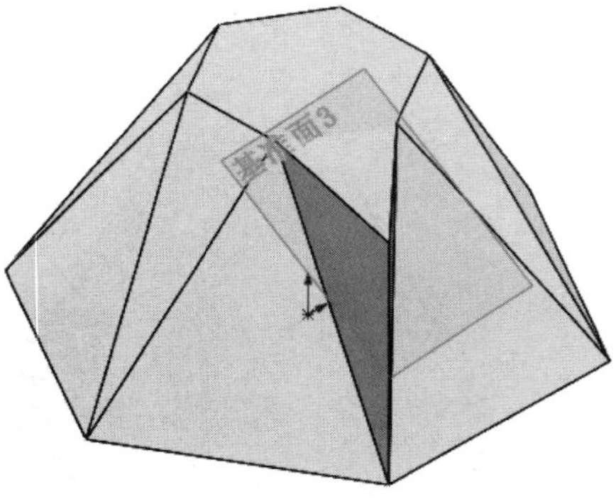

图 3-98　新建基准面 2

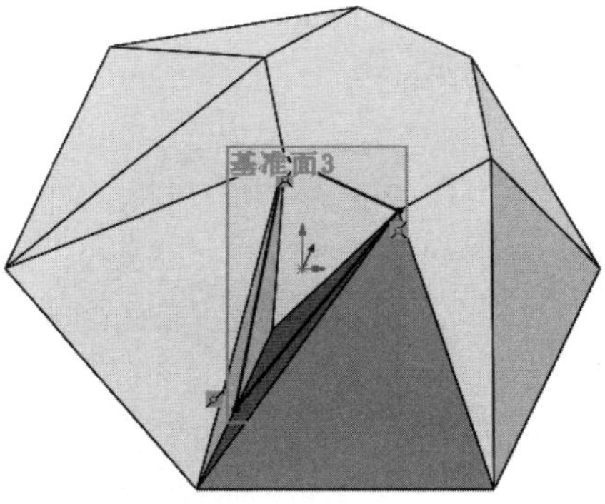

图 3-99　绘制草图 5

18）单击工具栏中的“曲面”/“平面区域”，“边界实体”选择上一步绘制的草图，结果如图 3-100 所示。

19）单击工具栏中的“曲面”/“使用曲面切除”，“进行切除的所选面”选择上一步生成的平面区域，结果如图 3-101 所示。

20）单击工具栏中的“特征”/“圆周阵列”，“阵列轴”选择第 9）步生成的基准轴，“要阵列的特征”选择小三角的拉伸凸台与上一步的曲面切除特征，等间距阵列数量为 6，结果如图 3-102 所示。

21）以“上视基准面”为基准绘制如图 3-103 所示草图。

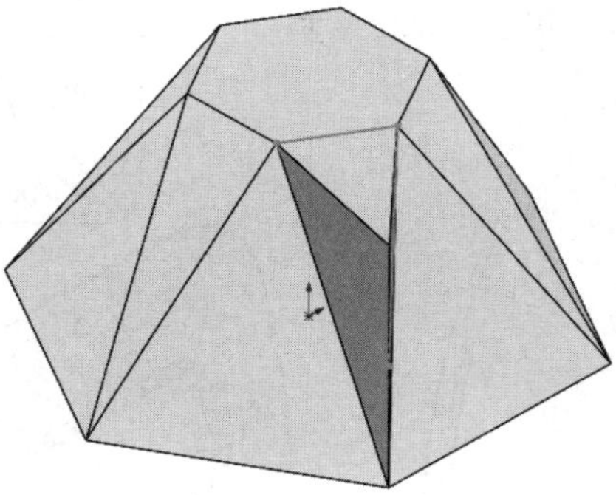

图 3-100　平面区域 5

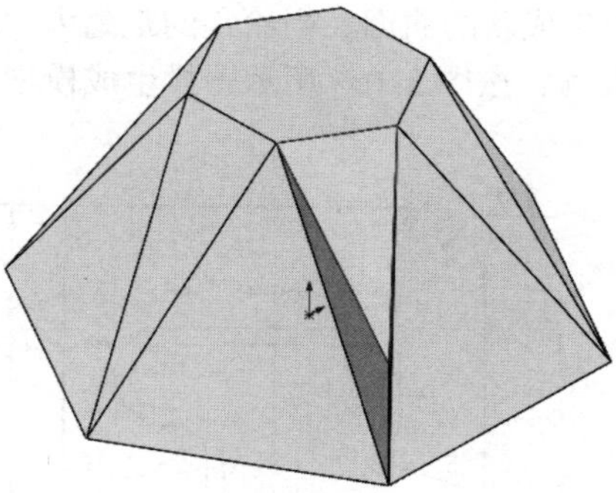

图 3-101　曲面切除

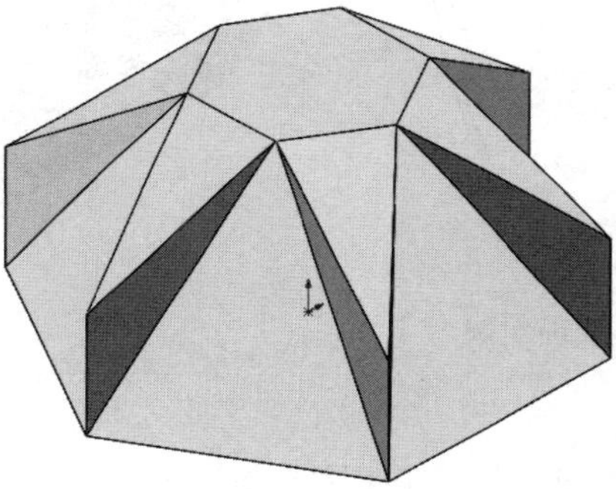

图 3-102　阵列特征

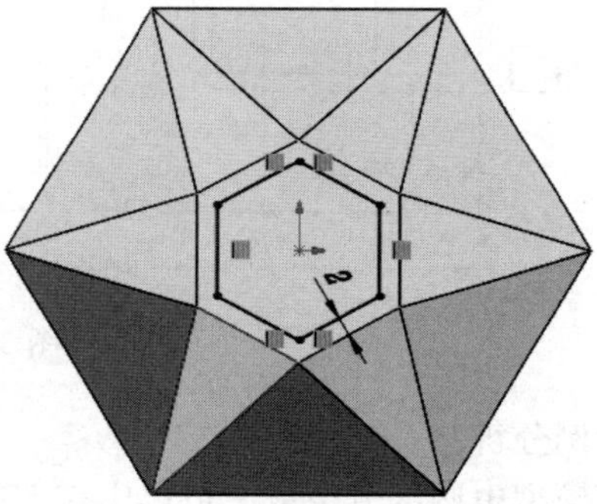

图 3-103　绘制草图 6

22）单击工具栏中的“特征”/“拉伸切除”，“终止条件”选择“完全贯穿”，结果如图 3-104 所示。

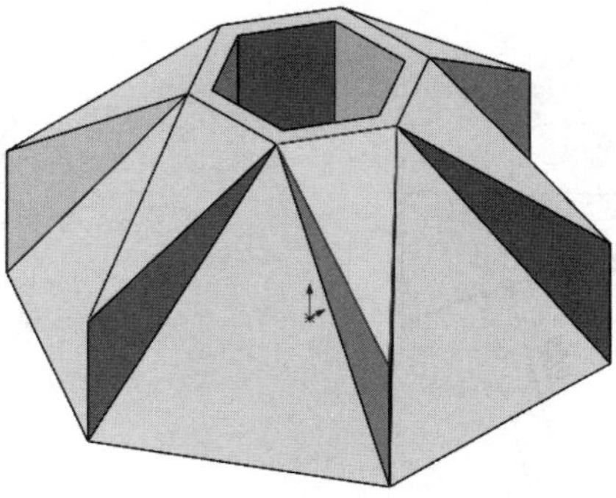

图 3-104　拉伸切除

3.9 等距曲面

扫码看视频

“等距曲面”功能用于将已有的曲面、实体表面沿法向按所给定的距离等距生成新的曲面，当给定的距离为“0mm”时，相当于原位复制。

实例：按图 3-105 所示图样生成模型。

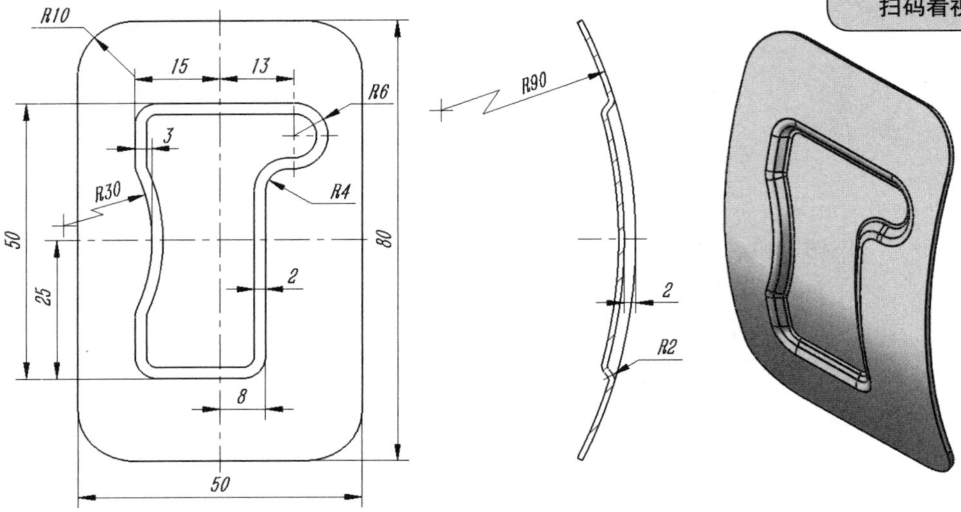

图 3-105　等距曲面实例

实例分析：

该模型由两部分组成，可以由拉伸曲面生成大面，并等距生成小面，再通过草图对两面进行剪裁，大面保留外侧部分，小面保留内侧部分，最后用两面的边线进行放样得到整面。

操作步骤：

1）以“前视基准面”为基准绘制如图 3-106 所示草图。

2）单击工具栏中的“曲面”/“拉伸曲面”，“终止条件”选择“两侧对称”，“深度”输入尺寸“50mm”，结果如图 3-107 所示。

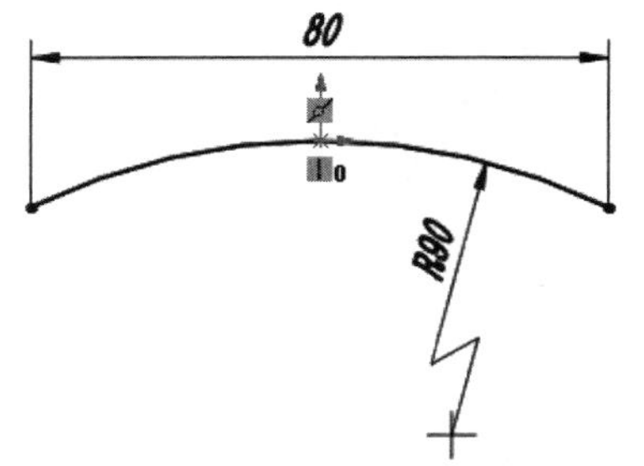

图 3-106　绘制草图 1

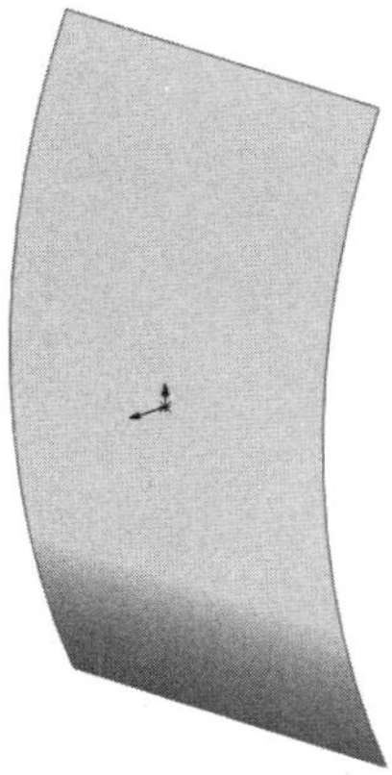

图 3-107　拉伸曲面

3）单击工具栏中的“曲面”/“等距曲面”，如图 3-108a 所示，“要等距的曲面”选择上一步生成的拉伸曲面，“等距距离”输入尺寸“2mm”，结果如图 3-108b 所示。

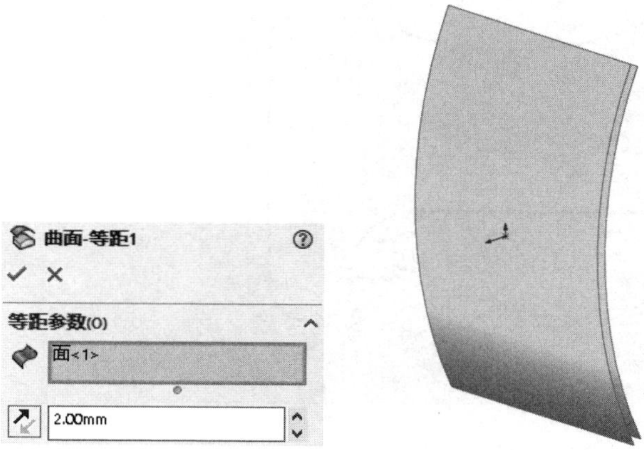

a）　　　　b）

图 3-108　等距曲面

4）以“上视基准面”为基准绘制草图，如图 3-109 所示。

5）单击工具栏中的“曲面”/“剪裁曲面”，“剪裁类型”选择“标准”，“剪裁工具”选择上一步绘制的草图，保留拉伸曲面的外侧部分，结果如图 3-110 所示。

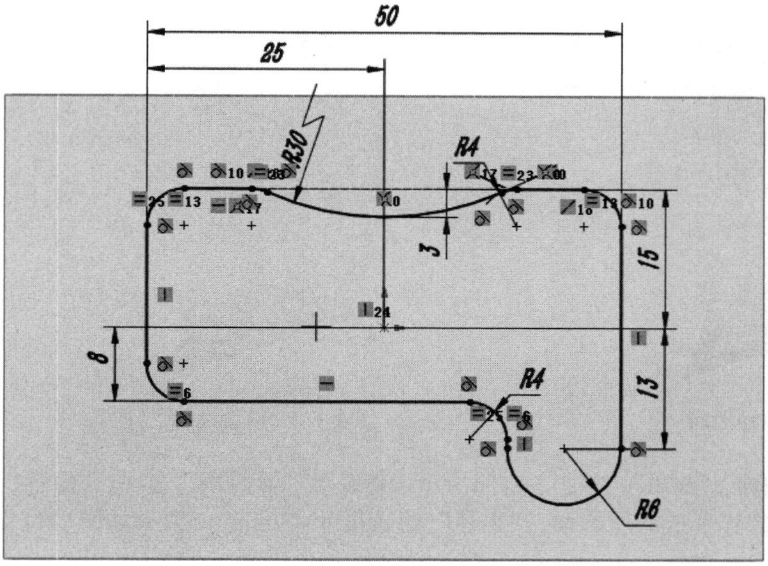

图 3-109　绘制草图 2

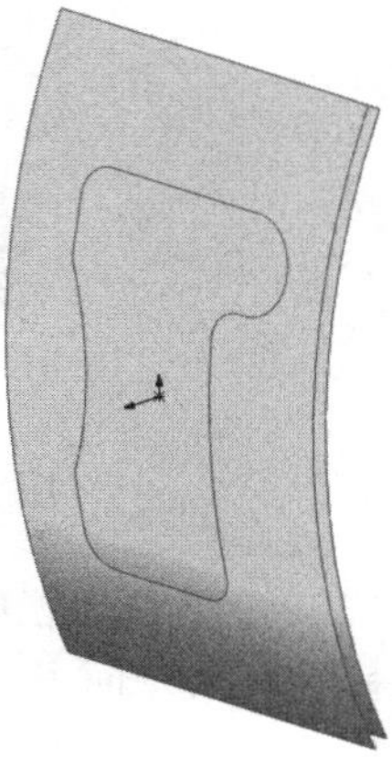

图 3-110　剪裁曲面 1

6）以“上视基准面”为基准绘制草图，将“草图 2”向内侧等距“2mm”，如图 3-111 所示。

7）单击工具栏中的“曲面”/“剪裁曲面”，“剪裁类型”选择“标准”，“剪裁工具”选择上一步绘制的草图，保留等距曲面的内侧部分，结果如图 3-112 所示。

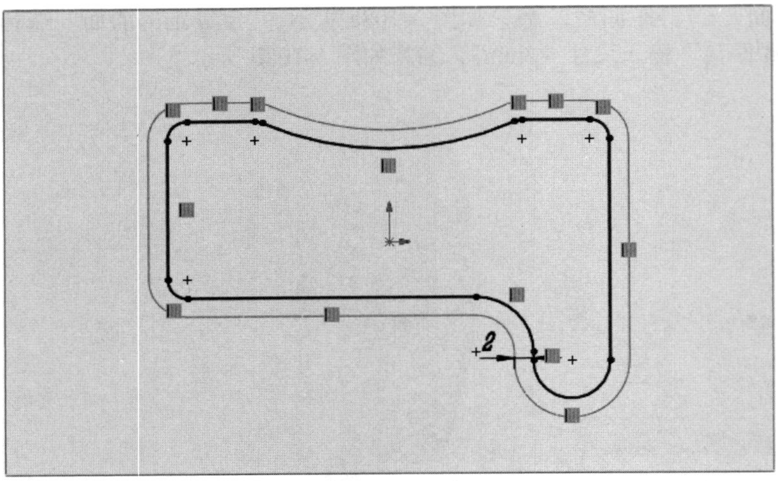

图 3-111　绘制草图 3

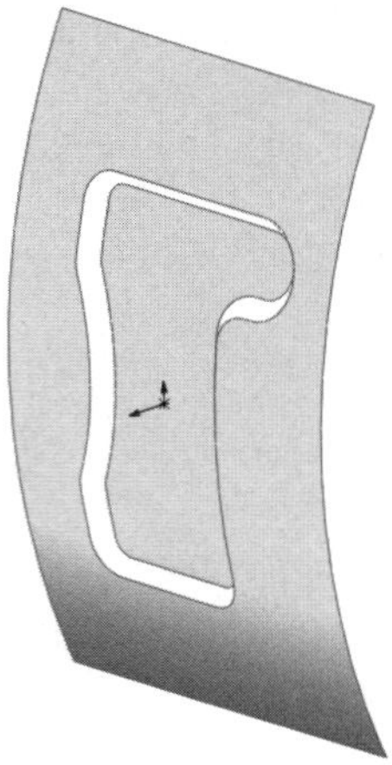

图 3-112　剪裁曲面 2

8）单击工具栏中的“曲面”/“放样曲面”，“轮廓”通过选择工具分别选择上方面的内侧边线与下方面的外侧边线，结果如图 3-113 所示。

9）单击工具栏中的“曲面”/“缝合曲面”，选择三个曲面，结果如图 3-114 所示。

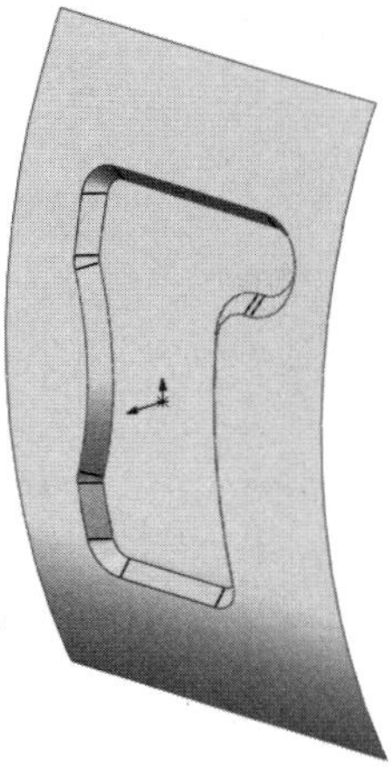

图 3-113　放样曲面

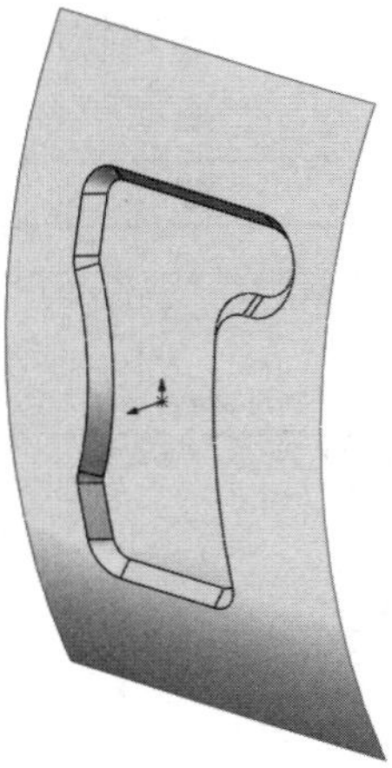

图 3-114　缝合曲面

10）单击工具栏中的“曲面”/“圆角”，如图3-115a所示，切换至“面圆角”选项，“面组1”选择上方面，“面组 2”选择放样形成的所有面，“半径”输入尺寸“2mm”，结果如图 3-115b 所示。

注意

“面圆角”具有方向性，此处是生成的外圆角，法向应该向内，可以通过单击“面组1”“面组 2”前的“反转面法向”进行面法向切换。

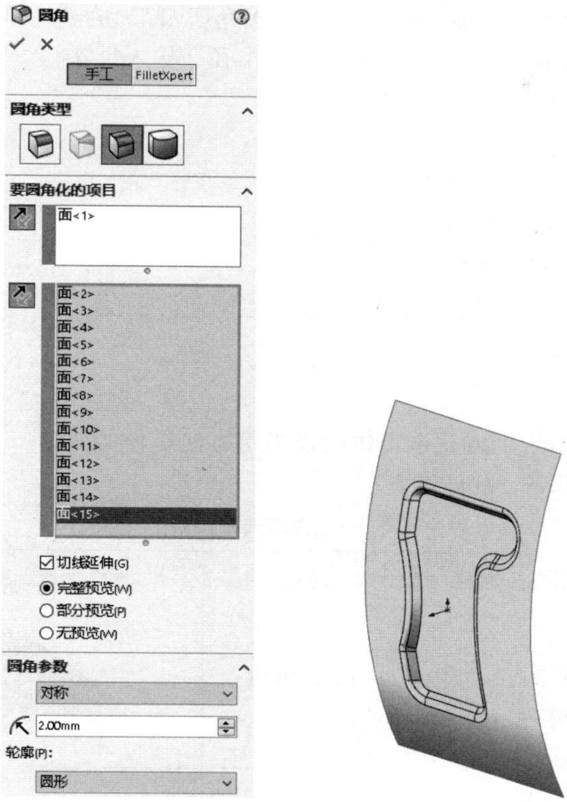

a）　　　　　　　　　　b）

图 3-115　面圆角 1

11）单击工具栏中的“曲面”/“圆角”，切换至“面圆角”选项，“面组 1”选择下方面，“面组 2”选择放样形成的所有面，“半径”输入尺寸“1mm”，结果如图 3-116 所示。

12）单击工具栏中的“曲面” / “加厚” ，“要加厚的曲面”选择当前曲面，“厚度”输入尺寸“1mm”，结果如图 3-117 所示。

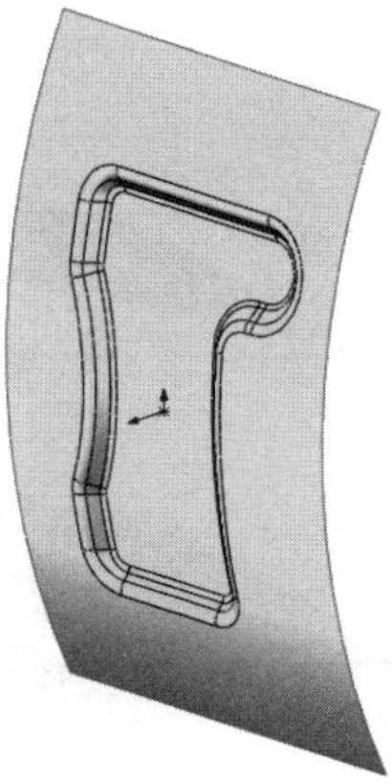

图 3-116　面圆角 2

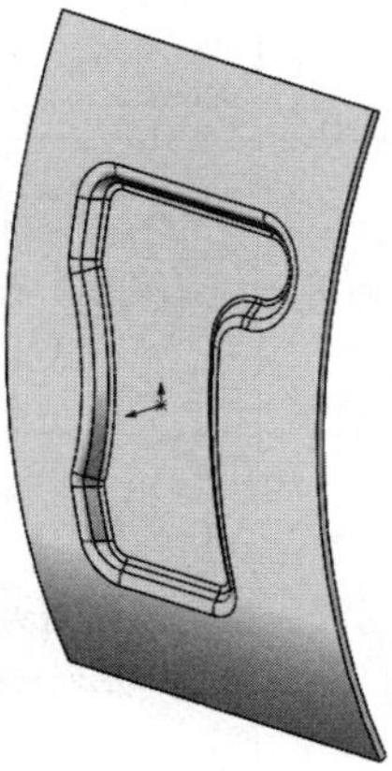

图 3-117　加厚曲面

13）单击工具栏中的“特征”/“圆角”，“圆角类型”切换至“恒定大小圆角”，选择实体的四个侧棱边，“半径”输入尺寸“10mm”，结果如图 3-118 所示。

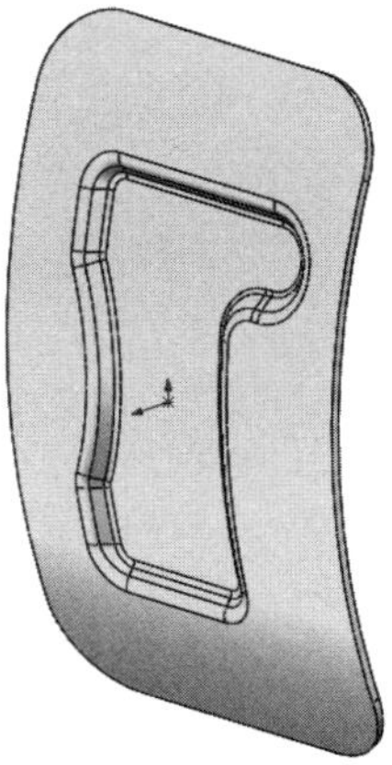

图 3-118　实体圆角

思考

此操作的圆角是沿着曲面法向生成的，如果需要沿 *Y* 轴方向生成圆角该如何操作？

3.10　直纹曲面

“直纹曲面”功能用于生成从选定边线以指定方向延伸的曲面。直纹曲面类型选项较多，详见表 3-1。

表 3-1　直纹曲面类型

序号	类型	定义	示意图
1	相切于曲面	直纹曲面与共享一边线的曲面相切	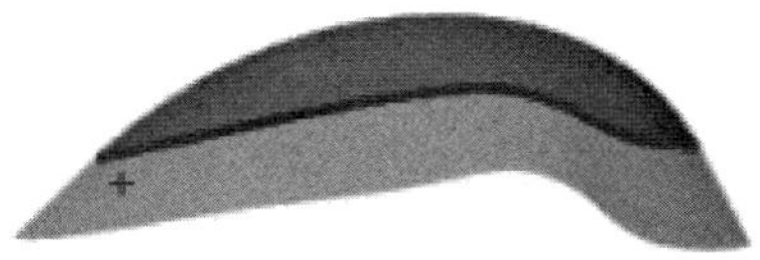
2	正交于曲面	直纹曲面与共享一边线的曲面正交	
3	锥削到向量	直纹曲面锥削到所指定的向量	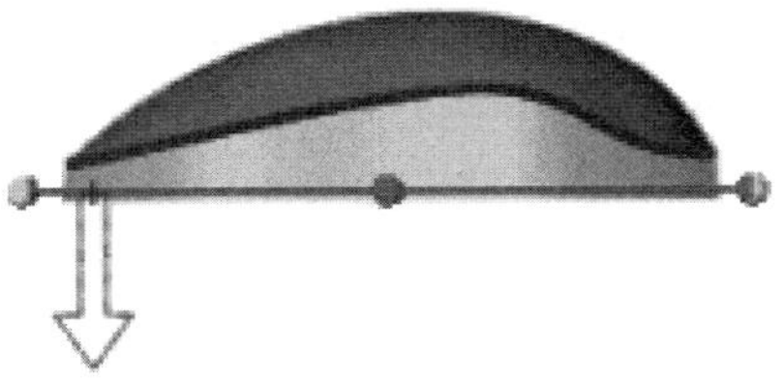
4	垂直于向量	直纹曲面与所指定的向量垂直	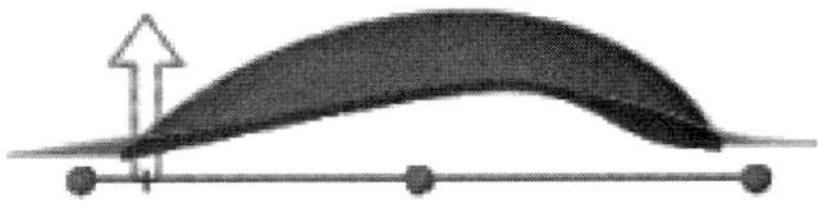
5	扫描	直纹曲面为通过使用所选边线为引导曲线来生成一扫描曲面面创建	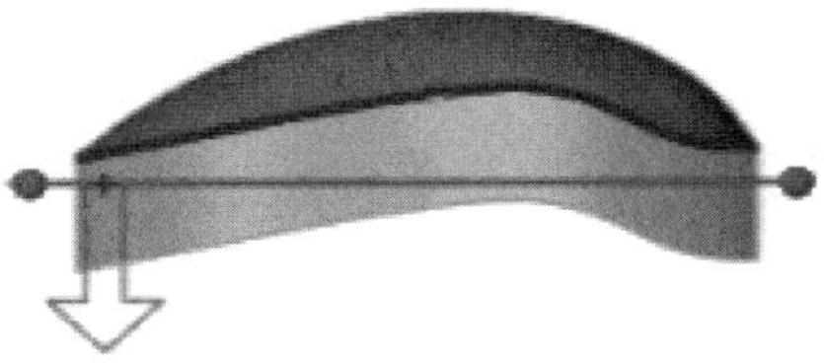

实例：按图 3-119 所示图样生成模型。

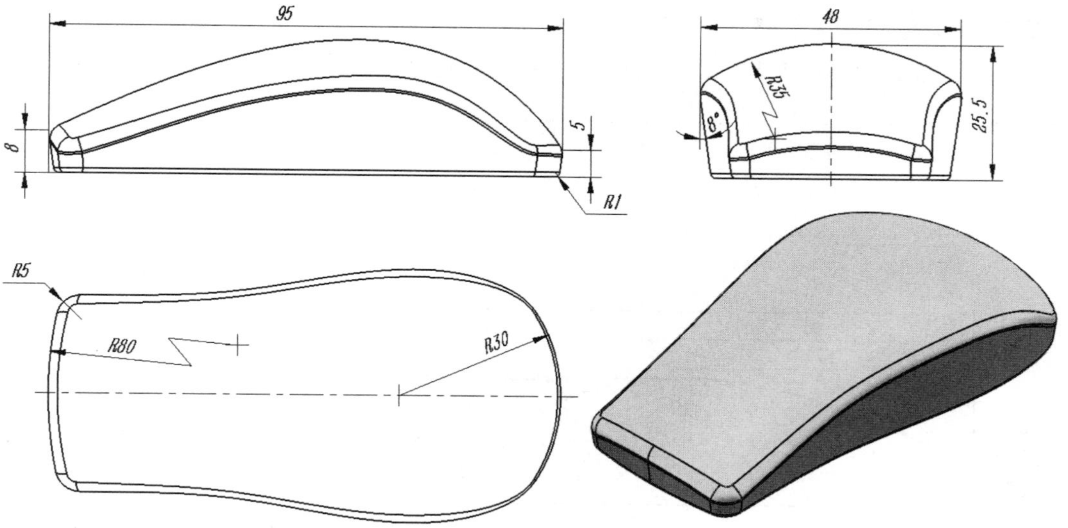

图 3-119　直纹曲面实例

实例分析：

从图样上看，所给定的条件不够充足，而这也是曲面与结构件非常大的区别。曲面通常给定有限的条件，根据这些条件在创建的过程中结合使用场合、工况需要、外观特点等逐步完善条件，以满足实际需要。该例中主要是生成上表面，通过主视图可以确定一条边界曲线，再将 X 轴方向分成三个截面，用“边界曲面”功能完成上表面，生成时其曲面范围要稍大于所需的面积，生成后对上表面进行剪裁，得到所需的形状。然后对剪裁后的边线通过“直纹曲面”功能生成向下的拔模面，再处理好底面，通过“缝合曲面”功能生成实体，最后生成工艺圆角等辅助特征。

提示

可以在看操作步骤前按分析自行创建，以学习在条件不足的情况下创建模型，此时注意条件要方便修改，以方便后续的调整，减少修改过程中模型的报错。

操作步骤：

1）以“前视基准面”为基准绘制如图 3-120 所示草图。

扫码看视频

提示

样条曲线型值点尺寸根据形状要求调整并圆整，如果型值点不足，可通过“样条曲线工具”/“插入样条曲线型值点”添加。

2）以“右视基准面”为基准绘制草图，如图 3-121 所示。

注意

为圆弧的中点与“草图 1”添加“使穿透”的几何关系。

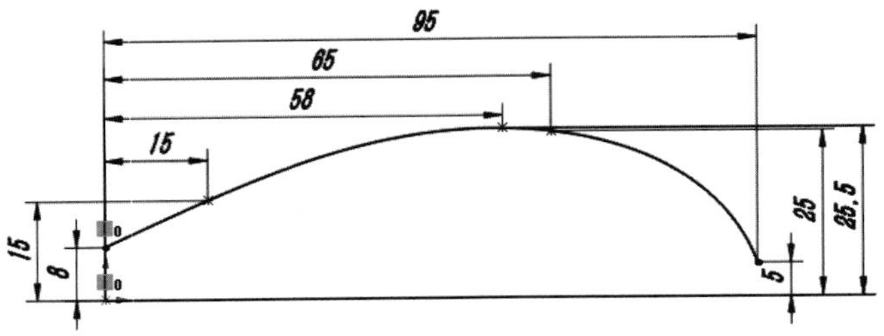

图 3-120　绘制草图 1

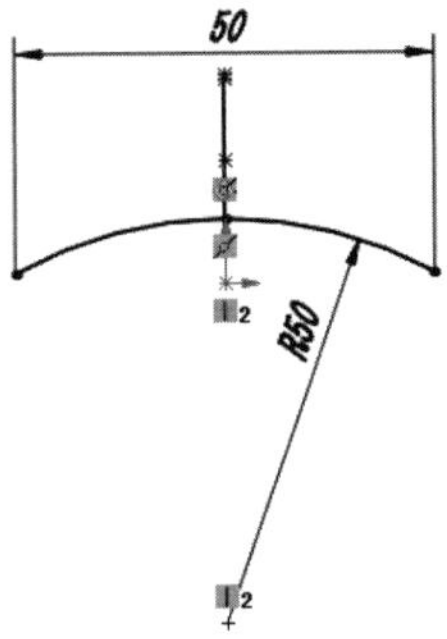

图 3-121　绘制草图 2

3）以“右视基准面”为参考向 X 轴的正方向偏距“58mm”生成一新的基准面 1。

思考

此处基准面偏距距离为什么是 58mm？

4）以新建基准面为基准绘制如图 3-122 所示草图。

5）以“上视基准面”为参考，过“草图 1”右侧端点生成一新的基准面 2，如图 3-123 所示。

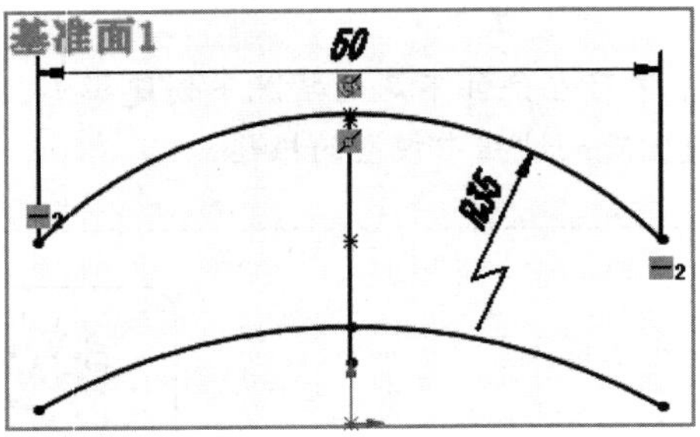

图 3-122　绘制草图 3

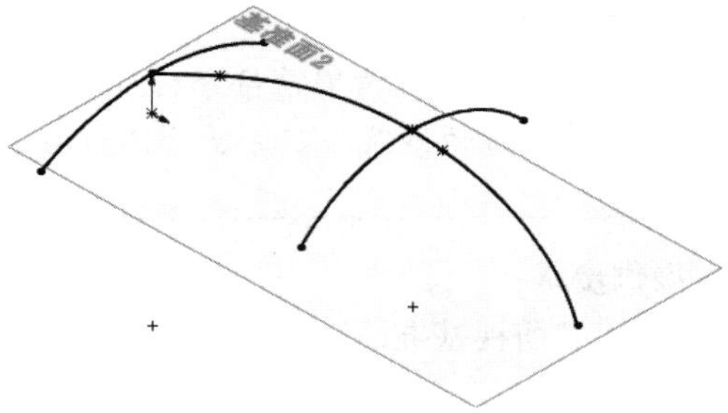

图 3-123　新建基准面 2

6）以“基准面 2”为基准绘制如图 3-124 所示草图。

7）单击工具栏中的“曲面”/“边界曲面”，“方向 1 曲线”选择“草图 1”，“方向 2 曲线”分别选择“草图 2”“草图 3”与“草图 4”，结果如图 3-125 所示。

注意

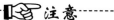

如果所选草图的接头点不对应，可以在选择框中该草图上单击鼠标右键，在弹出的快捷菜单中选择“反转接头”。

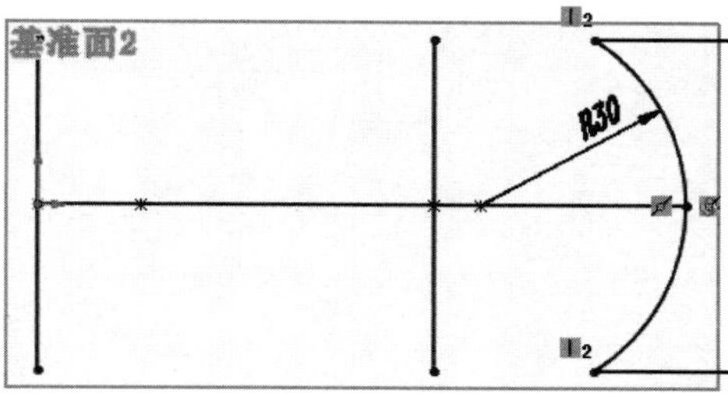

图 3-124　绘制草图 4

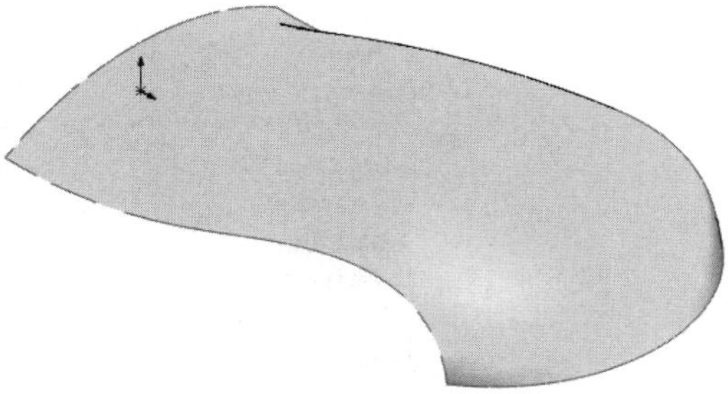

图 3-125　边界曲面

8）以“上视基准面”为基准绘制如图 3-126 所示草图。

提示

草图右侧为开口，为样条曲线与开口部位的曲面边线添加“使相切”的几何关系。

9）单击工具栏中的“曲面”/“剪裁曲面”，“剪裁类型”选择“标准”，“剪裁工具”选择上一步绘制的草图，保留边界曲面的内侧部分，结果如图 3-127 所示。

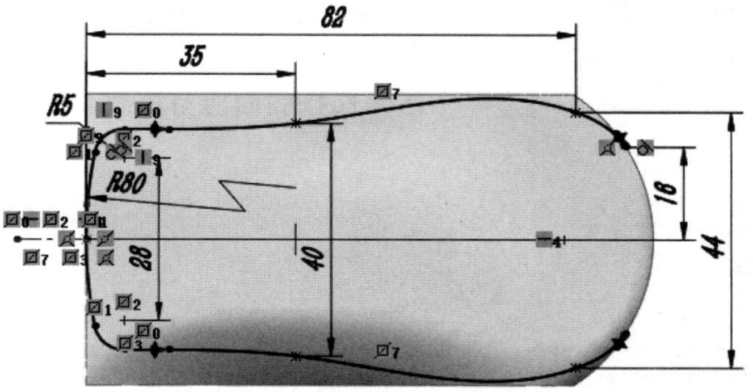

图 3-126　绘制草图 5

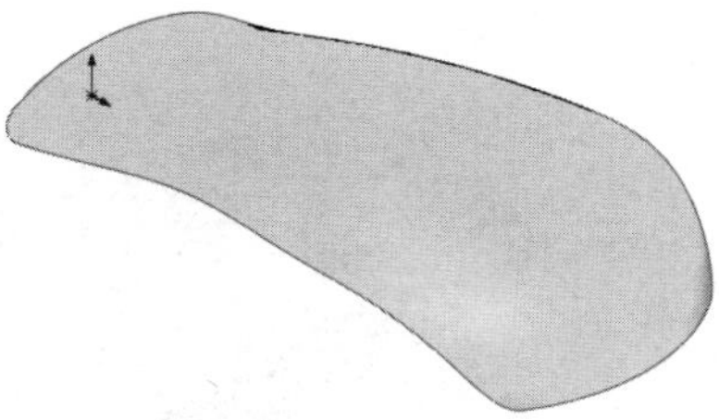

图 3-127　剪裁曲面 1

10）单击工具栏中的“曲面”/“直纹曲面”，如图 3-128a 所示，“类型”选择“锥削到向量”，“距离”输入尺寸“20mm”，“参考向量”选择“上视基准面”，“角度”输入尺寸“8 度”，“边线选择”选择剪裁后的曲面的所有边线，结果如图 3-128b 所示。

提 示

锥削方向为 Y 轴负方向的内侧，可通过“参考向量”前的“反向”切换面的主方向，可选择边线后单击下方的“交替边”按钮执行内外锥削的切换。

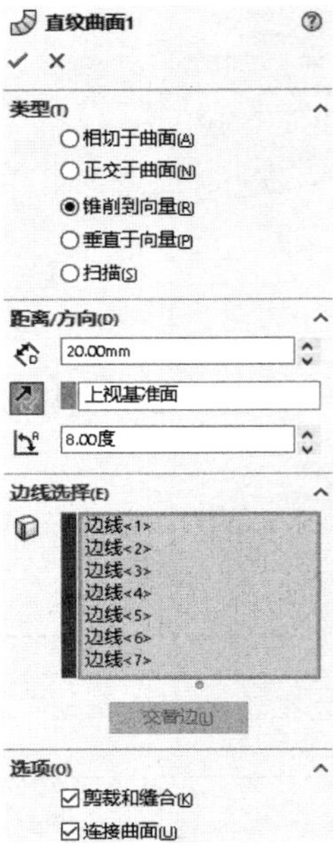

a）

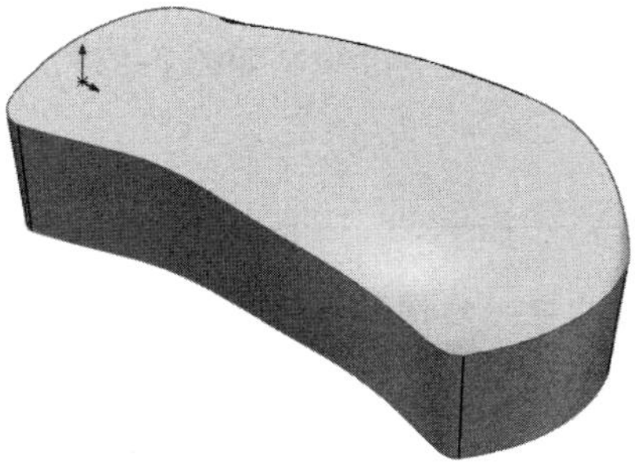

b）

图 3-128　直纹曲面

11）单击工具栏中的“曲面”/“剪裁曲面”，“剪裁类型”选择“标准”，“剪裁工具”选择“上视基准面”，保留直纹面的上半部分，结果如图 3-129 所示。

12）单击工具栏中的“曲面”/“平面区域”，“边界实体”选择底面所有边线，结果如图 3-130 所示。

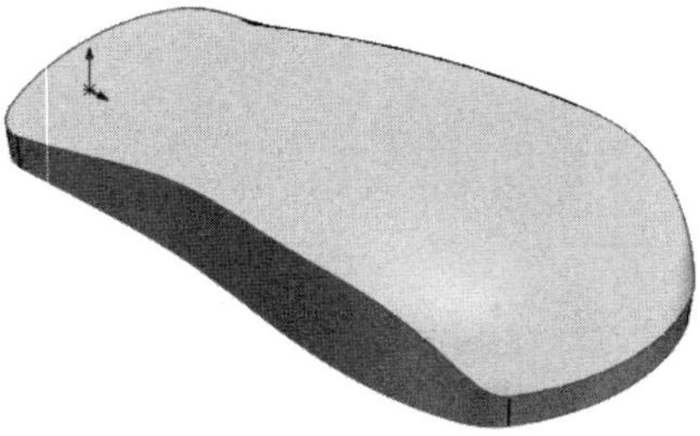

图 3-129　剪裁曲面 2

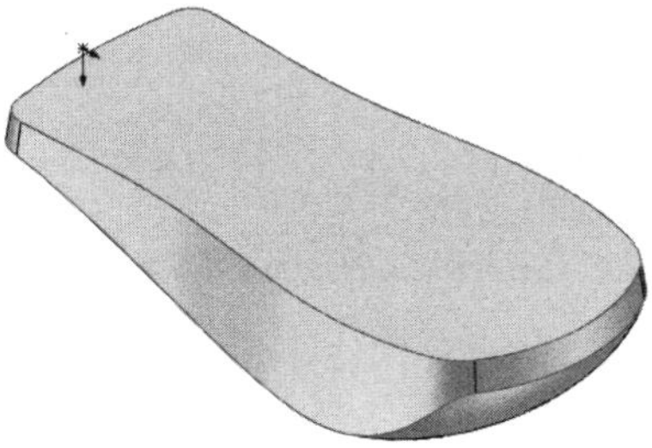

图 3-130　平面区域

13）单击工具栏中的“曲面”/“缝合曲面”，选择所有已有曲面，并选择“创建实体”选项，结果如图 3-131 所示。

注意

由于数值误差问题，复杂的相邻曲面间会产生缝隙，但通常这些缝隙较小，在缝合时系统会进行自动闭合处理。

14）单击工具栏中的“特征”/“圆角”，“要圆角化的项目”选择上表面，“半径”输入尺寸“3mm”，结果如图 3-132 所示。

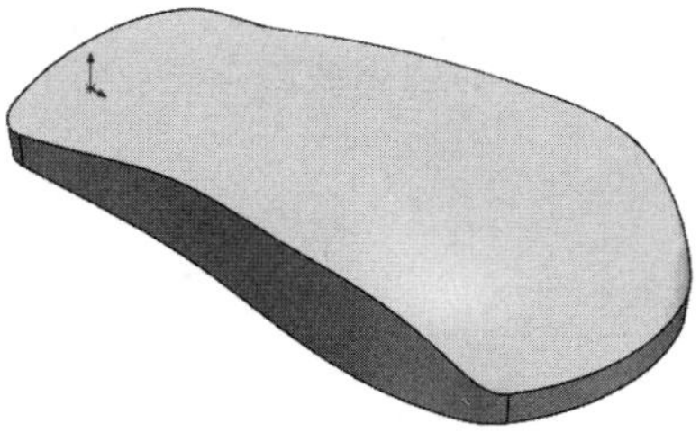

图 3-131　缝合曲面

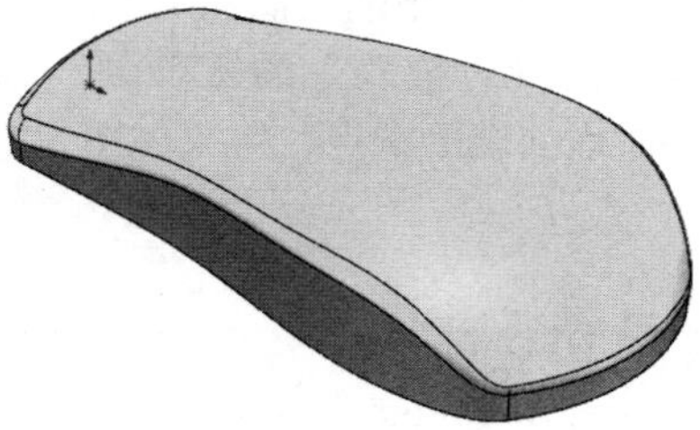

图 3-132　添加圆角 1

15）单击工具栏中的“特征”/“圆角”，“要圆角化的项目”选择下平面，“半径”输入尺寸“1mm”，结果如图 3-133 所示。

16）单击工具栏中的“曲面”/“曲线”/“分割线”，“分割类型”选择“轮廓”，“拔模方向”选择“上视基准面”，“要分割的面”选择所有侧面及 R3mm 的圆角面，结果如图 3-134 所示。

提示

此处的分割线是作为模型的整体分模线，由于分割前无法准确判断其位置，所以选择了所有的侧面及圆角面，如果能准确判断出分割线所处的面，可以仅选择关联面。实际分模时还需根据模具需要进行调整修改。

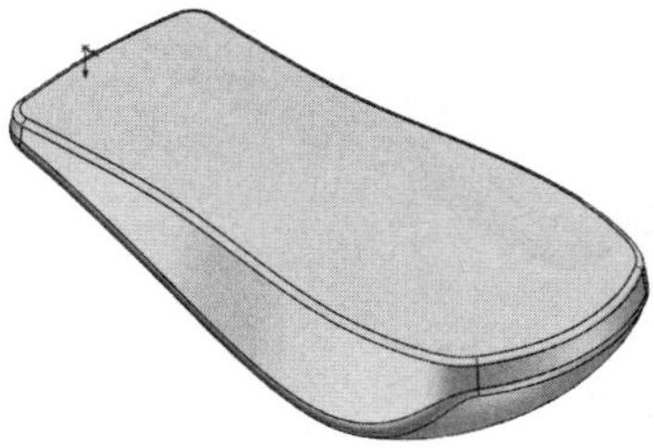

图 3-133　添加圆角 2

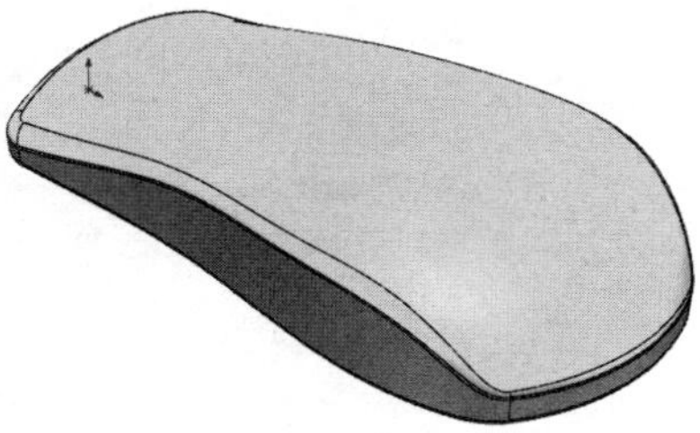

图 3-134　分割线

3.11　曲面展平

“曲面展平”功能并非创建曲面，而是将已有的曲面、实体表面展平为平面，类似于钣金工具中的“展平”功能。“曲面展平”功能适应性较广，可对大部分的面进行展平。

实例：将 3.10 节中所生成的模型分模线上半部分展开，以评估当采用冲压成形工艺时外形形状及所需的面积。

实例分析：

“曲面展平”功能在钣金、鞋面等展平场合中有着重要的应用，先选择需要展平的面，再确定固定位置即可顺利展平。

扫码看视频

操作步骤：

1）打开已有模型。

2）单击工具栏中的“曲面”/“曲面展平”，如图 3-135a 所示，“要展平的面”选择分模线上的所有面，“要从其展平的边线上的顶点或点”选择上表面最前端的中点，结果如图 3-135b 所示。

提示

“其他实体”选项可以选择曲面上的边线，所选边线将投影在展开的平面上。

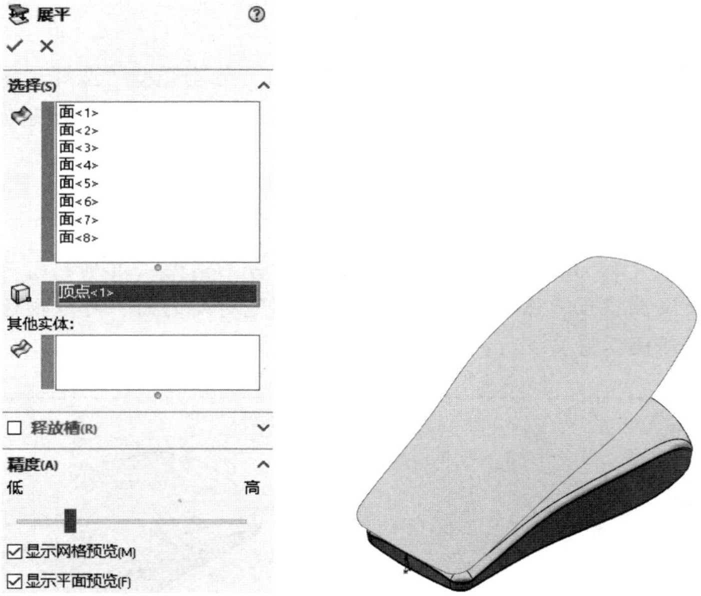

a） b）

图 3-135 曲面展平

3.12 圆角 / 倒角

“圆角 / 倒角”功能在曲面中与实体特征中的功能是相同的。对于圆角而言，通常概念中的曲面圆角特指该命令中的“面圆角”选项，生成圆角的同时可对所选面对象进行剪裁。

扫码看视频

实例：按图 3-136 所示图样生成模型。

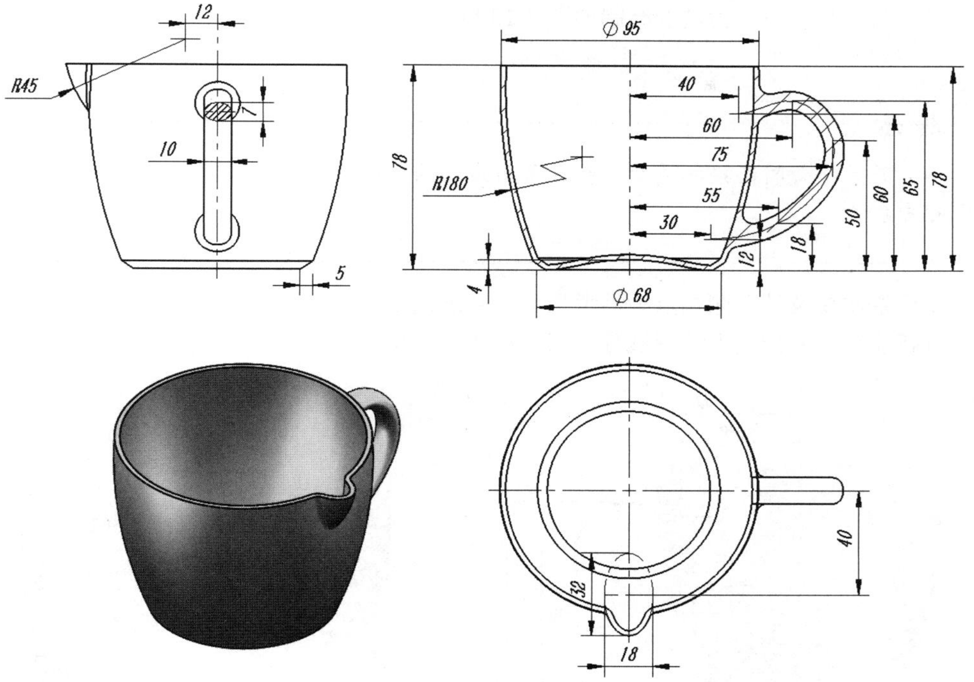

图 3-136　圆角 / 倒角实例

实例分析：

该模型既可通过实体功能也可通过曲面功能完成，方法多样，作为圆角 / 倒角实例，在此优先使用曲面功能。先使用旋转曲面生成主体，接着通过扫描生成把手部分，把手与主体通过面圆角添加过渡，底部添加倒角，再扫描生成扩口部分，其与主体也用面圆角进行过渡，底部的凹陷用自由形控制，最后等距出内部曲面、补全缺口并生成实体，抽壳得到所需的结果。

操作步骤：

1）以“前视基准面”为基准绘制如图 3-137 所示草图。

2）单击工具栏中的“曲面”/“旋转曲面”，将“草图 1”旋转一周生成圆周曲面，如图 3-138 所示。

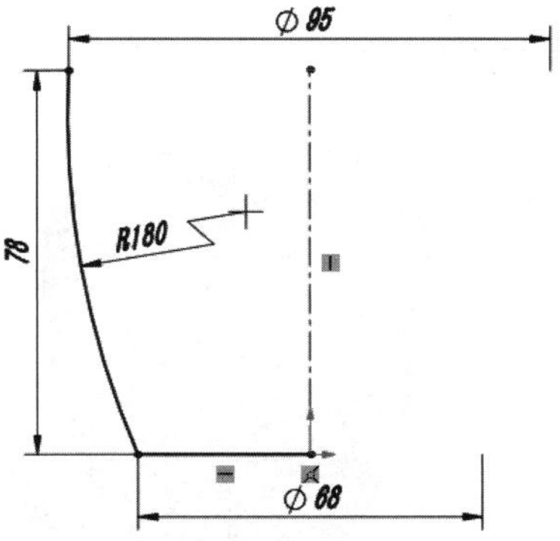

图 3-137　绘制草图 1

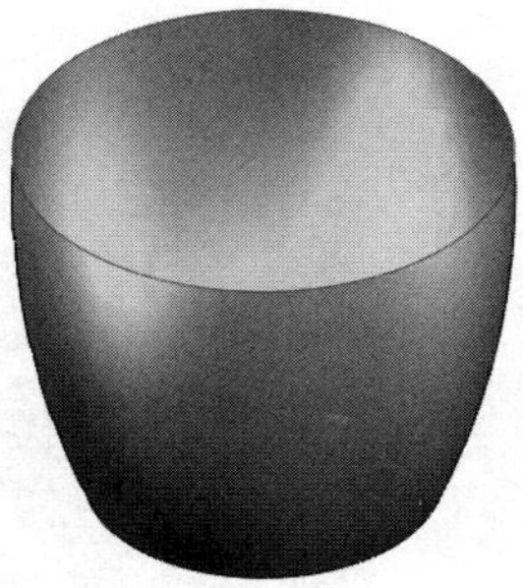

图 3-138　旋转曲面

3）以“前视基准面”为基准绘制如图 3-139 所示草图。

提示

为提高后续面间连接的质量，在样条曲线的两个端点绘制水平辅助线并添加“相切”的几何关系。

4）以样条曲线及其上侧端点为参考生成“基准面 1”。

5）以新建基准面为基准绘制椭圆草图，如图 3-140 所示。

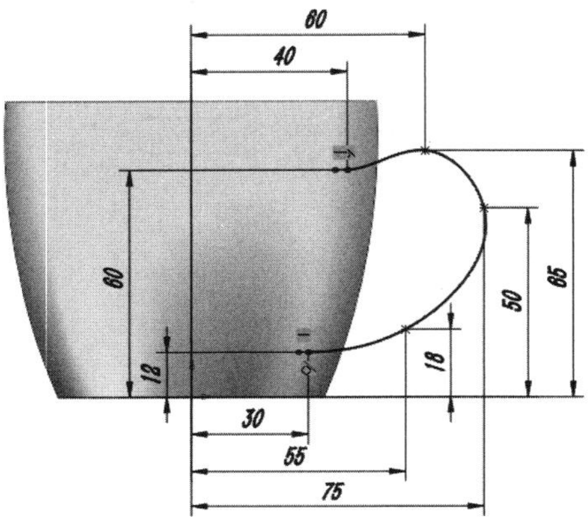

图 3-139　绘制草图 2

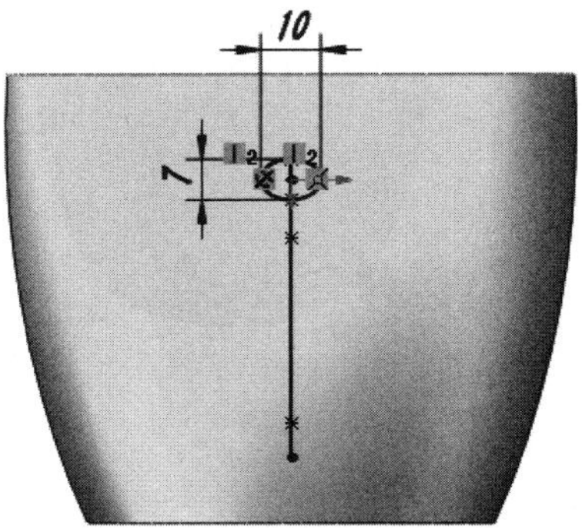

图 3-140　绘制草图 3

6）单击工具栏中的“曲面”/“扫描曲面”，“轮廓”选择椭圆草图，“路径”选择样条曲线草图，结果如图 3-141 所示。

7）单击工具栏中的“曲面”/“圆角”，选择“面圆角”类型，“要圆角化的项目”分别选择扫描曲面及旋转曲面，“半径”输入尺寸“4mm”，结果如图 3-142 所示。

注意

由于面存在正反区别，圆角时通过“完整预览”观察，从而调整适当的面法向。

图 3-141　扫描曲面 1

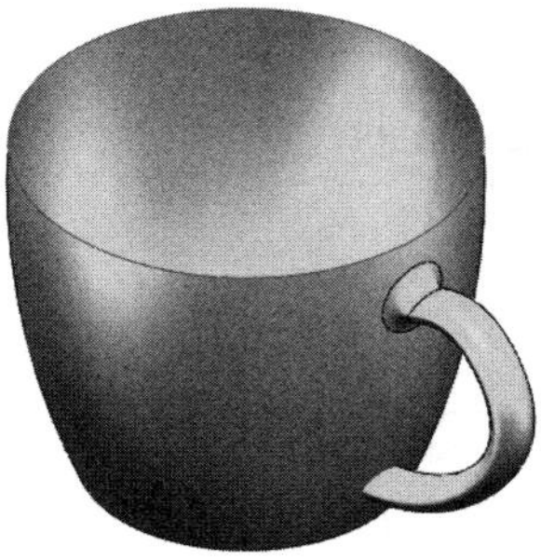

图 3-142　生成圆角 1

8）以“前视基准面”为基准绘制如图 3-143 所示草图。

9）单击工具栏中的“曲面”/“曲线”/“分割线”，对扫描曲面进行分割，结果如图 3-144 所示。

提示

此处的分割是为了对扫描曲面的下端与旋转曲面添加圆角，由于面圆角有默认位置，而扫描曲面与旋转曲面有两处交叉，不做分割则只能对其中一个位置添加圆角。分割线不会影响曲面的原有质量。

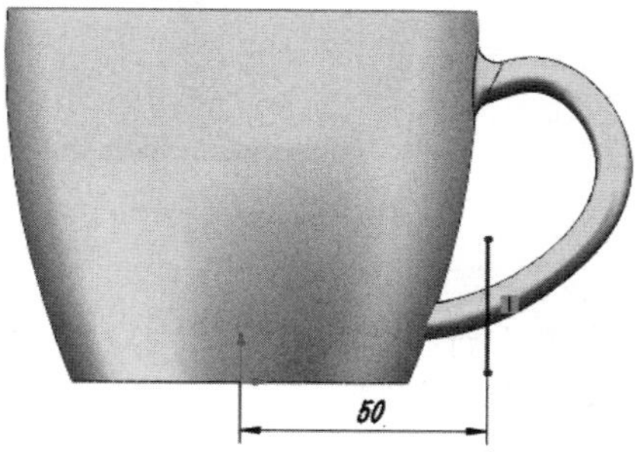

图 3-143　绘制草图 4

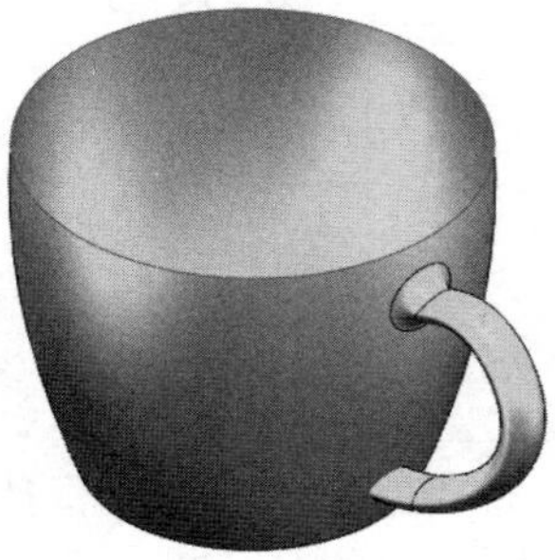

图 3-144　分割扫描面

10）单击工具栏中的“曲面”/“圆角”，选择“面圆角”类型，“要圆角化的项目”分别选择扫描曲面分割后的下侧曲面及旋转曲面，“半径”输入尺寸“4mm”，结果如图 3-145 所示。

11）单击工具栏中的“曲面”/“倒角”，“倒角类型”选择“面 - 面”类型，“要倒角化的项目”分别选择旋转曲面的侧面与底面，“等距距离”输入尺寸“5mm”，结果如图 3-146 所示。

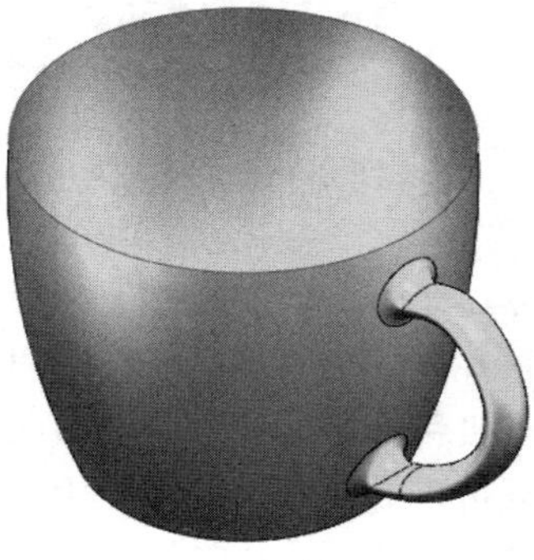

图 3-145　生成圆角 2

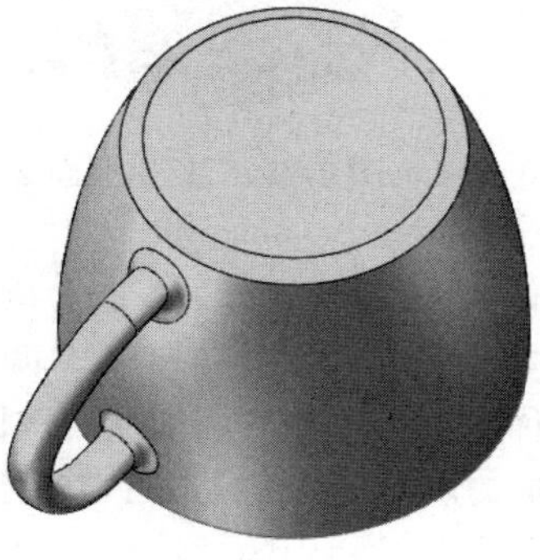

图 3-146　生成倒角

12）以“上视基准面”为参考，向 Y 轴的正方向等距“78mm”生成“基准面 2”。

13）以新生成的基准面为基准绘制如图 3-147 所示草图。

14）以“右视基准面”为基准绘制如图 3-148 所示草图。

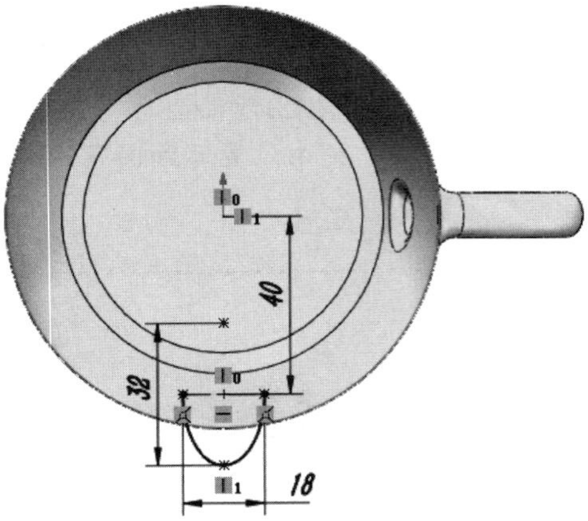

图 3-147　绘制草图 5

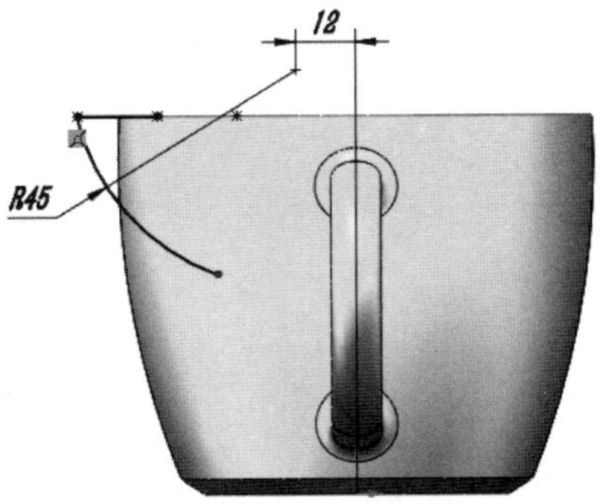

图 3-148　绘制草图 6

15）单击工具栏中的“曲面”/“扫描曲面”，“轮廓”选择“草图 5”，“路径”选择“草图 6”，选项中“轮廓方位”选择“保持法向不变”，结果如图 3-149 所示。

16）单击工具栏中的“曲面”/“圆角”，选择“面圆角”类型，“要圆角化的项目”分别选择上一步生成的扫描曲面及旋转曲面，“半径”输入尺寸“3mm”，结果如图 3-150 所示。

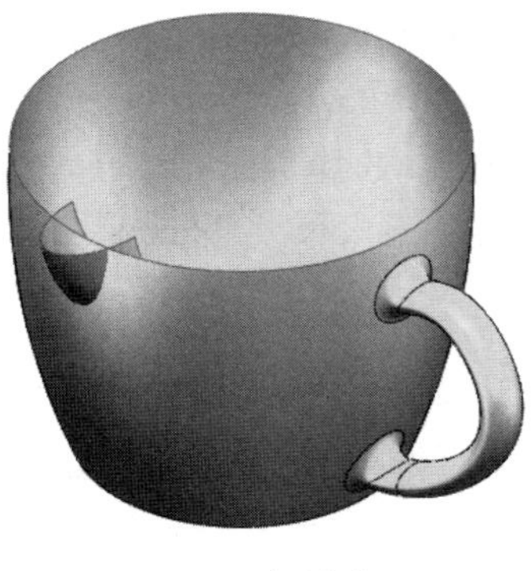
图 3-149　扫描曲面 2

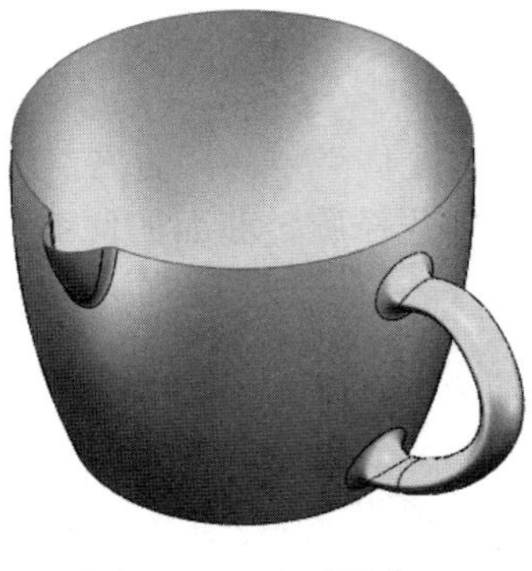
图 3-150　生成圆角 3

17）单击工具栏中的“曲面”/“自由形”，如图 3-151a 所示，“要变形的面”选择底面，选中“方向 1 对称”“方向 2 对称”两个选项，此时“添加曲线”时光标靠近中间位置时会自动吸附在对称面上，单击“添加点”按钮选择中间点，添加点后再次单击“添加点”按钮，然后选择所添加的点，在“三重轴 Y 方向”中输入尺寸“−4mm”，结果如图 3-151b 所示。

18）单击工具栏中的“特征”/“相交”，如图 3-152a 所示，“要相交的实体、曲面或平面”选择曲面实体及“基准面 2”，选择“创建内部区域”选项，单击“相交”按钮，结果如图 3-152b 所示。

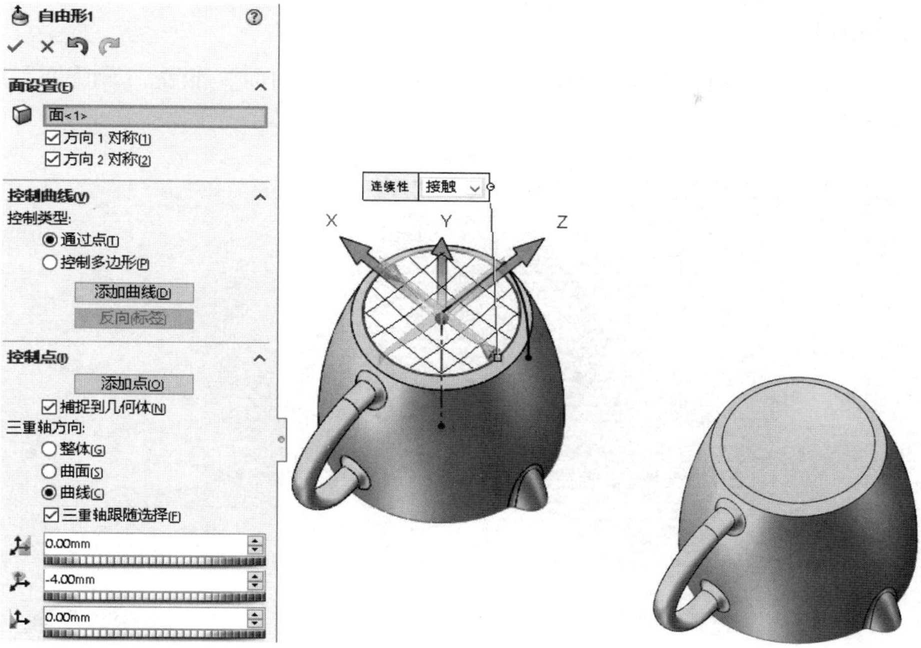

a）　b）

图 3-151　底面自由形

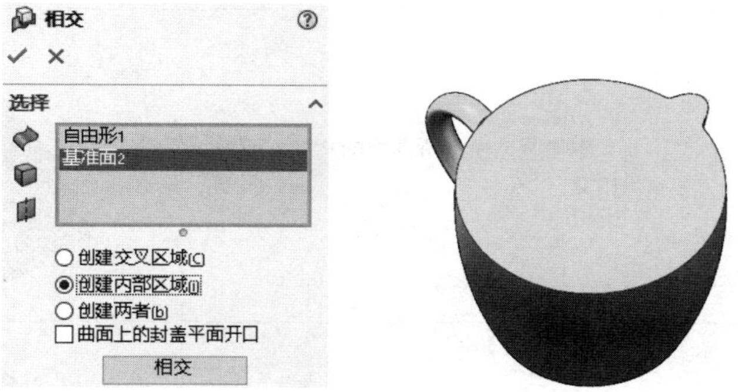

a）　b）

图 3-152　转化为实体

19）单击工具栏中的“特征”/“抽壳”，“厚度”输入尺寸“2mm”，“移除的面”选择上表面，“多厚度”输入尺寸“10mm”并选择把手面，结果如图 3-153 所示。

图 3-153　抽壳

技巧

抽壳时在“多厚度”中设定一个超过把手厚度一半尺寸的值时，可以避免把手被抽空。

3.13 删除面

“删除面”功能可以将已有实体的表面、曲面（不含单一曲面）删除，“删除面”有多个选项，详见表 3-2。

表 3-2 “删除面”选项

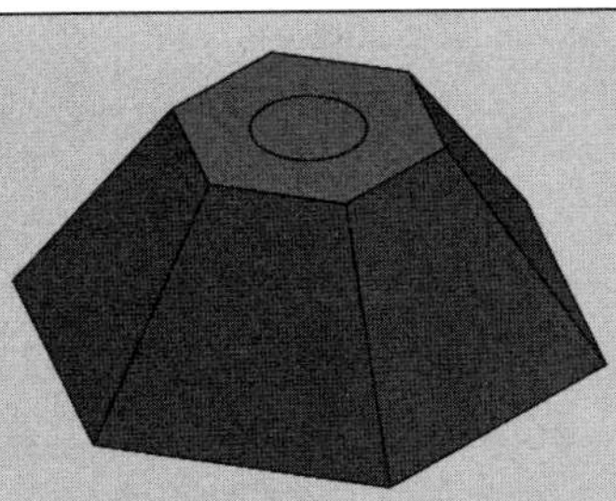

示例模型，顶面由两个面组成，删除时两个面均选中

序号	选项	定义	删除后
1	删除	删除所选面，如果所选面为实体表面，该实体将转换为曲面实体	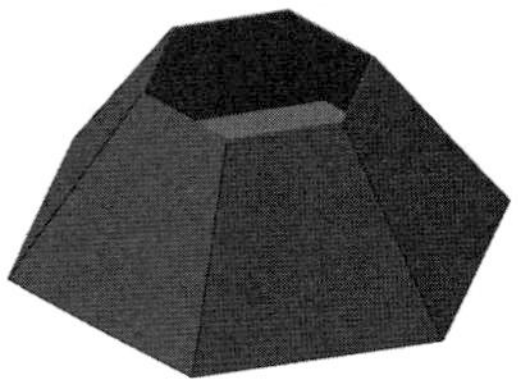
2	删除并修补	删除所选面，所选面的相邻面延长至相交	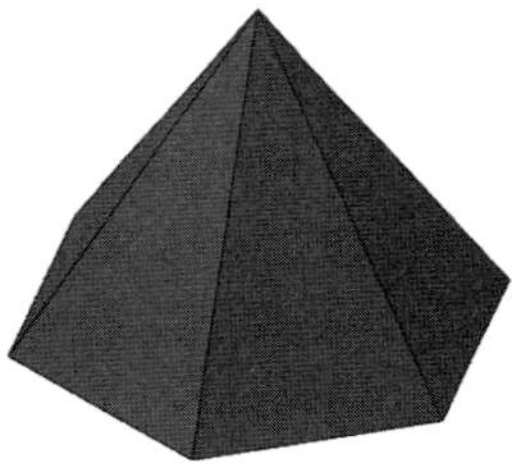
3	删除并填补 （不选相切填补）	删除所选面并用填充曲面进行填充	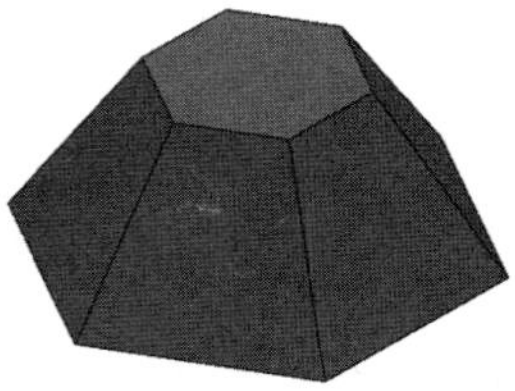
4	删除并填补 （选相切填补）	删除所选面并用填充曲面进行填充，填充时与相邻面保持相切关系	

实例：按图 3-154 所示图样生成模型。

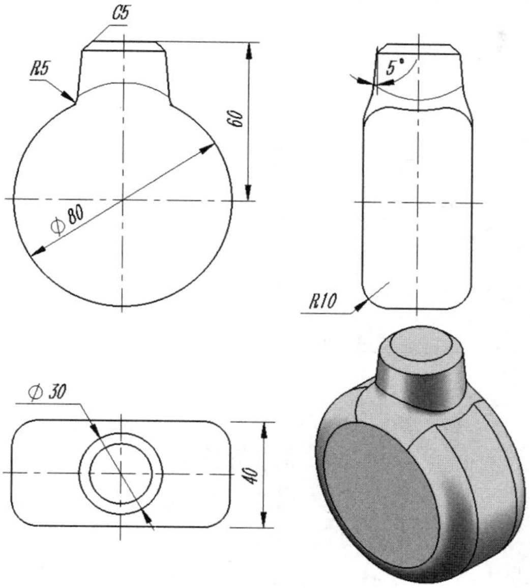

扫码看视频

图 3-154　删除面实例

实例分析：

该模型基本体非常简单，其难度主要在圆角的处理。当多个圆角交汇于一处，且圆角半径大于交叉位置的最小尺寸的二分之一时，用“圆角”命令生成的结果通常不太理想。此时可以利用分割线将不理想的位置分割出来，再删除，要求不高时可删除时相切填补，要求高时可删除后再根据情况填充曲面。而倒角在这里只是作为练习的一个步骤，通过先圆角，再删除圆角过渡为倒角。

操作步骤：

1）以“上视基准面”为基准绘制如图 3-155 所示草图。

2）单击工具栏中的“特征”/“拉伸凸台 / 基体”，“终止条件”选择“两侧对称”，“深度”输入尺寸“40mm”，结果如图 3-156 所示。

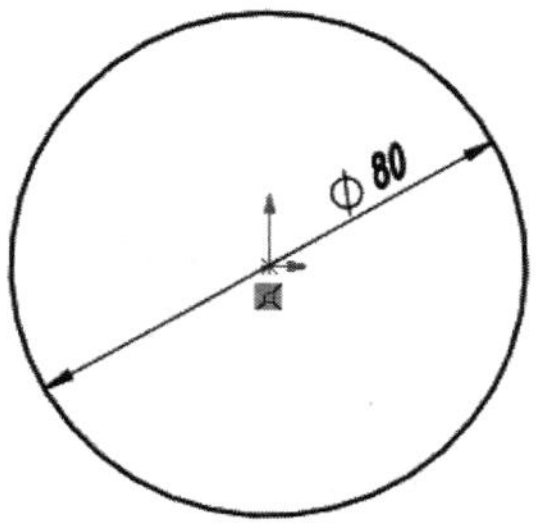

图 3-155　绘制草图 1

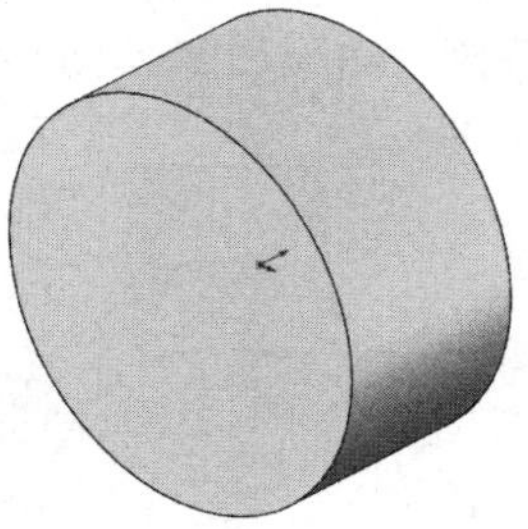

图 3-156　拉伸实体 1

3）以“前视基准面”为参考向 *Z* 轴的正方向偏距“60mm”生成基准面。

4）以新建基准面为基准绘制如图 3-157 所示草图。

5）单击工具栏中的“特征”/“拉伸凸台/基体”，“终止条件”选择“成形到下一面”，打开“拔模开/关”，“拔模角度”输入尺寸“5度”，结果如图 3-158 所示。

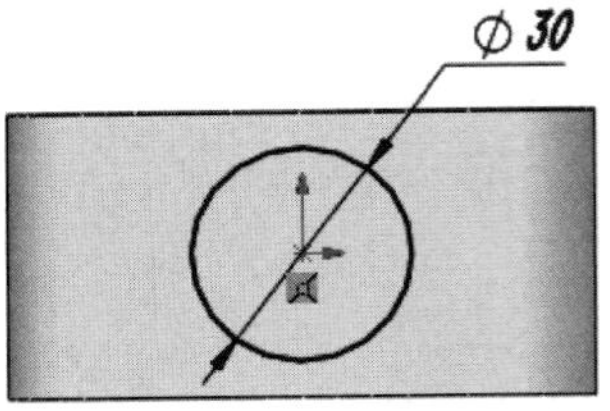

图 3-157　绘制草图 2

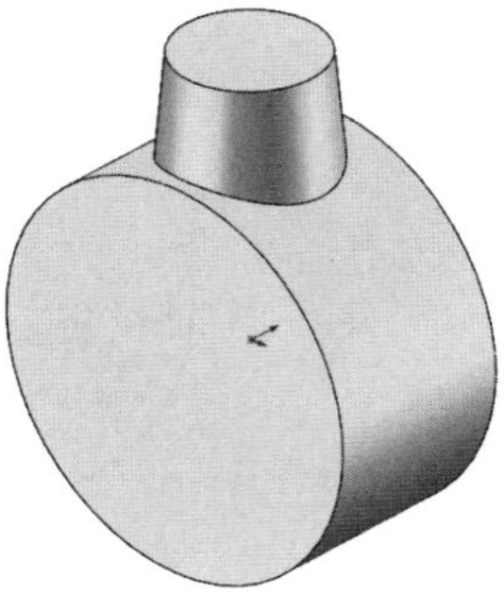

图 3-158　拉伸实体 2

6）单击工具栏中的“特征”/“圆角”，“圆角类型”选择“恒定大小圆角”，“要圆角化的项目”选择两圆柱体的相贯线，“半径”输入尺寸“5mm”，结果如图 3-159 所示。

7）单击工具栏中的“特征”/“圆角”，“圆角类型”选择“恒定大小圆角”，“要圆角化的项目”选择大圆柱体的两端边线，“半径”输入尺寸“10mm”，结果如图 3-160 所示。

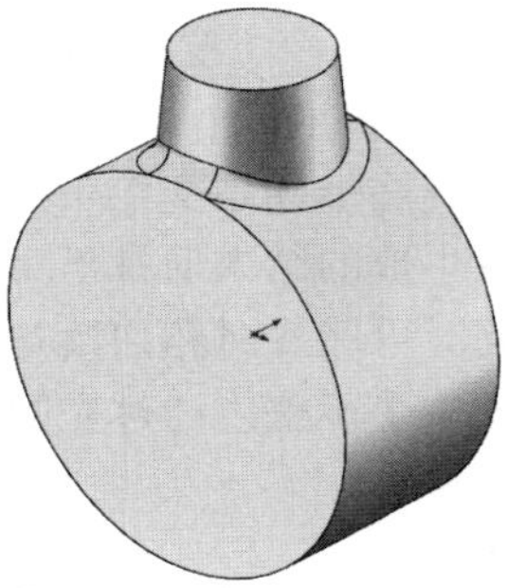

图 3-159　生成圆角 1

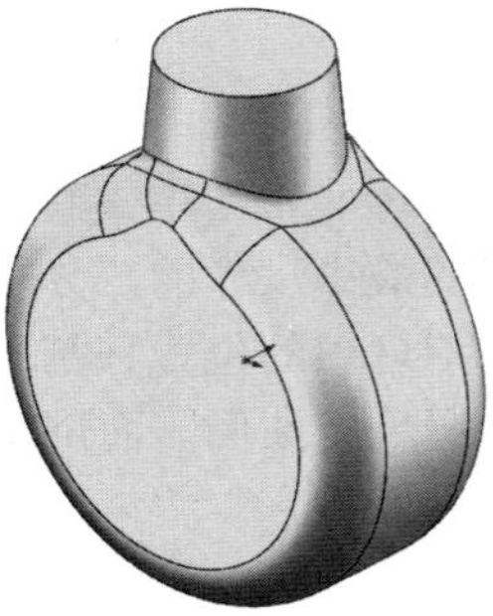

图 3-160　生成圆角 2

8）以“上视基准面”为基准绘制如图 3-161 所示草图。

9）单击工具栏中的“曲面”/“曲线”/“分割线”，用上一步绘制的草图对大圆柱体的两个端面进行分割，结果如图 3-162 所示。

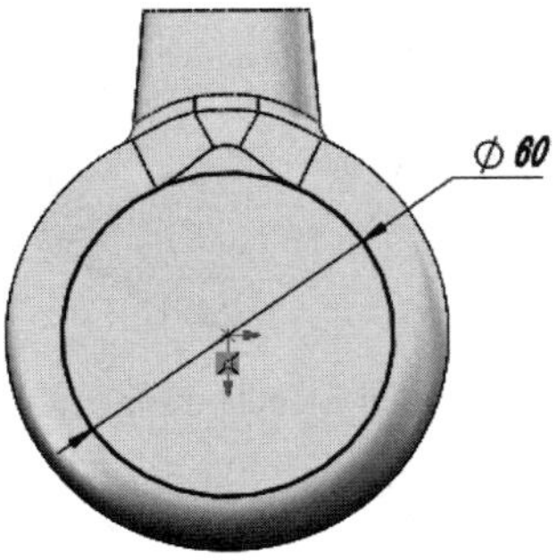

图 3-161　绘制草图 3

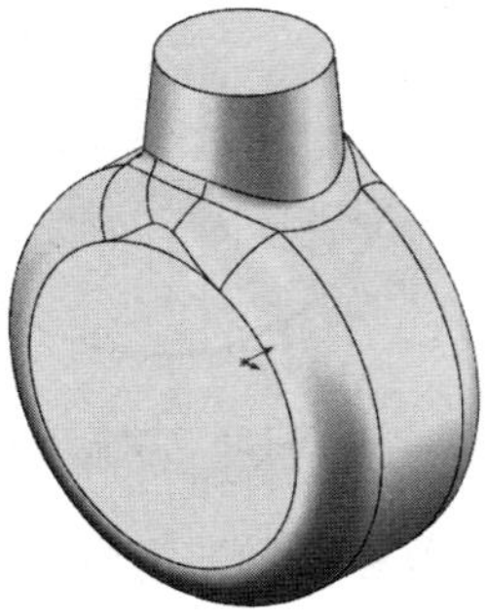

图 3-162　分割端面

10）单击工具栏中的“曲面”/“删除面”，如图 3-163a 所示，“要删除的面”选择两圆柱体相交位置的所有圆角面，“选项”选择“删除并填补”并同时勾选“相切填补”，结果如图 3-163b 所示。

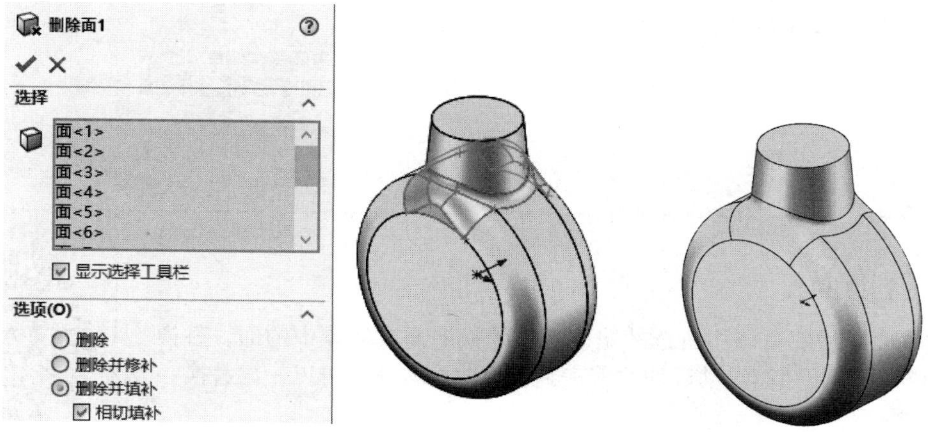

a）　　b）

图 3-163　删除并填补

11）单击工具栏中的“特征”/“圆角”，“圆角类型”选择“恒定大小圆角”，“要圆角化的项目”选择小圆柱体的顶面边线，“半径”输入尺寸“5mm”，结果如图 3-164 所示。

12）单击工具栏中的“曲面”/“删除面”，“要删除的面”选择上一步生成的圆角面，“选项”选择“删除并填补”，取消勾选“相切填补”，结果如图 3-165 所示。

注意

通过删除面的方式进行倒角与圆角间的切换，其过渡面的质量不是太理想，但对于输入模型而言，这种操作将是最为高效的方法。

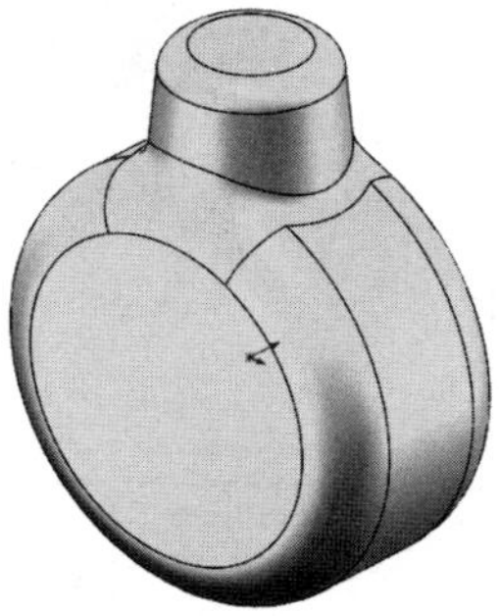

图 3-164　生成圆角 3

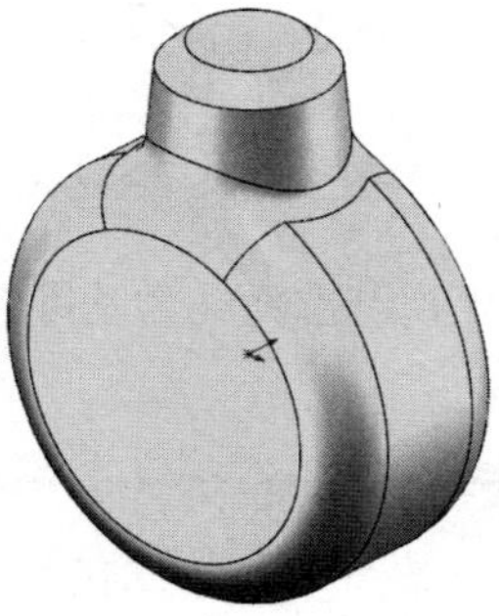

图 3-165　删除圆角面

技巧

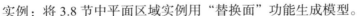

在 SOLIDWORKS 中倒角与圆角特征的切换可以通过更改参数，如图 3-166 所示，在编辑特征时切换“特征类型”即可进行转换。

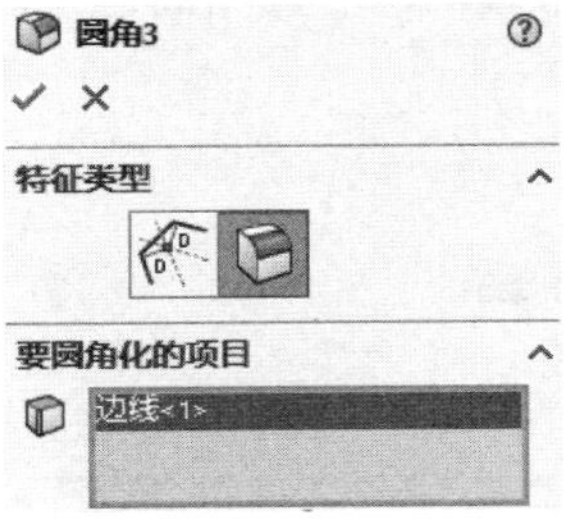

图 3-166　切换类型

3.14　替换面

扫码看视频

“替换面”功能可以用所选的曲面实体替换曲面或实体中的面，替换时原来实体中的相邻面自动延伸并剪裁到替换曲面实体，可以一次替换一组相连的面。

实例：将 3.8 节中平面区域实例用“替换面”功能生成模型。

实例分析：

创建该模型主要是倾斜面的生成，在 3.8 节中主要是通过平面区域与拉伸到面的方法完成，现在用“替换面”功能实现需要两个面，一个是原有面，另一个是替换面，原有面可用拉伸并将其顶面作为原面，替换面则可生成三角平面，替换后就得到了倾斜的实体。

操作步骤：

1）以“上视基准面”为基准绘制如图 3-167 所示草图。

2）单击工具栏中的“特征”/“拉伸凸台 / 基体”，“终止条件”选择“给定深度”，“深度”输入尺寸“28mm”，结果如图 3-168 所示。

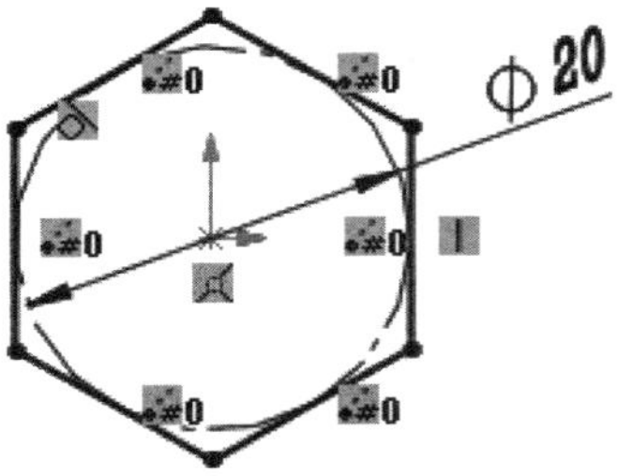

图 3-167　绘制草图 1

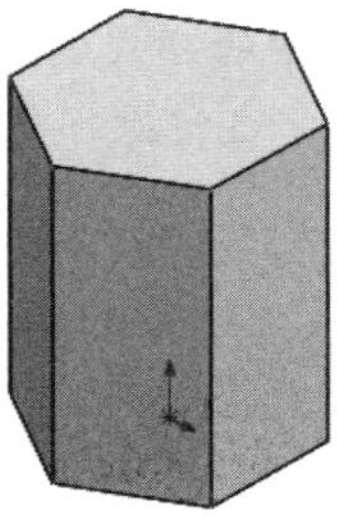

图 3-168　拉伸实体 1

3）以“上视基准面”为基准绘制如图 3-169 所示草图。

提示

此草图是为了后续草图参考方便，非必需步骤，后续草图虽然参考了该草图的点、线，为保持图面的简洁，也将隐藏该草图。

4）以“上视基准面”为基准绘制如图 3-170 所示草图。

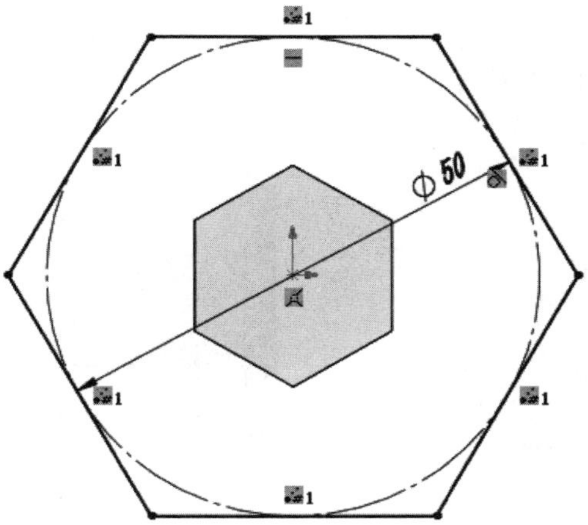

图 3-169　绘制草图 2

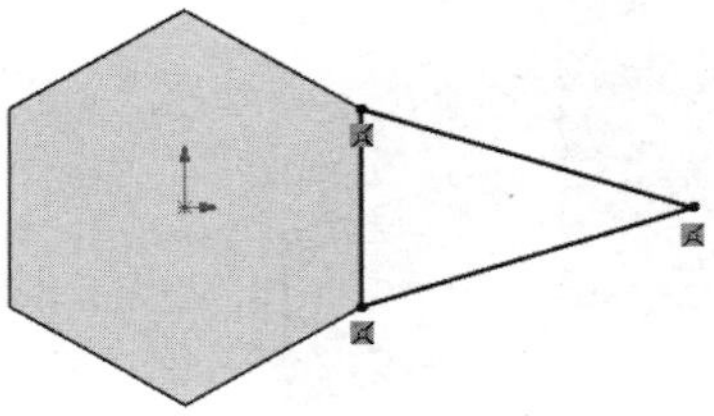

图 3-170　绘制草图 3

5）单击工具栏中的“特征”/“拉伸凸台 / 基体”，“终止条件”选择“给定深度”，“深度”输入尺寸“14mm”，取消勾选“合并结果”，结果如图 3-171 所示。

注意

“合并结果”在此处是否取消并不影响该拉伸实体的“替换面”操作，但对后一个拉伸实体的替换却有影响，为了统一，此处也取消勾选该选项。

6）单击工具栏中的“特征”/“参考几何体”/“点”，“参考实体”选择三棱柱外侧边线，并将百分比值设为“0.00%”，结果如图 3-172 所示。

提示

由于 SOLIDWORKS 无法直接选择实体的顶点参与曲面建模，所以此处要先生成一“点”作为参考。

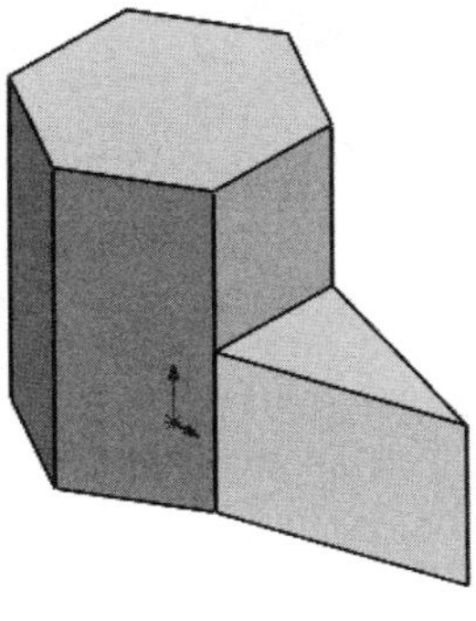

图 3-171　拉伸实体 2

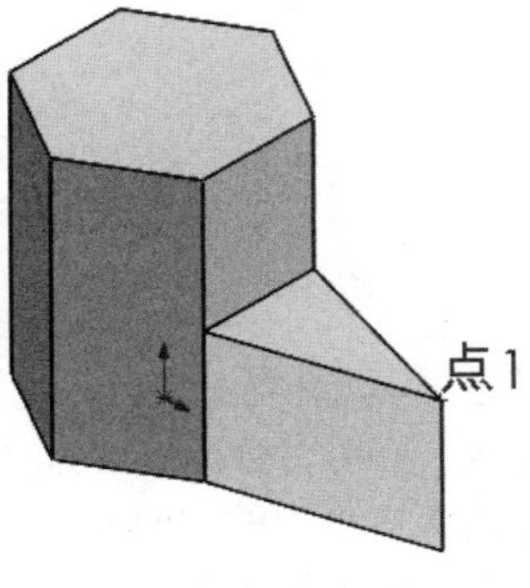

图 3-172　生成参考点 1

7）单击工具栏中的“曲面”/“边界曲面”，“曲线”选择六棱柱位于三棱柱一侧的上边线与上一步生成的参考点，结果如图 3-173 所示。

8）单击工具栏中的“曲面”/“替换面”，如图 3-174a 所示，“替换的目标面”选择三棱柱的上表面，“替换的曲面”选择上一步生成的边界曲面，结果如图 3-174b 所示。

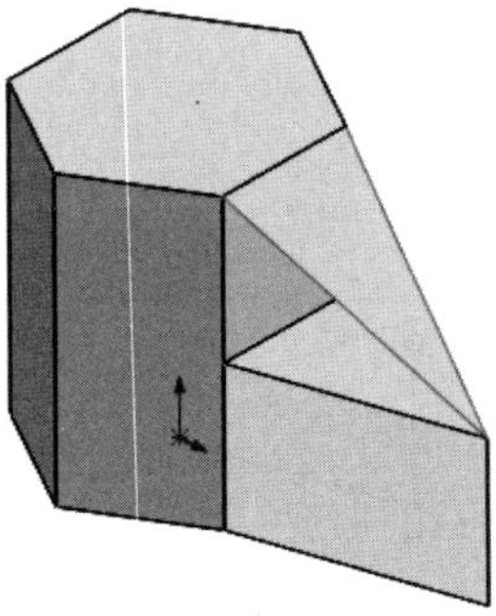

图 3-173　边界曲面 1

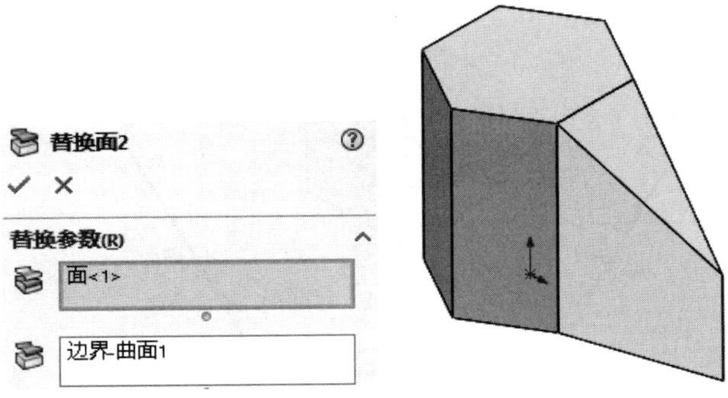

a）　　b）

图 3-174　替换面 1

9）以“上视基准面”为基准绘制如图 3-175 所示草图。

10）单击工具栏中的“特征”/“拉伸凸台/基体”，“终止条件”选择“给定深度”，“深度”输入尺寸“14mm”，取消勾选“合并结果”，结果如图 3-176 所示。

思考

结合后续的“替换面”操作，思考为什么此处必须取消勾选“合并结果”选项，如果不取消会有什么结果？试操作验证自己的想法。

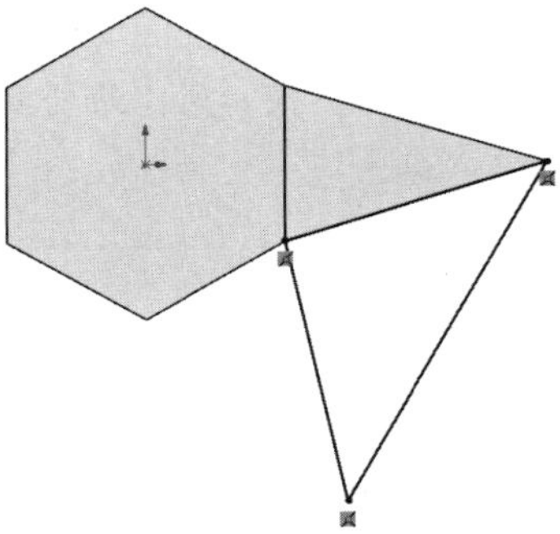

图 3-175　绘制草图 4

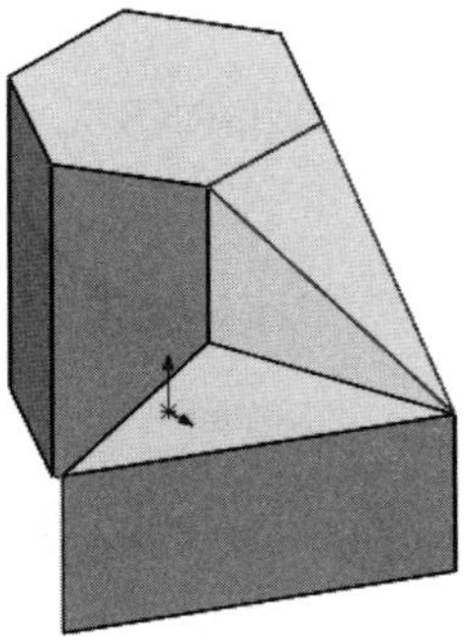

图 3-176　拉伸实体 3

11）单击工具栏中的“特征”/“参考几何体”/“点”，“参考实体”选择六棱柱与小三棱柱的交叉边线，并将百分比值设为“0.00%”，结果如图 3-177 所示。

12）单击工具栏中的“曲面”/“边界曲面”，“曲线”选择大三棱柱的外侧下边线与上一步生成的参考点，结果如图 3-178 所示。

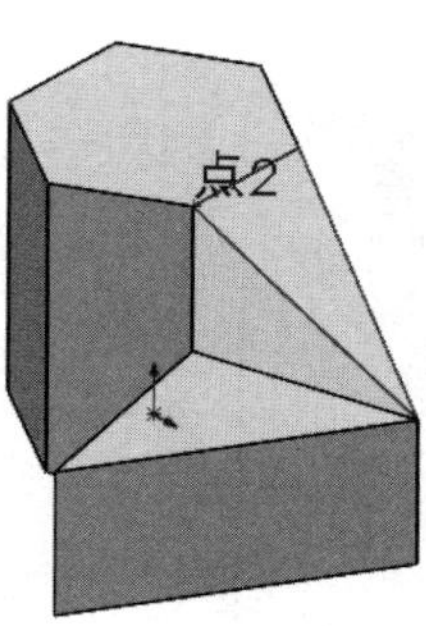

图 3-177　生成参考点 2

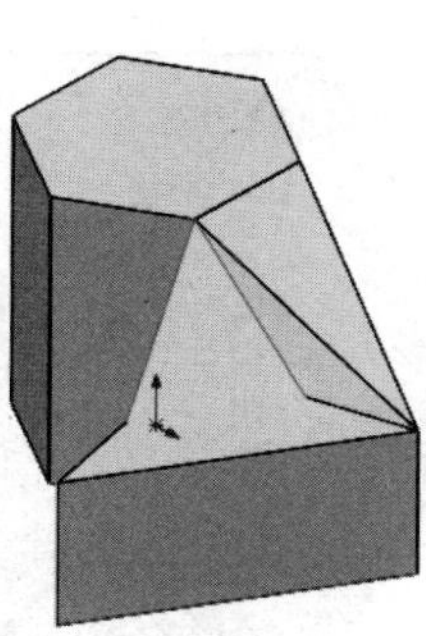

图 3-178　边界曲面 2

13）单击工具栏中的“曲面”/“替换面”，“替换的目标面”选择大三棱柱的上表面，“替换的曲面”选择上一步生成的边界曲面，结果如图 3-179 所示。

14）单击工具栏中的“曲面”/“参考几何体”/“基准轴”，“参考实体”选择“前视基准面”与“右视基准面”，生成基准轴如图 3-180 所示。

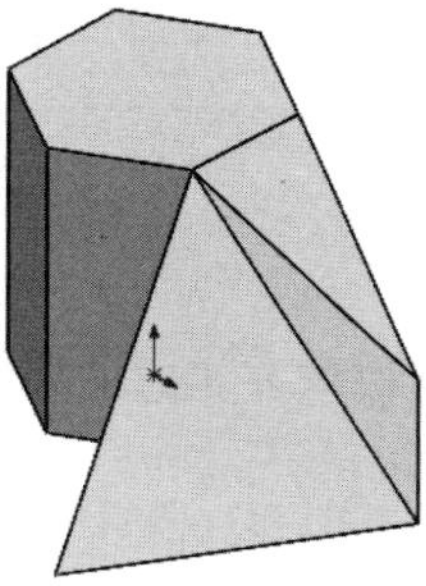

图 3-179　替换面 2

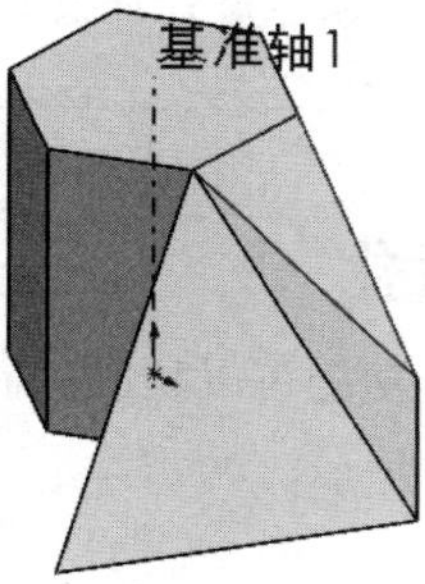

图 3-180　生成基准轴

15）单击工具栏中的“特征”/“圆周阵列”，“阵列轴”选择上一步生成的基准轴，“要阵列的实体”选择两个替换面所生成的实体，等间距阵列数量为 6，结果如图 3-181 所示。

16）单击工具栏中的“特征”/“组合”，“操作类型”选择“添加”，“要组合的实体”选择所有实体，结果如图 3-182 所示。

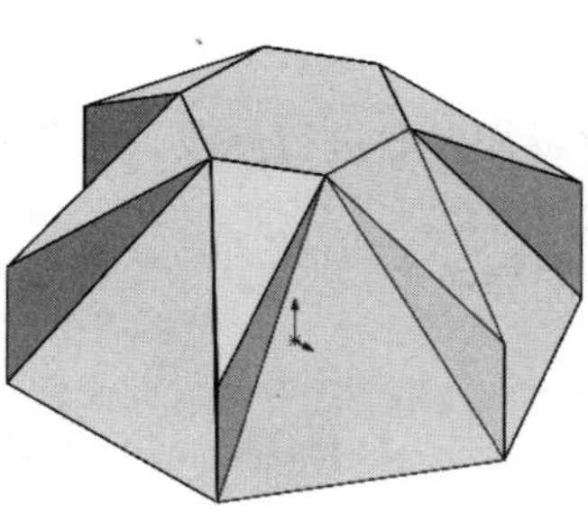

图 3-181　阵列实体

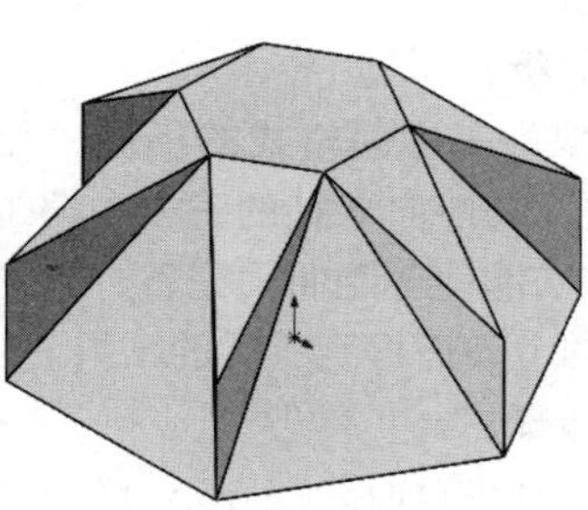

图 3-182　组合实体

17）以“上视基准面”为基准绘制如图 3-183 所示草图。

18）单击工具栏中的“特征”/“拉伸切除”，“终止条件”选择“完全贯穿”，结果如图 3-184 所示。

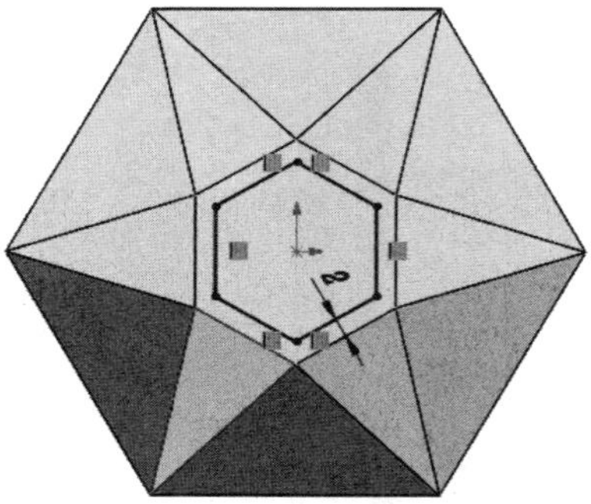

图 3-183　绘制草图 5

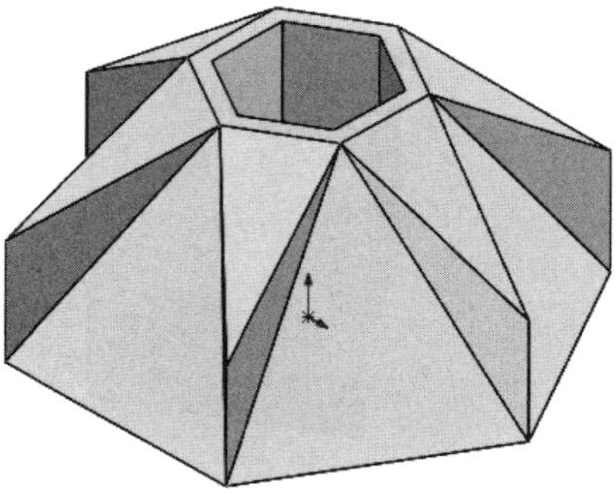

图 3-184　拉伸切除

提示

从该实例的两种做法上可以看到，创建同一模型，由于思路不同，其过程相差甚大，可以感受到在操作前针对模型的条件、作用、设计思路、编辑等进行规划的重要性。

3.15　删除孔

扫码看视频

“删除孔”功能可以从所选曲面中删除封闭的中空轮廓以填充相应的曲面。

提示

该功能在 SOLIDWORKS 中属于较新的功能，在 2019 版本中才开始增加了该功能。

实例：图 3-185 所示为一已有模型，现需要将其上表面沿 *Y* 轴的正方向偏距 10mm 生成新的实体模型。

实例分析：

该模型为一中间格式的模型，无法通过直接更改特征参数进行修改，可先将上表面通过“等距曲面”功能向 *Y* 轴的正方向偏距所要的尺寸，然后通过“删除孔”功能使等距曲面完整，再利用“替换面”功能替换已有实体的上表面得到所需的结果。

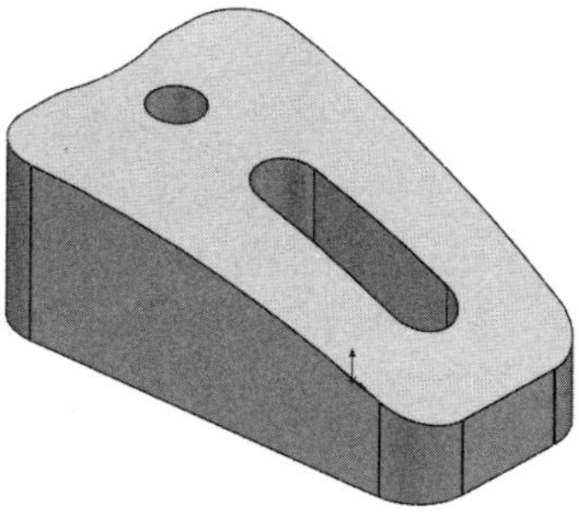

图 3-185　删除孔实例

操作步骤：

1）打开已有模型“3-15.x_t”。

2）单击工具栏中的“曲面”/“等距曲面”，选择上表面，“等距距离”输入尺寸“10mm”，结果如图 3-186 所示。

3）单击工具栏中的“曲面”/“删除孔”，如图 3-187a 所示，“要移除的选定边线”选择等距面的圆边线及直槽孔的任一边线，单击“确定”，结果如图 3-187b 所示。

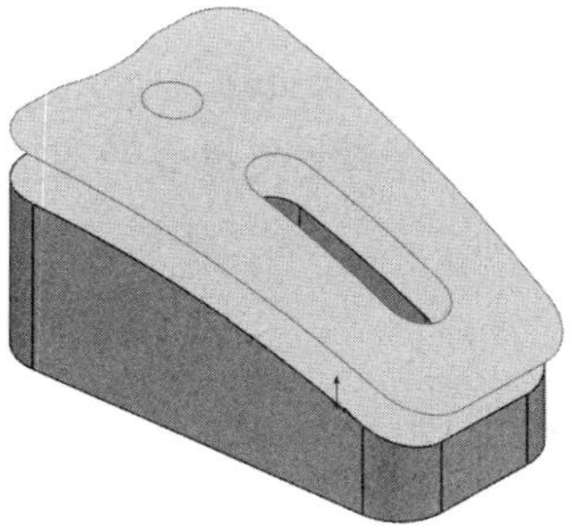

图 3-186　等距曲面

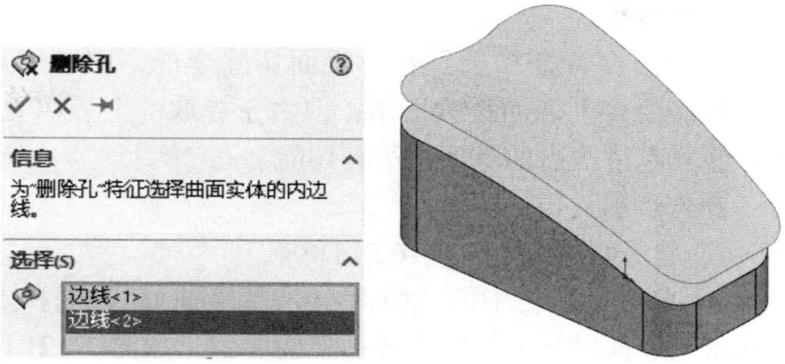

a）　　b）

图 3-187　删除孔

4）单击工具栏中的"曲面"/"替换面"，"替换的目标面"选择实体的上表面，"替换的曲面"选择上一步删除孔所形成的曲面，结果如图 3-188 所示。

5）隐藏删除孔所形成的曲面，结果如图 3-189 所示。

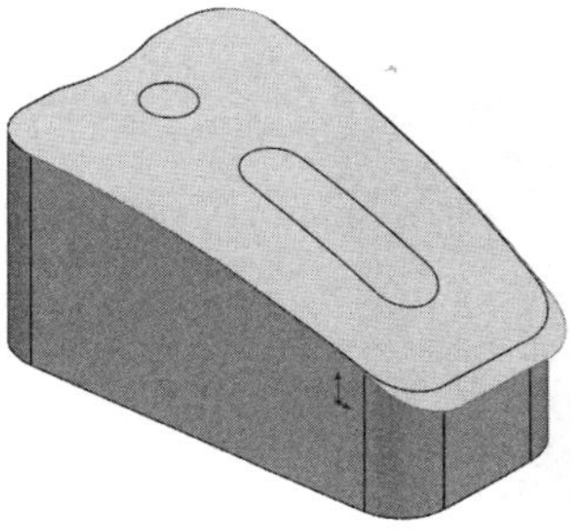

图 3-188　替换面

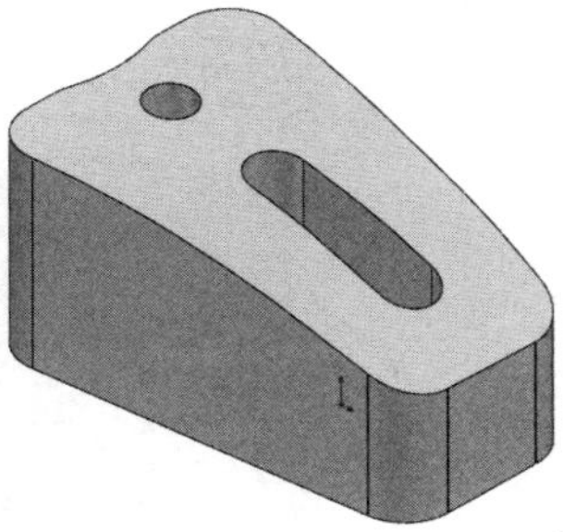

图 3-189　隐藏曲面

3.16　延伸曲面

扫码看视频

"延伸曲面"功能可以用于将已有曲面边线按所输入参数进行延伸。

实例：图 3-190a 所示为一已有设计，根据设计需要，在其一侧又增加了一凸台，如图 3-190b 所示，现需要将增加的凸台上部分切除，要求凸台上表面与原有设计的上表面保持曲面的连续性。

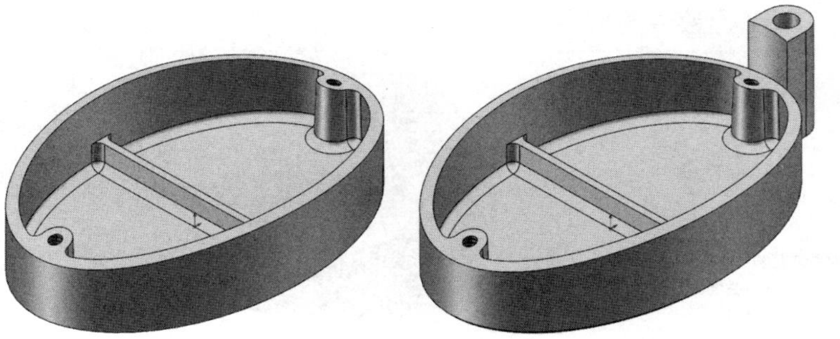

a）　　b）

图 3-190　延伸曲面实例

实例分析：

增加凸台特征如果是在上表面切除之前，则很容易随之一起切除。现在上表面已切除生成，就需要将上表面提取出来，但由于提取的上表面无法覆盖凸台，就需要将提取的面进行延伸，使其超过凸台的范围再进行切除。

操作步骤：

1）打开已有模型“3-16.SLDPRT”。

2）单击工具栏中的“曲面”/“等距曲面”，选择上表面，“等距距离”输入尺寸“0mm”，将在所选表面的原始位置生成一新的曲面，如图 3-191 所示。

注意

由于原位上生成曲面不便于观察，此处将新生成的曲面更改了颜色，面的重叠会有显示问题，即出现不规律的色斑，这是正常现象。

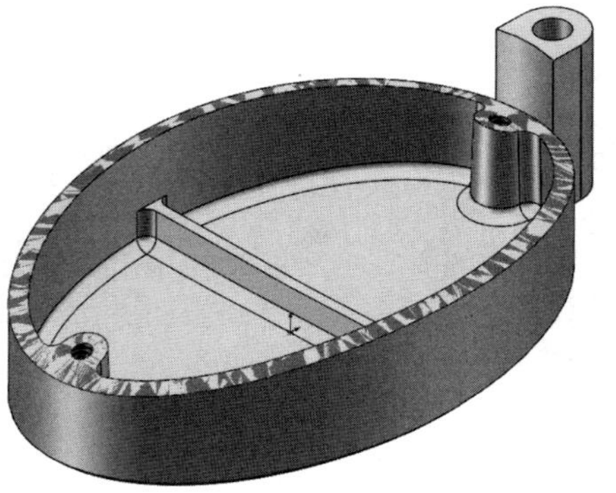

图 3-191　等距曲面

3）单击工具栏中的“曲面”/“延伸曲面”，如图 3-192a 所示，“拉伸的边线 / 面”选择等距曲面的外边线，“距离”输入尺寸“20mm”，单击“确定”，结果如图 3-192b 所示。

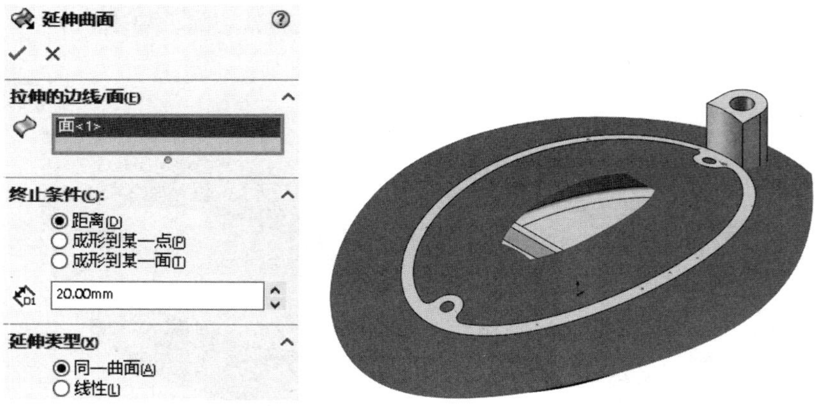

a）　　b）

图 3-192　延伸曲面

4）单击工具栏中的“曲面”/“使用曲面切除”，“进行切除的所选曲面”选择上一步生成的延伸曲面，切除上侧部分，单击“确定”，结果如图 3-193 所示。

扫码看视频

3.17　剪裁曲面

“剪裁曲面”功能可以利用曲面对另一曲面进行剪裁或两曲面间进行互相剪裁。

实例：设计图 3-194 所示的汤勺，尺寸自拟。

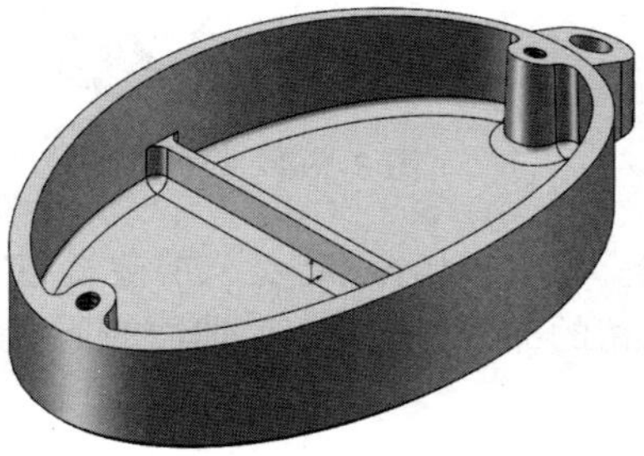

图 3-193　曲面切除

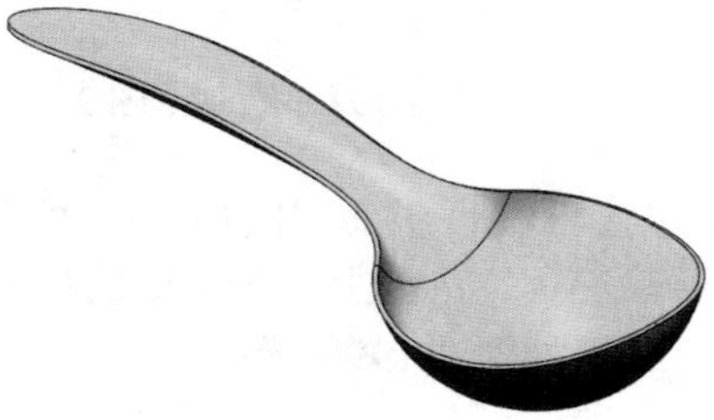

图 3-194　剪裁曲面实例

实例分析：

初看该模型可能会从填充曲面、放样曲面方向去考虑，这对于条件构建、曲面生成显然比较复杂。仔细观察图片，可以看到其任一部位都是回转体的一部分，此时可以通过旋转曲面生成整体面，再生成拉伸曲面进行剪裁，对剪裁留下的曲面进行加厚即可得到所需的模型。

提示

通过给定的图片作为参考进行产品设计，这在外形类设计中是较为常见的一种方式，而这种方式的设计过程通常会经历多次的尝试才能得到较为满意的结果，大部分情况下无法做到一次成功，所以对于这种过程试错要有一颗平常心，每次尝试都要总结问题所在，并在下一个方案中注意回避、改进。

操作步骤：

1）以“上视基准面”为基准绘制如图 3-195 所示草图。

2）单击工具栏中的“曲面”/“旋转曲面”，以中心线为旋转轴旋转一周，结果如图 3-196 所示。

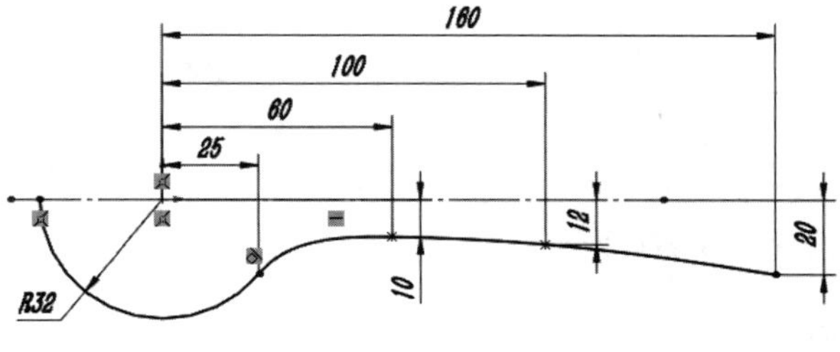

图 3-195　绘制草图 1

图 3-196　旋转曲面

3）以“前视基准面”为基准绘制如图 3-197 所示草图。

4）单击工具栏中的“曲面”/“拉伸曲面”，“终止条件”选择“两侧对称”，“深度”输入尺寸“80mm”，结果如图 3-198 所示。

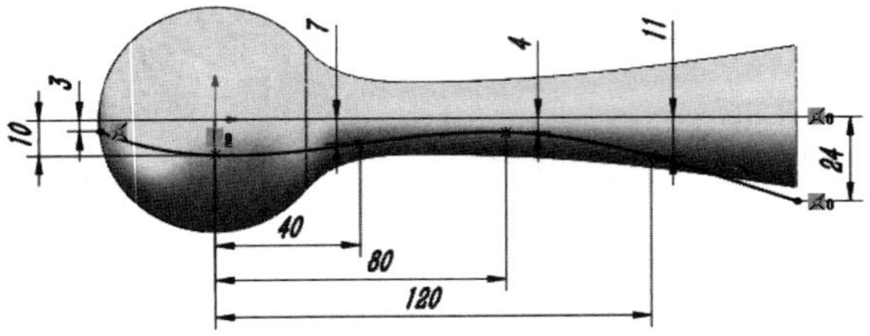

图 3-197　绘制草图 2

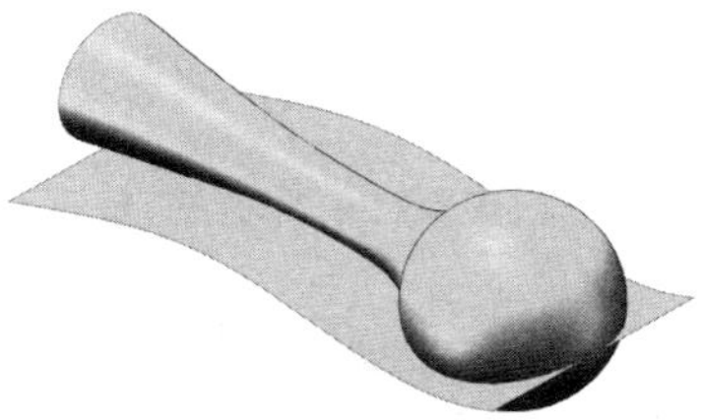

图 3-198　拉伸曲面

5）单击工具栏中的“曲面”/“剪裁曲面”，如图 3-199a 所示，“剪裁类型”选择“标准”，“剪裁工具”选择上一步生成的拉伸曲面，“保留的部分”选择旋转曲面的下半部分，单击“确定”，结果如图 3-199b 所示。

提示

“保留选择”“移除选择”两个选项用于控制鼠标单击被剪裁曲面位置的那部分是保留还是移除。

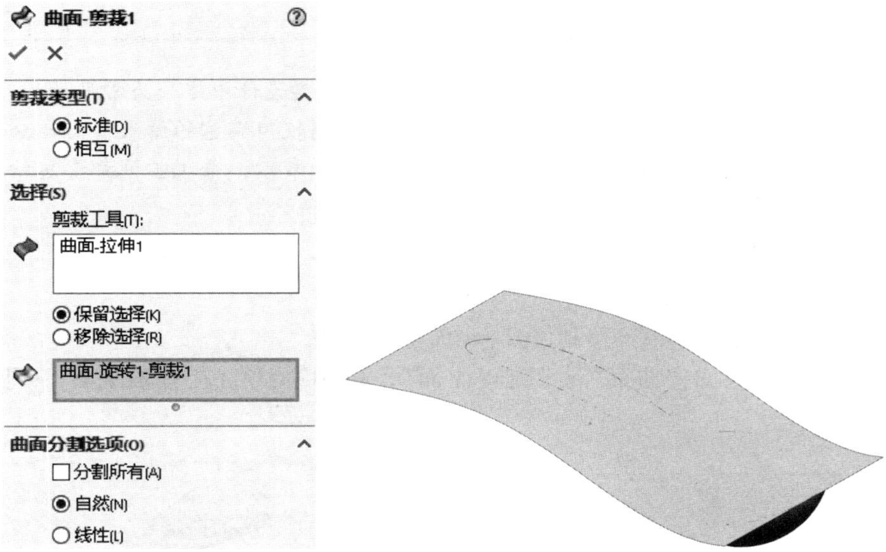

a）　　　　b）

图 3-199　剪裁曲面

6）隐藏拉伸曲面，结果如图 3-200 所示。

7）单击工具栏中的“曲面”/“加厚”，“厚度”输入尺寸“1mm”，结果如图 3-201 所示。

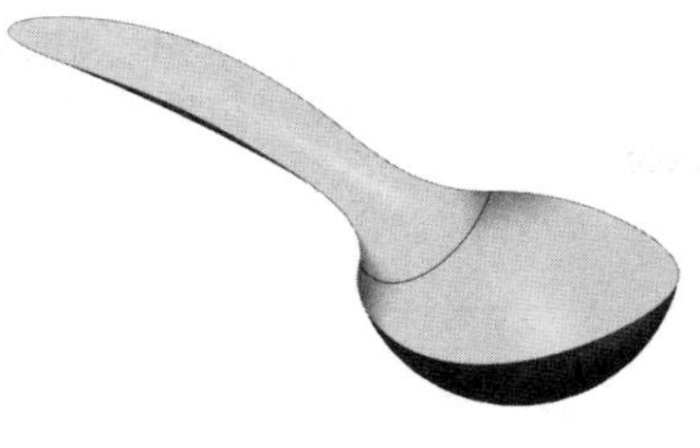

图 3-200　隐藏面

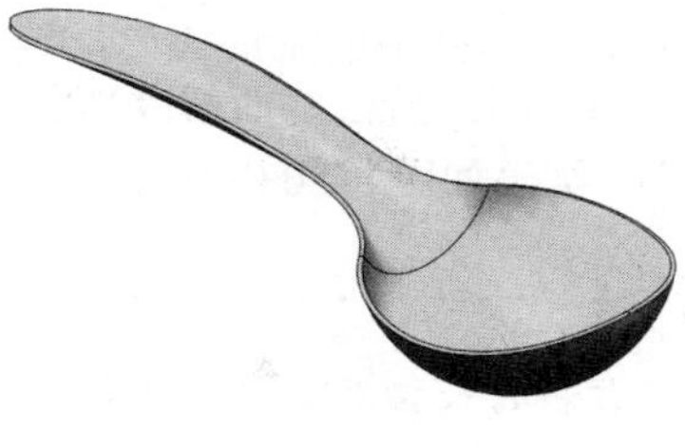

图 3-201　加厚曲面

3.18　解除剪裁曲面

“解除剪裁曲面”功能可以对已有曲面上的边界进行自然延伸，可用于修补曲面上的孔洞及外部边线。

实例：图 3-202a 所示为一已有设计，现根据需要进行二次设计，参考图 3-202b 所示，要求重新设计散热孔，长形滑动开关位置更改为圆形以配合开关的更改，取消下端的缺口并填充端面。

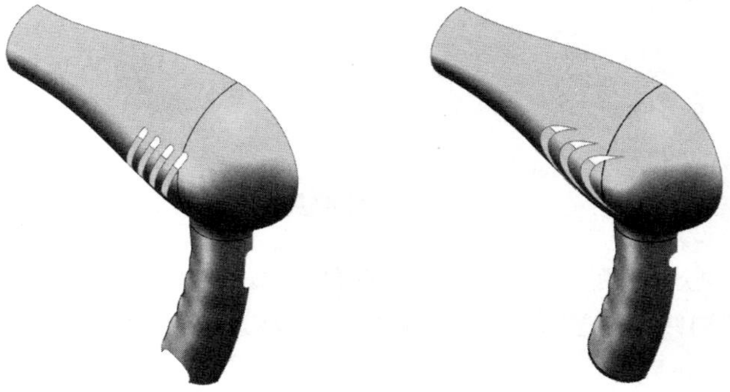

a）　　b）

图 3-202　解除剪裁曲面实例

扫码看视频

实例分析：

这种利用已有设计的模型进行二次设计，在产品改型、逆向仿制中应用较为普遍。此时对原模型的主要外形通常不做太大改动，而对细节进行调整、重新设计。在修改前首先需要做的是对不再需要的孔洞、缺口进行修补，孔洞与缺口均可通过“解除剪裁曲面”功能完成，修补完成后再根据新的设计需要增加所需的特征。

注意

曲面的孔洞如果比较复杂，“解除剪裁曲面”功能不一定能完成填补，此时可以用“删除孔”功能完成，在使用 2019 之前版本没有“删除孔”功能时，可通过“填充曲面”功能进行修补。

操作步骤：

1）打开已有模型“3-18 原 .SLDPRT”。

2）单击工具栏中的“曲面”/“解除剪裁曲面”，如图 3-203a 所示，“所选面 / 边线”选择曲面左侧部分位置，“面解除剪裁类型”选择“内部边线”，选中“与原有合并”选项，单击“确定”，结果如图 3-203b 所示。

注意

最右侧的长槽孔由于跨在两个面上，所以在“内部边线”的选项下无法包含该槽的修补。

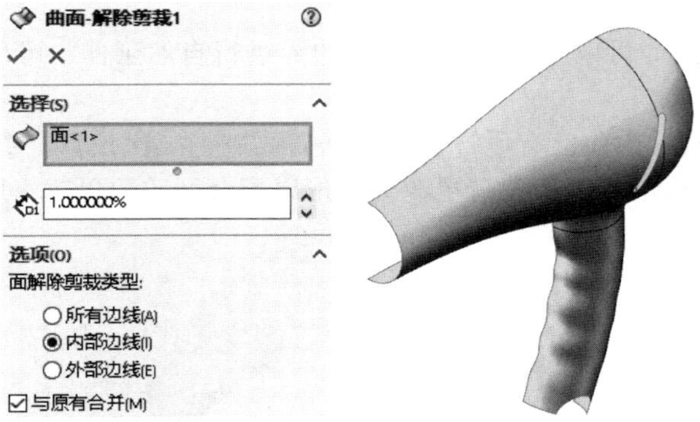

a）　　　　b）

图 3-203　解除剪裁曲面 1

3）单击工具栏中的“曲面”/“解除剪裁曲面”，如图 3-204a 所示，“所选面 / 边线”选择剩余散热孔的边线，“边线解除剪裁类型”选择“连接端点”，选中“与原有合并”选项，单击“确定”，结果如图 3-204b 所示。

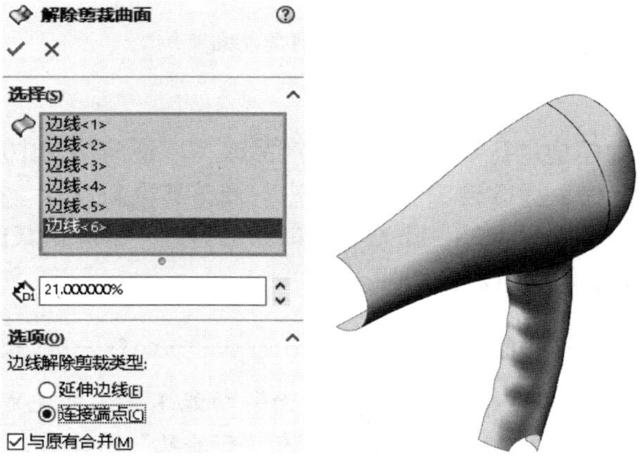

a）　　　　b）

图 3-204　解除剪裁曲面 2

4）单击工具栏中的“曲面”/“解除剪裁曲面”，“所选面 / 边线”选择后侧开关位置的边线，“边线解除剪裁类型”选择“连接端点”，选中“与原有合并”选项，单击“确定”，结果如

图 3-205 所示。

5）单击工具栏中的“曲面”/“解除剪裁曲面”，“所选面 / 边线”选择把手底部缺口的边线，“边线解除剪裁类型”选择“连接端点”，选中“与原有合并”选项，单击“确定”，结果如图 3-206 所示。

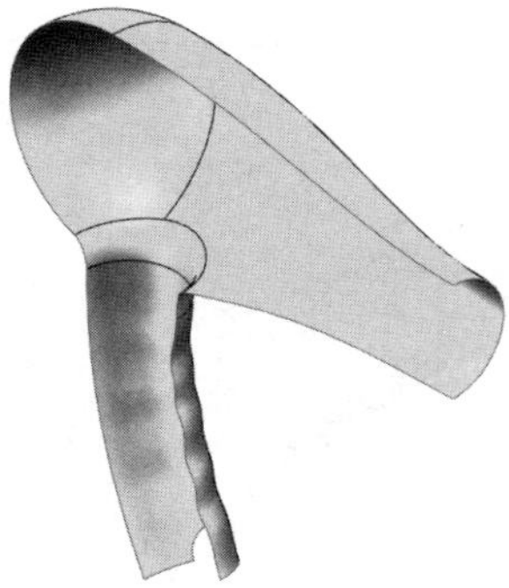

图 3-205　解除剪裁曲面 3

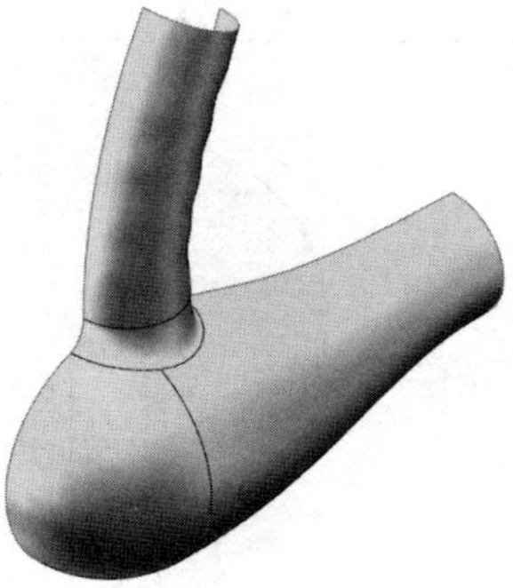

图 3-206　解除剪裁曲面 4

6）以“右视基准面”为基准绘制如图 3-207 所示草图。

7）单击工具栏中的“曲面”/“剪裁曲面”，“剪裁类型”选择“标准”，“剪裁工具”选择上一步生成的草图，“保留的部分”选择草图外侧部分的曲面任一位置，单击“确定”，结果如图 3-208 所示。

提示

草图先绘制最左侧部分形状，再用“线性草图阵列”功能阵列出另两个草图区域。

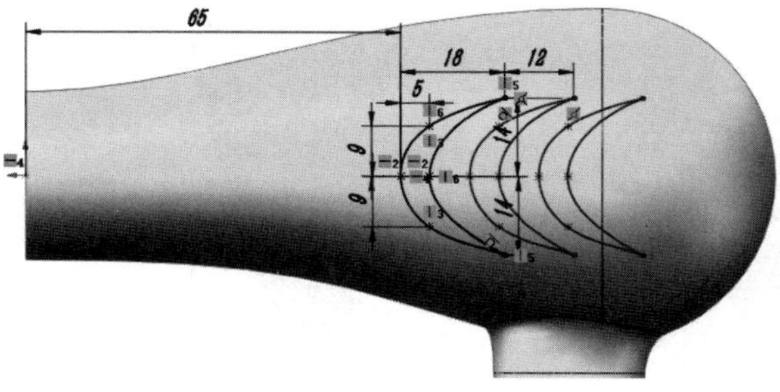

图 3-207　绘制草图 1

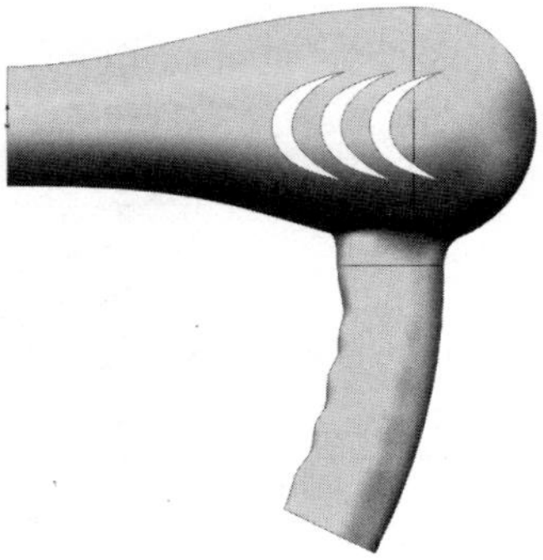

图 3-208　剪裁曲面 1

8）以“前视基准面”为基准绘制草图，如图 3-209 所示。

9）单击工具栏中的“曲面”/“剪裁曲面”，“剪裁类型”选择“标准”，“剪裁工具”选择上一步生成的草图，“保留的部分”选择草图外侧部分的曲面任一位置及内侧区域圆孔剪裁部分，单击“确定”，结果如图 3-210 所示。

提示

由于草图圆向 Z 轴的正方向投影剪裁曲面时与已有曲面有两个相交区域，所以“保留的部分”需要选择内侧相交区域。

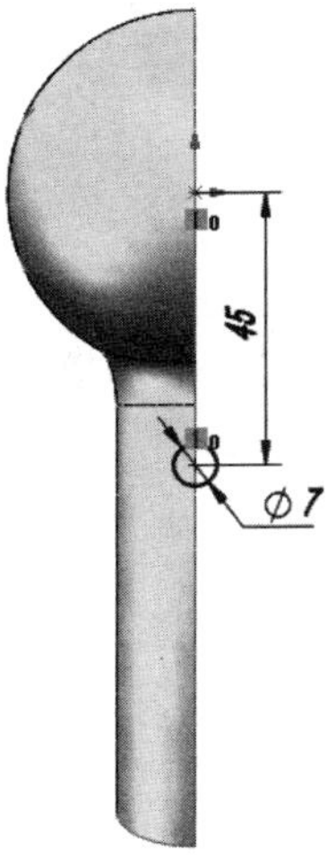

图 3-209 绘制草图 2

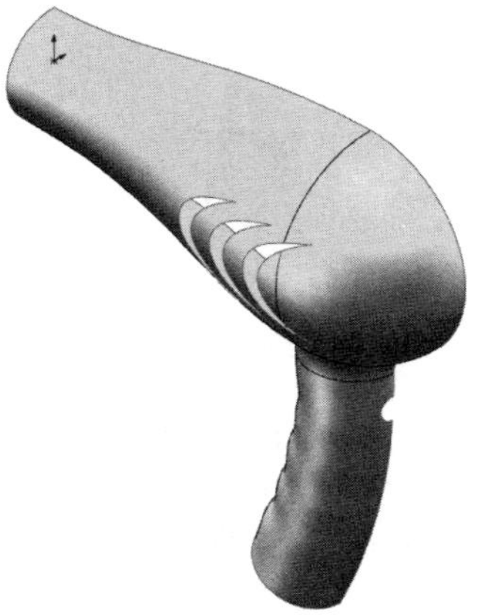

图 3-210 剪裁曲面 2

10）单击工具栏中的“草图”/“3D 草图”，进入 3D 草图绘制环境，单击“直线”绘制过手柄端部两点的直线，结果如图 3-211 所示。

11）单击工具栏中的“曲面”/“填充曲面”，“修补边界”选择手柄端部的周边线及 3D 草图，结果如图 3-212 所示。

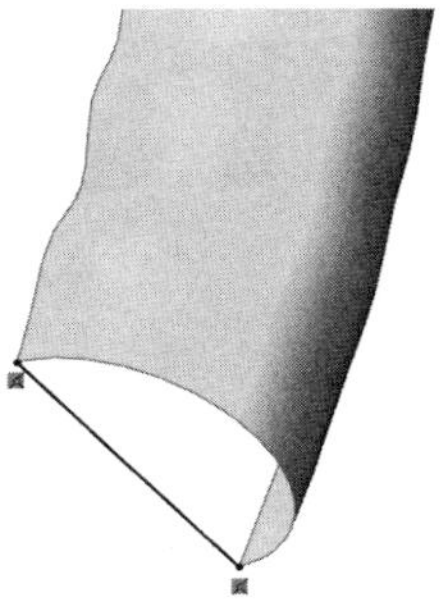

图 3-211 绘制草图 3

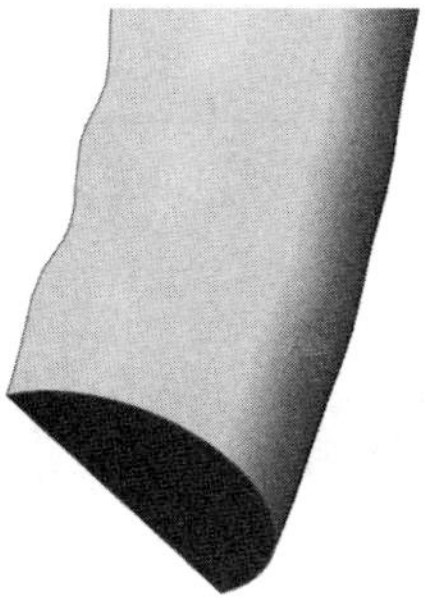

图 3-212 填充曲面

12）单击工具栏中的“曲面”/“缝合曲面”，“要缝合的曲面和面”选择主体曲面与上一步生成的填充曲面，结果如图 3-213 所示。

13）单击工具栏中的“曲面”/“圆角”，“要圆角化的项目”选择缝合时两曲面相交的边线，“半径”输入尺寸“3mm”，单击“确定”，结果如图 3-214 所示。

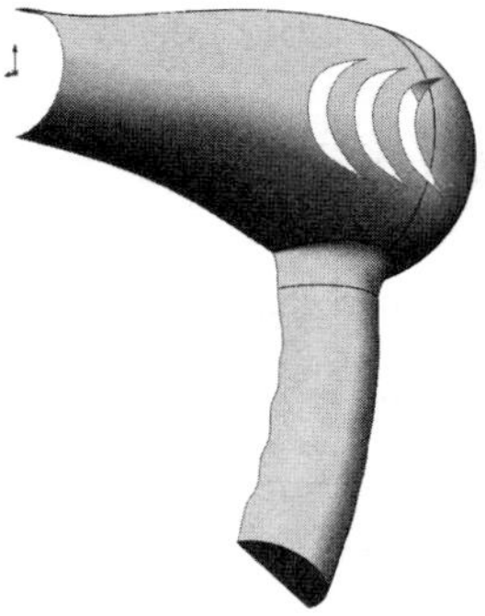

图 3-213　缝合曲面

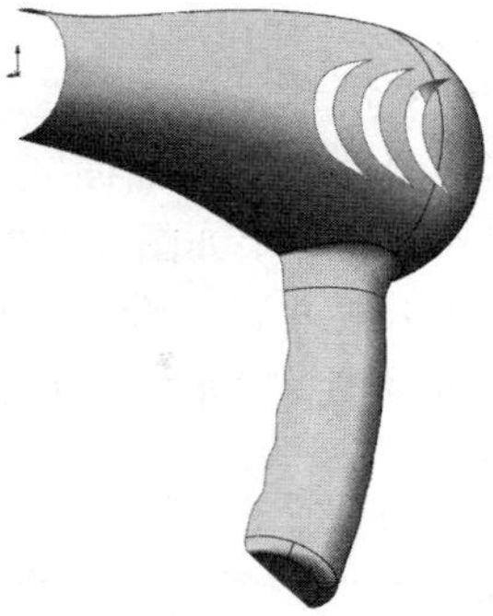

图 3-214　添加圆角

提示

至此只是完成了外形的改形设计，并不代表产品设计完成，通常后续会转至结构设计人员进行详细的结构部分的设计。

3.19　缝合曲面

“缝合曲面”功能可以将两个或多个曲面组合为一个整体，当所缝合曲面闭合时，可以选择转化为实体模型，当缝合的面间有较小的间隙时，系统能进行自动修复以保证曲面间的连接。

实例：图 3-215 所示为已完成曲面的基本设计，现需要将其转化为实体，要求前后开槽对称，两端封闭，添加适当圆角。

实例分析：

初看这个要求，部分人会首先考虑如何增加对称的槽，而在实际处理过程中，这类对称性特征的无须单独处理，因为作为曲面处理时费时费力。使用较多的方法是，先将模型处理成实体，再切割掉没有槽的一半实体，然后镜像剩下的部分即可。要形成实体首先要封闭两端，当对模型沿 X 轴方向观察时会发现槽与端部并不平齐，如图 3-216 所示，此时需先延伸槽并通过剪裁使其与端部齐平，再通过“平面区域”功能生成端面并缝合曲面形成实体。

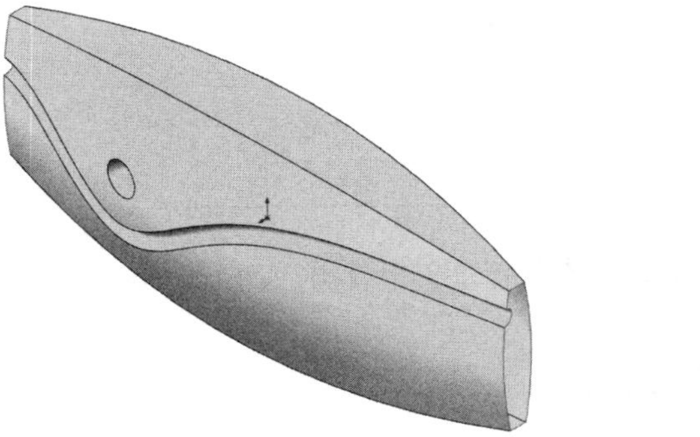

图 3-215　缝合曲面实例

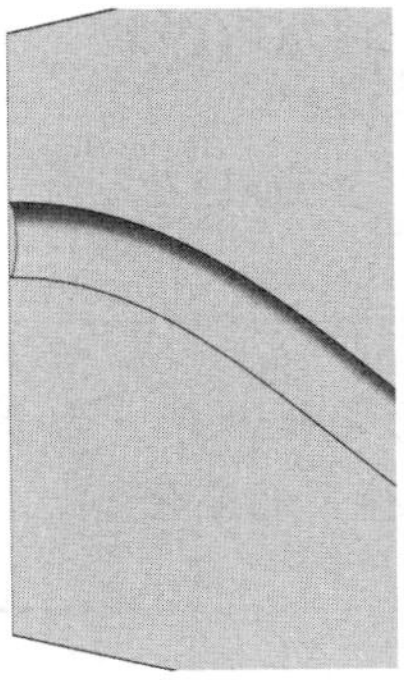

图 3-216　槽与端部不平齐

扫码看视频

操作步骤：

1）打开已有模型“3-19.x_t”。

2）单击工具栏中的“曲面”/“延伸曲面”，“所选面/边线”选择槽的端部边线，“距离”输入尺寸“1mm”，结果如图 3-217 所示。

3）单击工具栏中的“曲面”/“参考几何体”/“基准面”，选择“前视基准面”为参考，向 Z 轴的正方向偏距“80mm”生成新基准面，如图 3-218 所示。

提示

也可以用端面合适的点作为新基准面的参考，这里用尺寸是为了描述不产生歧义。

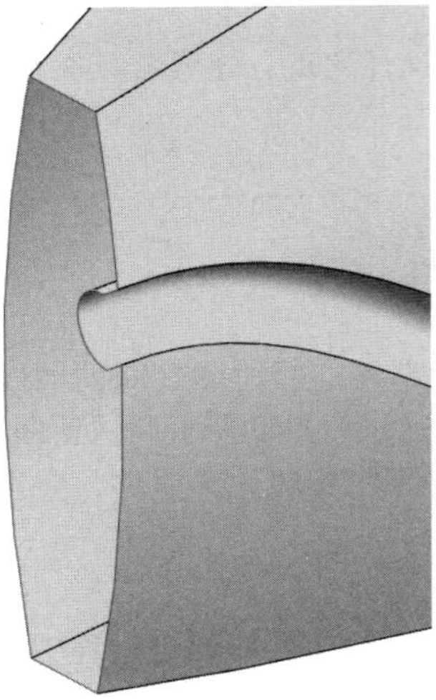

图 3-217　延伸曲面 1

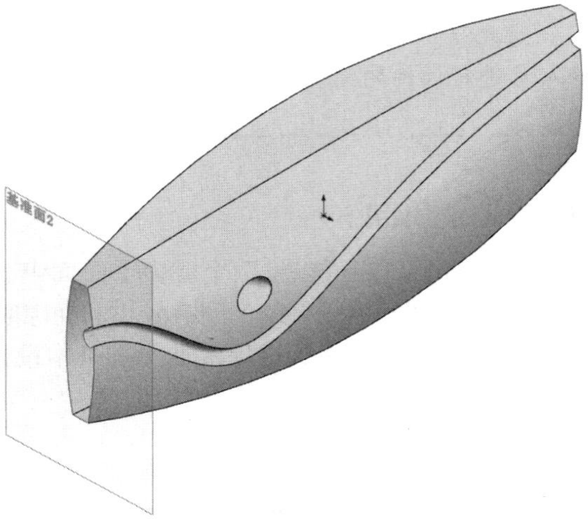

图 3-218　创建基准面 1

4）单击工具栏中的“曲面”/“剪裁曲面”，“剪裁类型”选择“标准”，“剪裁工具”选择上一步生成的基准面，“保留的部分”选择曲面的主体部分任一位置，单击“确定”，结果如图 3-219 所示。

提示

被剪裁的为槽的延长部分，由于尺寸较小，使得图 3-219 与图 3-218 差异不明显，实际操作时注意观察模型的变化。

5）单击工具栏中的“曲面”/“延伸曲面”，“所选面/边线”选择槽的另一侧端部边线，“距离”输入尺寸“1mm”，结果如图 3-220 所示。

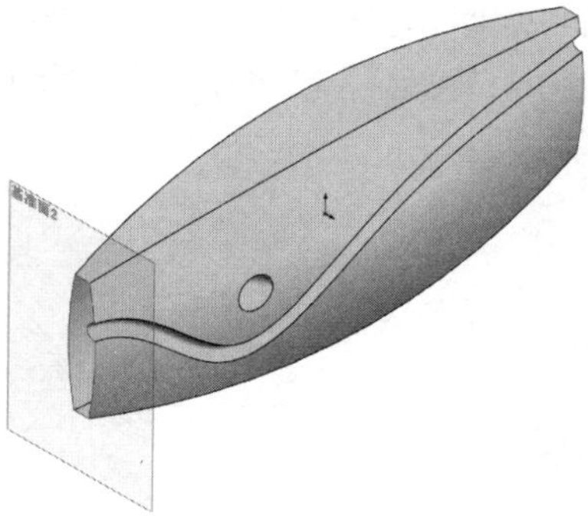

图 3-219　剪裁曲面 1

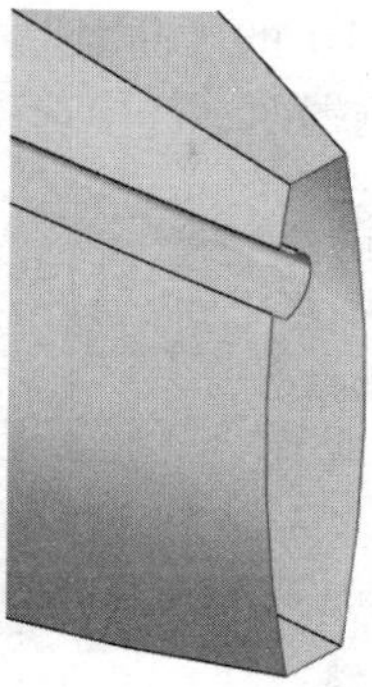

图 3-220　延伸曲面 2

6）单击工具栏中的“曲面”/“参考几何体”/“基准面”，选择“前视基准面”为参考，向 Z 轴的负方向偏距“80mm”生成新基准面，如图 3-221 所示。

7）单击工具栏中的“曲面”/“剪裁曲面”，“剪裁类型”选择“标准”，“剪裁工具”选择上一步生成的基准面，“保留的部分”选择曲面的主体部分任一位置，单击“确定”，结果如图 3-222 所示。

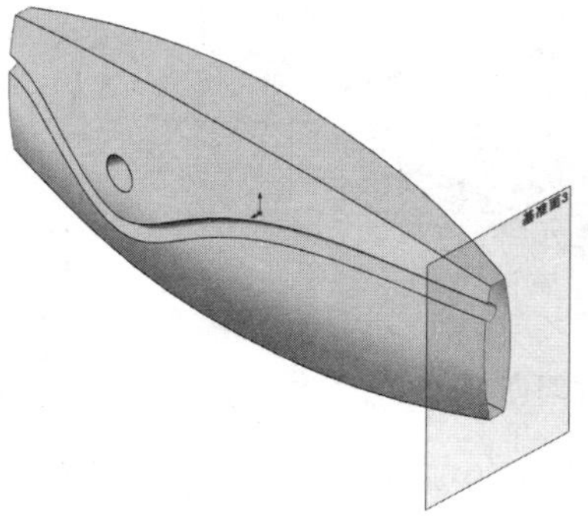

图 3-221　创建基准面 2

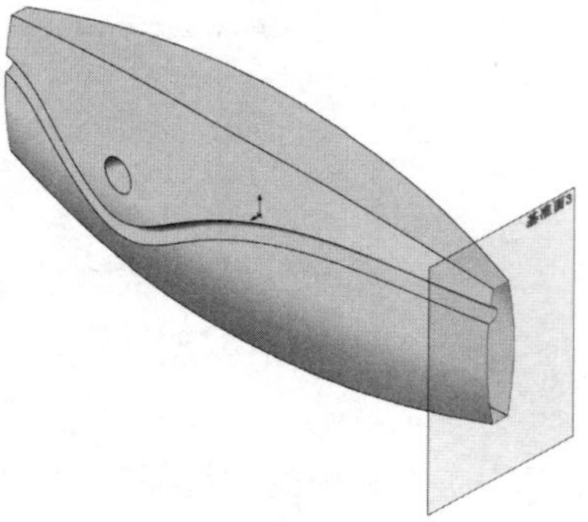

图 3-222　剪裁曲面 2

8）单击工具栏中的“曲面”/“平面区域”，“边界实体”选择一侧端面的所有边线，结果如图 3-223 所示。

9）同上一步操作，增加另一侧的平面区域，结果如图 3-224 所示。

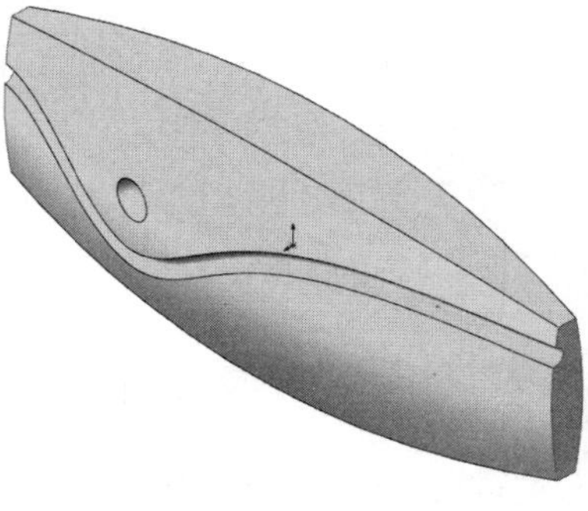

图 3-223　生成平面 1

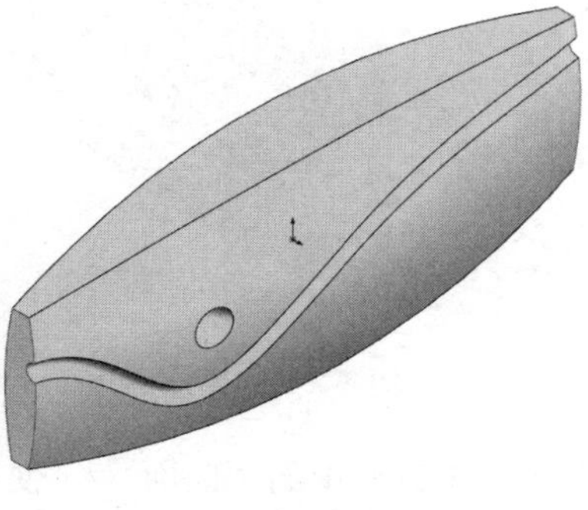

图 3-224　生成平面 2

10）单击工具栏中的“曲面”/“缝合曲面”，如图 3-225a 所示，“要缝合的曲面和面”选择主体曲面与两侧端面，选中选项“创建实体”，单击“确定”，结果如图 3-225b 所示。

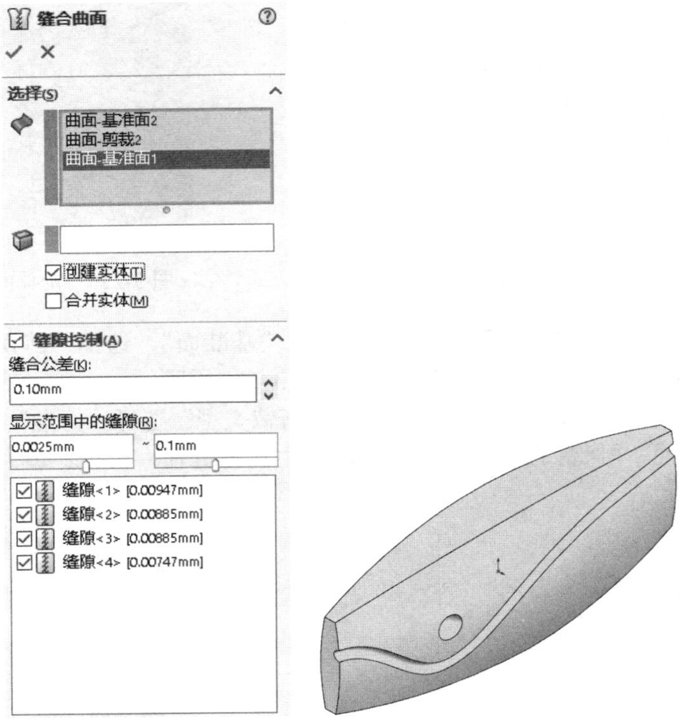

a）　　　　b）

图 3-225　缝合曲面

11）单击工具栏中的“特征”/“圆角”，“要圆角化的项目”选择实体的侧棱边、槽及半圆凹面边线，半径输入尺寸“2mm”，单击“确定”，结果如图 3-226 所示。

12）单击工具栏中的“特征”/“圆角”，“要圆角化的项目”选择实体的两端面边线，半径输入尺寸“3mm”，单击“确定”，结果如图 3-227 所示。

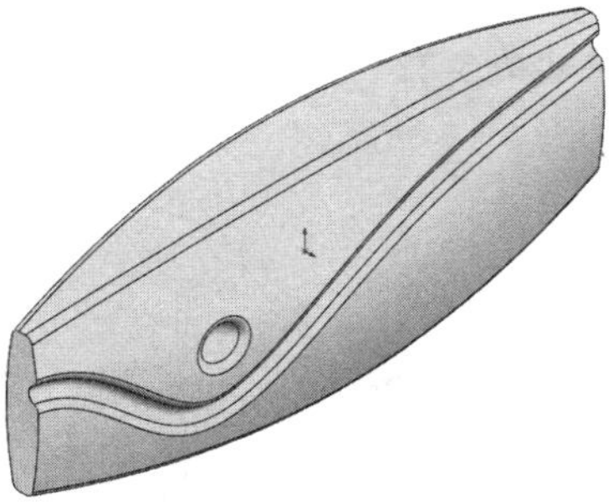

图 3-226　生成圆角 1

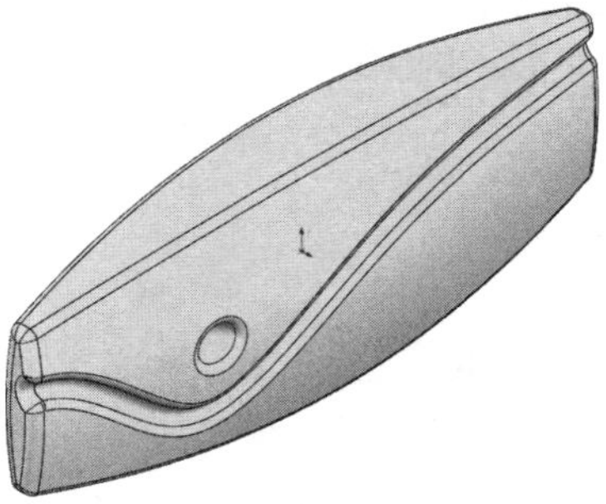

图 3-227　生成圆角 2

13）单击工具栏中的“曲面”/“使用曲面切除”，“进行切除的所选曲面”选择“右视基准面”，切除没有槽的一侧实体，单击“确定”，结果如图 3-228 所示。

14）单击工具栏中的“特征”/“镜像”，“镜像面 / 基准面”选择“右视基准面”，切换至“要镜像的实体”项，并选择已有实体，单击“确定”，结果如图 3-229 所示。

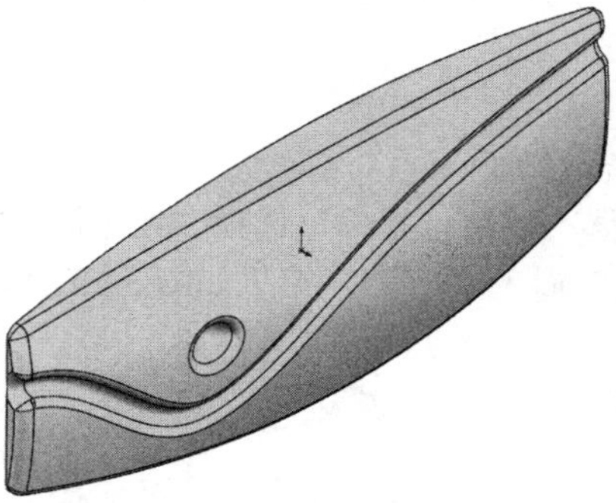

图 3-228　切除已有实体

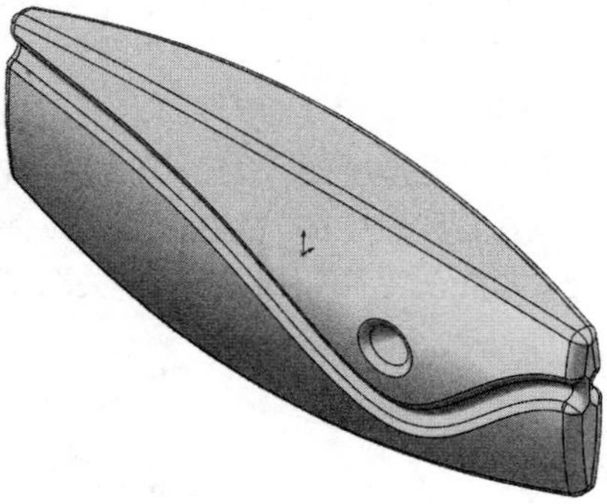

图 3-229　镜像实体

提示

对于对称形状的零件，完成其中一半后再镜像，不但可以简化建模过程，而且可以保证对称的两侧完全相同，避免因数值计算误差而引起的差异，是曲面类零件建模较常用的一种方式，对常规零件也同样适用。

3.20　加厚

扫码看视频

“加厚”功能可以将一个或多个相邻的曲面增加给定的厚度，生成实体特征。如果需要对多个相邻的面进行加厚，需先将这些面进行缝合。

实例：按图 3-230 所示图样生成模型，叶片根部与基体的相交线为螺旋线。

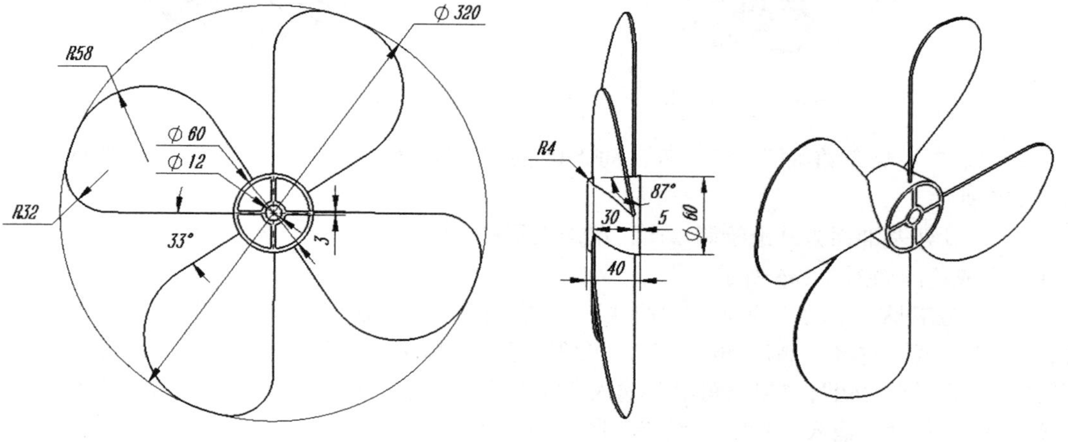

图 3-230　加厚实例

实例分析：

该实例主要是模型叶片部分的创建，可先使用螺旋线作为路径、直线作为轮廓进行扫描生成基本的叶片曲面，用“剪裁曲面”功能进行外形修剪，再通过“加厚”功能生成叶片，最后阵列出所有叶片。

操作步骤：

1）以“上视基准面”为基准绘制如图 3-231 所示草图。

2）单击工具栏中的“特征”/“拉伸凸台/基体”，“终止条件”选择“给定深度”，“深度”输入尺寸“40mm”，单击“拔模开关”，“拔模角度”输入“3 度”，结果如图 3-232 所示。

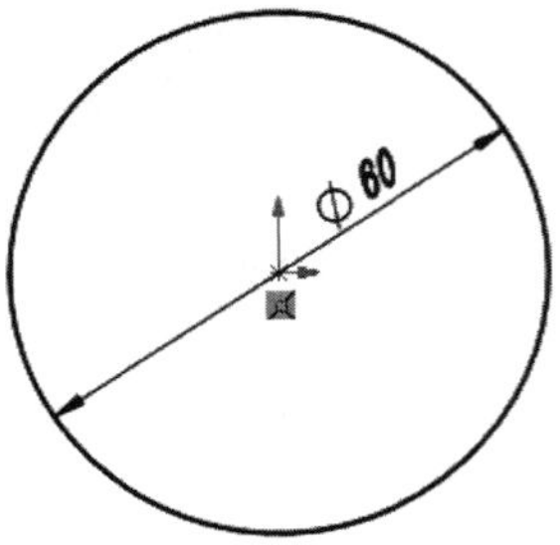

图 3-231　绘制草图 1

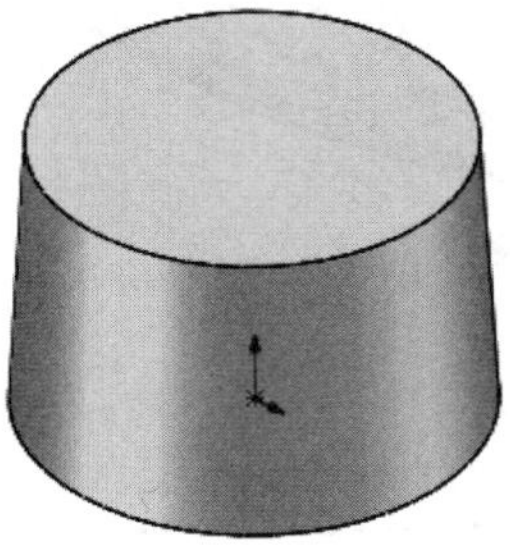

图 3-232　拉伸凸台

3）单击工具栏中的“特征”/“圆角”，“半径”输入尺寸“4mm”，选择凸台的顶面，结果如图 3-233 所示。

4）单击工具栏中的“特征”/“抽壳”，“厚度”输入尺寸“3mm”，“移除的面”选择凸台的底面，结果如图 3-234 所示。

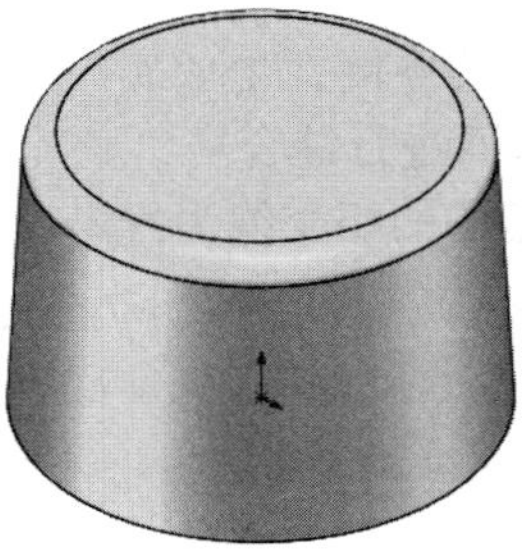

图 3-233　添加圆角

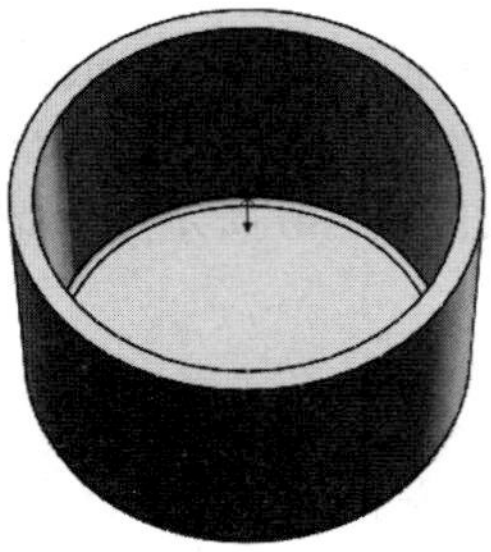

图 3-234　抽壳

5）以“上视基准面”为参考，向 Y 轴的正方向偏距“5mm”生成“基准面 1”，如图 3-235 所示。

6）以新建基准面为基准绘制草图，单击工具栏中的“草图”/“交叉曲线”，选择凸台的外表面，生成草图如图 3-236 所示。

7）单击工具栏中的“特征”/“曲线”/“螺旋线/涡状线”，选择上一步生成的草图圆为参考，“定义方式”选择“高度和圈数”，“参数”选择“恒定螺距”，“高度”输入尺寸“30mm”，“圈数”输入“57/360”，“起始角度”输入“90 度”，方向选择“逆时针”，勾选“锥形螺纹线”选项，“锥形角度”输入“3 度”，结果如图 3-237 所示。

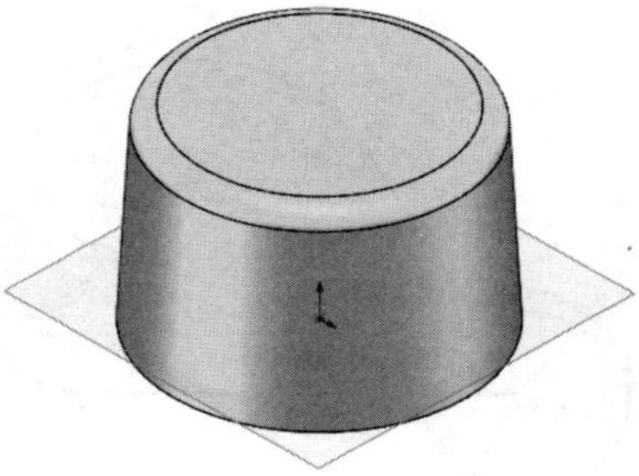

图 3-235　创建基准面

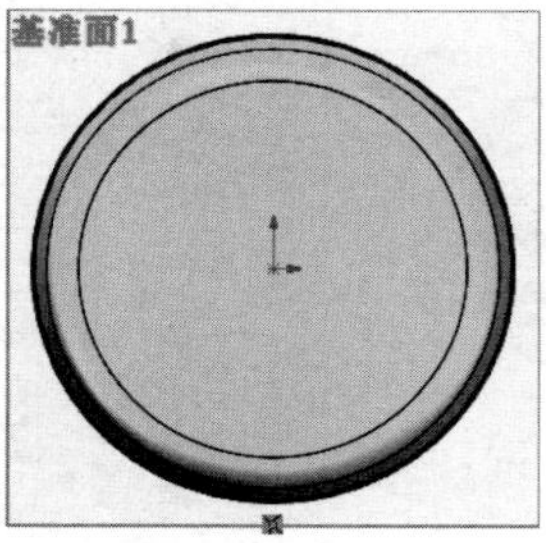

图 3-236　绘制草图 2

注意

此处“圈数”输入为“57/360”而非计算的值，是因为其值不是有理数，如果输入计算值会造成因数值误差而导致的尺寸满足不了要求。

8）以“基准面 1”为基准绘制如图 3-238 所示草图。

提示

草图尺寸略大于所需尺寸，方便后续剪裁。

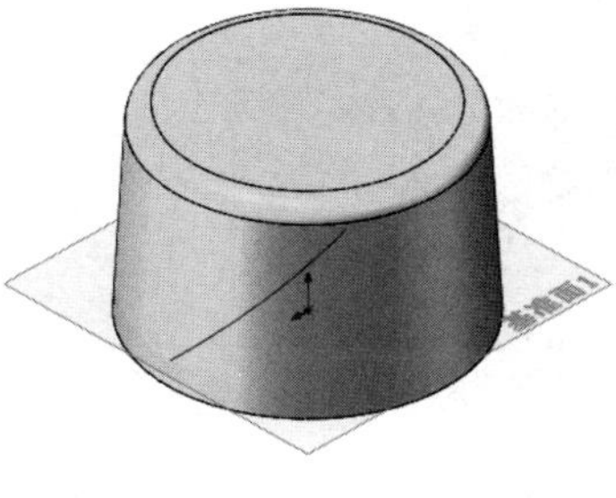

图 3-237　生成螺旋线

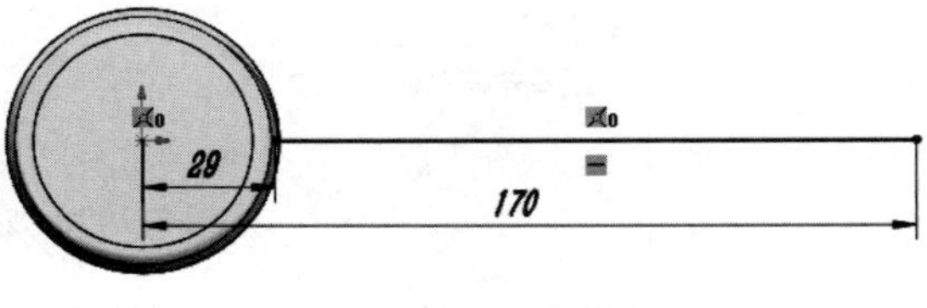

图 3-238　绘制草图 3

9）单击工具栏中的“曲面”/“扫描曲面”，“轮廓”选择上一步生成的草图，“路径”选择螺旋线，单击“确定”，结果如图 3-239 所示。

10）以“上视基准面”为基准绘制如图 3-240 所示草图。

11）单击工具栏中的“曲面”/“剪裁曲面”，“剪裁类型”选择“标准”，“剪裁工具”选择上一步生成的草图，保留扫描曲面的内侧部分，结果如图 3-241 所示。

12）单击工具栏中的“曲面”/“加厚”，如图 3-242a 所示，“要加厚的曲面”选择上一步生成的剪裁曲面，“厚度”选择“加厚两侧”并输入尺寸“1mm”，勾选“合并结果”选项，结果如图 3-242b 所示。

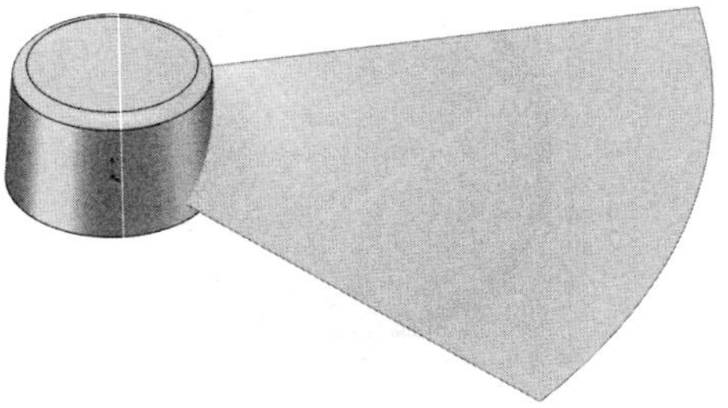

图 3-239　扫描曲面

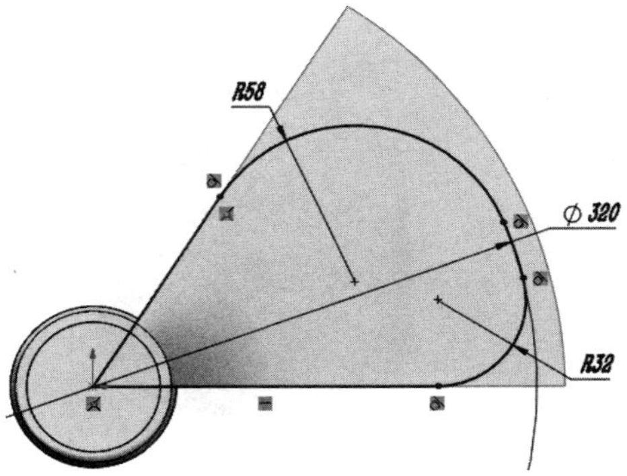

图 3-240　绘制草图 4

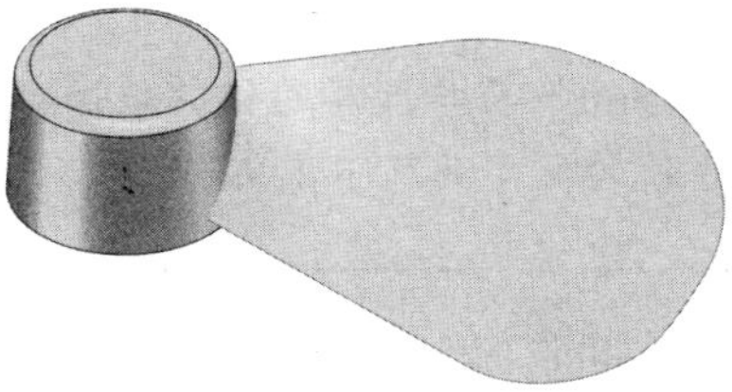

图 3-241　剪裁曲面

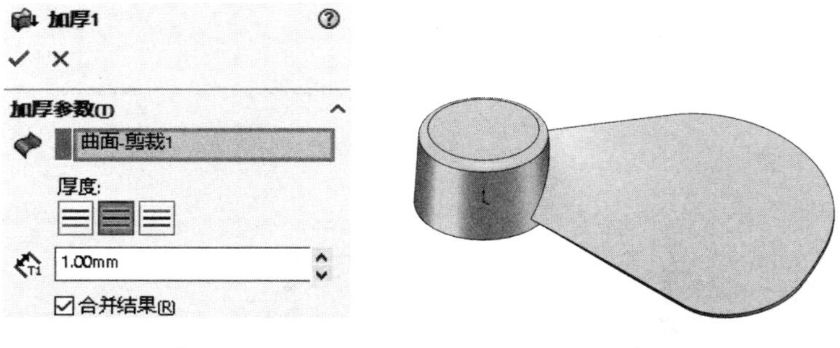

a）　　　　b）

图 3-242　加厚曲面

13）单击工具栏中的“特征”/“圆周阵列”，“阵列轴”选择凸台外表面，等间距，“实例数”输入“4”，“镜像特征”选择上一步的加厚特征，“选项”中勾选“几何体特征”，结果如图 3-243 所示。

14）以“上视基准面”为基准绘制如图 3-244 所示草图。

提示

作为筋的草图可以适当简化，无须完全定义。

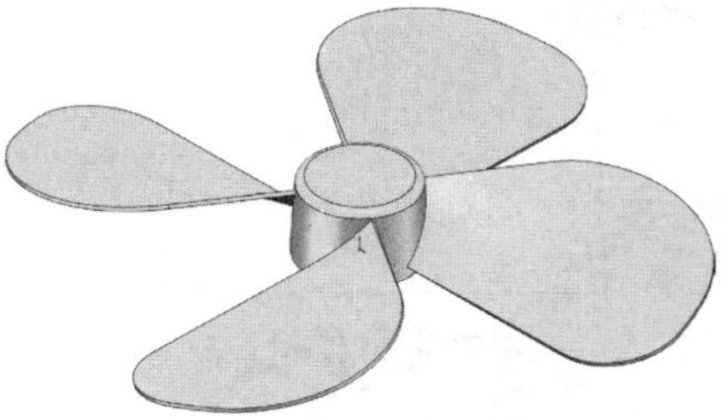

图 3-243　阵列叶片

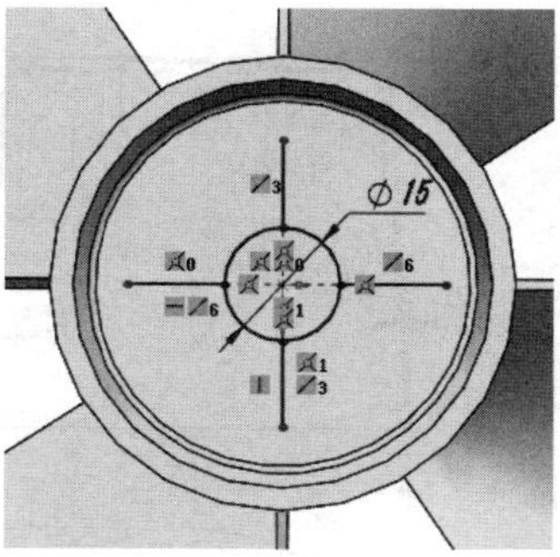

图 3-244　绘制草图 5

15）单击工具栏中的“特征”/“筋”，“厚度”选择“两侧”，筋厚度尺寸为“3mm”，“拉伸方向”选择“垂直于草图”，单击“确定”，结果如图 3-245 所示。

提示

注意通过预览观察筋方向是否符合要求，如果方向相反，可勾选“反转材料方向”选项。

16）单击工具栏中的“特征”/“圆角”，为叶片边线添加“0.5mm”圆角，为叶片根部、筋的边线添加“1mm”圆角，结果如图 3-246 所示。

思考

添加圆角过程中如果将两个不同圆角的添加顺序反过来会是什么样的结果？为什么？

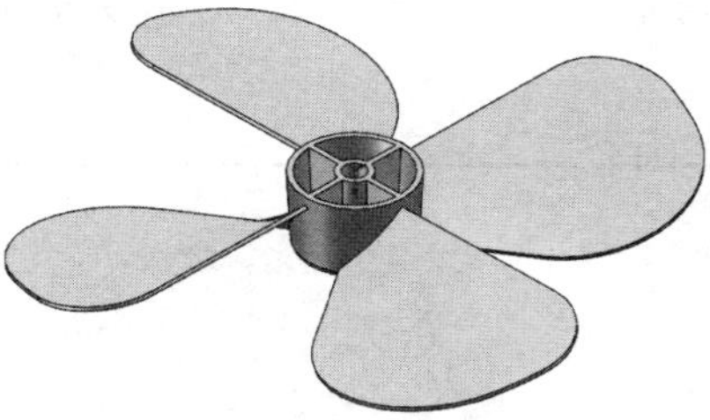

图 3-245　创建筋特征

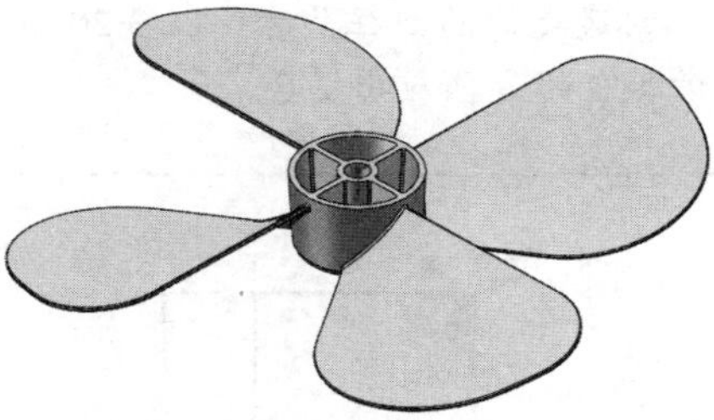

图 3-246　添加圆角

3.21　加厚切除

“加厚切除”功能可以将一个或多个相邻的曲面增加给定的厚度，切除已有实体。

实例：按图 3-247 所示图样生成模型。

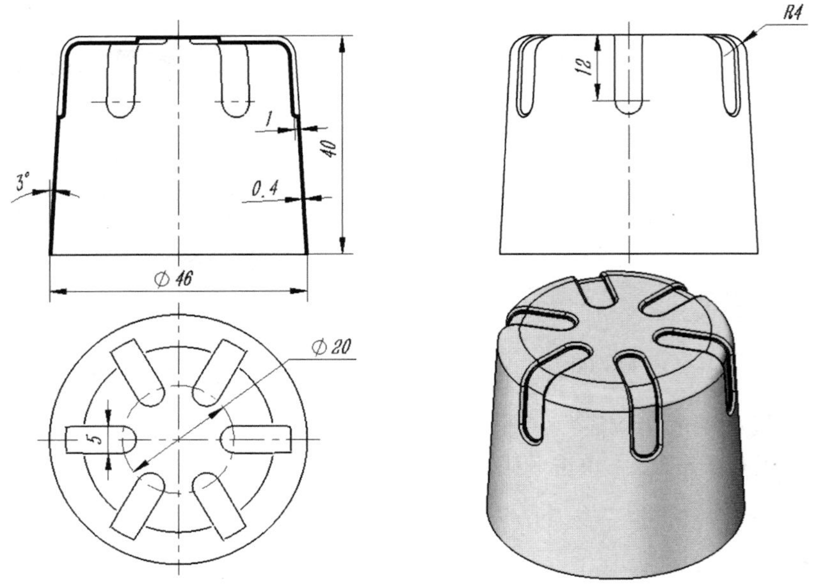

图 3-247　加厚切除实例

实例分析：

该零件基本体为一回转体，凹槽部分可以通过“分割线”功能将回转体的表面进行分割，分割后将分割所得的面通过“等距曲面”功能进行提取，将提取的面进行“加厚切除”可得到凹槽，再阵列其余凹槽，最后对整体进行抽壳。

扫码看视频

操作步骤：

1）以“上视基准面”为基准绘制如图 3-248 所示草图。

2）单击工具栏中的“特征”/“旋转凸台 / 基体”，旋转 360°，结果如图 3-249 所示。

思考

创建类似的圆柱凸台，在 3.20 节中的做法与本例中的做法不同，对比各自的优劣并思考各自的最佳应用场合。

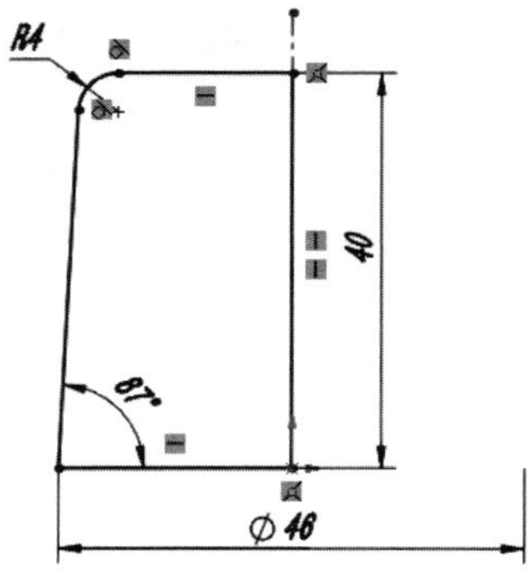

图 3-248　绘制草图 1

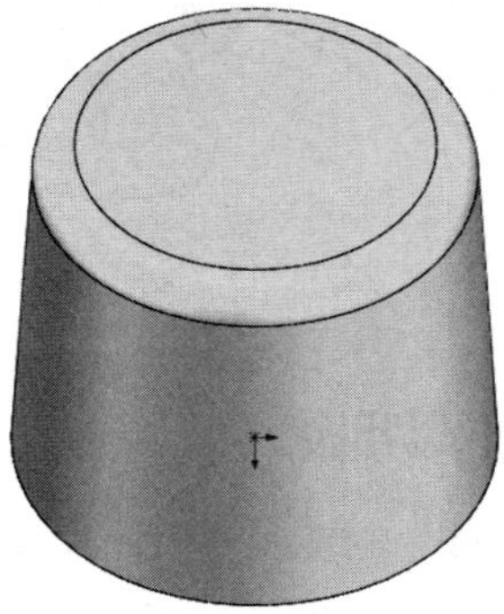

图 3-249　旋转特征

3）以“上视基准面”为基准绘制如图 3-250 所示草图。

4）单击工具栏中的“特征”/“曲线”/“分割线”，“分割类型”选择“投影”，“要投影的草图”选择上一步绘制的草图，“要分割的面”选择圆柱面与圆角面，勾选“单向”选项，单击“确定”，结果如图 3-251 所示。

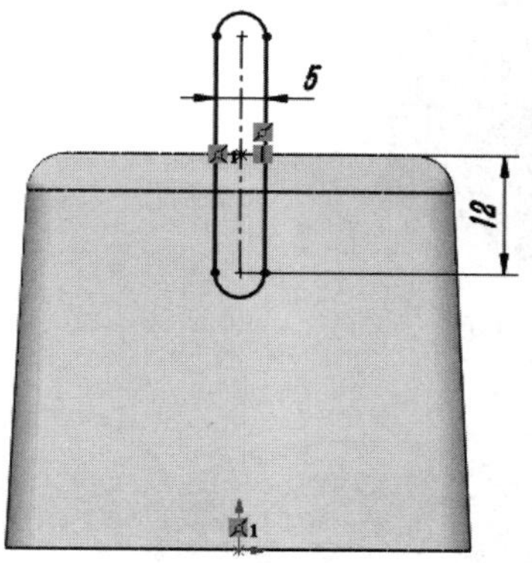

图 3-250　绘制草图 2

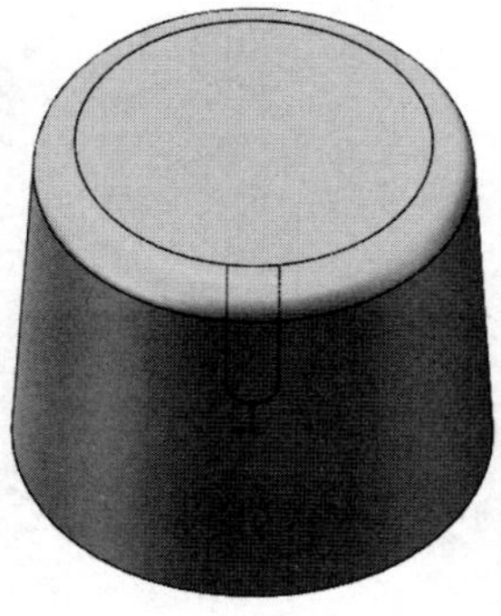

图 3-251　分割线 1

5）以回转体顶面为基准绘制如图 3-252 所示草图。

6）单击工具栏中的“特征”/“曲线”/“分割线”，“分割类型”选择“投影”，“要投影的草图”选择上一步绘制的草图，“要分割的面”选择回转体顶面，单击“确定”，结果如图 3-253 所示。

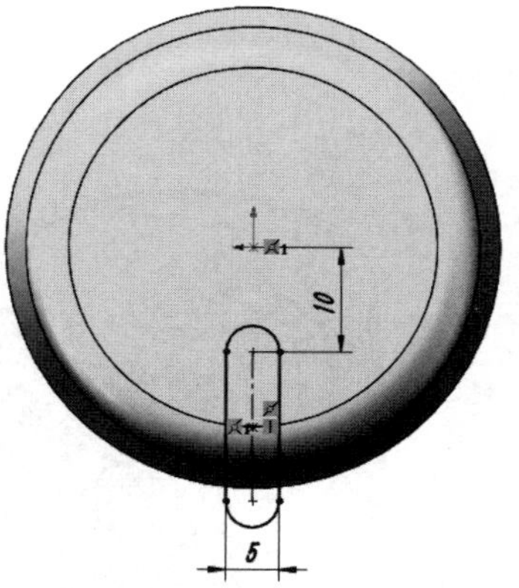

图 3-252　绘制草图 3

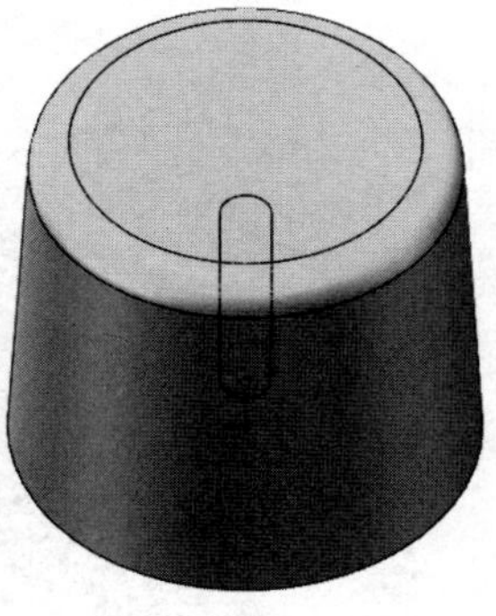

图 3-253　分割线 2

7）单击工具栏中的“曲面”/“等距曲面”，“要等距的曲面或面”选择三个分割后形成的面，“等距距离”输入尺寸“0mm”，结果如图 3-254 所示。

8）单击工具栏中的“曲面”/“加厚切除”，如图 3-255a 所示，“要加厚的曲面”选择上一步生成的等距曲面，“厚度”选择“加厚侧边 2”，“加厚尺寸”输入尺寸“1mm”，单击“确定”，结果如图 3-255b 所示。

9）为加厚切除部位的内侧添加“0.2mm”的半径圆角，如图 3-256 所示。

10）为加厚切除部位的外侧添加“0.5mm”的半径圆角，如图 3-257 所示。

图 3-254　等距曲面

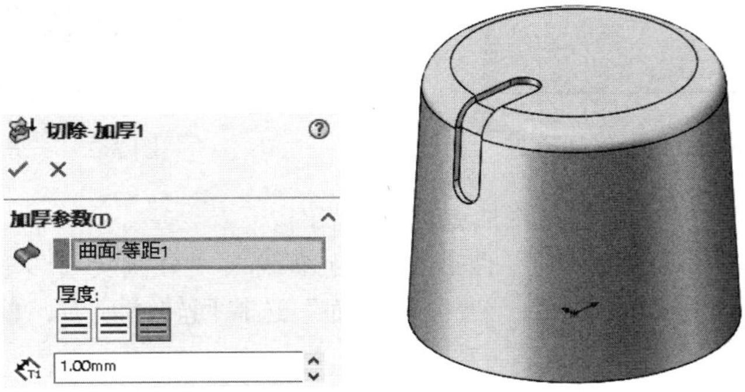

a）　　　　b）

图 3-255　加厚切除

图 3-256　添加圆角 1

图 3-257　添加圆角 2

11）单击工具栏中的“特征”/“圆周阵列”，“阵列轴”选择回转体外表面，等间距，“实例数”输入“6”，“镜像特征”选择加厚切除及两个圆角，“选项”中勾选“几何体特征”，结果如图 3-258 所示。

12）单击工具栏“特征”/“抽壳”，“厚度”输入尺寸“0.4mm”，“移除的面”选择回转体的底面，单击“确定”，结果如图 3-259 所示。

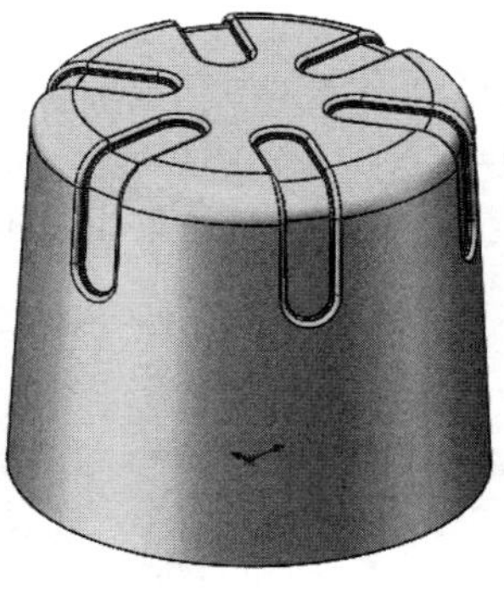

图 3-258　阵列特征

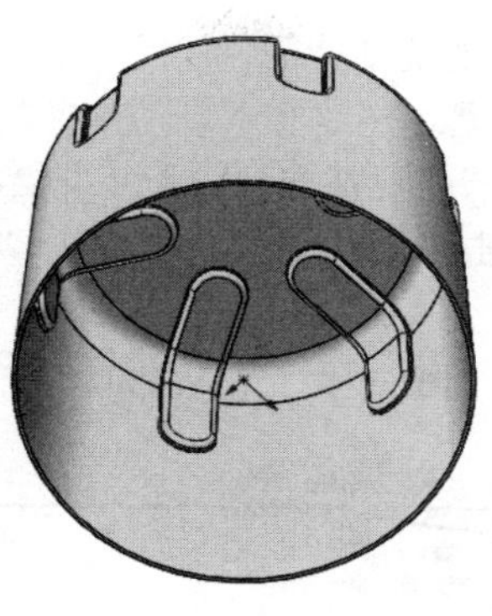

图 3-259　抽壳

3.22　使用曲面切除

扫码看视频

“使用曲面切除”功能可以曲面为切除工具切除已有的实体模型。

实例：按图 3-260 所示图样生成模型。

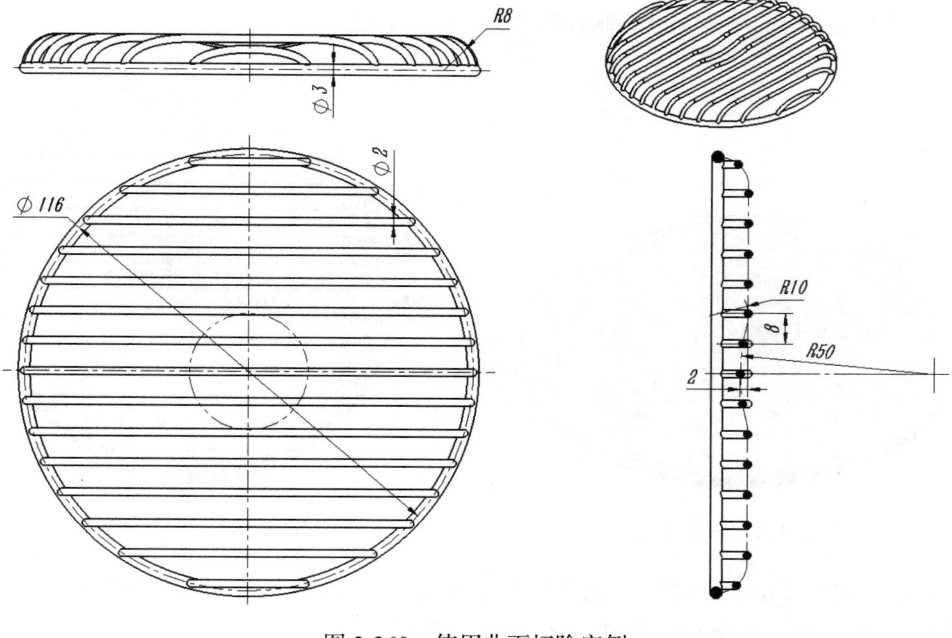

图 3-260　使用曲面切除实例

实例分析：

该零件为格栅状结构，格栅形状整体为圆形，中间下凹。如果每根格栅均单独完成则工作量较大，且不利于后续编辑修改。此时考虑通过一步扫描完成所有格栅结构，但扫描要求路径是首尾相连的草图。可将结构假想成对称完整的整体，利用假想的另一半使得路径首尾相连，每一半的草图线均通过“分割线”功能生成，通过“组合曲线”功能将这些线组合在一起形成一个草图，再扫描生成连续的格栅形状，通过“使用曲面切除”功能切除掉作为辅助的一侧，最后生成其他辅助特征。

操作步骤：

1）以“前视基准面”为基准绘制如图 3-261 所示草图。

2）单击工具栏中的“曲面”/“旋转曲面”，旋转 360° 生成曲面，结果如图 3-262 所示。

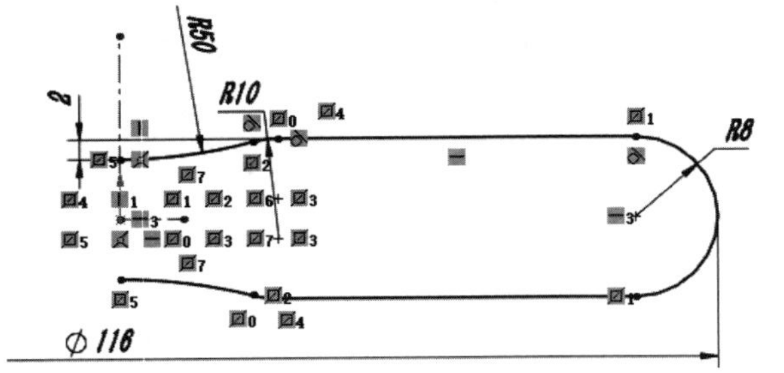

图 3-261　绘制草图 1

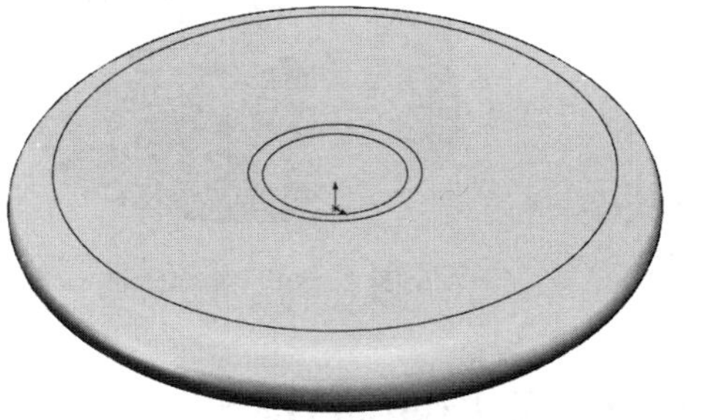

图 3-262　旋转曲面

3）单击工具栏中的“特征”/“曲线”/“分割线”，“分割类型”选择“交叉点”，“分割实体 / 面 / 基准面”选择“上视基准面”，“要分割的面 / 实体”选择外侧的圆环面，结果如图 3-263 所示。

4）以“上视基准面”为基准绘制如图 3-264 所示草图。

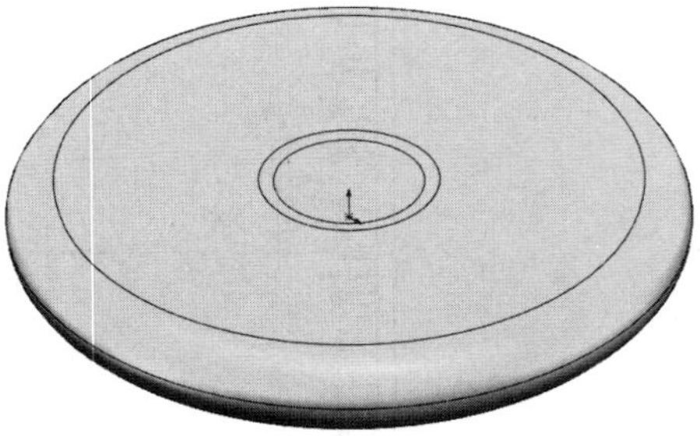

图 3-263　分割线 1

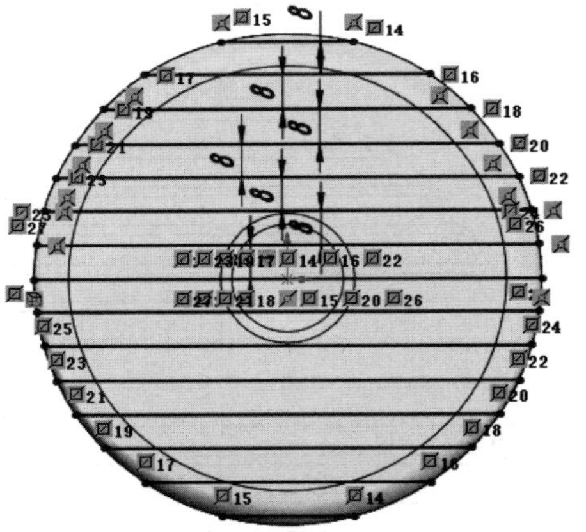

图 3-264　绘制草图 2

5）单击工具栏中的“特征”/“曲线”/“分割线”，“分割类型”选择“投影”，“分割实体 / 面 / 基准面”选择上一步绘制的草图，“要分割的面 / 实体”选择“上视基准面”*Y* 轴正方向的所有面，结果如图 3-265 所示。

6）以“上视基准面”为基准绘制如图 3-266 所示草图。

提示

草图直线交叉连接上一步生成的分割线的端点。

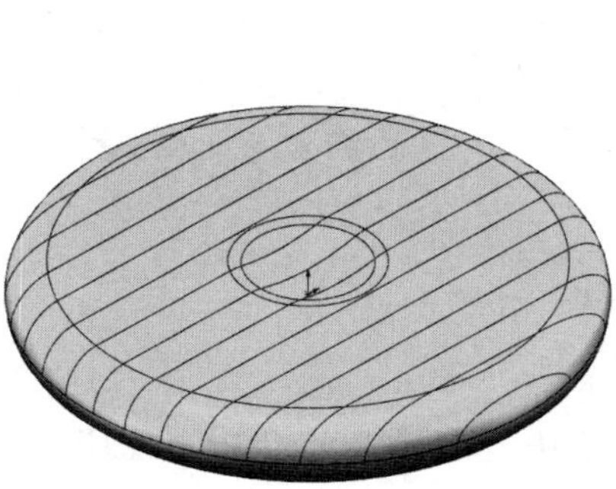

图 3-265　分割线 2

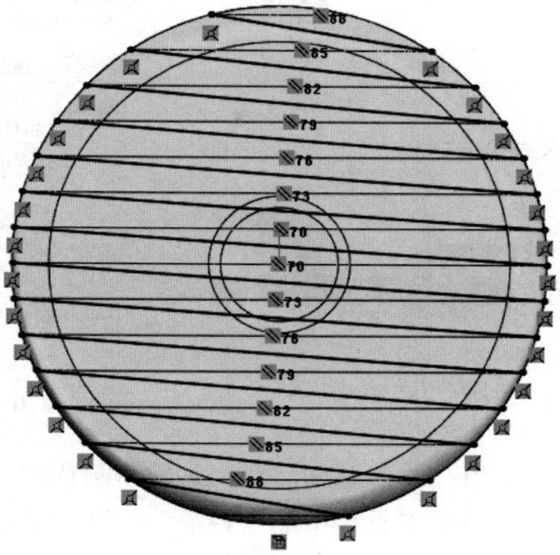

图 3-266　绘制草图 3

7）单击工具栏中的“特征”/“曲线”/“分割线”，“分割类型”选择“投影”，“分割实体 / 面 / 基准面”选择上一步绘制的草图，“要分割的面 / 实体”选择“上视基准面”*Y* 轴负方向的所有面，结果如图 3-267 所示。

8）单击工具栏中的“特征”/“曲线”/“组合曲线”，依次选择第 5）步、第 7）步分割生成的边线，结果如图 3-268 所示。

注意

为了方便观察，此处截图隐藏了面特征。

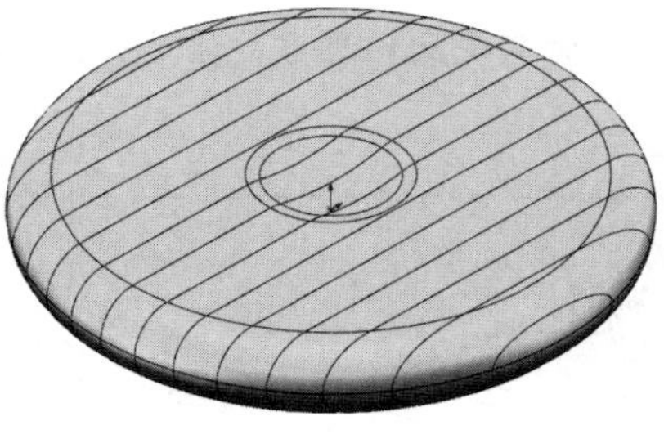

图 3-267　分割线 3

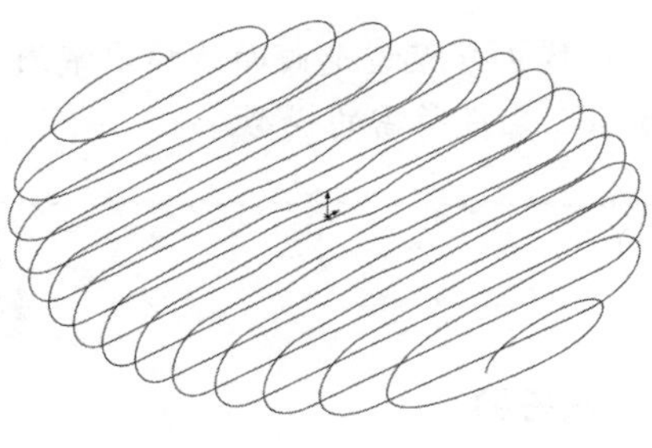

图 3-268　组合曲线

9）单击工具栏中的“特征”/“扫描”，选择“圆形轮廓”选项，“路径”选择组合曲线，“直径”输入尺寸“2mm”，单击“确定”，结果如图 3-269 所示。

10）单击工具栏中的“曲面”/“使用曲面切除”，如图 3-270a 所示，“进行切除的所选曲面”选择“上视基准面”，单击“确定”，弹出如图 3-270b 所示对话框，选择“所有实体”，单击“确定”按钮，结果如图 3-270c 所示。

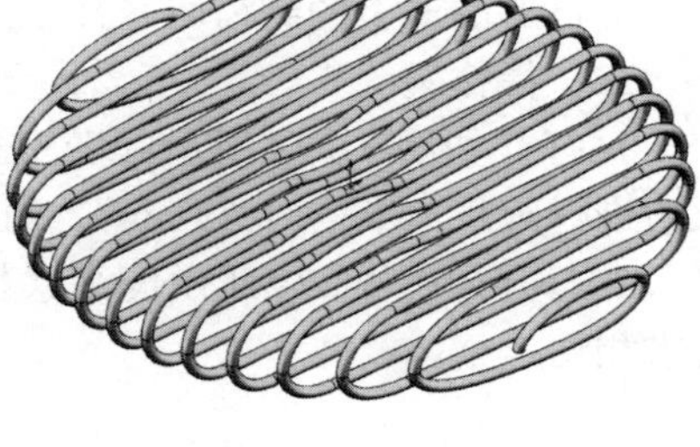

图 3-269　扫描

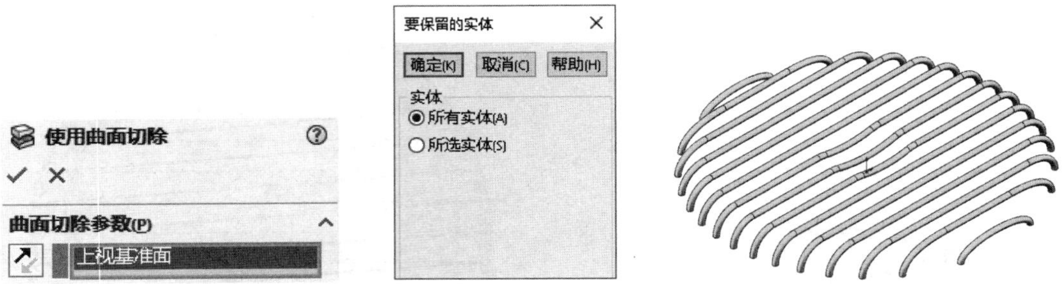

a） b） c）

图 3-270　使用曲面切除

11）以“前视基准面”为基准绘制草图，如图 3-271 所示。

12）单击工具栏中的“特征”/“旋转凸台 / 基体”，旋转 360°，结果如图 3-272 所示。

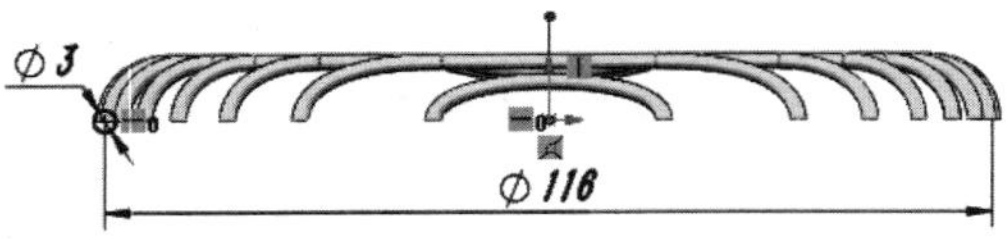

图 3-271　绘制草图 4

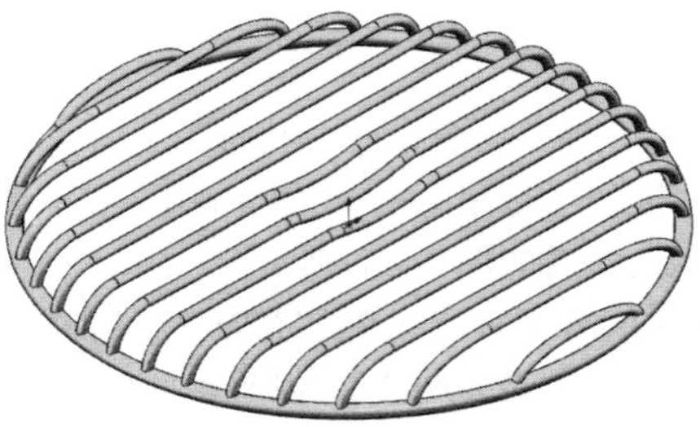

图 3-272　旋转实体

提示

虽然拆分模型是曲面建模中常用的思路，但有时需要反向思考，通过补全假想部分再切除以生成所需的模型。

练 习 题

一、简答题

1. 两条不相交的空间曲线有几种方法可生成曲面？各自优缺点是什么？

2. 2D 封闭草图优先采用何种曲面方法生成曲面？为什么？

3. 已有曲面上的破损面修补流程是什么？

二、操作题

1. 打开如图 3-273 所示配套素材模型“L3-2-1.SLDPRT”，对图中标注为 1、2、3、4 的四条边进行圆角，半径为“3mm”，通过曲面进行修补，改善交点部位的曲面质量。

2. 打开如图 3-274 所示配套素材模型“L3-2-2.x_t”，对中间缺口部分进行修补，与周围面要求相切连续。

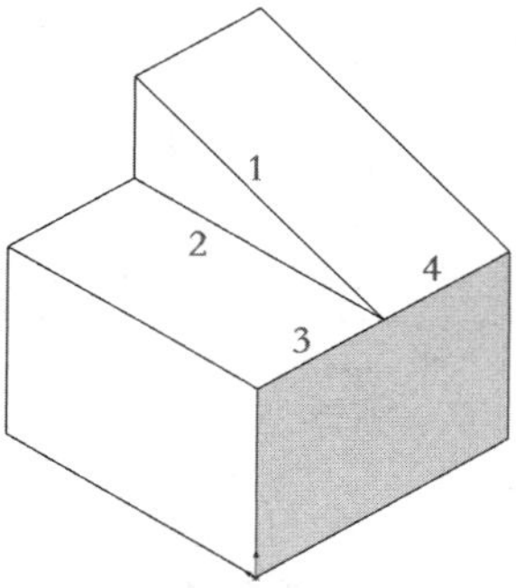

图 3-273　操作题 1

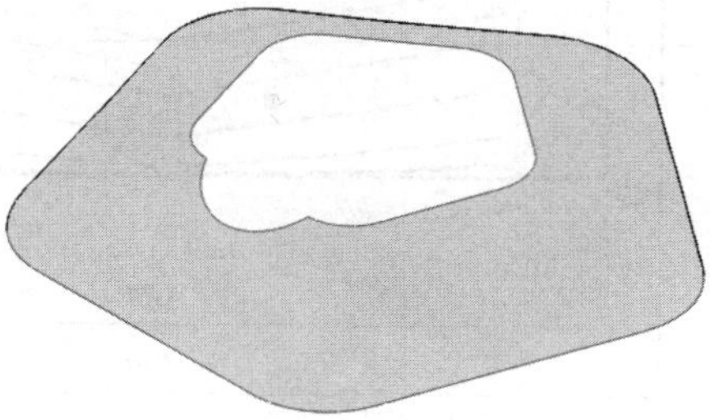

图 3-274　操作题 2

3. 完成如图 3-275 所示零件的建模，要求曲面间光滑连接。

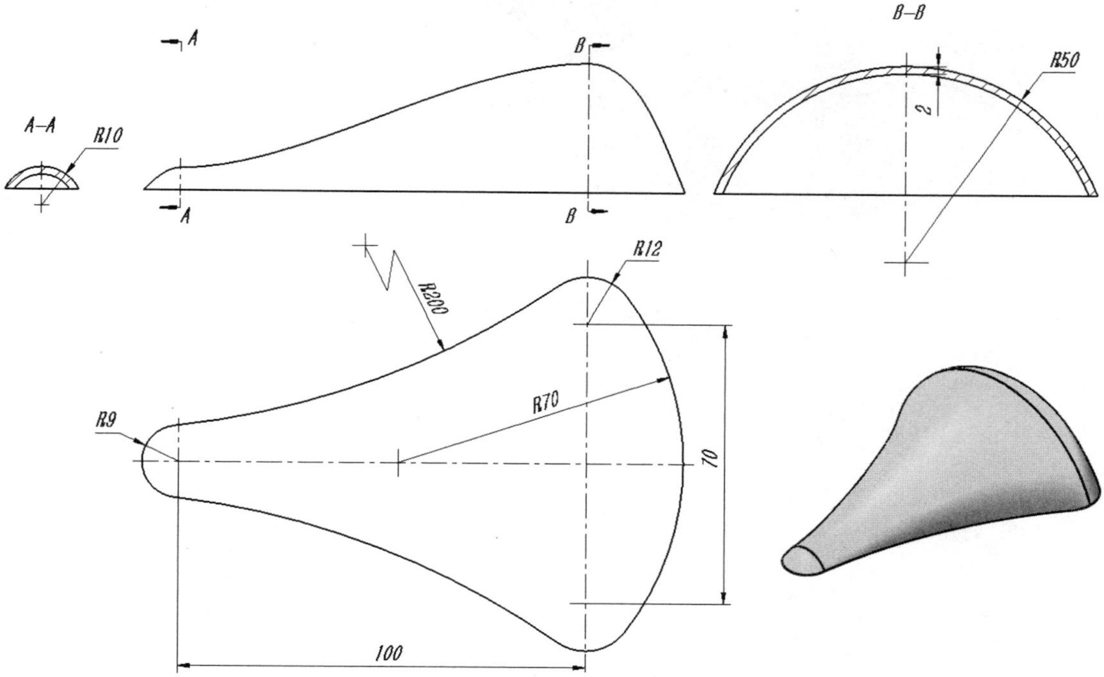

图 3-275　操作题 3

4. 完成如图 3-276 所示零件的建模。

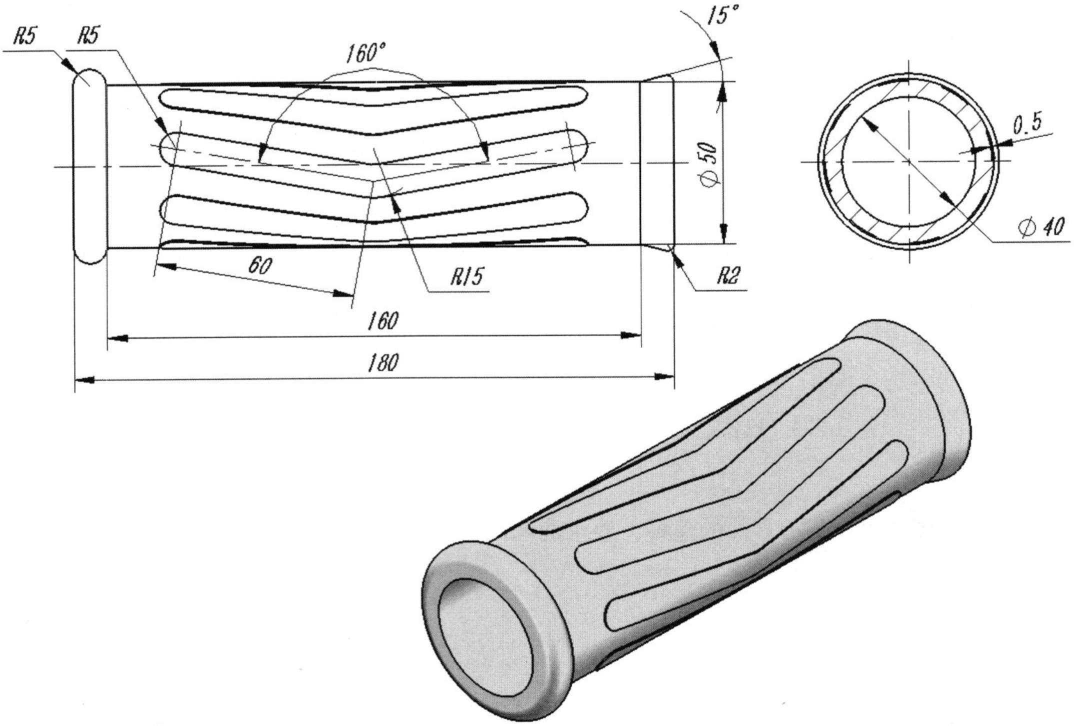

图 3-276　操作题 4

第 4 章 基础曲面实例

学习目标：

1）了解基本曲面模型的创建流程。
2）熟悉曲面与实体的转换方法。
3）掌握实例模型的操作方法。

本章将以实例为主线讲解如何通过曲面功能完成模型的创建，并将曲面中一种重要的曲面形式（渐消失面）单列一节加以讲解。从这些模型中可以看出，很多操作过程与实体建模接近，也就说明曲面并没有太神秘的地方，能做到基础功能熟练、理清思路、分拆步骤、先主体后细节，就可以应付常见曲面模型的创建了。

扫码看视频

4.1 基础曲面实例 1

通过曲面功能完成如图 4-1 所示模型的创建。

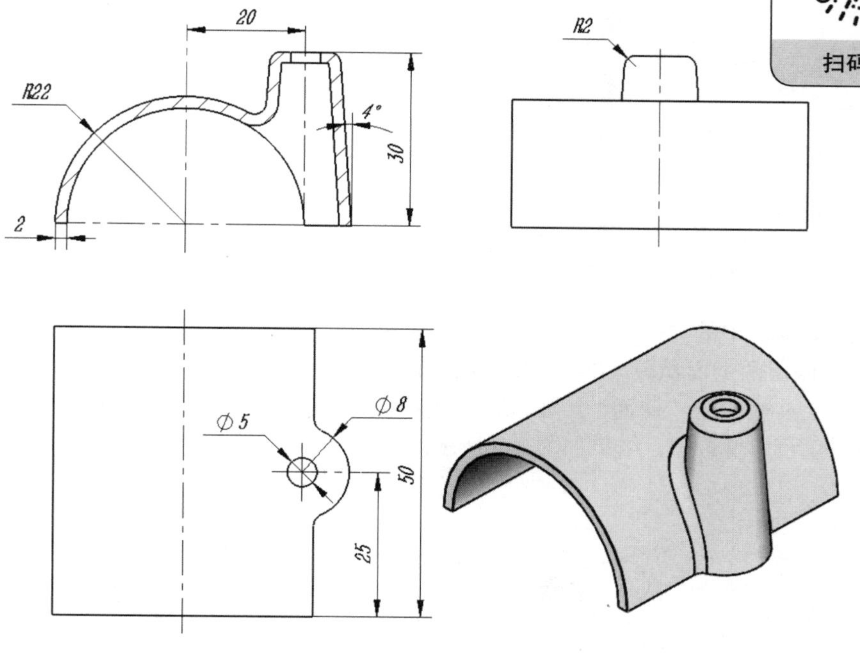

图 4-1 基础曲面实例 1

实例分析：

该实例需通过曲面功能完成，可将最常用的曲面功能组合在一起完成该零件的创建工作。

全部采用曲面建模的方法创建，其基本思路可以沿用实体建模的过程。在此先通过拉伸曲面生成半圆体及锥体凸台，然后通过平面区域将锥体凸台顶部封起来，通过面圆角为锥体凸台与半圆体添加圆角，再转化为实体，最后通过拉伸曲面切除生成锥体顶部小孔。通过该实例可以了解到从曲面到实体的完整建模过程。

操作步骤：

1）以“前视基准面”为基准创建如图 4-2 所示半圆草图，半径为“22mm”。

2）单击工具栏中的“曲面”/“拉伸曲面”，深度为“50mm”，结果如图 4-3 所示。

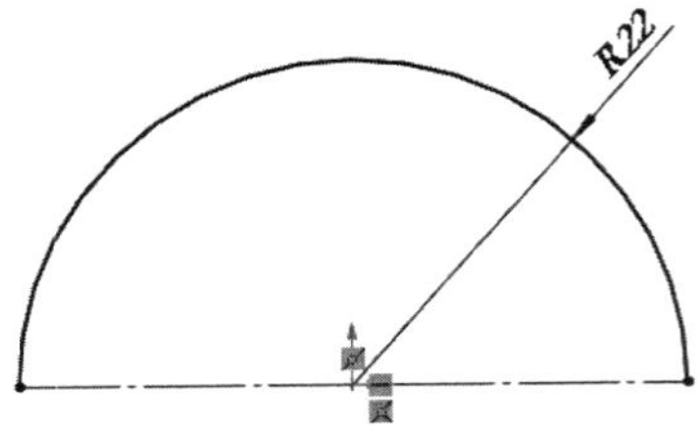

图 4-2　绘制半圆草图

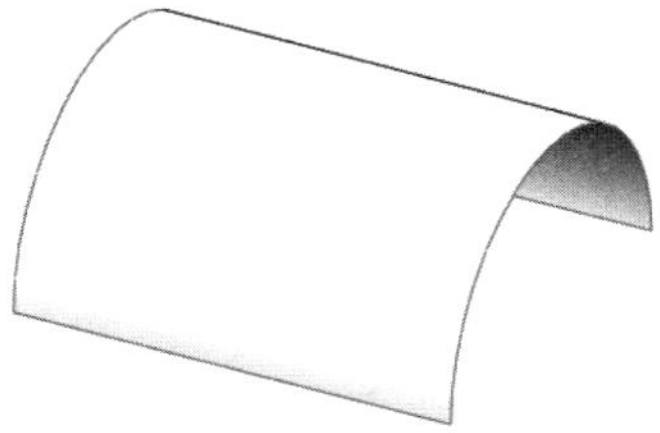

图 4-3　拉伸曲面 1

3）以“上视基准面”为基准创建如图 4-4 所示圆形草图，直径为“16mm”。

4）单击工具栏中的“曲面”/“拉伸曲面”，深度为“30mm”，打开“拔模开 / 关”并将拔模角设定为“4 度”，结果如图 4-5 所示。

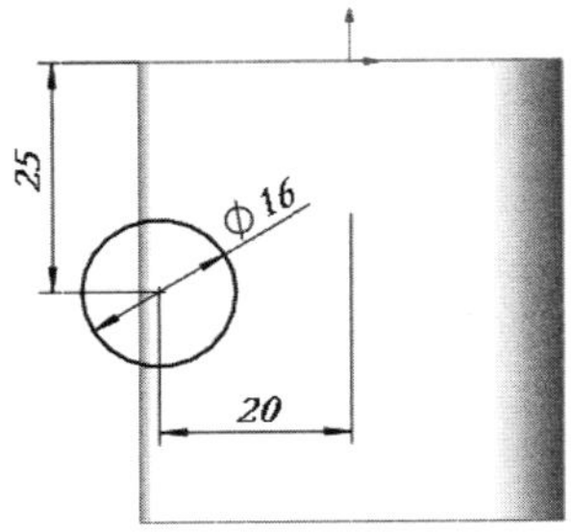

图 4-4　绘制圆形草图

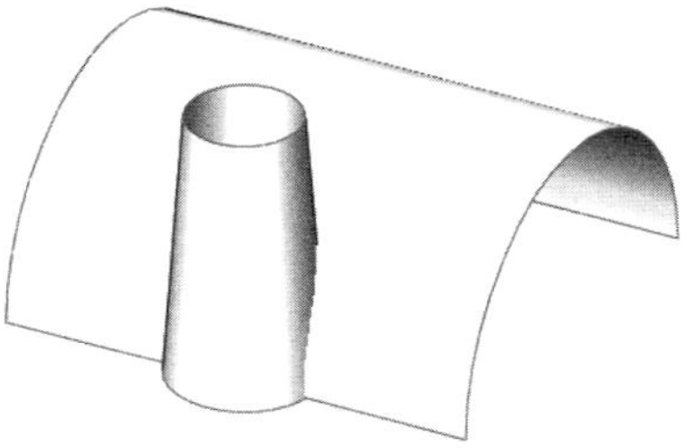

图 4-5　拉伸曲面 2

5）单击工具栏中的“曲面”/“剪裁曲面”，剪裁类型选择“相互”，对前面创建的两个曲面进行剪裁，保留两个面积较大的一侧，结果如图 4-6 所示。

6）单击工具栏中的“曲面”/“圆角”，圆角类型更改为“面圆角”，选择剪裁留下来的两个面，圆角半径为“2mm”，结果如图 4-7 所示。

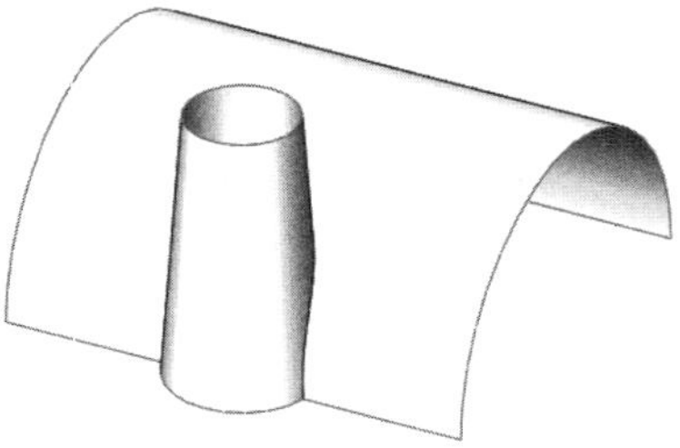

图 4-6　剪裁曲面

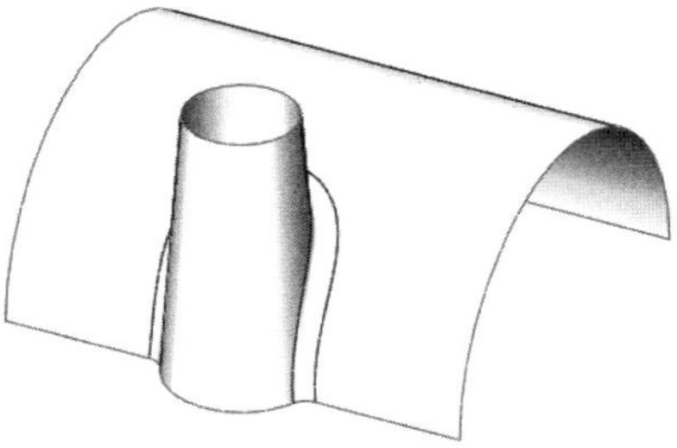

图 4-7　生成圆角 1

7）单击工具栏中的“曲面”/“平面区域”，选择圆锥面的上边线形成平面，结果如图 4-8 所示。

8）单击工具栏中的“曲面”/“圆角”，圆角类型更改为“面圆角”，选择圆锥面及上一步生成的平面，圆角半径为“2mm”，结果如图 4-9 所示。

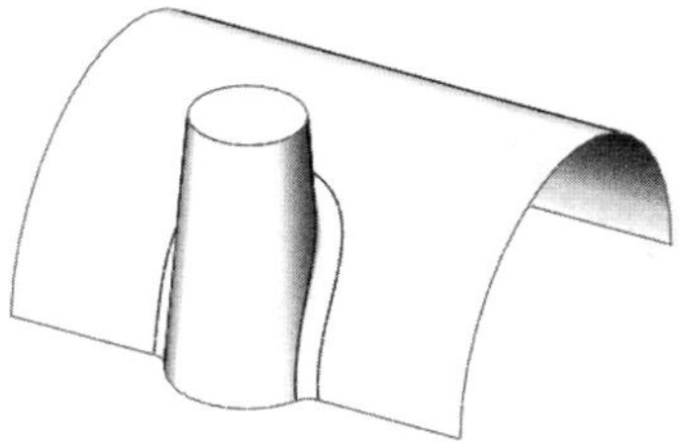

图 4-8　生成平面区域

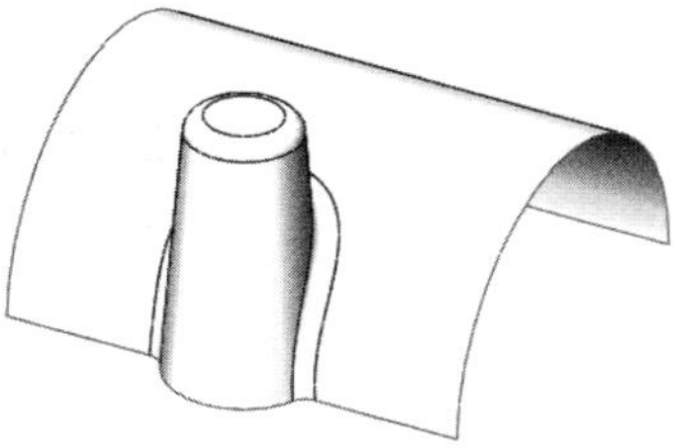

图 4-9　生成圆角 2

9）单击工具栏中的“曲面”/“加厚”，选择已有曲面，加厚厚度为“2mm”，注意加厚方向，结果如图 4-10 所示。

注意

曲面加厚为法向加厚，所以此时圆锥面加厚后其底面并非平面，后续需要用平面进行切除。

10）以圆锥体上表面为基准创建如图 4-11 所示圆形草图，直径为“5mm”。

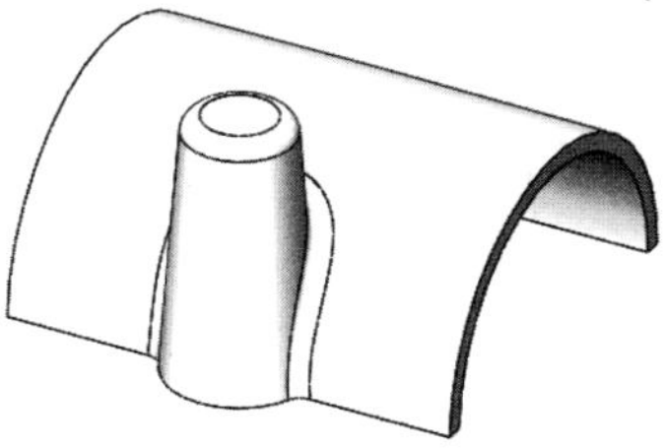

图 4-10　曲面加厚

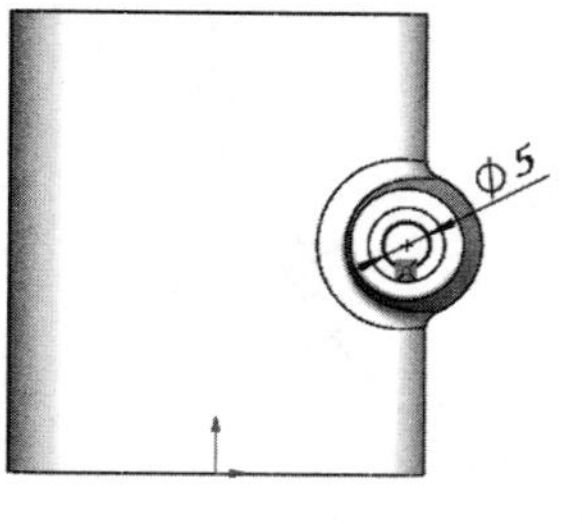

图 4-11　绘制圆形草图

11）单击工具栏中的“曲面”/“拉伸曲面”，方向为“两侧对称”，深度为“20mm”，结果如图 4-12 所示。

12）单击工具栏中的“曲面”/“使用曲面切除”，选择上一步所生成的曲面，切除已有实体，结果如图 4-13 所示。

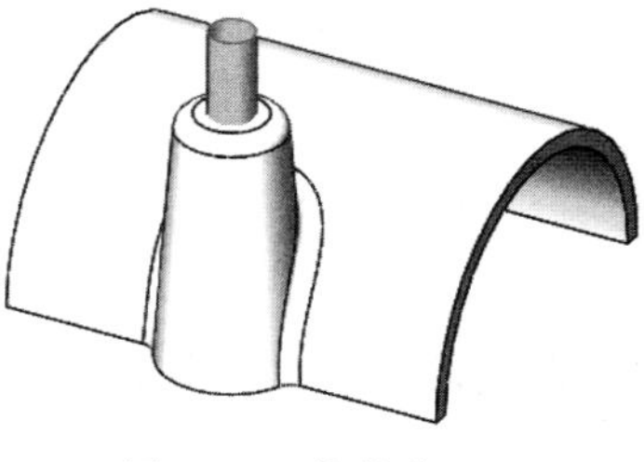

图 4-12　拉伸曲面 3

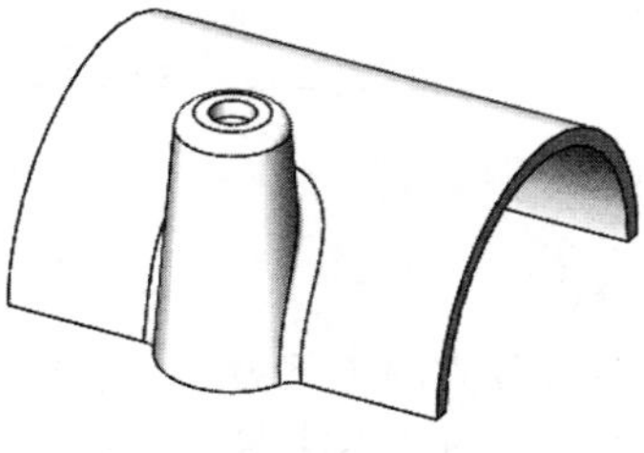

图 4-13　曲面切除生成圆孔

13）单击工具栏中的“曲面”/“使用曲面切除”，选择“上视基准面”为参考面，切除已有实体，结果如图 4-14 所示。

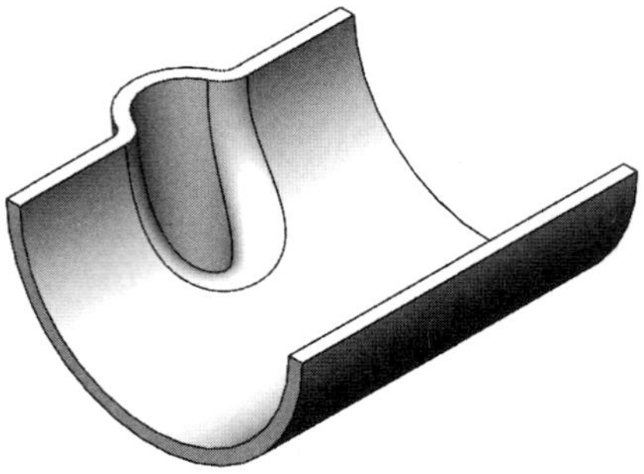

图 4-14　曲面切除底平面

扫码看视频

4.2　基础曲面实例 2

通过曲面功能完成如图 4-15 所示模型的创建。

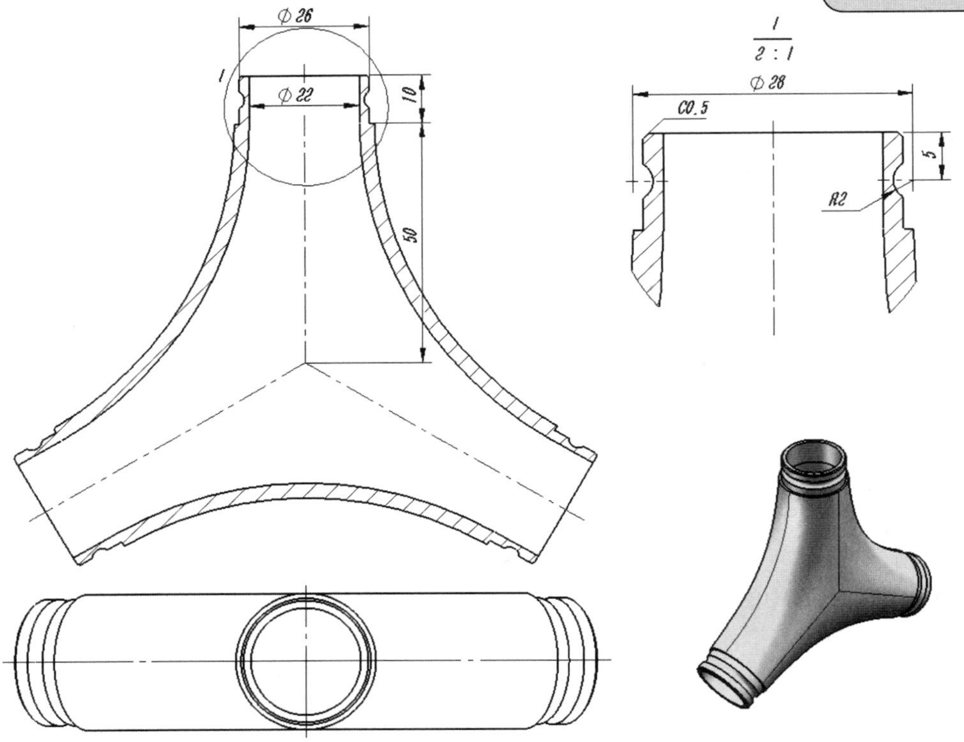

图 4-15　基础曲面实例 2

实例分析：

该模型可分为两个部分，一是中间的三叉部分，二是端部的回转体，其主要难度是中间三叉部分的创建。对于这类复杂部位的创建，需要首先将其分拆为多个可以用单一命令创建的部分。基于其前后对称、三个分叉相同的特点，将其分拆为六个相同的部分，做出这六分之一的部分后再阵列出其余部分。为保证阵列后的曲面与原曲面能保持相切连续，在创建时需用辅助面的边线进行曲面填充生成，这样可以利用“相切”选项保持生成面与辅助面的相切，阵列后也就可以保持相切关系。

操作步骤：

1）以“前视基准面”为基准绘制如图 4-16 所示草图。

2）过草图其中一条直线的端点创建基准面，如图 4-17 所示。

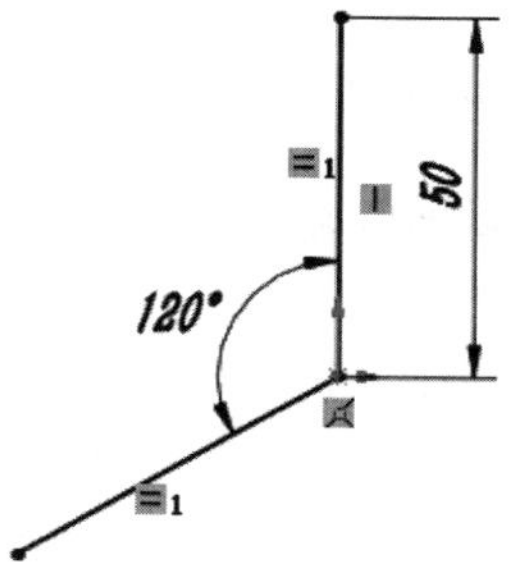

图 4-16　绘制草图 1

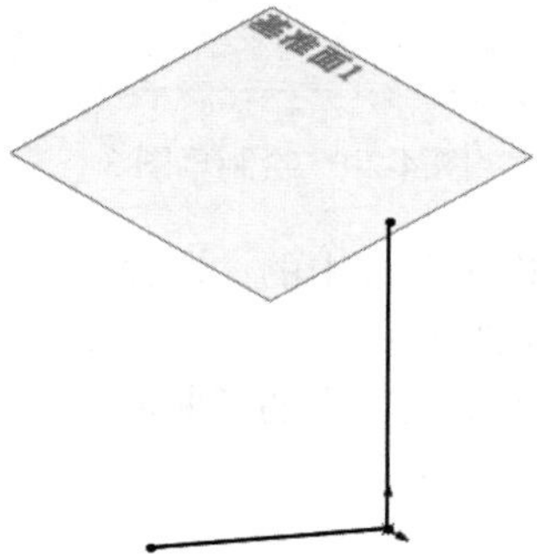

图 4-17　创建基准面 1

3）以上一步创建的基准面为基准，绘制如图 4-18 所示四分之一圆草图。

4）以“草图 1”的另一条直线的端点创建基准面，如图 4-19 所示。

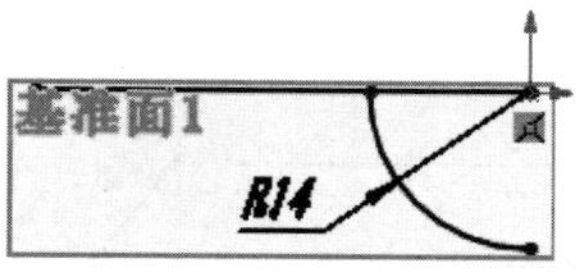

图 4-18　绘制草图 2

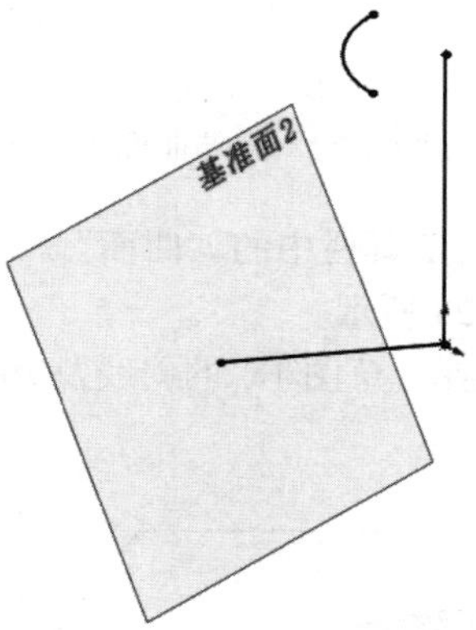

图 4-19　创建基准面 2

5）以上一步创建的基准面为基准，绘制如图 4-20 所示四分之一圆草图。

6）以“前视基准面”为基准绘制如图 4-21 所示草图。

提示

为保证填充曲面能顺利与辅助面相切，该草图需绘制辅助直线以控制相切。

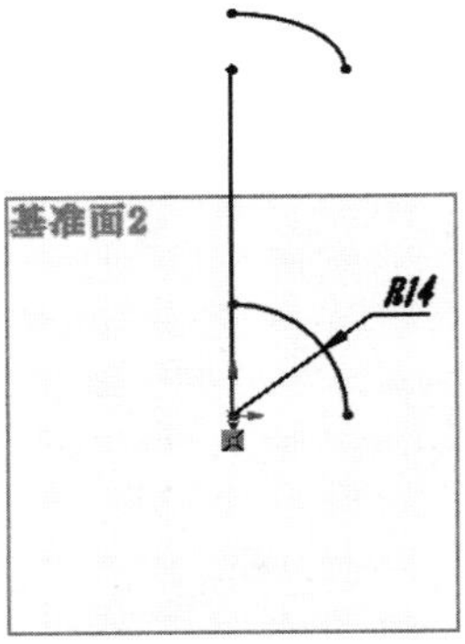

图 4-20　绘制草图 3

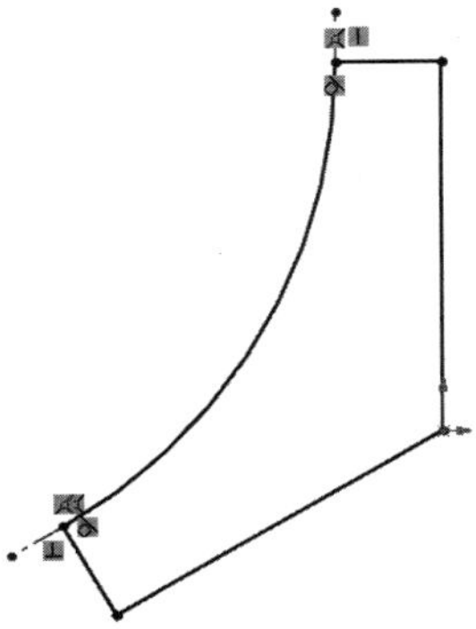

图 4-21　绘制草图 4

7）单击工具栏中的“曲面”/“拉伸曲面”，选择第一个草图圆弧，拉伸深度为“10mm”，结果如图 4-22 所示。

8）单击工具栏中的“曲面”/“拉伸曲面”，选择第三个草图圆弧，拉伸深度为“10mm”，结果如图 4-23 所示。

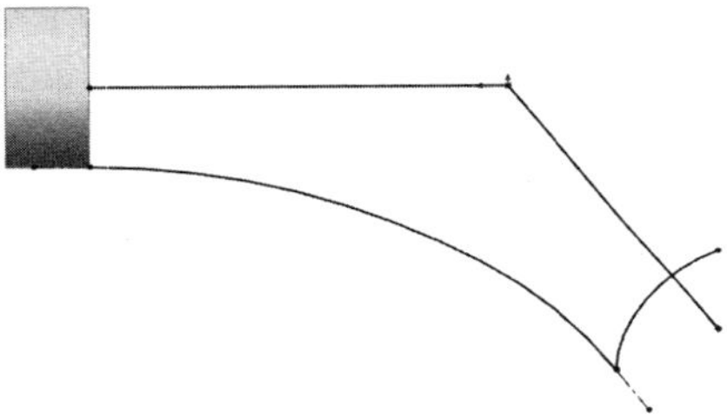

图 4-22　拉伸曲面 1

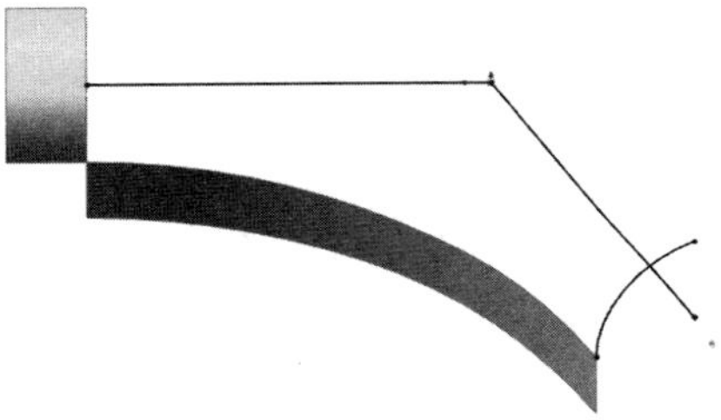

图 4-23　拉伸曲面 2

9）单击工具栏中的“曲面”/“拉伸曲面”，选择第二个草图圆弧，拉伸深度为“10mm”，结果如图 4-24 所示。

10）选择“草图 1”的斜线及上一步拉伸曲面的右上角顶点，创建基准面如图 4-25 所示。

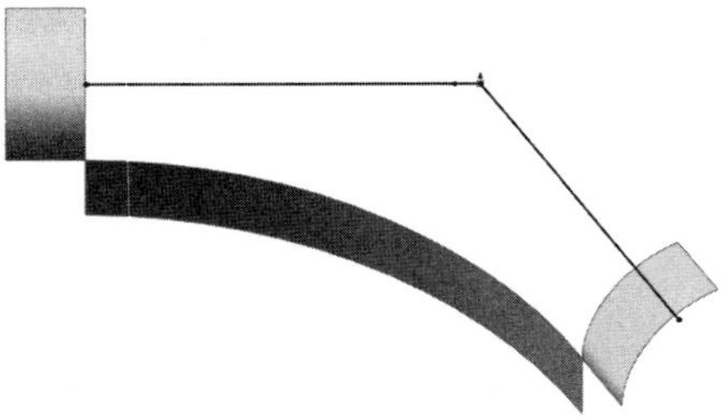

图 4-24　拉伸曲面 3

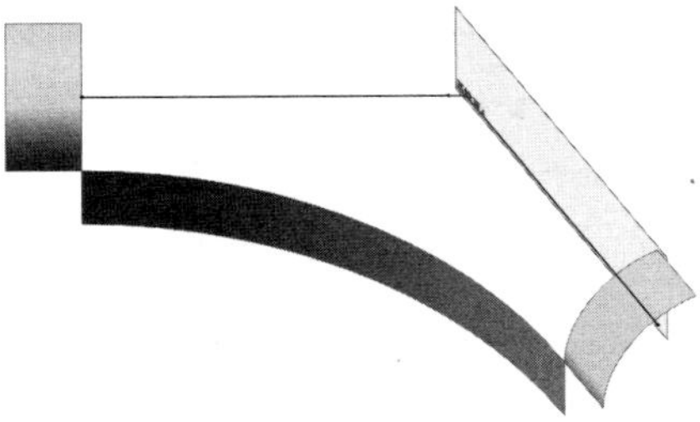

图 4-25　创建基准面 3

11）以新建的基准面为基准绘制草图直线，如图 4-26 所示，

12）单击工具栏中的“曲面”/“拉伸曲面”，选择上一步绘制的草图，拉伸深度为“10mm”，结果如图 4-27 所示。

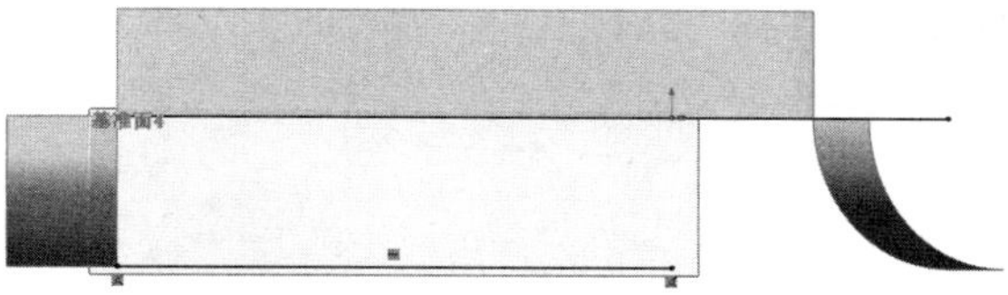

图 4-26　绘制草图 5

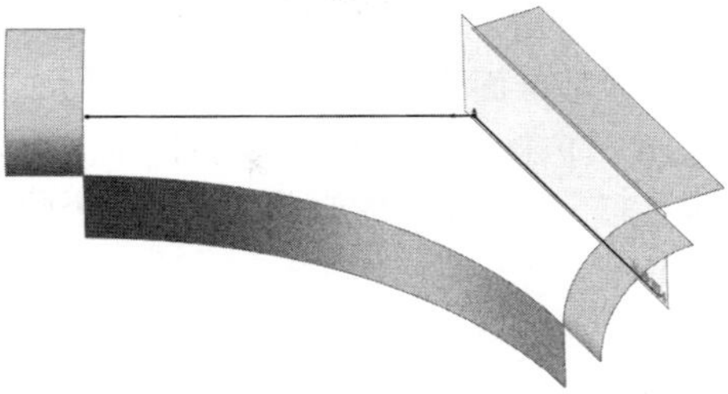

图 4-27　拉伸曲面 4

13）以“右视基准面”为基准创建如图 4-28 所示草图。

14）单击工具栏中的“曲面”/“拉伸曲面”，选择上一步绘制的草图，拉伸深度为“10mm”，结果如图 4-29 所示。

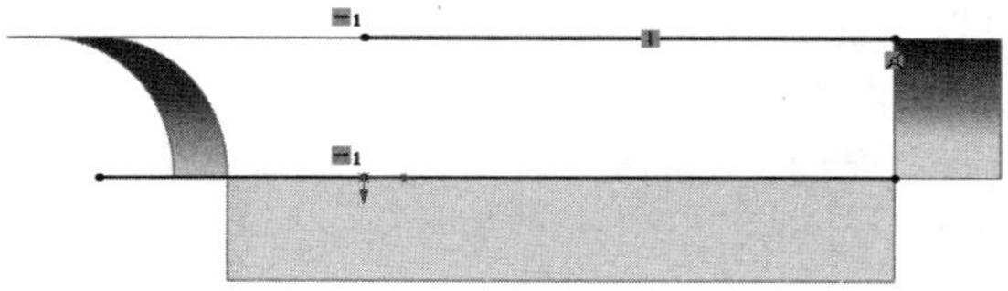

图 4-28　绘制草图 6

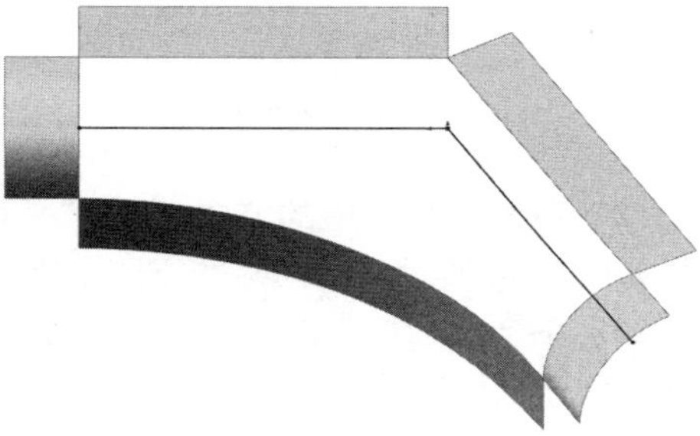

图 4-29　拉伸曲面 5

15）单击工具栏中的“曲面” / “填充曲面”，“修补边界”选择已有五个曲面的内侧边线，“曲率控制”选择“相切”并应用到所有边线，结果如图 4-30 所示。

提示

填充曲面创建完成后隐藏五个辅助面。

16）单击工具栏中的“特征” / “镜像”，“镜像面 / 基准面”选择“前视基准面”，“要镜像的实体”选择填充曲面，结果如图 4-31 所示。

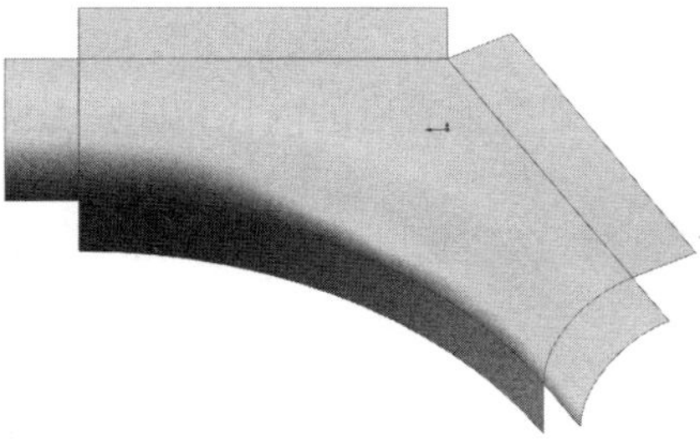

图 4-30　填充曲面

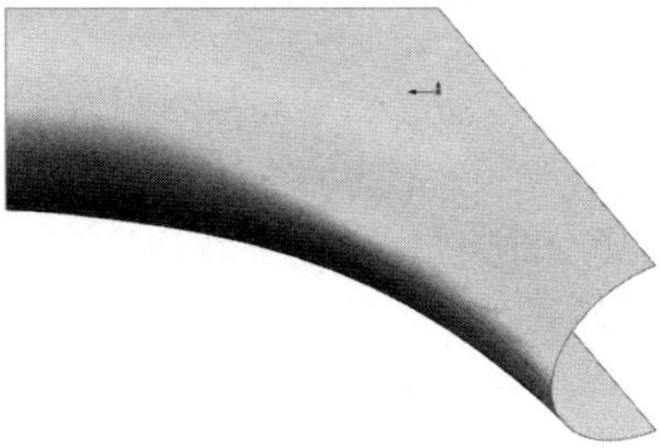

图 4-31　镜像曲面

17）单击工具栏中的“特征”/“参考几何体”/“基准轴”，“参考实体”选择“上视基准面”与“右视基准面”，结果如图 4-32 所示。

18）单击工具栏中的“特征”/“圆周阵列”，“阵列轴”选择上一步创建的基准轴，阵列数量为“3”，“要阵列的实体”选择两个曲面，结果如图 4-33 所示。

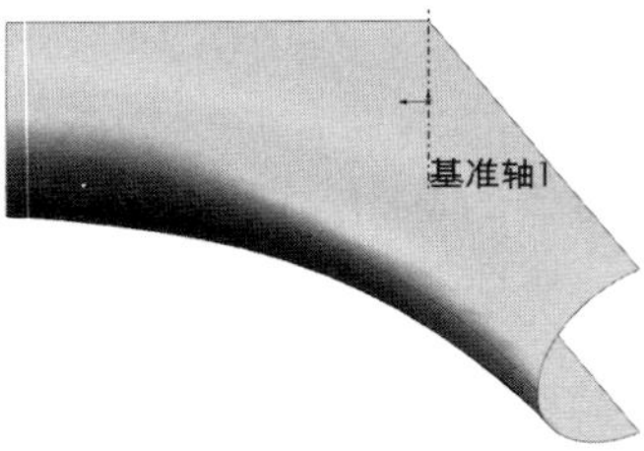

图 4-32　创建基准轴

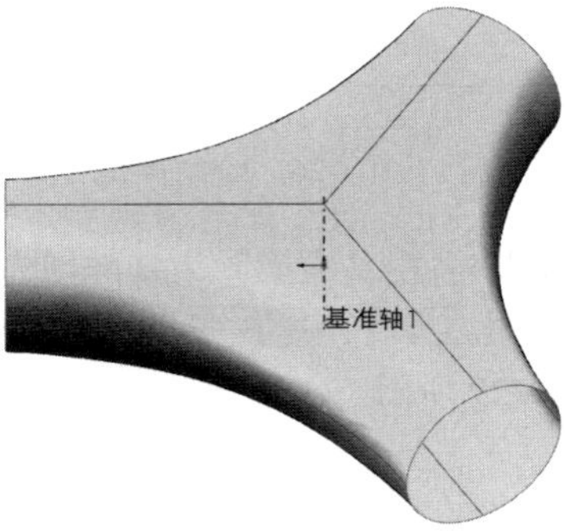

图 4-33　阵列曲面

19）单击工具栏中的“曲面”/“平面区域”，“交界实体”选择其中一个开口的圆周边线，结果如图 4-34 所示。用同样的方法生成另两个开口的平面区域。

20）单击工具栏中的“曲面”/“缝合曲面”，“要缝合的曲面和面”选择所有显示的面，并勾选“创建实体”选项，结果如图 4-35 所示。

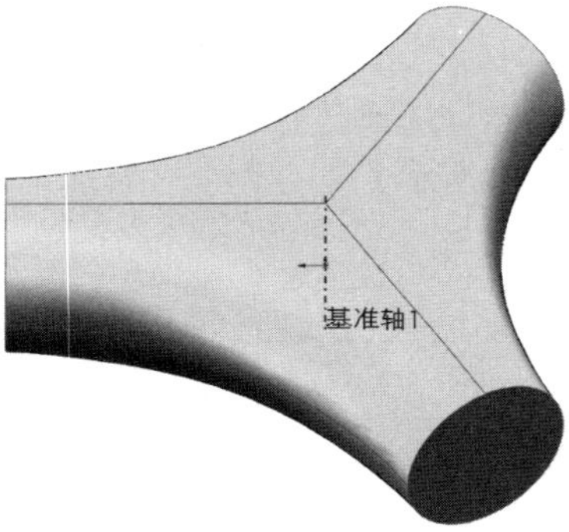

图 4-34　封闭开口

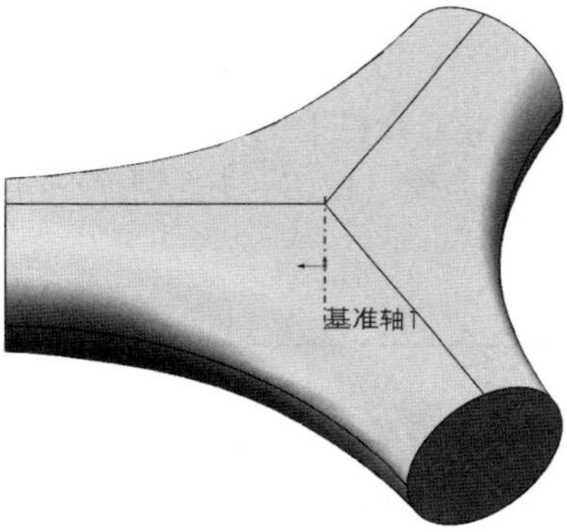

图 4-35　缝合曲面

21）单击工具栏中的“特征”/“抽壳”，“厚度”输入尺寸“3mm”，“移除的面”选择三个端面，结果如图 4-36 所示。

22）以任一端面为基准面绘制草图，草图为两个圆，小圆与抽壳后的内径相同，大圆直径为“26mm”，如图 4-37 所示。

23）单击工具栏中的“特征”/“拉伸凸台 / 基体”，“深度”输入尺寸“10mm”，结果如图 4-38 所示。

24）以“前视基准面”为基准绘制如图 4-39 所示草图。

25）单击工具栏中的“特征”/“旋转切除”，旋转切除已有实体，结果如图 4-40 所示。

26）单击工具栏中的“特征”/“倒角”，“要倒角化的项目”选择圆柱顶端边线，“距离”输入尺寸“0.5mm”，结果如图 4-41 所示。

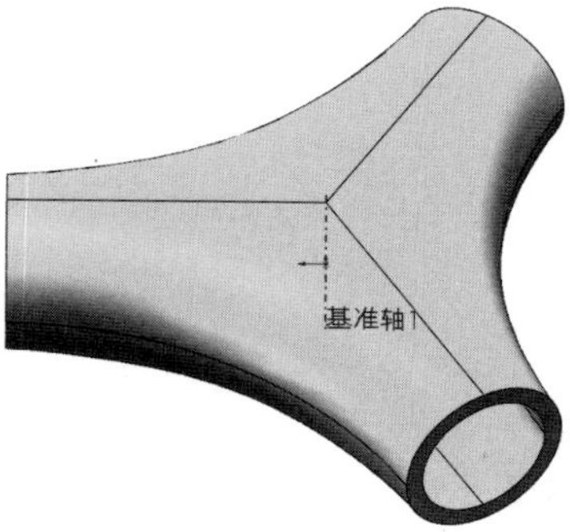

图 4-36　抽壳

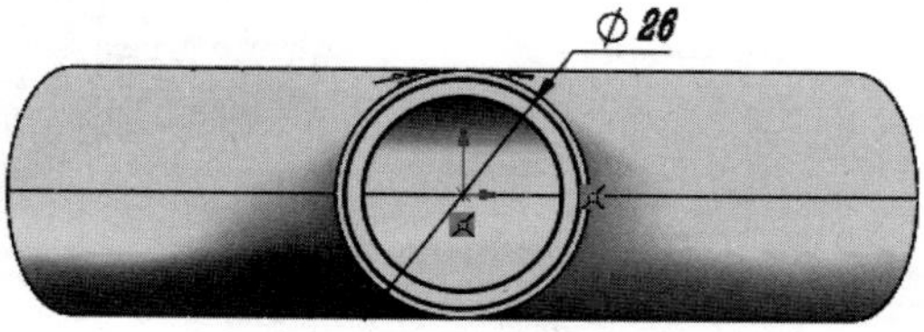

图 4-37　绘制草图 7

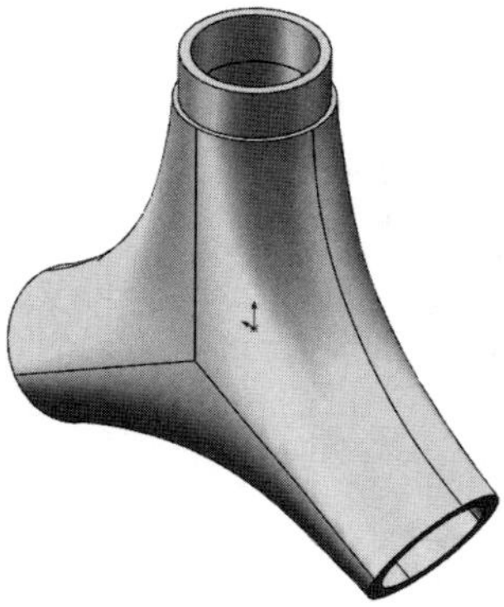

图 4-38　拉伸凸台

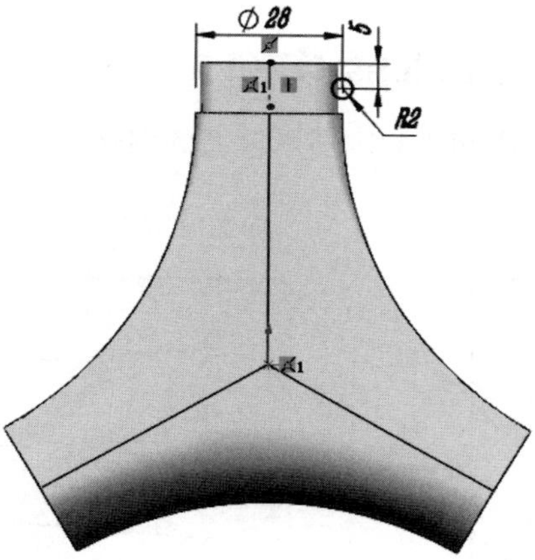

图 4-39　绘制草图 8

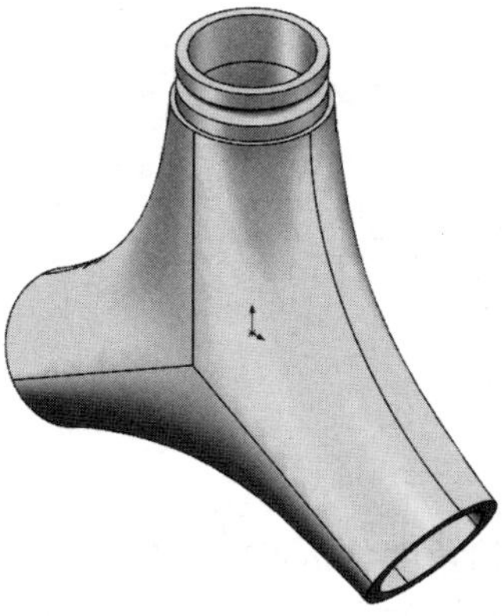

图 4-40　切除环槽

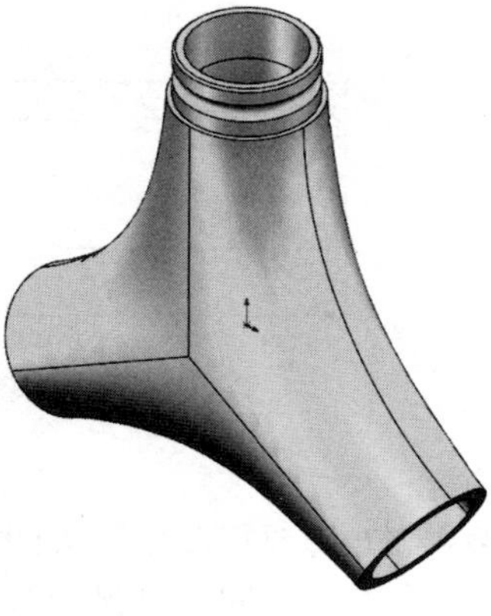

图 4-41　倒角

27）单击工具栏中的“特征”/“圆周阵列”，“阵列轴”选择基准轴，“要阵列的特征”选择拉伸凸台、旋转切除与倒角三个特征，结果如图 4-42 所示。

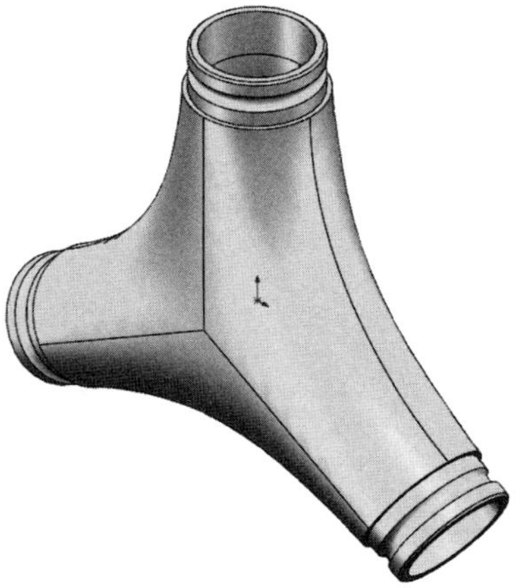

图 4-42　阵列特征

扫码看视频

4.3　基础曲面实例 3

完成如图 4-43 所示模型的创建，小凹槽体积是大凹槽体积的三分之一。

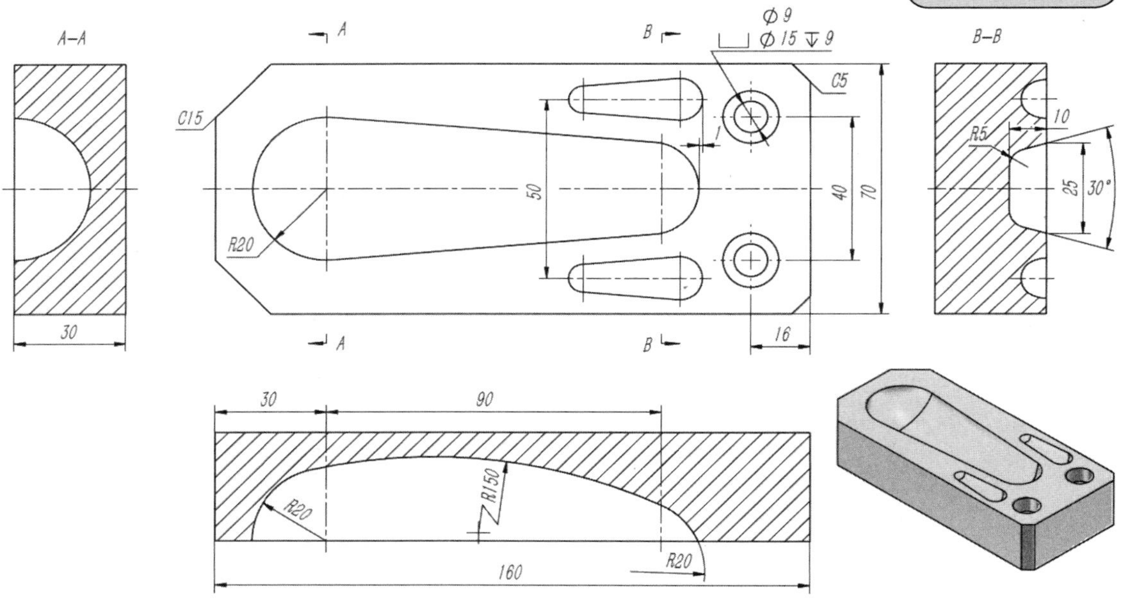

图 4-43　基础曲面实例 3

实例分析：

该实例主要难点是模型中间大凹槽的创建。从“拆”的角度分析可将其分为三个部分，两端的条件是充分的，中间通过保持与两端曲面相切形成，左端为部分球体，右端通过边界曲面形成，再利用两端曲面的边线生成中间段曲面，最后缝合三段曲面，对长方体进行切除。小凹槽则通过大凹槽曲面“比例缩放”得到，移至所需的位置对长方体进行切除，再镜像另一侧即可。

操作步骤：

1）以“上视基准面”为基准绘制如图 4-44 所示草图。

2）单击工具栏中的“特征”/“拉伸凸台 / 基体”，“深度”输入“30mm”，结果如图 4-45 所示。

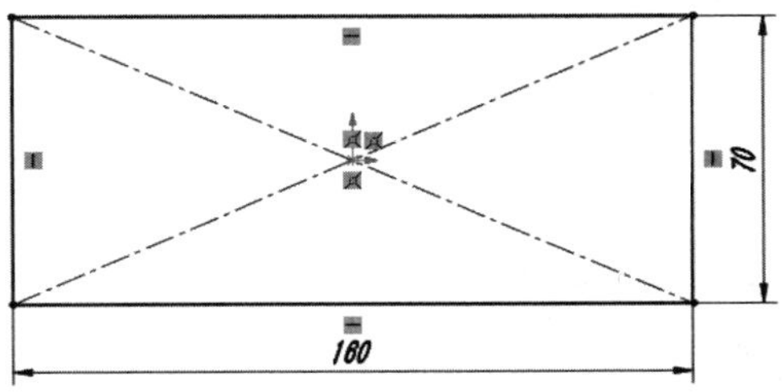

图 4-44　绘制草图 1

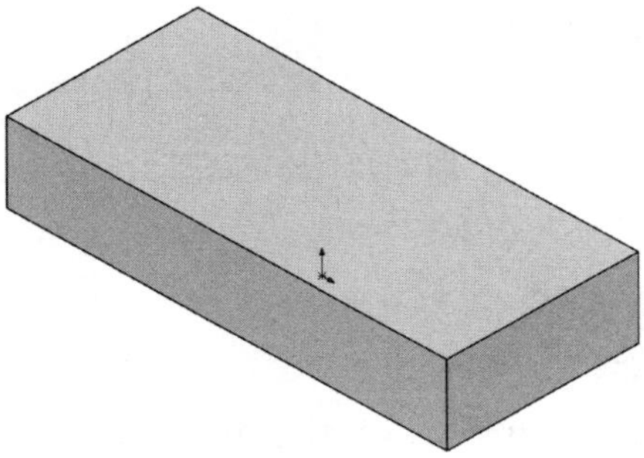

图 4-45　拉伸特征

3）以“右视基准面”为参考，向 X 轴正方向偏距“40mm”创建新的基准面，结果如图 4-46 所示。

4）以新建基准面为基准绘制如图 4-47 所示草图。

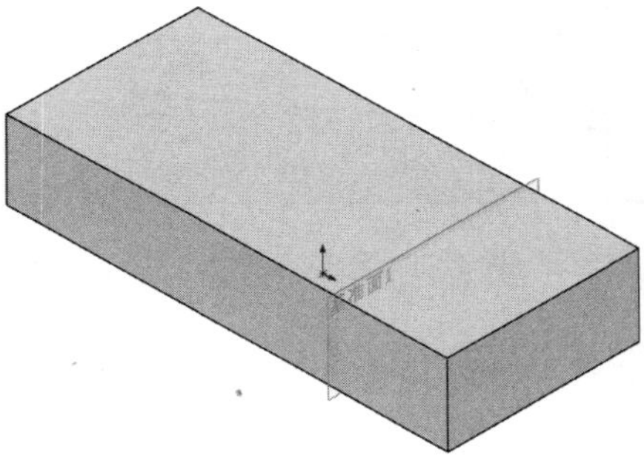

图 4-46　创建基准面

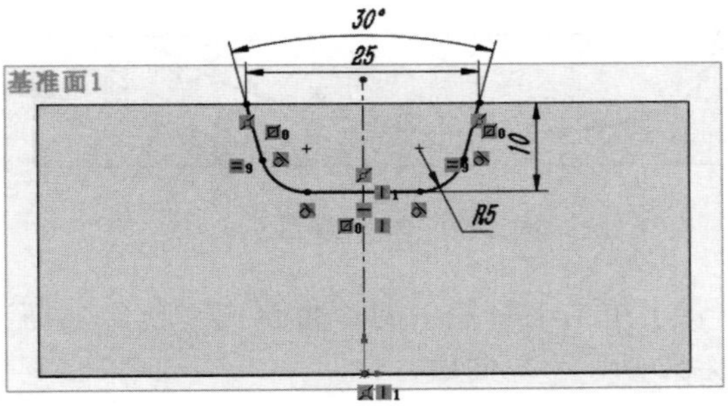

图 4-47　绘制草图 2

5）以长方体上表面为基准绘制如图 4-48 所示草图。

思考

该半圆弧为什么不绘制左侧半个而是绘制右侧半个？

6）以“前视基准面”为基准绘制如图 4-49 所示草图，左侧圆弧与上一步所绘草图圆弧同心，为大圆弧右侧端点与步骤 4）所绘草图的底边添加“使穿透”的几何关系。

7）以“前视基准面”为基准绘制如图 4-50 所示草图，圆弧左端与上一步所绘草图的右端点重合并相切。

8）以长方体上表面为基准绘制如图 4-51 所示草图，注意对右侧圆弧与“草图 2”的交点处进行分割。

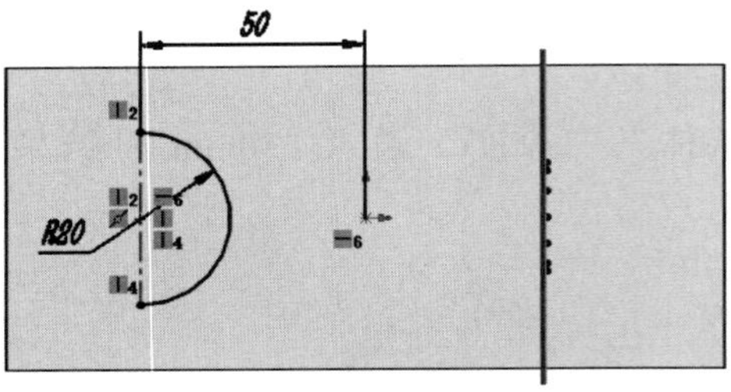

图 4-48　绘制草图 3

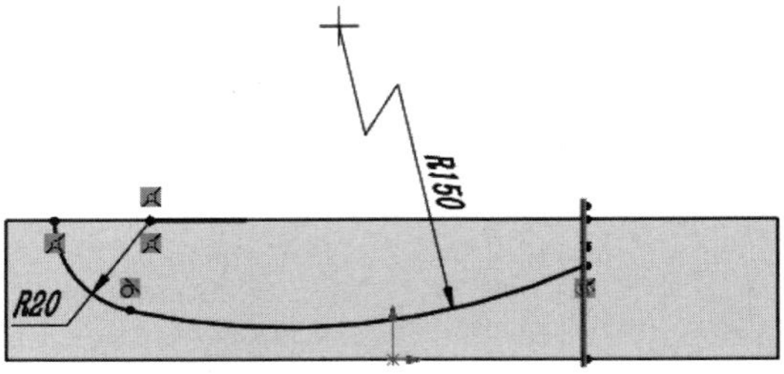

图 4-49　绘制草图 4

提示

由于曲面是拆分为三部分完成，所以此处需进行分割，以方便选取作为分段曲面的条件。

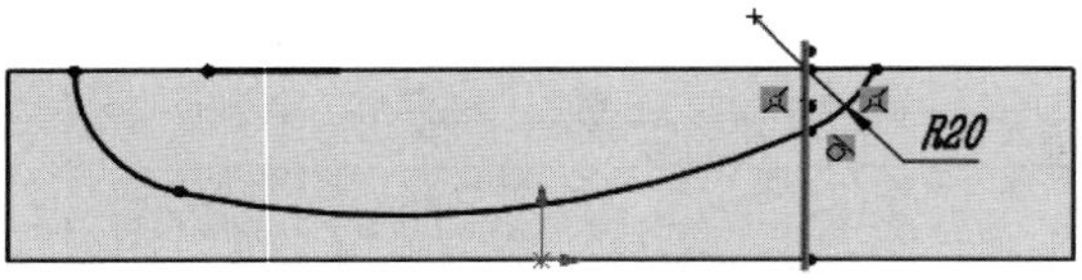

图 4-50　绘制草图 5

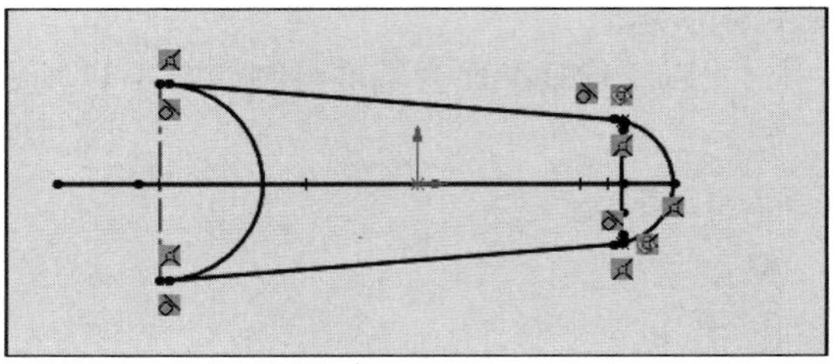

图 4-51　绘制草图 6

9）单击工具栏中的“曲面”/“旋转曲面”，对“草图 3”的半圆草图进行旋转，生成如图 4-52 所示半球曲面。

提示

为方便操作、观察，对长方体进行了隐藏，后续步骤中对长方体的显示、隐藏不再单独说明。

10）以“草图 6”与“草图 3”的两个切点及“草图 4”的左侧两圆弧切点为参考创建三点基准面，如图 4-53 所示。

11）单击工具栏中的“曲面”/“剪裁曲面”，“剪裁类型”选择“标准”，“剪裁工具”选择上一步创建的基准面，“保留选择”选择半球面的左侧部分，结果如图 4-54 所示。

12）以长方体上表面为基准面绘制草图，将步骤 8）所绘草图的右侧圆弧通过“转换实体引用”转换至当前草图，结果如图 4-55 所示。

13）单击工具栏中的“曲面”/“边界曲面”，“方向 1 曲线”选择上一步绘制的草图及步骤 4）所绘草图，“方向 2 曲线”选择步骤 7）所绘草图，结果如图 4-56 所示。

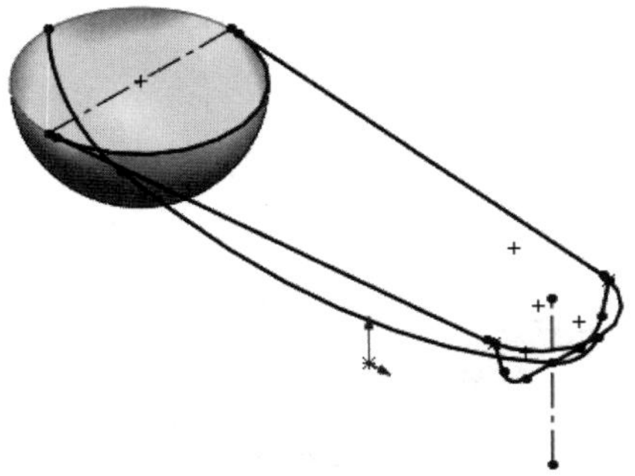

图 4-52　旋转曲面

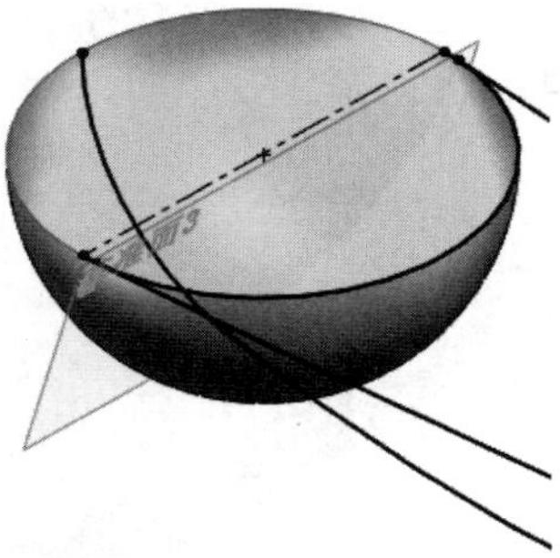

图 4-53　三点基准面

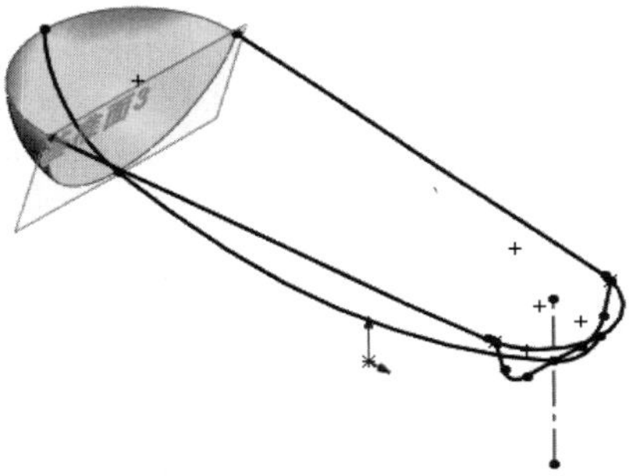

图 4-54　剪裁曲面

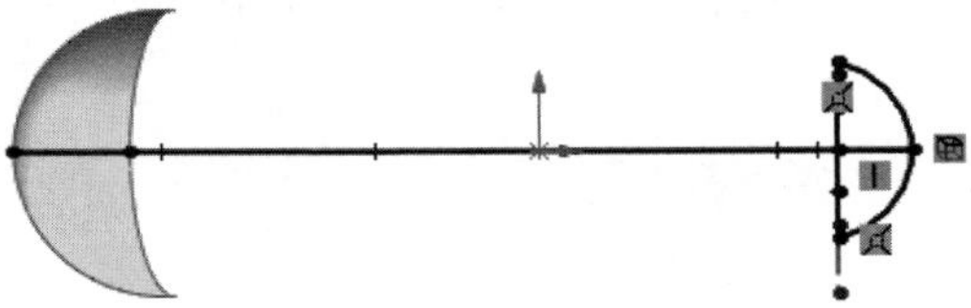

图 4-55　绘制草图 7

14）以长方体上表面为基准面绘制草图，将步骤 8）所绘草图的左侧切线及小段圆弧通过“转换实体引用”转换至当前草图，结果如图 4-57 所示。

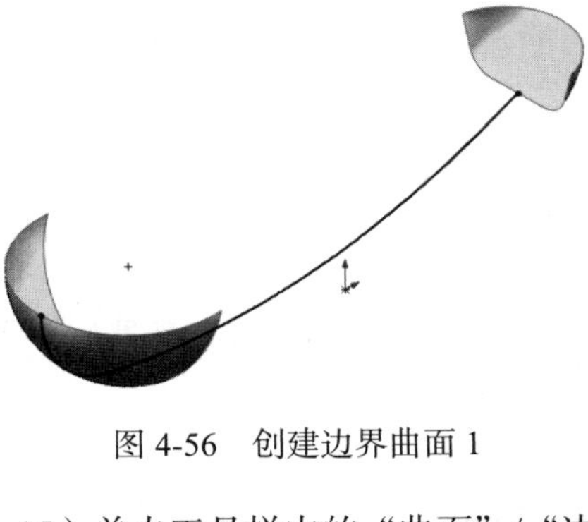

图 4-56　创建边界曲面 1

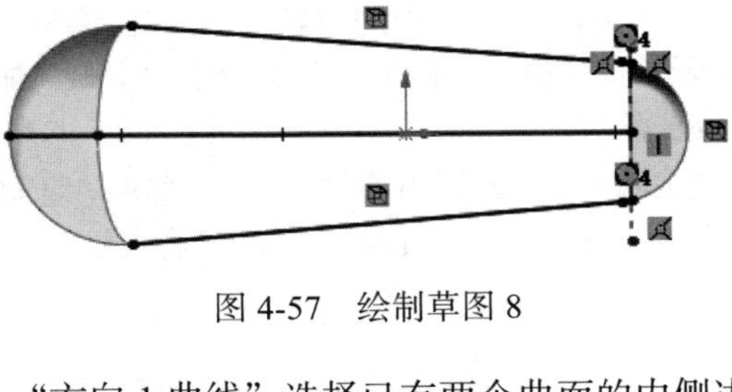

图 4-57　绘制草图 8

15）单击工具栏中的“曲面”/“边界曲面”，“方向 1 曲线”选择已有两个曲面的内侧边线并选择“与面相切”选项，“方向 2 曲线”分别选择步骤 14）所绘草图的两部分及步骤 6）所绘草图，结果如图 4-58 所示。

注意

由于步骤 14）所绘草图并非首尾相连，且作为两个条件，选择时要用选择工具“Selection Manager”分别选择两组曲线。

16）单击工具栏中的“曲面”/“缝合曲面”，将已完成的三个曲面缝合为一个曲面，结果如图 4-59 所示。

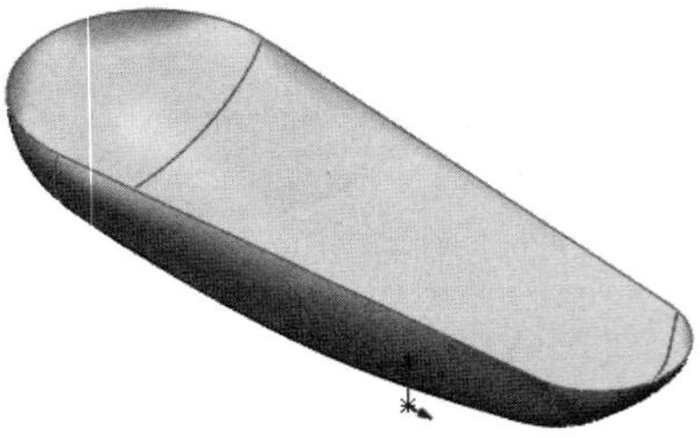

图 4-58　创建边界曲面 2

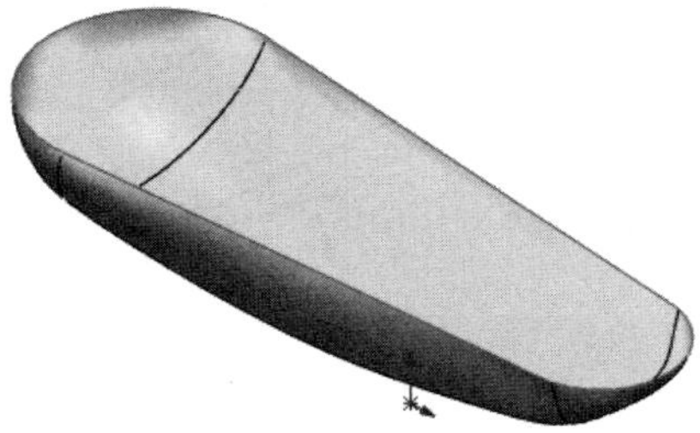

图 4-59　缝合曲面

17）单击工具栏中的“曲面”/“使用曲面切除”，使用上一步生成的缝合曲面切除形成凹槽，结果如图 4-60 所示。

18）单击工具栏中的“曲面”/“参考几何体”/“坐标系”，以凹槽小端侧的长方体边线中点为参考生成新的坐标系，如图 4-61 所示。

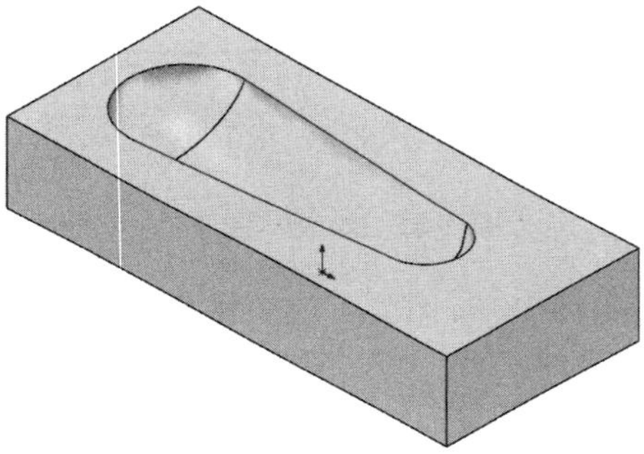

图 4-60　曲面切除 1

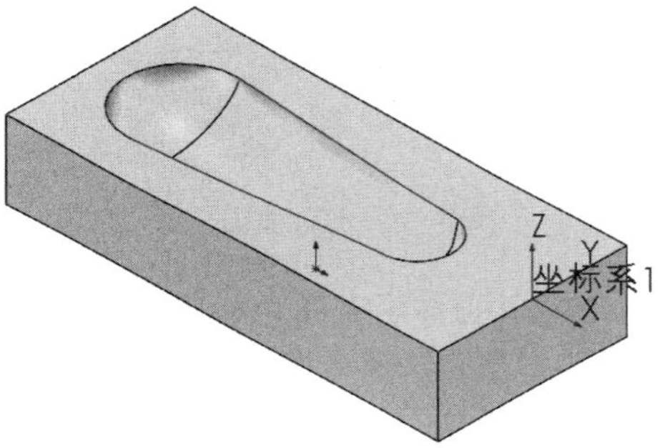

图 4-61　创建坐标系

19）单击工具栏中的“特征”/“比例缩放”，“要缩放的实体”选择“缝合曲面”，“比例缩放点”选择“坐标系”并选择上一步创建的坐标系，“缩放比例”输入“0.3”，结果如图 4-62 所示。

20）单击工具栏中的“特征”/“移动 / 复制实体”，“要移动的实体”选择缩放后的曲面，“ΔX”输入尺寸“-20mm”，“ΔZ”输入尺寸“25mm”，结果如图 4-63 所示。

图 4-62　缩放曲面

图 4-63　移动曲面

21）单击工具栏中的“特征”/“移动 / 复制实体”，“要移动的实体”选择移动后的曲面，切换至“旋转”选项，“Y 轴旋转角度”输入“180 度”，结果如图 4-64 所示。

22）单击工具栏中的“曲面”/“使用曲面切除”，使用上一步旋转后的小凹槽曲面切除实体，结果如图 4-65 所示。

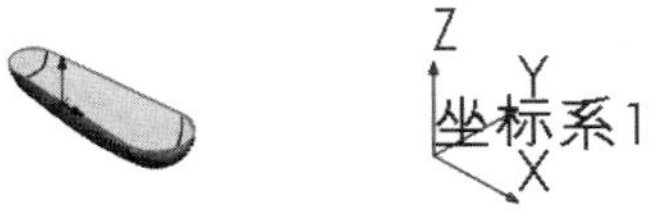

图 4-64　旋转曲面实体

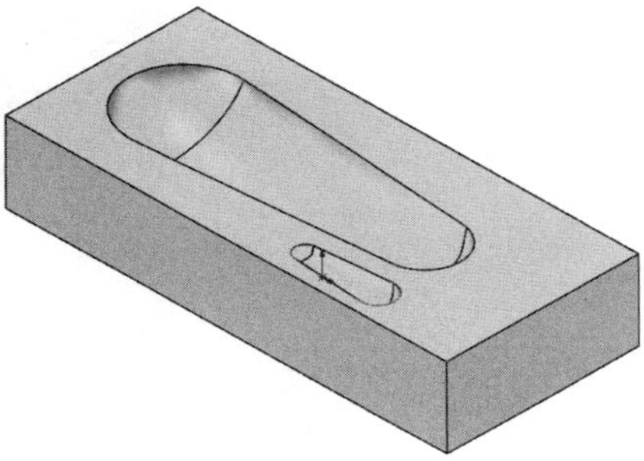

图 4-65　曲面切除 2

23）单击工具栏中的“特征”/“镜像”，“镜像面”选择“前视基准面”，“要镜像的实体”选择上一步生成的曲面切除特征，结果如图 4-66 所示。

24）以长方体上表面为基准面绘制如图 4-67 所示草图，作为下一步孔位置的参考。

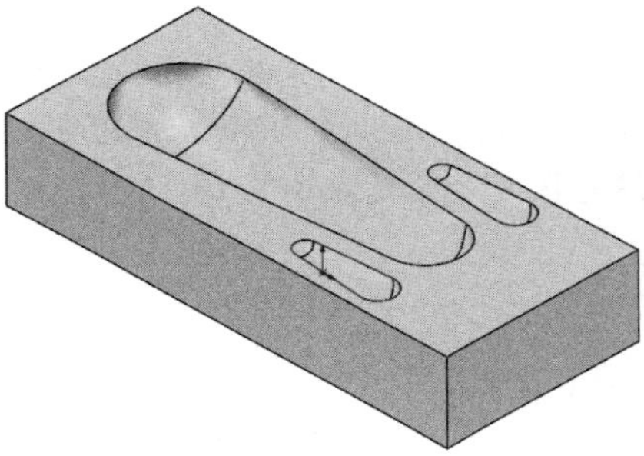

图 4-66　镜像小凹槽

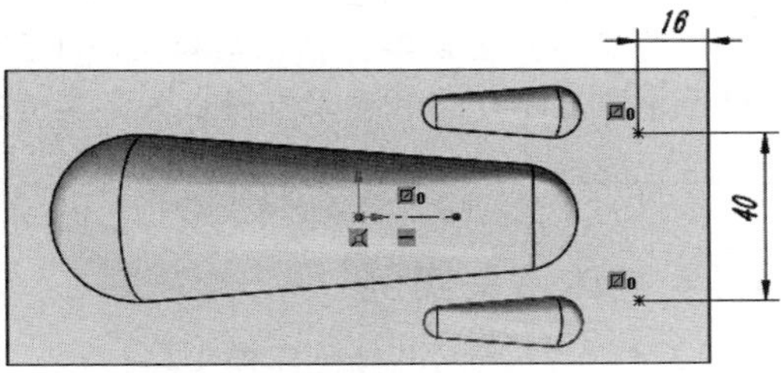

图 4-67　绘制孔参考草图

25）单击工具栏中的“特征”/“异型孔向导”，“孔类型”选择“柱形沉头孔”，“标准”选择“GB”，“类型”选择“内六角圆柱头螺钉”，“大小”选择“M8”，“终止条件”选择“完全贯穿”，位置为上一步所绘草图中的两个参考点，结果如图 4-68 所示。

26）为长方体大凹槽端的棱边添加“15mm”的倒角，结果如图 4-69 所示。

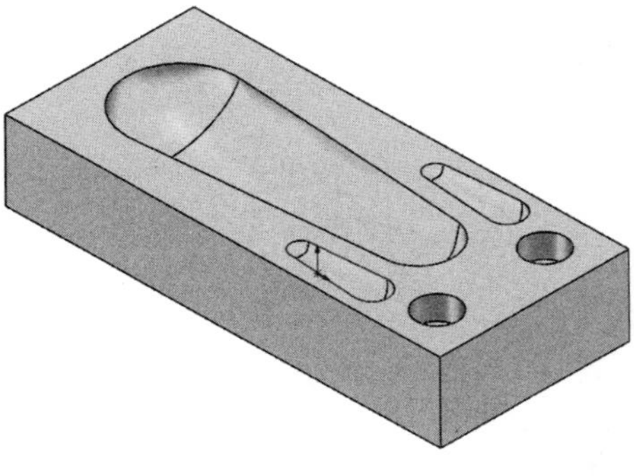

图 4-68　添加沉孔

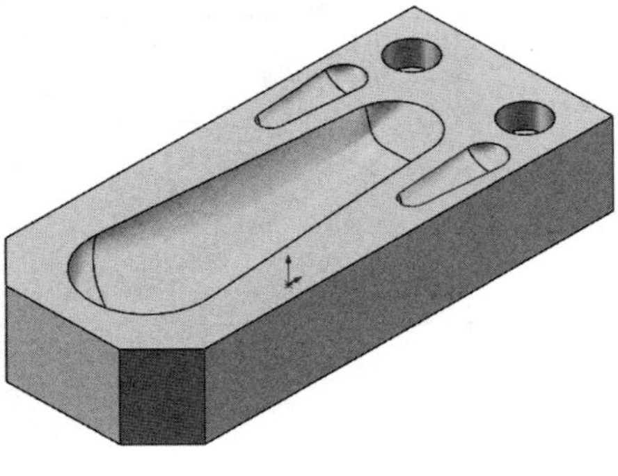

图 4-69　添加大倒角

27）为长方体孔端的棱边添加“5mm”的倒角，结果如图 4-70 所示。

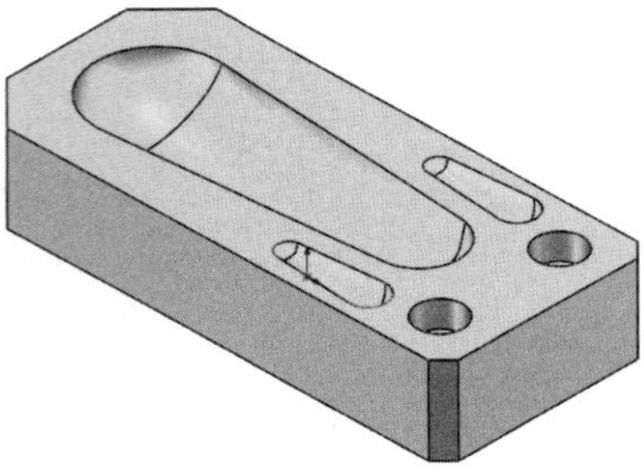

图 4-70　添加小倒角

4.4　渐消失面实例

渐消失面指的是局部面与整体面逐渐过渡融合，在外观类零件建模中较为常见。这类曲面在实物上大多看不出明显分界线，在三维模型中如果不显示切边也难以分辨其边界，但在建模过程中则需要将这部分作为单独的曲面进行创建，通过参数选项达到融合的效果。

注意

正是由于局部与整体的融合，在工程图中如果不显示切边线将难以表达实际要求，所以为了不产生误解，在此类模型的工程图中会保留相应的切边以利于理解，这与制图标准中不显示切边的要求有所出入，实际使用中要注意区分是否是表达需要。

4.4.1　整体消失实例

扫码看视频

根据图 4-71 所示图样创建模型。

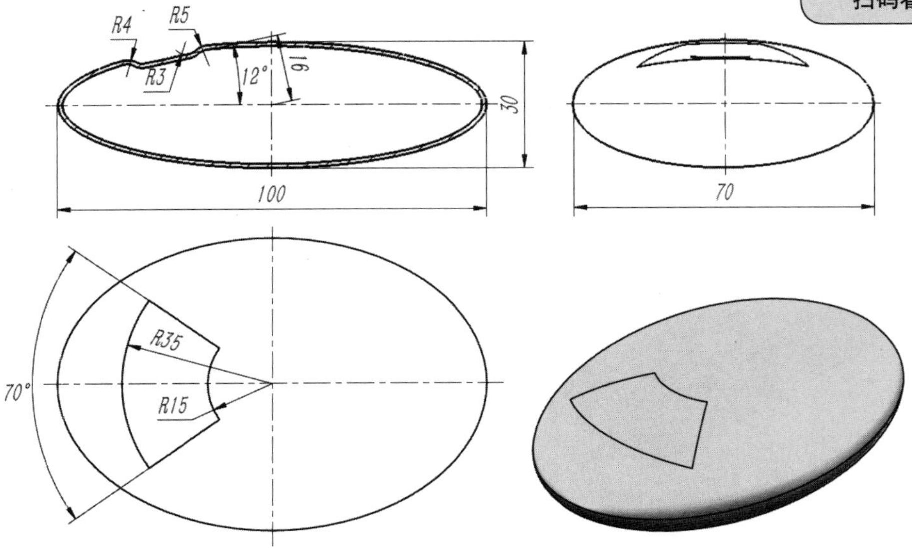

图 4-71　渐消失面 1

实例分析：

该模型主体是椭圆体，且无论哪个视图均表现为椭圆，根据分拆原则，可将其分拆为上下两部分，用放样完成。为保证两半曲面镜像后的过渡质量，先以大椭圆生成拉伸曲面，再分割为两部分，以分割后的曲面边线作为放样的条件。主体曲面完成后剪裁扇形区域，再绘制控制曲线作为填充曲面的条件，然后填充曲面，最后缝合所有曲面转化为实体并抽壳。

操作步骤：

1）以“前视基准面”为基准绘制如图 4-72 所示草图。

2）以“右视基准面”为基准绘制如图 4-73 所示草图。

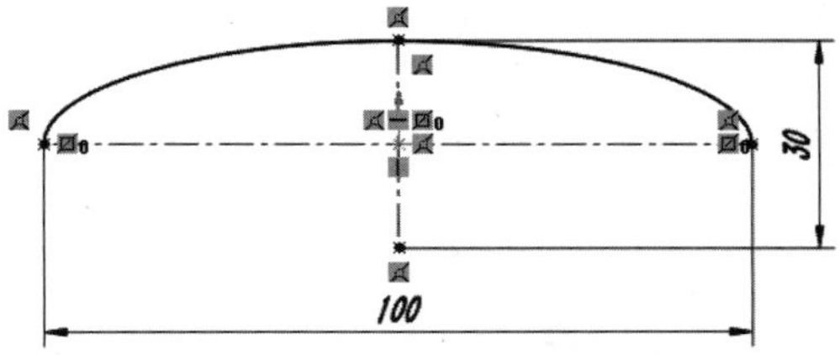

图 4-72　绘制草图 1

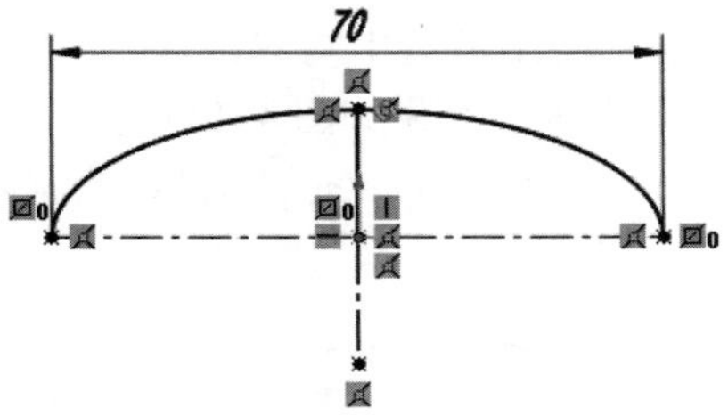

图 4-73　绘制草图 2

3）以“上视基准面”为基准绘制如图 4-74 所示草图。

4）单击工具栏中的“曲面”/“拉伸曲面”，选择上一步绘制的草图，“深度”输入尺寸“10mm”，结果如图 4-75 所示。

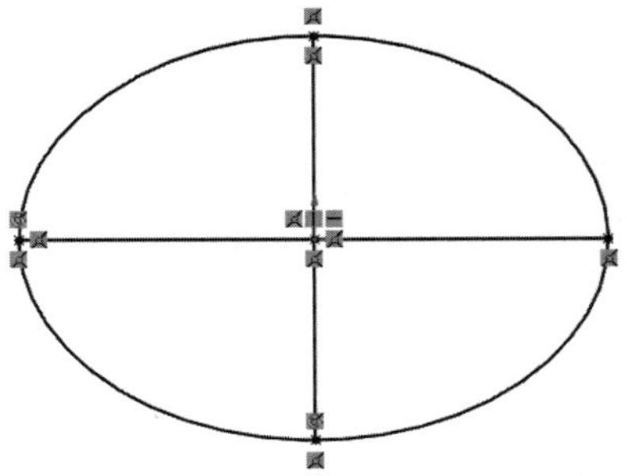

图 4-74　绘制草图 3

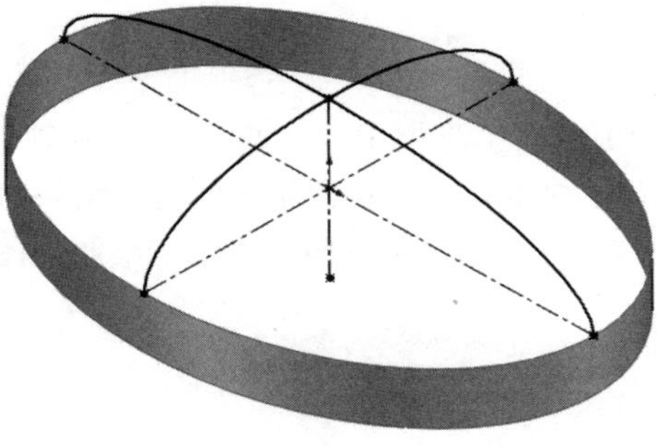

图 4-75　拉伸曲面

5）单击工具栏中的“曲面”/“曲线”/“分割线”，“分割类型”选择“交叉点”，“分割实体”选择“前视基准面”，“要分割的面”选择拉伸曲面，结果如图 4-76 所示。

6）单击工具栏中的“曲面”/“放样曲面”，轮廓依次选择分割曲面的边线及中间椭圆弧，并将“起始/结束约束”均更改为“与面相切”，“引导线”选择小椭圆弧，结果如图 4-77 所示。

提示

放样完成后隐藏作为辅助面的拉伸曲面。

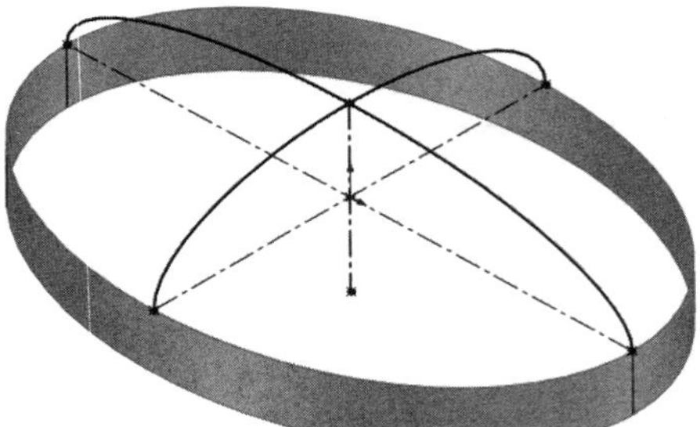

图 4-76　分割曲面

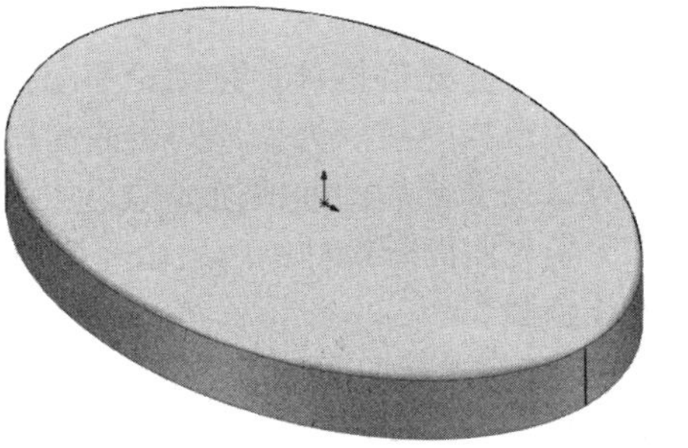

图 4-77　放样曲面

7）单击工具栏中的“特征”/“镜像”，“镜像面”选择“上视基准面”，“要镜像的实体”选择放样曲面，结果如图 4-78 所示。

8）以“上视基准面”为基准绘制如图 4-79 所示草图。

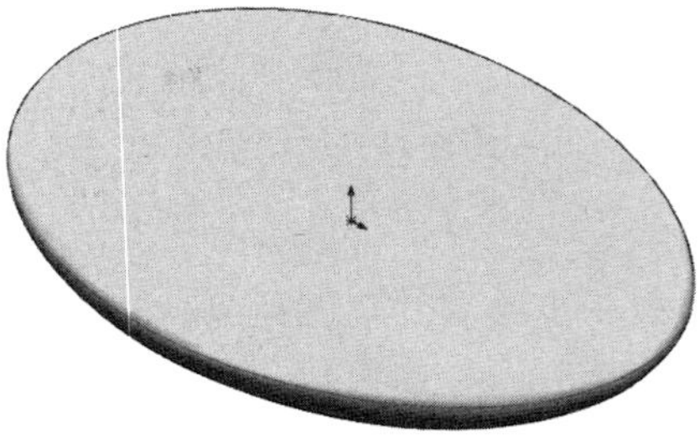

图 4-78　镜像曲面

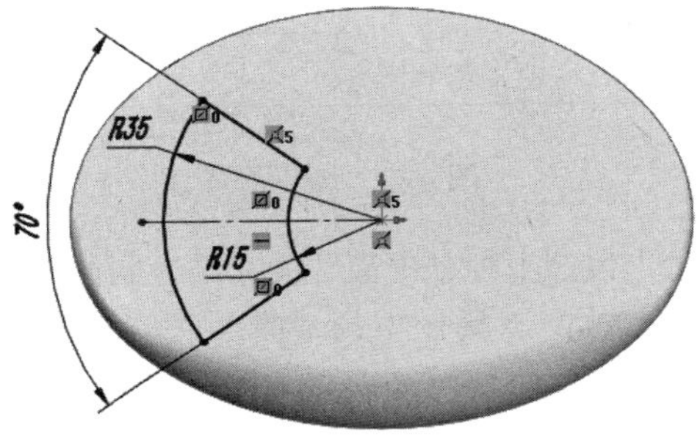

图 4-79　绘制草图 4

9）单击工具栏中的“曲面”/“剪裁曲面”，“剪裁类型”选择“标准”，“剪裁工具”选择上一步绘制的草图，保留主体曲面，结果如图 4-80 所示。

10）以“前视基准面”为基准绘制如图 4-81 所示草图。

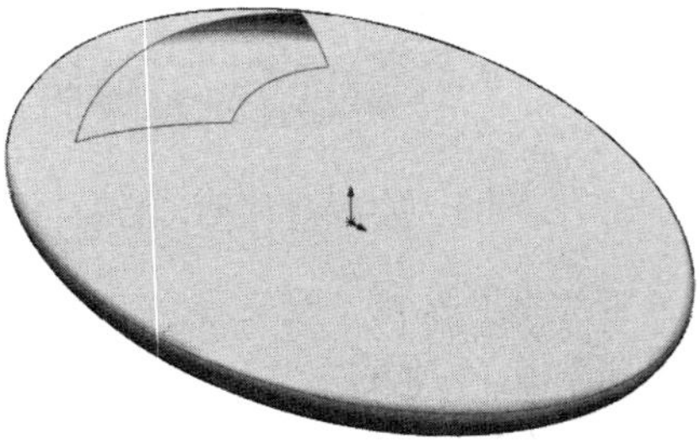

图 4-80　剪裁曲面

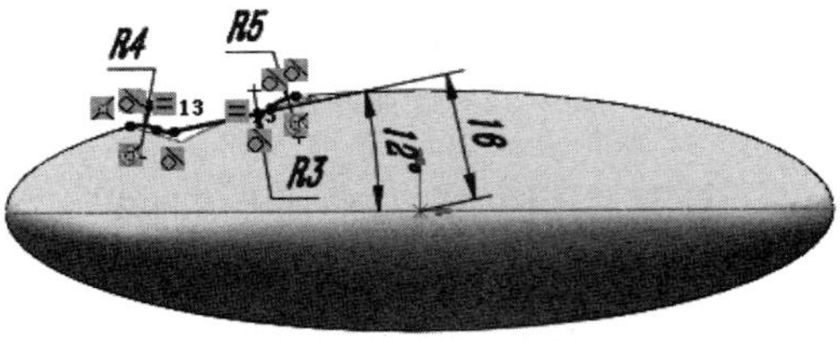

图 4-81　绘制草图 5

11）单击工具栏中的“曲面”/“填充曲面”，“修补边界”选择剪裁曲面的周边线，“边线设定”更改为“相切”，“约束曲线”选择上一步所绘制的草图，结果如图 4-82 所示。

12）单击工具栏中的“曲面”/“缝合曲面”，选择所有显示曲面，并选择“创建实体”选项，结果如图 4-83 所示。

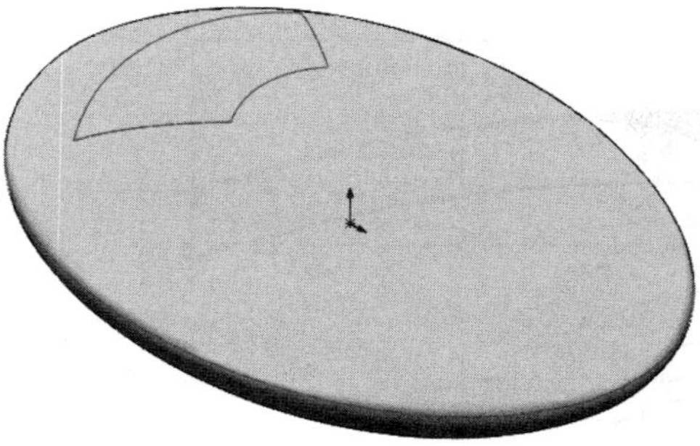

图 4-82　填充曲面

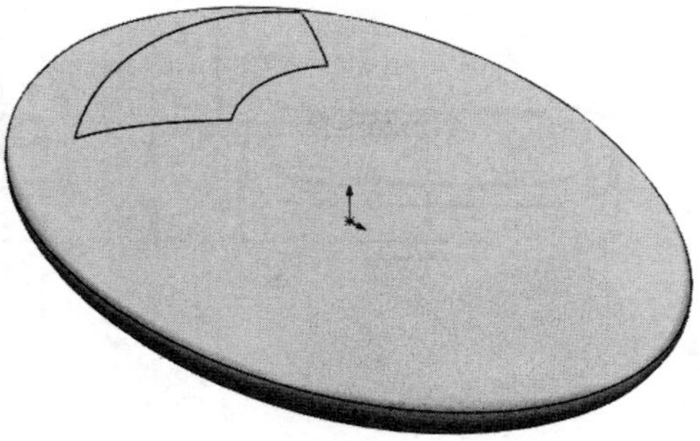

图 4-83　缝合曲面

13）单击工具栏中的“特征”/“抽壳”，“厚度”输入尺寸“1mm”，结果如图 4-84 所示。

提示

为显示内部结构，该截图已做剖视处理。

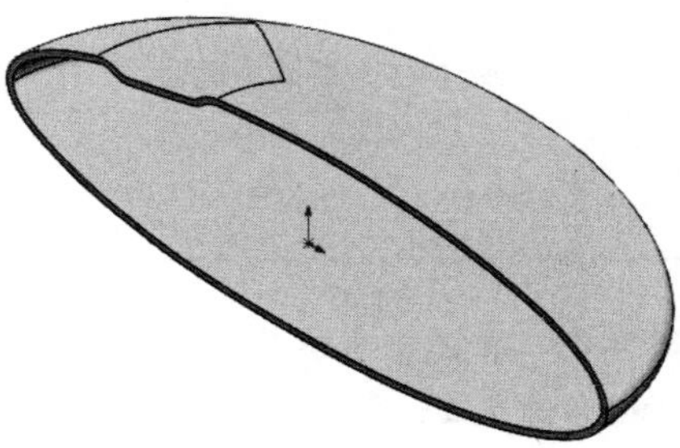

图 4-84　抽壳

思考

对于该例的主体椭圆，分拆时尝试分拆为 1/4、1/8，用相应的曲面功能创建，并对比几种曲面结果及各自的优劣。

4.4.2　交点消失实例

根据图 4-85 所示图样创建模型。

实例分析：

该模型主体为一拉伸曲面，左侧的凹槽是壳体类设计中较为常见的结构。可先做出左侧样条曲线草图对拉伸曲面进行切除，然后做出 *R*40mm 的圆弧拉伸曲面，再用右侧样条曲线进行切除，两根样条曲线的边线进行放样得到下凹特征，接着通过直纹曲面生成周边的拔模面，封闭底面后形成实体，右侧凹槽则可通过拉伸切除生成，最后再抽壳形成壳体。

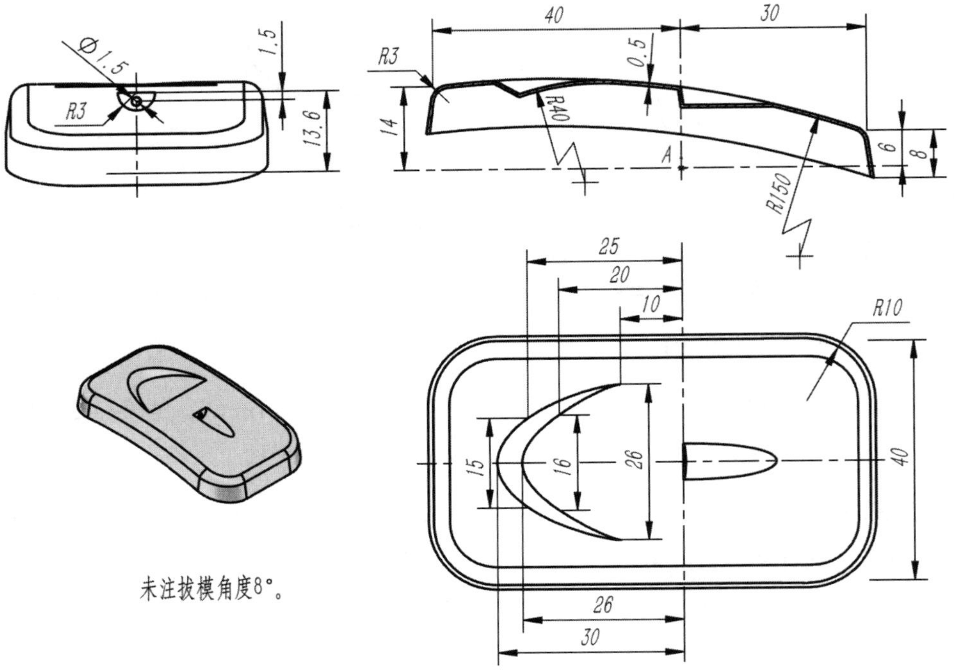

图 4-85　渐消失面 2

提示

由于曲面的条件很多时候在二维图中表达较为困难，所以通过固定的参考点作为尺寸基准进行标注是较为常用的一种方法，该模型中就使用了 *A* 点作为尺寸基准。

操作步骤：

1）以“前视基准面”为基准绘制如图 4-86 所示草图。

2）单击工具栏中的“曲面”/“拉伸曲面”，“终止条件”选择“两侧对称”，“深度”输入尺寸“40mm”，结果如图 4-87 所示。

扫码看视频

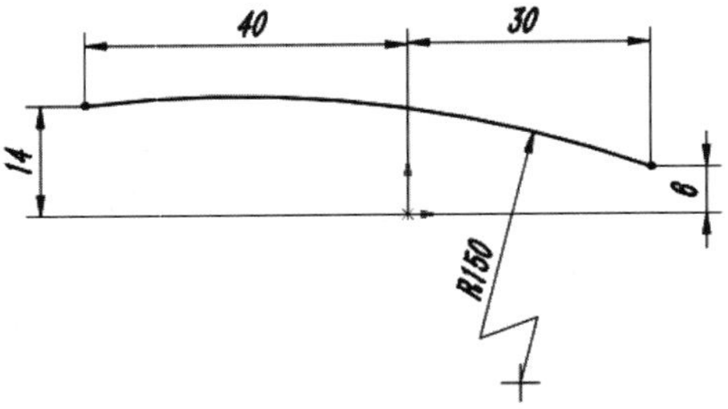

图 4-86　绘制草图 1

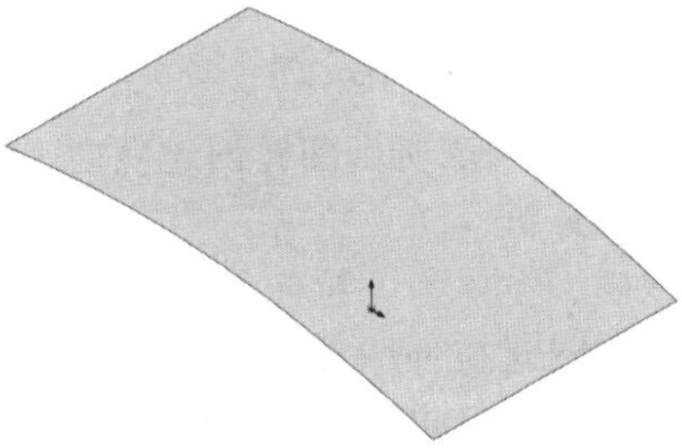

图 4-87　拉伸曲面 1

3）以“上视基准面”为基准绘制如图 4-88 所示草图。

4）单击工具栏中的“曲面”/“剪裁曲面”，“剪裁工具”选择“标准”，“剪裁工具”选择上一步所绘草图，保留拉伸曲面的内侧部分，结果如图 4-89 所示。

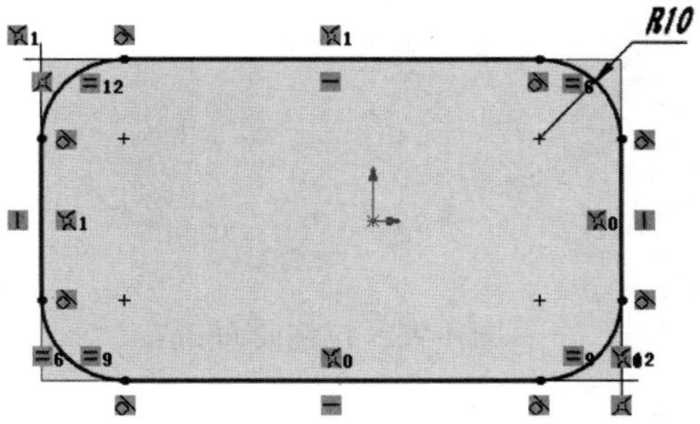

图 4-88　绘制草图 2

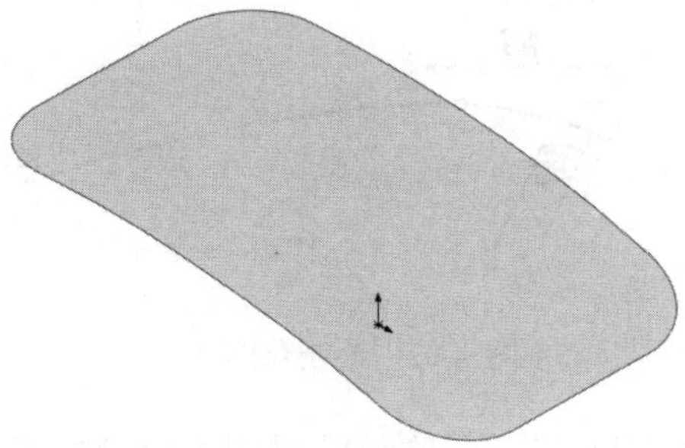

图 4-89　剪裁曲面 1

5）以“上视基准面”为基准绘制如图 4-90 所示草图。

注意

当样条曲线为对称型时，需绘制“中心线”并添加“使对称”的几何关系，为了提升消失点位置的质量，样条曲线的端点需绘制水平参考线并与之添加“使相切”的几何关系。

6）单击工具栏中的“曲面”/“剪裁曲面”，“剪裁工具”选择“标准”，“剪裁工具”选择上一步所绘草图，保留拉伸曲面的外侧部分，结果如图 4-91 所示。

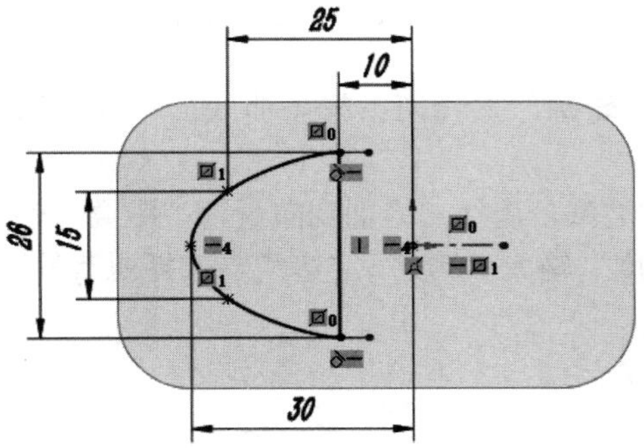

图 4-90　绘制草图 3

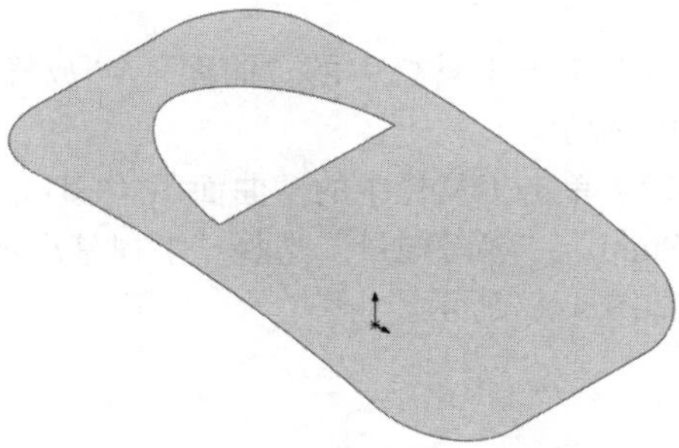

图 4-91　剪裁曲面 2

7）以“前视基准面”为基准绘制如图 4-92 所示草图。

提示

为保证曲面过渡的光顺，该圆弧需与已有拉伸曲面的圆弧相切。

8）单击工具栏中的“曲面”/“拉伸曲面”，“终止条件”选择“两侧对称”，“深度”输入尺寸“30mm”，结果如图 4-93 所示。

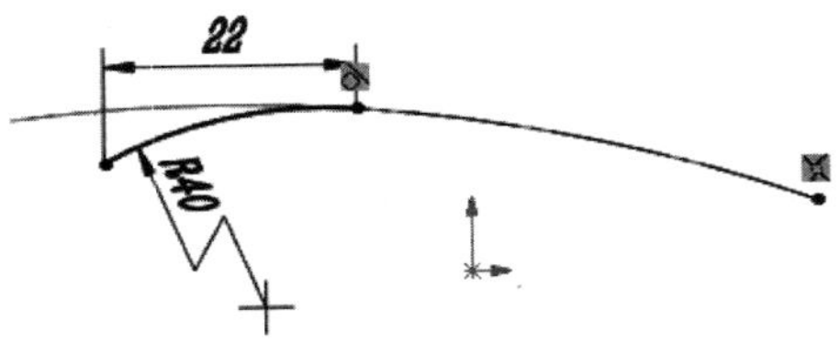

图 4-92 绘制草图 4

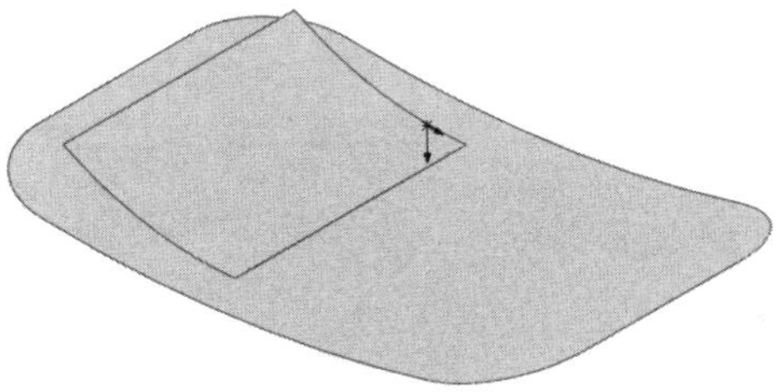

图 4-93 拉伸曲面 2

9）以“上视基准面”为基准绘制如图 4-94 所示草图。

10）单击工具栏中的“曲面”/“剪裁曲面”，“剪裁工具”选择“标准”，“剪裁工具”选择上一步所绘草图，剪裁对象为第二个拉伸曲面，保留内侧部分，结果如图 4-95 所示。

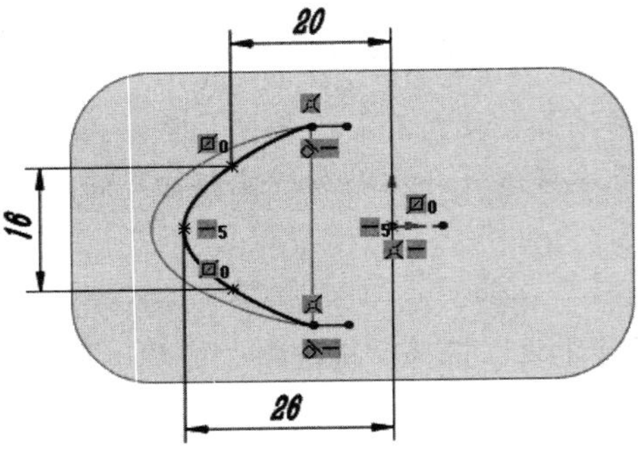

图 4-94 绘制草图 5

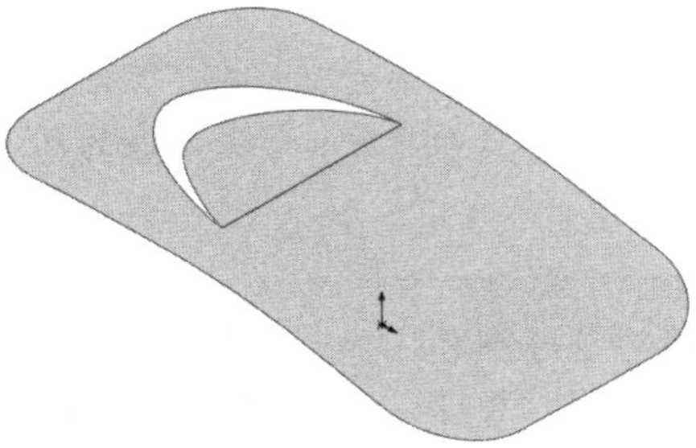

图 4-95 剪裁曲面 3

11）单击工具栏中的“曲面”/“放样曲面”，“轮廓”选择两条样条曲线的边线，结果如图 4-96 所示。

12）单击工具栏中的“曲面”/“直纹曲面”，“类型”选择“锥削到向量”，“距离”输入尺寸“8mm”，“参考向量”选择“上视基准面”，“角度”输入“8 度”，“边线”选择所有外边线，结果如图 4-97 所示。

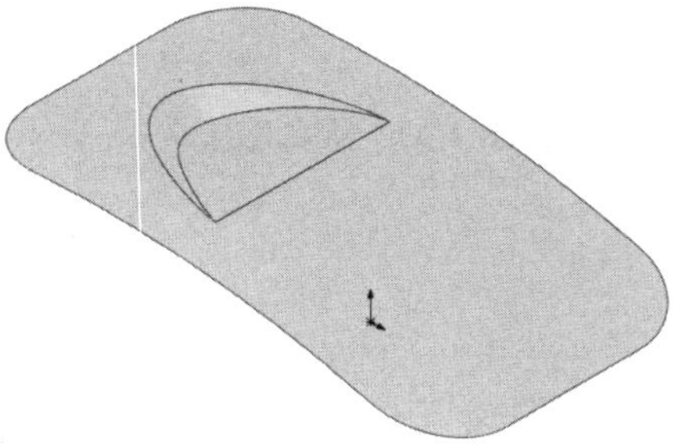

图 4-96 放样曲面

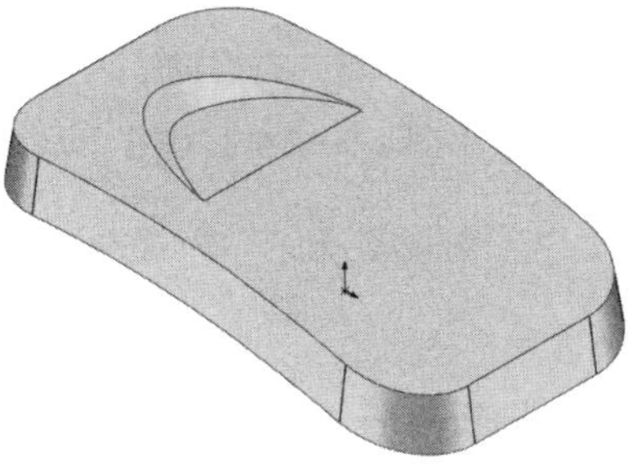

图 4-97 直纹曲面

13）单击工具栏中的“曲面”/“填充曲面”，“修补边界”选择直纹曲面的所有底边线，结果如图 4-98 所示。

14）单击工具栏中的“曲面”/“缝合曲面”，“要缝合的曲面”选择所有的曲面，并选择“创建实体”选项，结果如图 4-99 所示。

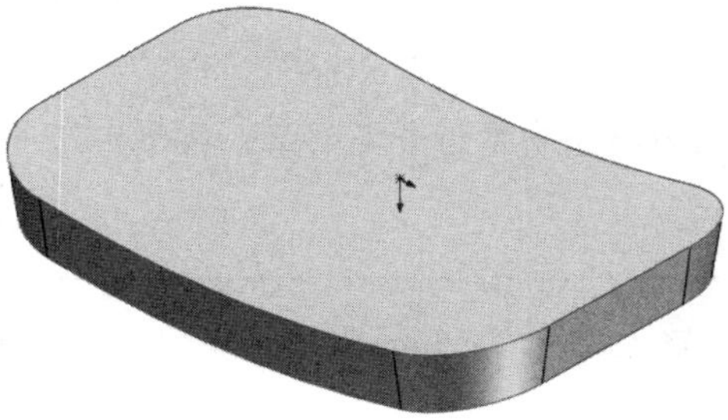

图 4-98　填充曲面

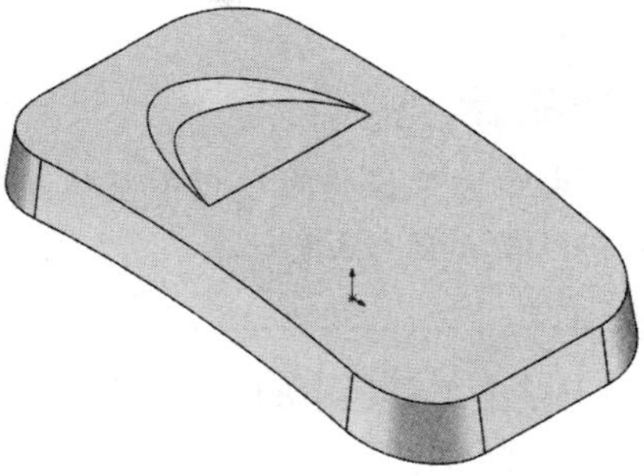

图 4-99　缝合曲面

15）单击工具栏中的“曲面”/“圆角”，“要圆角化的项目”选择上表面外周边线，“半径”输入尺寸“3mm”，结果如图 4-100 所示。

16）以“右视基准面”为基准绘制如图 4-101 所示草图。

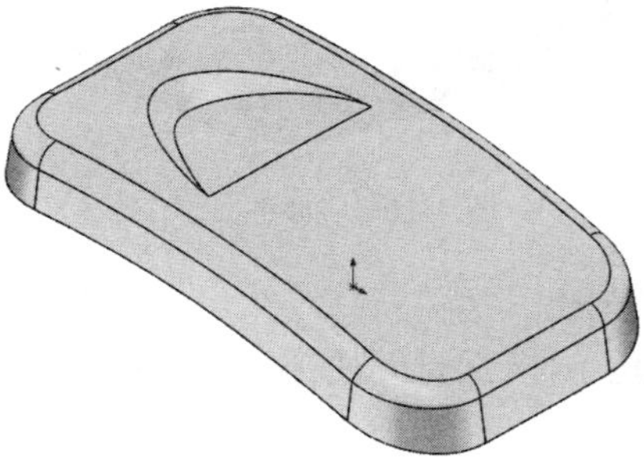

图 4-100　添加圆角

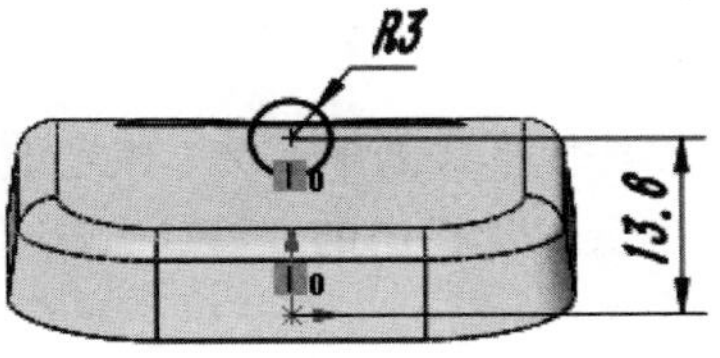

图 4-101　绘制草图 6

17）单击工具栏中的“特征”/“拉伸切除”，拉伸方向为 X 轴的正方向，“终止条件”选择“完全贯穿”，结果如图 4-102 所示。

18）单击工具栏中的“特征”/“参考几何体”/“基准面”，选择“上视基准面”为参考，过上一步拉伸切除所生成的直边线并平行于参考面生成基准面，结果如图 4-103 所示。

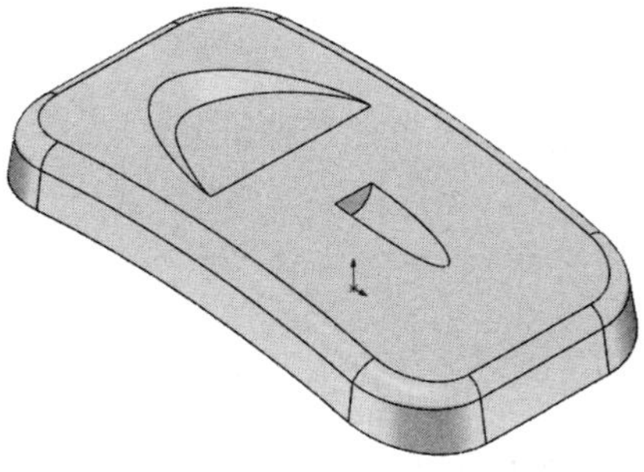

图 4-102　拉伸切除 1

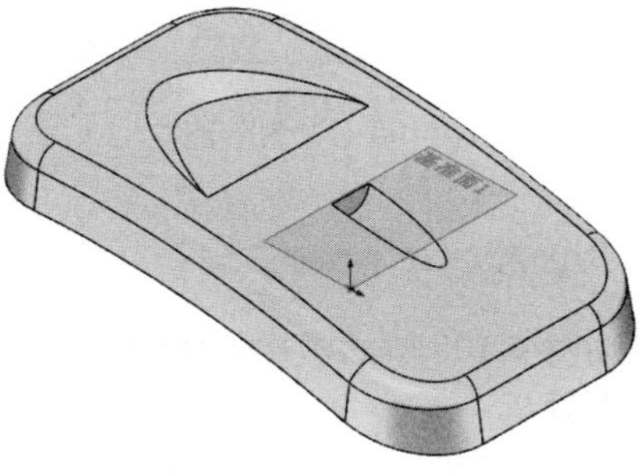

图 4-103　生成基准面

19）单击工具栏中的“特征”/“拔模”，“拔模类型”选择“中性面”，“拔模角度”输入“8 度”，“中性面”选择上一步生成的基准面，“拔模面”选择拉伸切除形成的平面，结果如图 4-104 所示。

提示

由于该步操作对于模型整体而言变化较小，所以截图中看着并不明显，其他实例中也有类似情形，注意识别。

20）单击工具栏中的“特征”/“抽壳”，“厚度”输入尺寸“0.5mm”，“移除的面”选择底面，结果如图 4-105 所示。

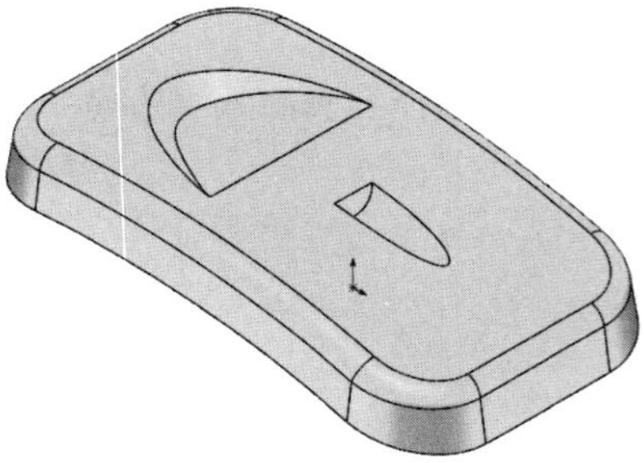

图 4-104　增加拔模

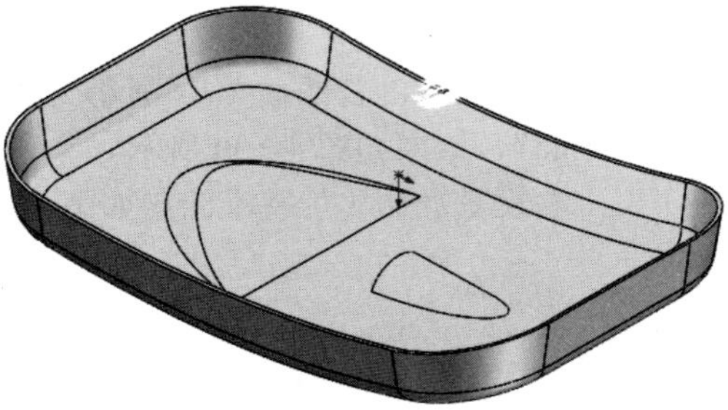

图 4-105　抽壳

21）以拔模形成的平面为基准绘制如图 4-106 所示草图。

22）单击工具栏中的“特征”/“拉伸切除”，“终止条件”选择“成形到下一面”，结果如图 4-107 所示。

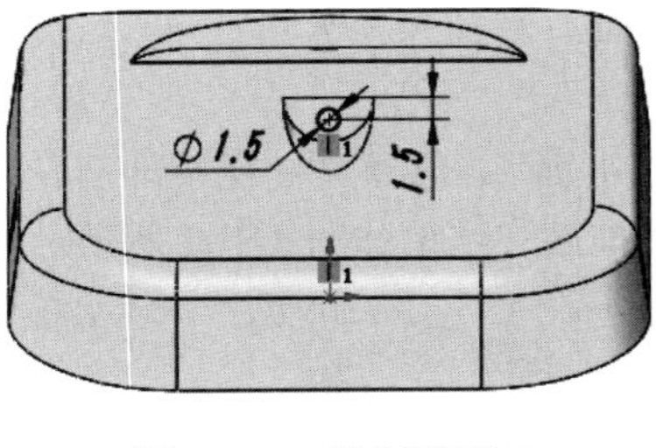

图 4-106　绘制草图 7

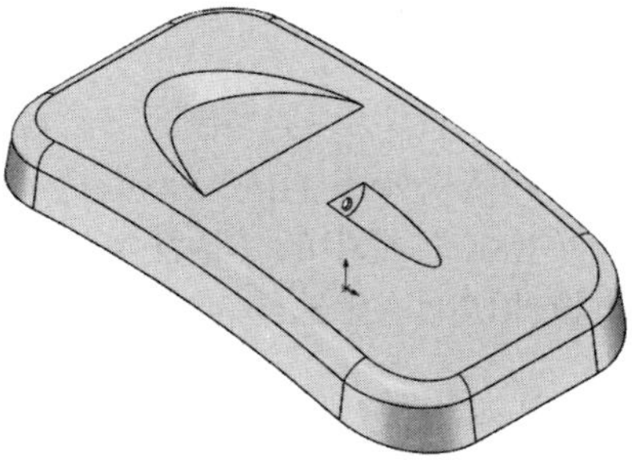

图 4-107　拉伸切除 2

4.4.3　尖点消失实例

根据图 4-108 所示图样创建模型。

实例分析：

该模型分为两个个体，完成其中一个再阵列另一个。个体可以分为两部分，大端是旋转的四分之一球面，另一部分由最大截面逐渐过渡到尖点，这也是创建该模型的难点。放样曲面、边界曲面、填充曲面看似条件均可以，但实际操作时会看到结果均达不到连续过渡的要求。在此利用扫描完成，扫描的轮廓草图圆弧的端点与两侧圆弧穿透，利用穿透点会随引导线变化的原理生成该面，也就是圆弧的半径会逐渐变小最终为零，这样也会造成其与球面不连续，所以还会将该面“挖”去一部分，再“补”上，以便满足曲面连续性要求，最后将其缝合形成实体后再阵列完成模型创建。

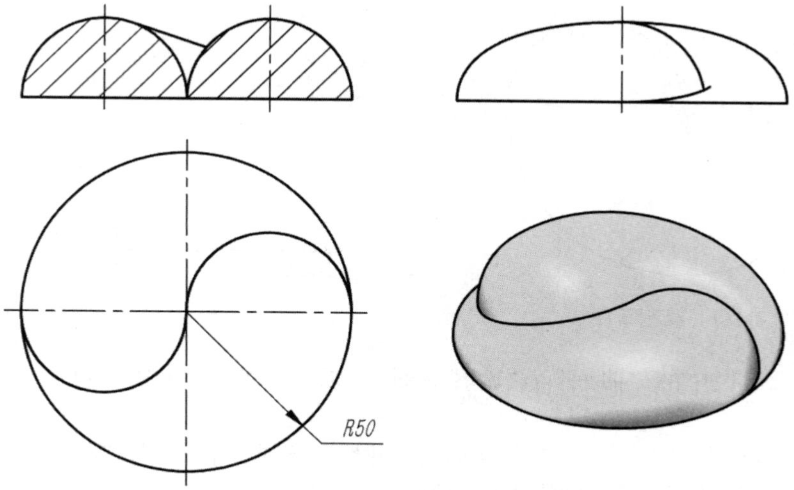

图 4-108　渐消失面 3

扫码看视频

操作步骤：

1）以“上视基准面”为基准绘制如图 4-109 所示草图 1。

2）以“上视基准面”为基准绘制如图 4-110 所示草图 2。

注意

该草图的半圆以上一草图为参考完全定义，不标尺寸。

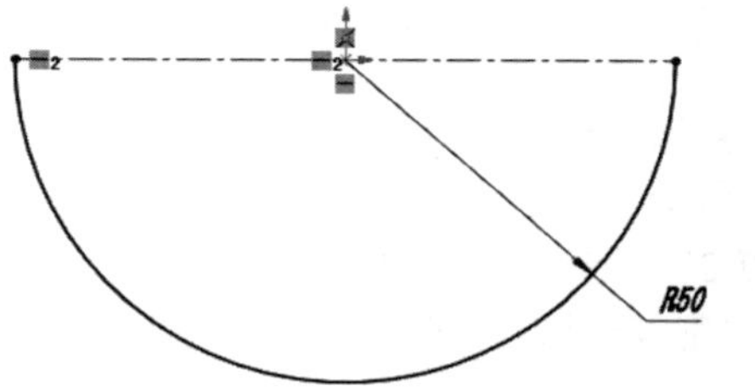

图 4-109　绘制草图 1

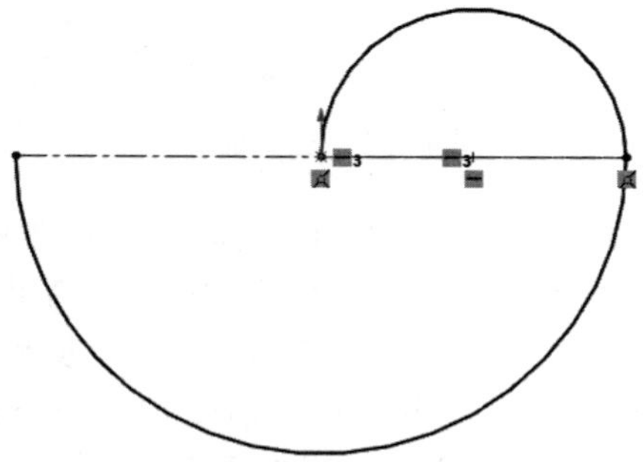

图 4-110　绘制草图 2

3）以“上视基准面”为基准绘制如图 4-111 所示草图 3。

4）以“前视基准面”为基准绘制如图 4-112 所示草图 4。

注意

草图中半圆的两个端点分别与“草图 1”与“草图 3”添加“使穿透”的几何关系。

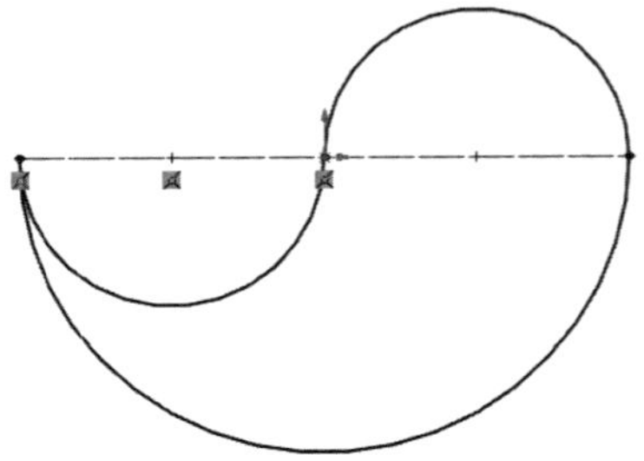

图 4-111　绘制草图 3

图 4-112　绘制草图 4

5）单击工具栏中的“曲面”/“旋转曲面”，以“草图 2”生成“90 度”旋转曲面，如图 4-113 所示。

6）单击工具栏中的“曲面”/“扫描曲面”，“轮廓”选择“草图 4”，“路径”选择“草图 3”，“引导线”选择“草图 1”，结果如图 4-114 所示。

提示

通过“斑马条纹”观察可以看到两面之间条纹有错开现象，无法满足连续性要求。

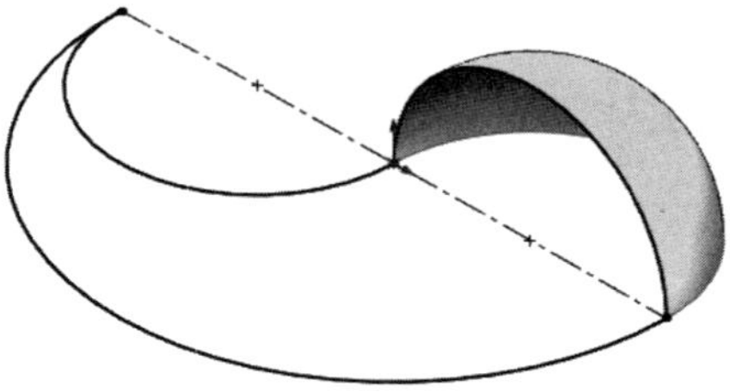

图 4-113　旋转曲面

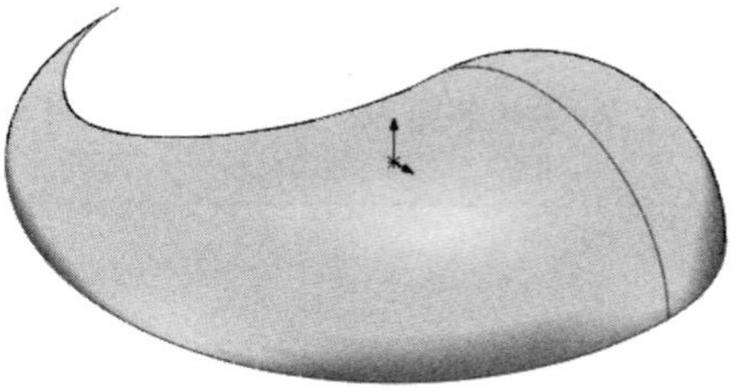

图 4-114　扫描曲面

7）单击工具栏中的“曲面”/“参考几何体”/“点”，选择“草图 3”为参考，选择“根据百分比数值”选项并输入值“10%”，结果如图 4-115 所示。

8）以“草图 1”为参考，同上一步参数生成“点 2”，结果如图 4-116 所示。

9）单击工具栏中的“曲面”/“参考几何体”/“基准面”，参考对象分别选择“上视基准面”“点 1”“点 2”，结果如图 4-117 所示。

10）单击工具栏中的“曲面”/“剪裁曲面”，“剪裁类型”选择“标准”，“剪裁工具”选择上一步创建的基准面，保留扫描曲面的左侧部分，结果如图 4-118 所示。

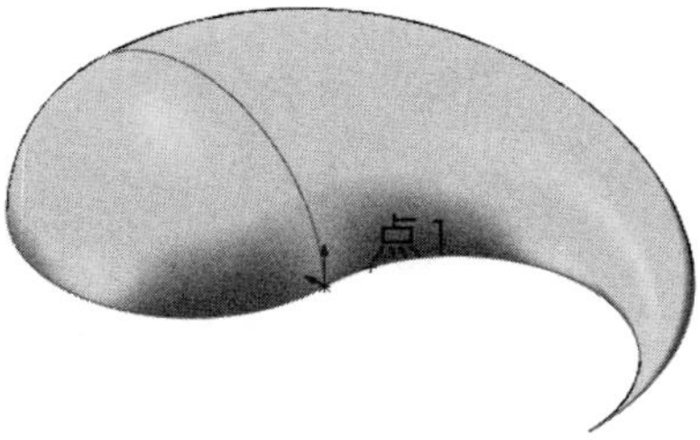

图 4-115　生成点 1

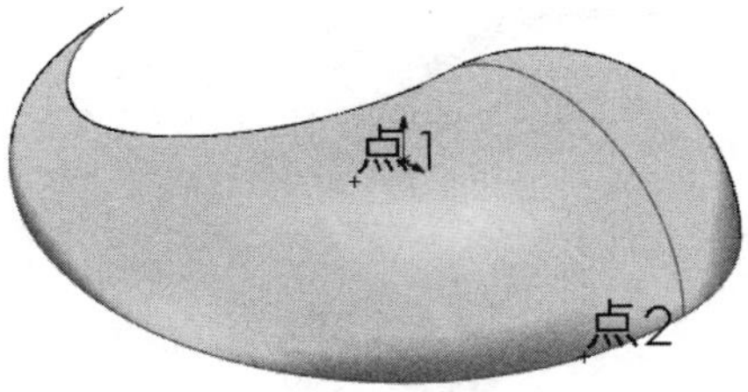

图 4-116　生成点 2

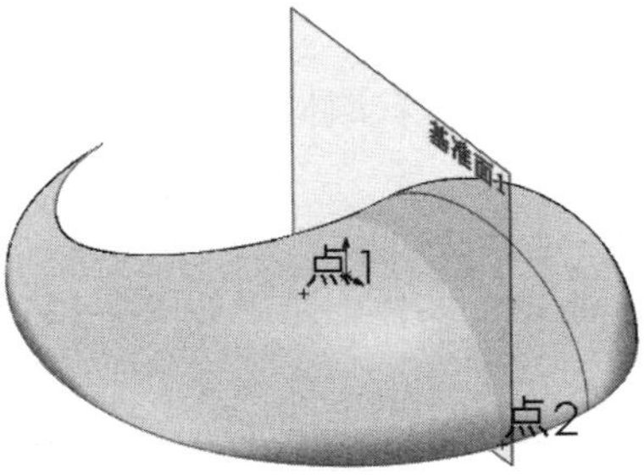

图 4-117　生成基准面

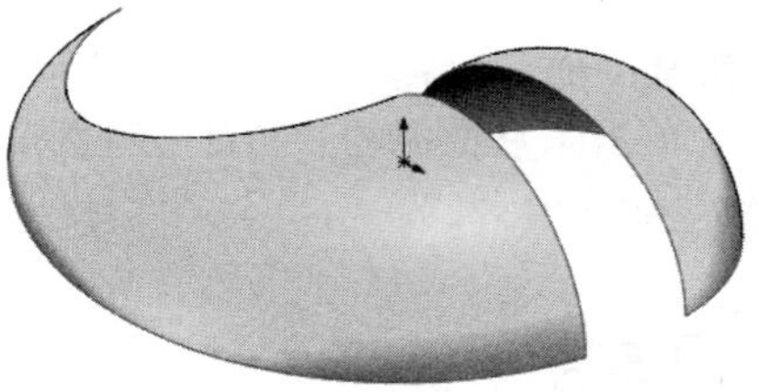

图 4-118　剪裁曲面

11）单击工具栏中的“曲面”/“放样曲面”，“轮廓”选择缺口位置的两个曲面边线，“起始/结束约束”中“开始约束”与“结束约束”均更改为“与面的曲率”，结果如图 4-119 所示。

12）单击工具栏中的“曲面”/“缝合曲面”，将三个面缝合成一个整面，结果如图 4-120 所示。

思考

此处为什么要“缝合曲面”，而不是直接生成后面的“平面区域”？

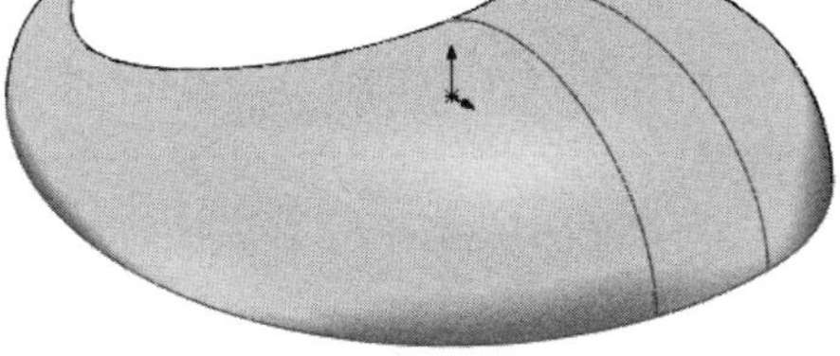

图 4-119　放样曲面

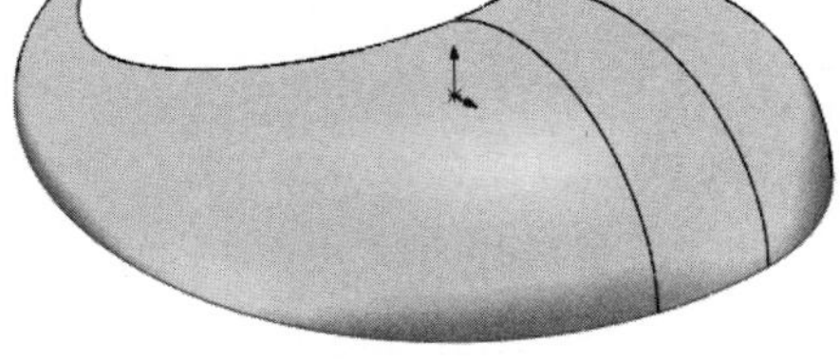

图 4-120　缝合曲面 1

13）单击工具栏中的“曲面”/“平面区域”，“边界实体”选择底面的周边线，结果如图 4-121 所示。

14）单击工具栏中的“曲面”/“缝合曲面”，选择所有已有面，并勾选“创建实体”选项，结果如图 4-122 所示。

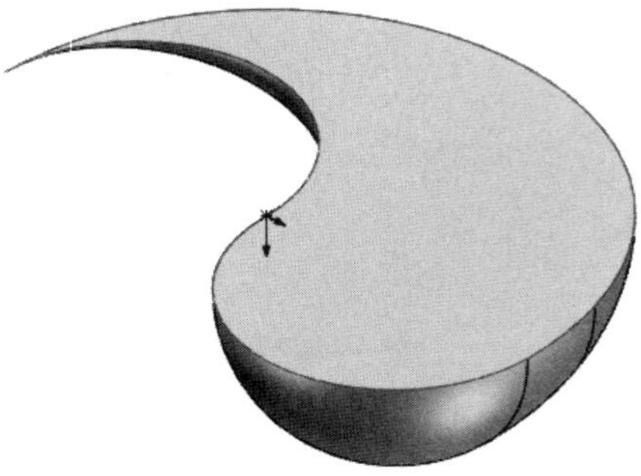

图 4-121　平面区域

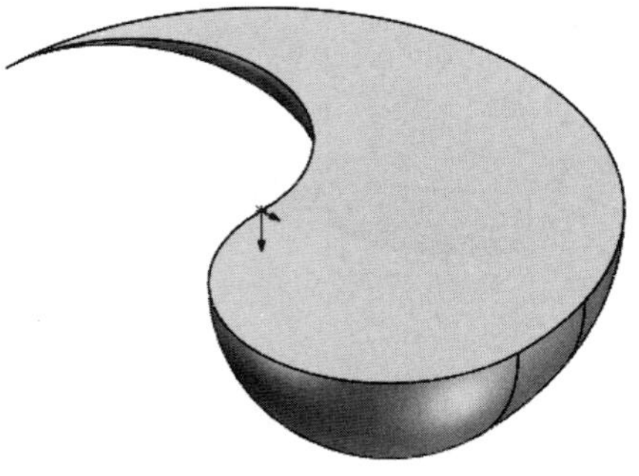

图 4-122　缝合曲面 2

15）单击工具栏中的“曲面”/“参考几何体”/“基准轴”，“参考实体”选择“右视基准面”与“前视基准面”，结果如图 4-123 所示。

16）单击工具栏中的“特征”/“圆周阵列”，“阵列轴”选择上一步生成的基准轴，等间距，“实例数”输入值“2”，切换至“实体”选项并选择缝合所形成的实体，结果如图 4-124 所示。

思考

为什么此处不能用“特征”阵列而用“实体”阵列？

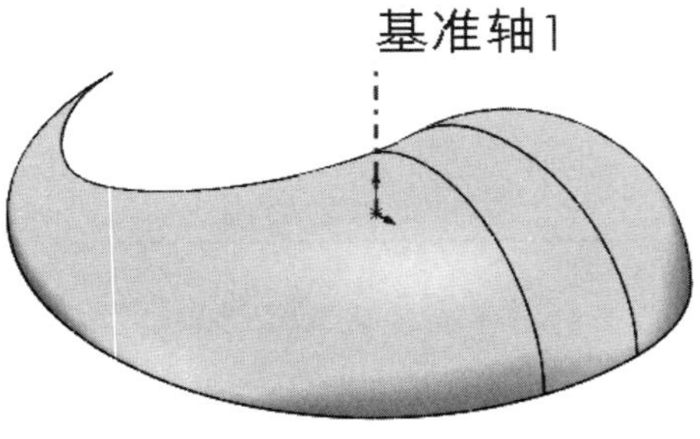

图 4-123　生成基准轴

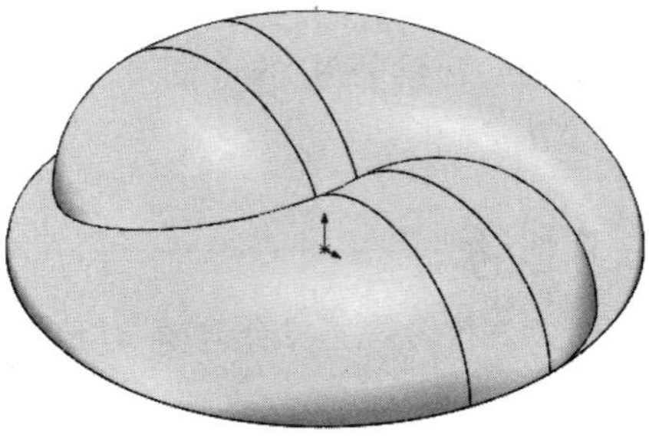

图 4-124　阵列实体

提示

为了获得较好的视觉效果，可以关闭切边显示。

4.5　曲面实体混合实例

机械类产品设计中有时需要利用曲面才能完成模型的创建，而这些模型对曲面的质量要求并不高，但对结构部分的要求较高，此时在完成曲面的过程中需要考虑结构要求，这一点要区别于外形类模型的创建。

根据图 4-125 所示图样创建模型。

扫码看视频

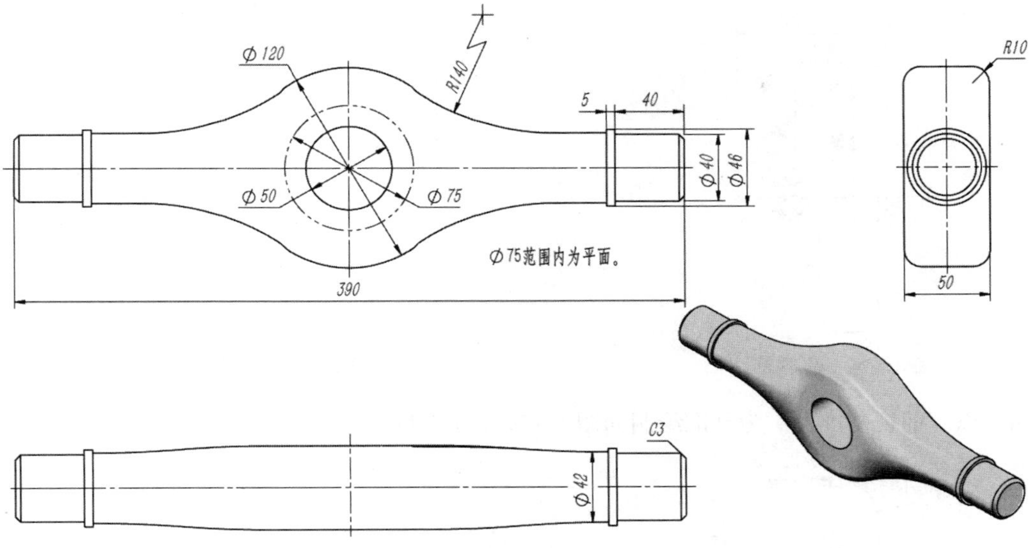

图 4-125　曲面实体混合

实例分析：

该模型中间一段是由圆柱体向矩形过渡的形状，可以用放样完成，按拆分原则拆为相同的八份后再镜像。由于此类模型对曲面的要求并不高，可以省略辅助曲面的创建，用放样曲面的参数进行控制即可，而多边形至圆的放样系统会自动分割圆，以使实体线的段数相等，这可能会使得放样结果产生较严重的扭曲现象，在此将圆进行分段，方便控制。ϕ75mm 圆的范围内需要为平面，这在机械设计中较为常见，而放样的结果是曲面，所以为了达到要求，将曲面适当扩大范围进行剪裁，再按 ϕ75mm 部分进行平面区域填充，将扩大剪裁曲面与 ϕ75mm 部分之间用放样进行连接以保证曲面光顺过渡，最后再缝合实体增加其他特征。

提示

对于机械结构件而言，需要优先保证满足设计中的各项要求，而不能过于关注曲面质量，保证基本光顺即可。

操作步骤：

1）以“右视基准面”为基准绘制如图 4-126 所示草图。

2）单击工具栏中的“曲面”/“参考几何体”/“基准面”，以“右视基准面”为参考向 X 轴正方向偏距“150mm”生成新基准面，结果如图 4-127 所示。

3）以新建基准面为基准绘制如图 4-128 所示草图。

提示

此处将圆弧分割为三段是为了与第一个草图在放样时对应，且在放样效果未达到预期时通过调整角度值即可进行调整。

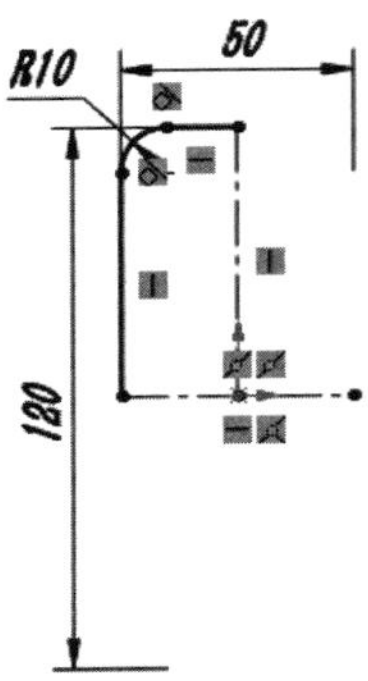

图 4-126　绘制草图 1

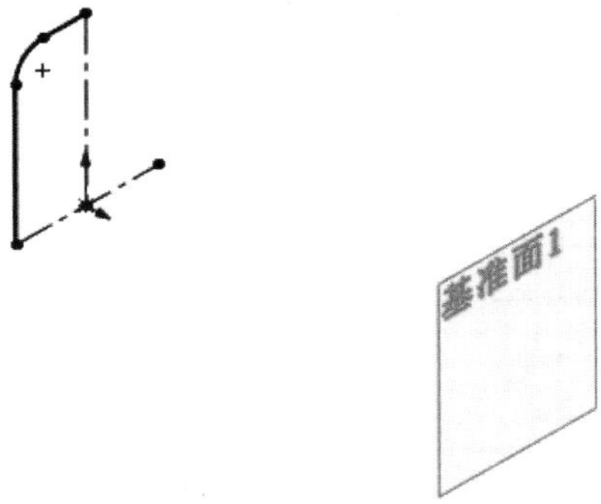

图 4-127　创建基准面 1

4）以“前视基准面”为基准绘制如图 4-129 所示草图。

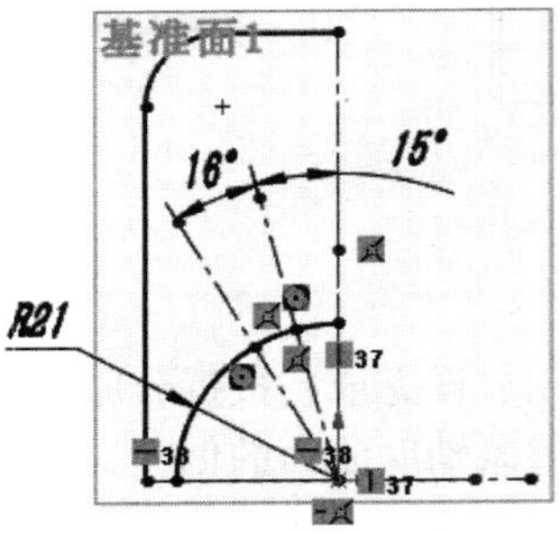

图 4-128　绘制草图 2

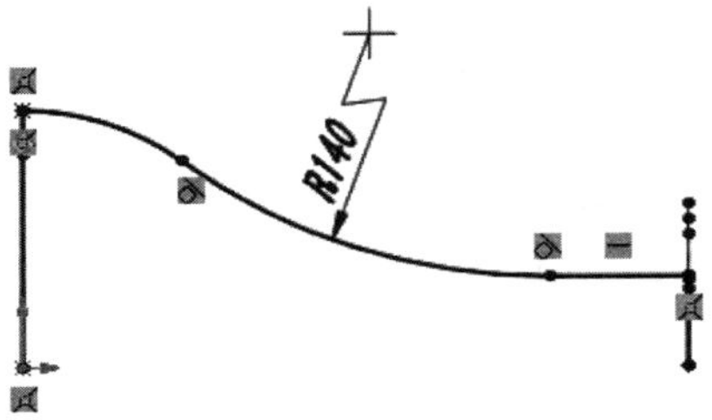

图 4-129　绘制草图 3

5）以“上视基准面”为基准绘制如图 4-130 所示草图。

提示

右侧连接曲线用两点样条曲线绘制，并添加两端的“相切”几何关系，其中右侧需要绘制水平线辅助。

6）单击工具栏中的“曲面”/“放样曲面”，“轮廓”选择“草图 1”与“草图 2”，并将“起始 / 结束约束”均选择为“垂直于轮廓”，“引导线”选择“草图 3”与“草图 4”，引导线“类型”均选择“垂直于轮廓”，结果如图 4-131 所示。

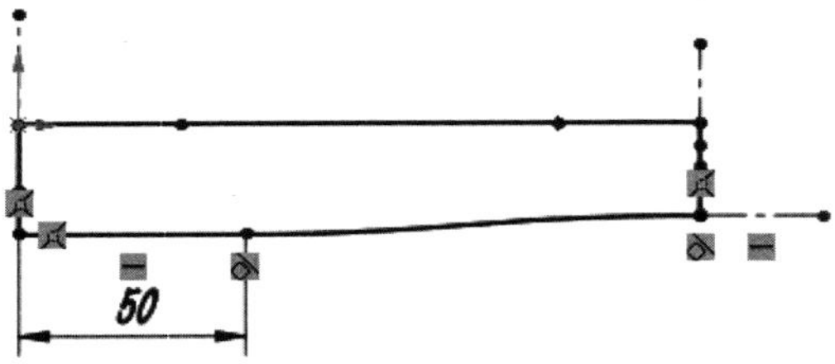

图 4-130　绘制草图 4

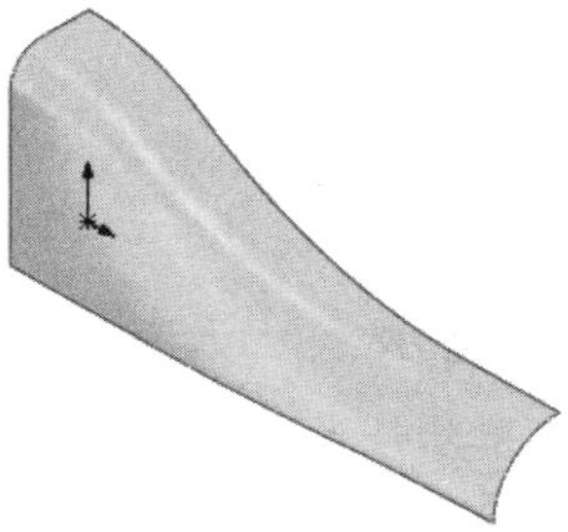

图 4-131　放样曲面 1

7）单击工具栏中的“特征”/“镜像”，“镜像面”选择“前视基准面”，“要镜像的实体”选择上一步生成的放样曲面，结果如图 4-132 所示。

8）单击工具栏中的“特征”/“镜像”，“镜像面”选择“上视基准面”，“要镜像的实体”选择已有的两个曲面，结果如图 4-133 所示。

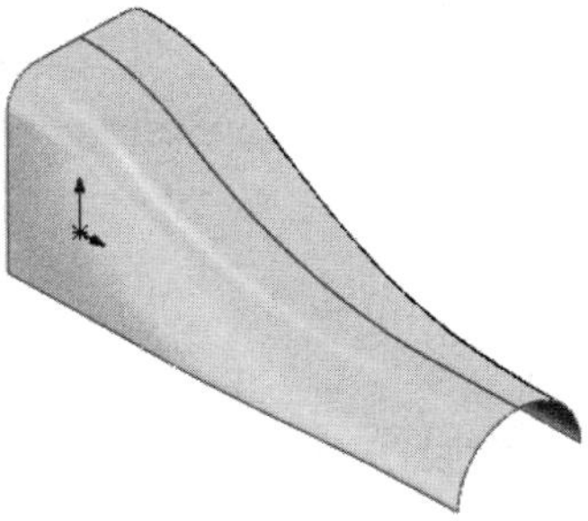

图 4-132 镜像 1

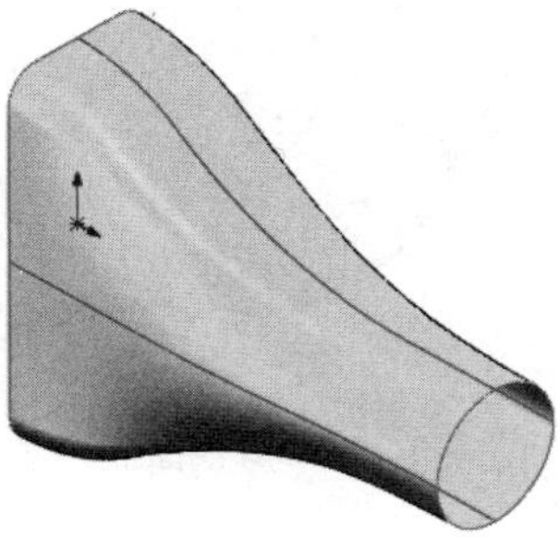

图 4-133 镜像 2

9）单击工具栏中的“特征”/“镜像”，“镜像面”选择“右视基准面”，“要镜像的实体”选择已有的四个曲面，结果如图 4-134 所示。

10）以“前视基准面”为基准绘制如图 4-135 所示草图。

提示

该草图圆的直径“ϕ90”在工程图中并未标注，而是根据“ϕ75 范围内为平面”的要求适当扩展而来，用作已有曲面与“ϕ75”平面范围的过渡区域，属于推理尺寸，是在曲面中条件不充分时添加的过程尺寸。

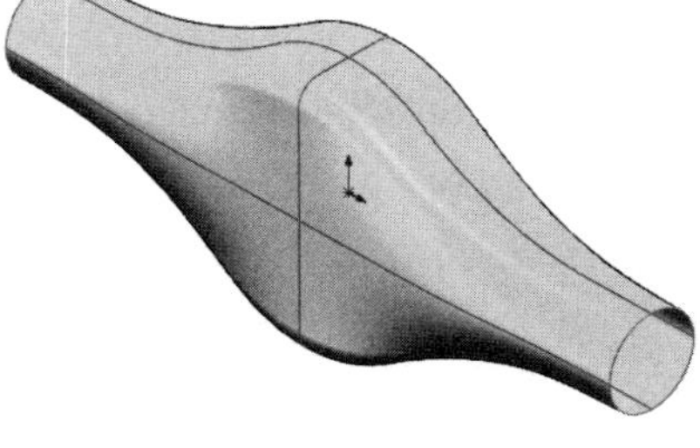

图 4-134 镜像 3

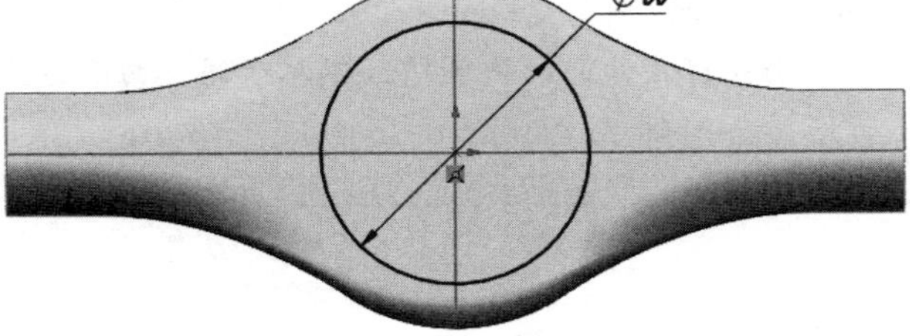

图 4-135 绘制草图 5

11）单击工具栏中的“曲面”/“剪裁曲面”，“剪裁类型”选择“标准”，“剪裁工具”选择上一步绘制的草图，保留已有曲面的外侧部分，结果如图 4-136 所示。

12）单击工具栏中的“曲面”/“参考几何体”/“基准面”，以“前视基准面”为参考向 Z 轴正方向偏距“25mm”生成新基准面，结果如图 4-137 所示。

13）以新建基准面为基准绘制如图 4-138 所示草图。

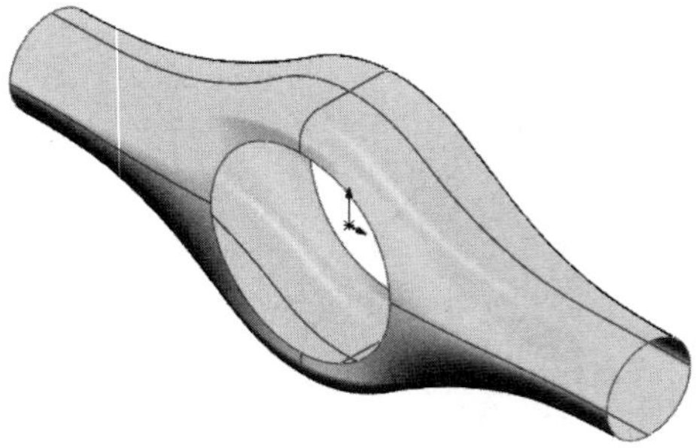

图 4-136　剪裁曲面

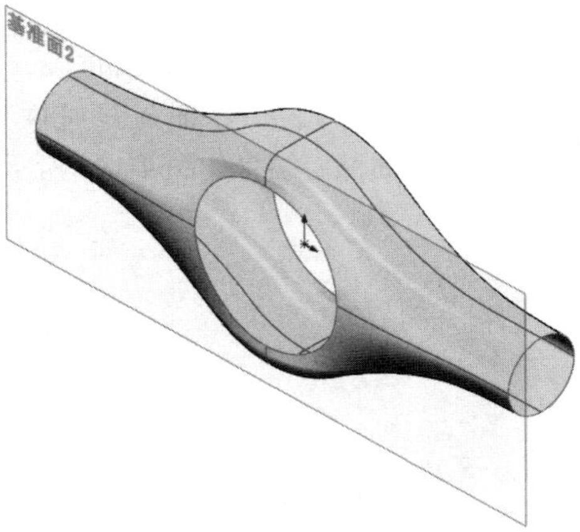

图 4-137　创建基准面 2

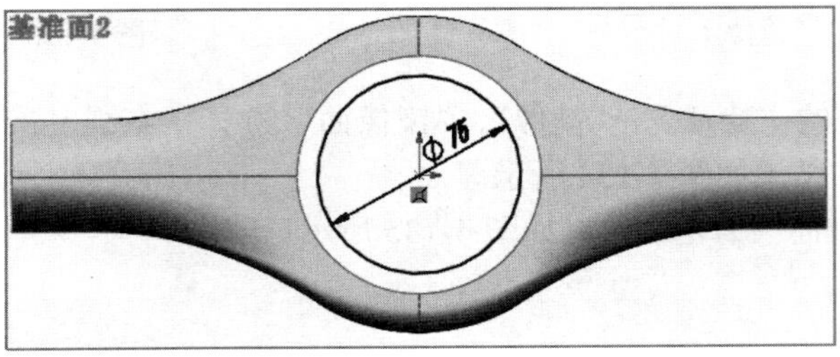

图 4-138　绘制草图 6

14）单击工具栏中的“曲面”/“平面区域”，“边界实体”选择上一步绘制的草图，结果如图 4-139 所示。

15）单击工具栏中的“曲面”/“放样曲面”，“轮廓”选择剪裁曲面的内侧边线与平面区域外侧边线，并将“起始 / 结束约束”均选择为“与面相切”，结果如图 4-140 所示。

注意

由于剪裁曲面的内侧边线不属于同一曲面边线，需要用工具“SelectionManager”进行选择。

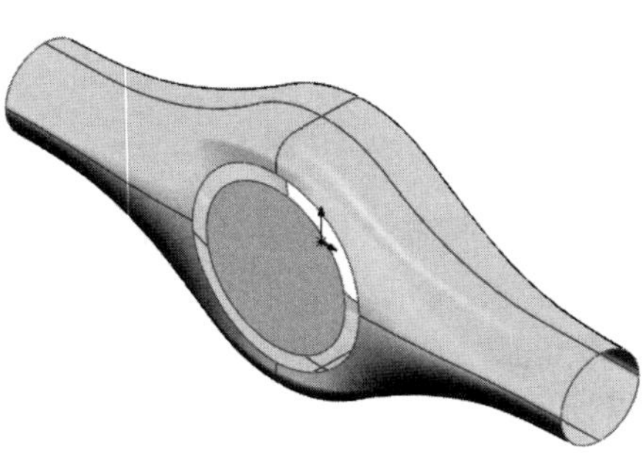

图 4-139　平面区域 1

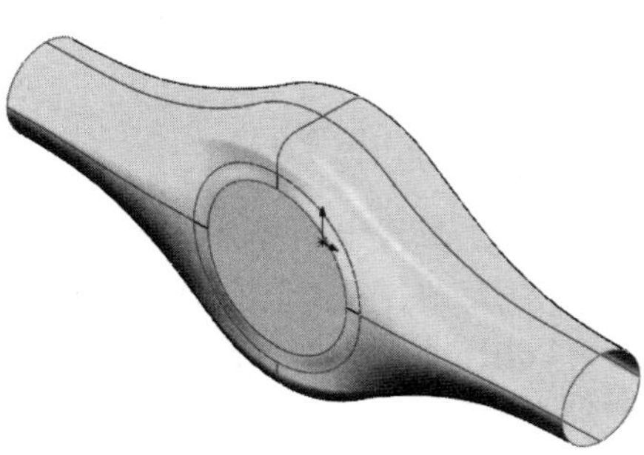

图 4-140　放样曲面 2

16）单击工具栏中的“特征”/“镜像”，“镜像面”选择“前视基准面”，“要镜像的实体”选择上一步生成的放样曲面与平面区域，结果如图 4-141 所示。

注意

为了显示镜像后的结果，此处使用了“隐藏线可见”的显示样式。

17）单击工具栏中的“曲面”/“平面区域”，“边界实体”选择右端圆的周边线，结果如图 4-142 所示。

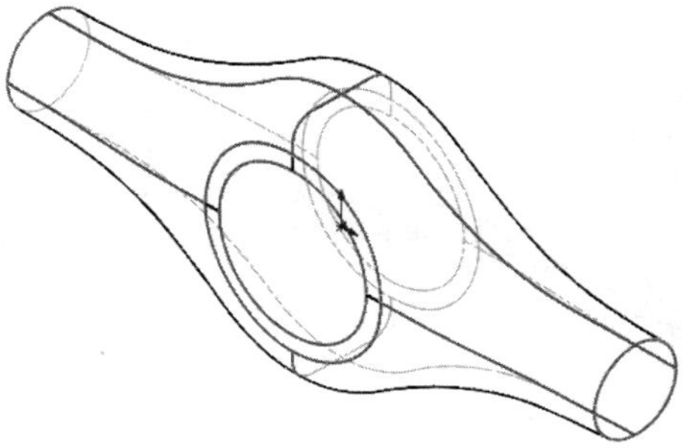

图 4-141 镜像 4

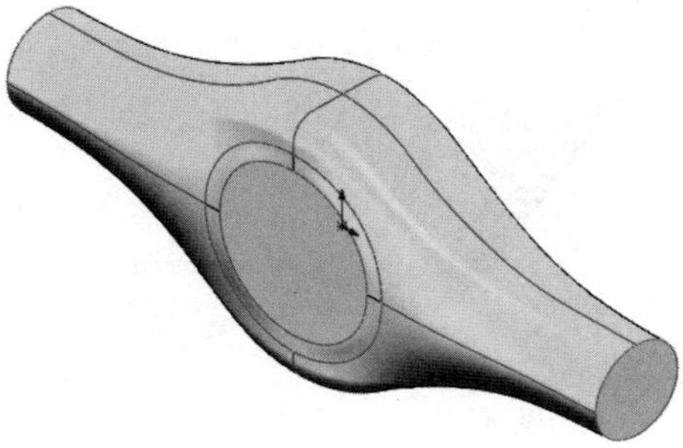

图 4-142 平面区域 2

18）单击工具栏中的“曲面”/“平面区域”，“边界实体”选择左端圆的周边线，结果如图 4-143 所示。

19）单击工具栏中的“曲面”/“缝合曲面”，选择所有已有面，并勾选“创建实体”选项，结果如图 4-144 所示。

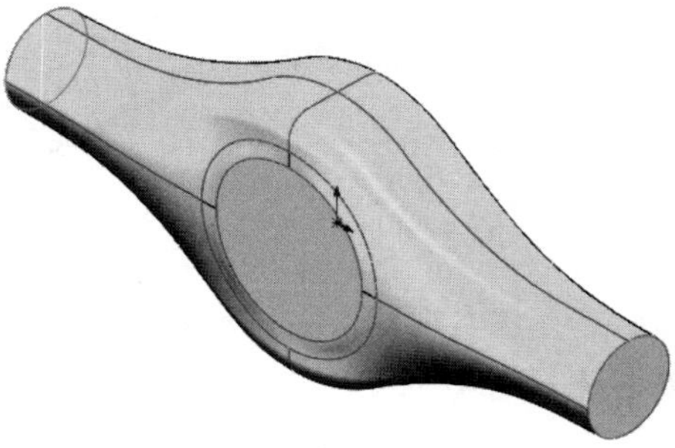

图 4-143 平面区域 3

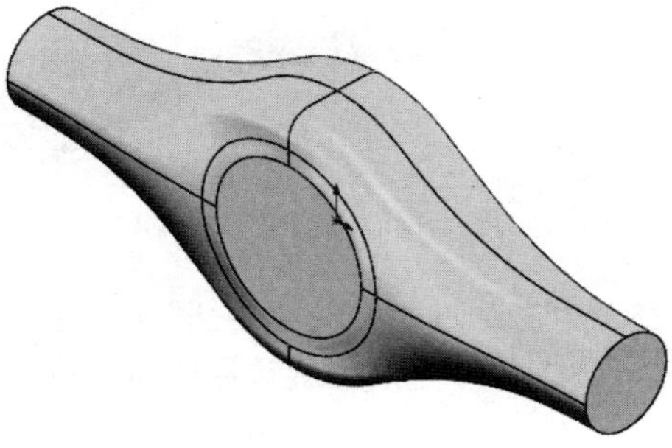

图 4-144 缝合曲面

20）以“前视基准面”为基准绘制如图 4-145 所示草图。

21）单击工具栏中的“特征”/“拉伸切除”，“终止条件”选择“完全贯穿 - 两者”，结果如图 4-146 所示。

22）以“前视基准面”为基准绘制如图 4-147 所示草图。

23）单击工具栏中的“特征”/“旋转凸台 / 基体”，“角度”保持默认的“360 度”，结果如图 4-148 所示。

24）单击工具栏中的“特征”/“倒角”，“距离”输入尺寸“3mm”，结果如图 4-149 所示。

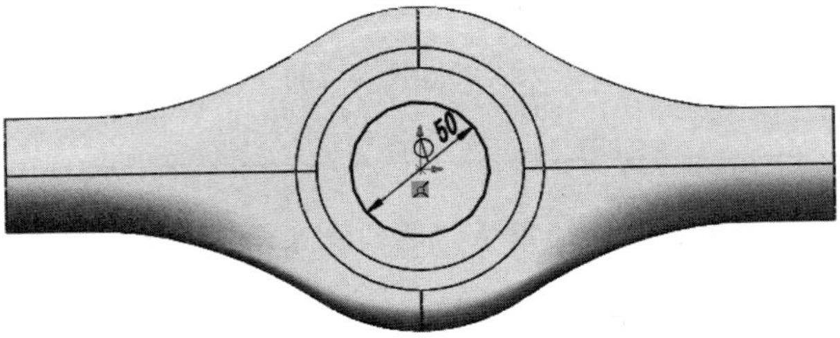

图 4-145　绘制草图 7

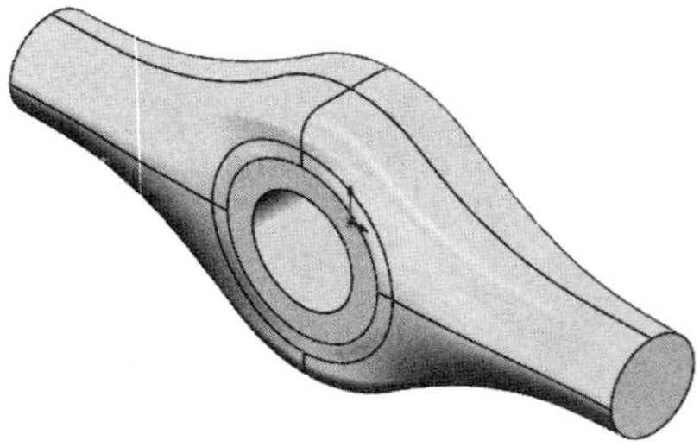

图 4-146　切除孔

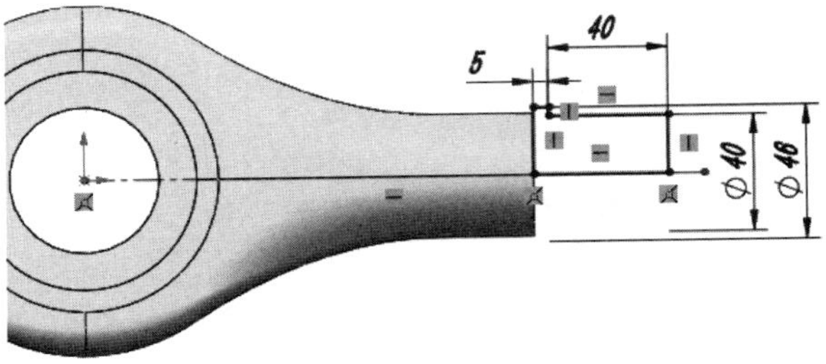

图 4-147　绘制草图 8

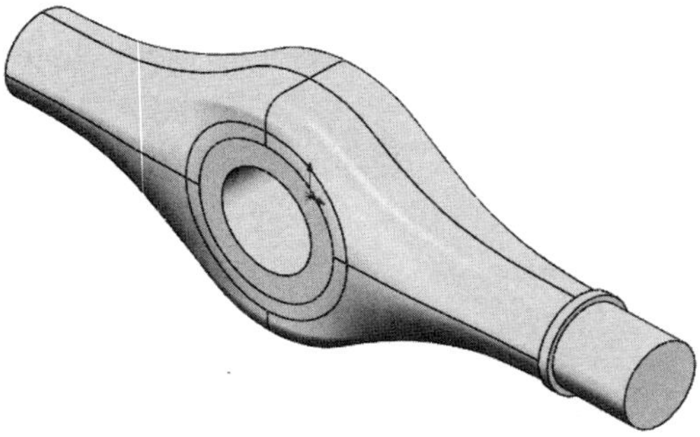

图 4-148　旋转特征

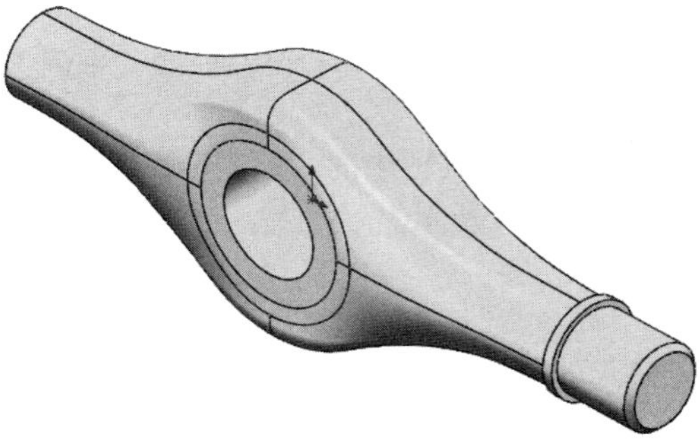

图 4-149　添加倒角

25）单击工具栏中的“特征”/“镜像”，“镜像面”选择“右视基准面”，“要镜像的特征”选择 23）、24）步生成的旋转特征和倒角特征，结果如图 4-150 所示。

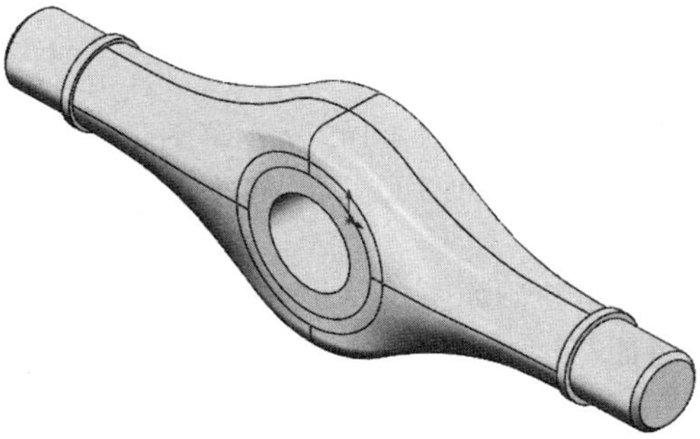

图 4-150　镜像特征

注意

此模型作为一个结构零件，后续还需要进一步细化设计，这不在本书的讨论范围内，所以只表达主体与曲面关联度较大的部分。

练　习　题

一、简答题

1. 列出你所见到渐消失面的应用场景。
2. 如何看待对曲面质量的控制？
3. 对于用曲面建模与实体建模均可完成的模型该如何选择？你的看法是什么？

二、操作题

1. 创建图 4-151 所示的模型。

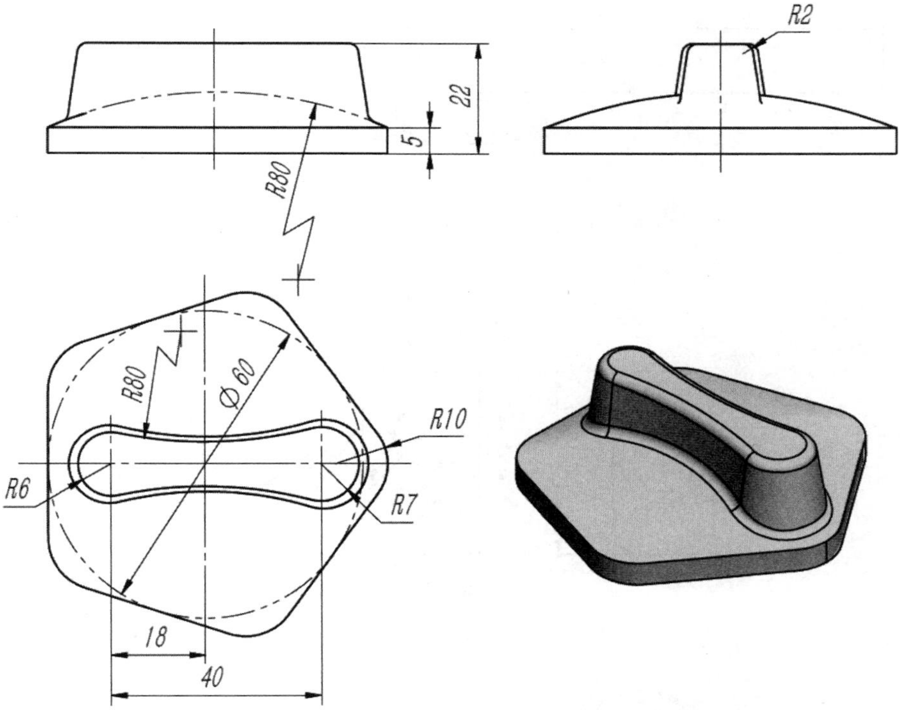

图 4-151　操作题 1

2. 创建图 4-152 所示的模型。
3. 创建图 4-153 所示的模型。
4. 创建图 4-154 所示的模型。

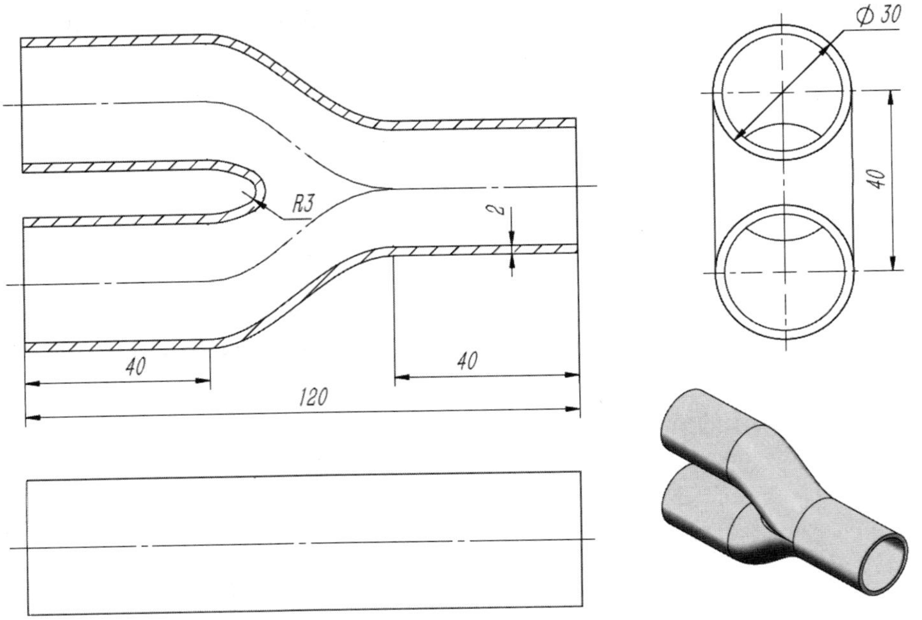

图 4-152　操作题 2

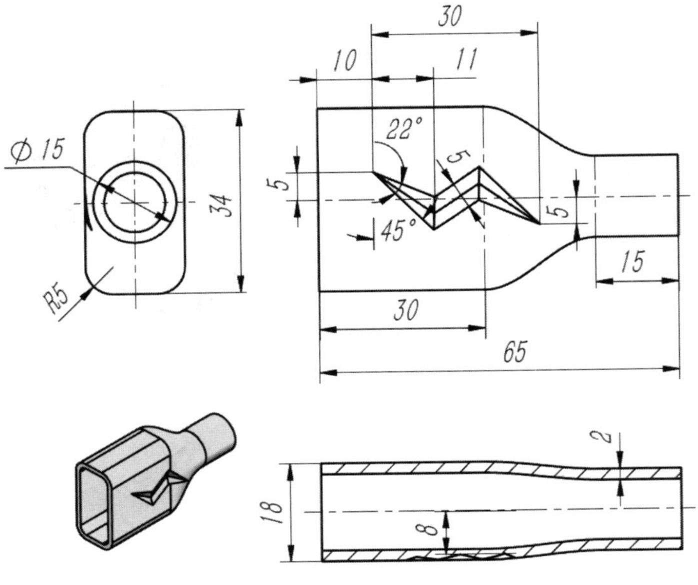

图 4-153　操作题 3

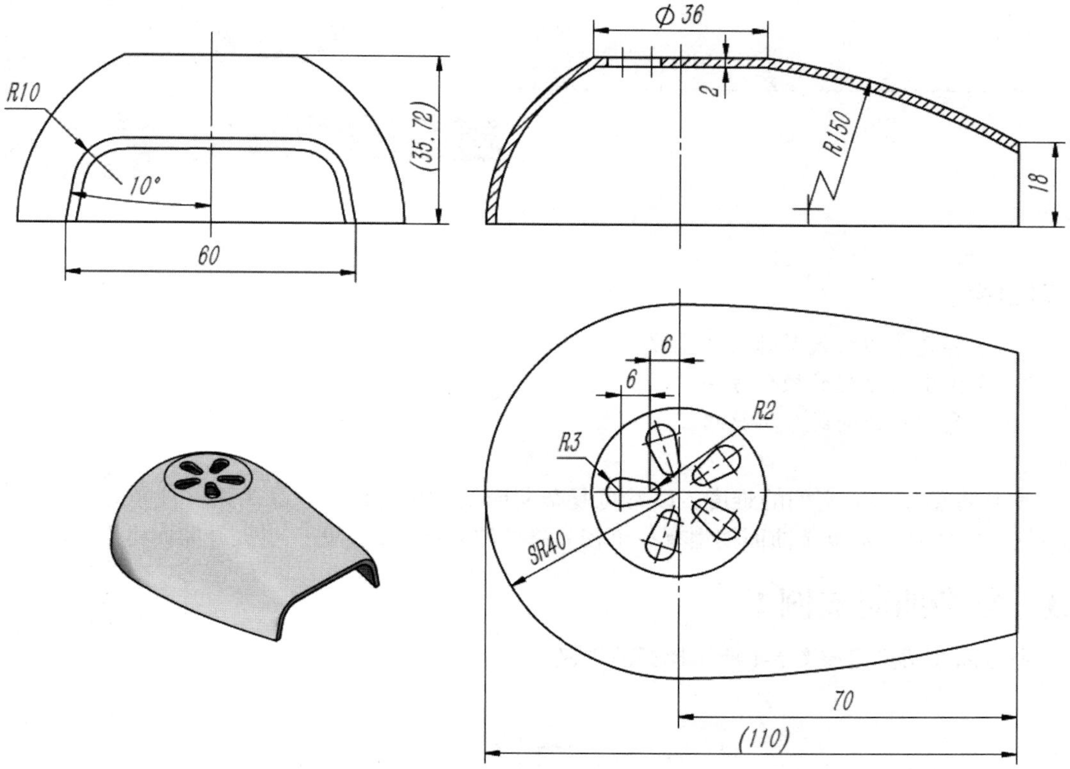

图 4-154　操作题 4

第 5 章 复杂曲面实例

5

学习目标：

1）了解复杂曲面模型的创建流程。

2）掌握实例模型的操作方法。

3）熟悉常见曲面的分析思路。

本章将逐步增加实例的难度，以常见复杂曲面及常见的设计产品为例，注重思路的分析，通过这些实例可以对复杂曲面模型有一个较为清晰的分析思路，进一步提升曲面建模的能力。

5.1 复杂曲面实例 1

扫码看视频

通过曲面功能完成图 5-1 所示模型的创建。

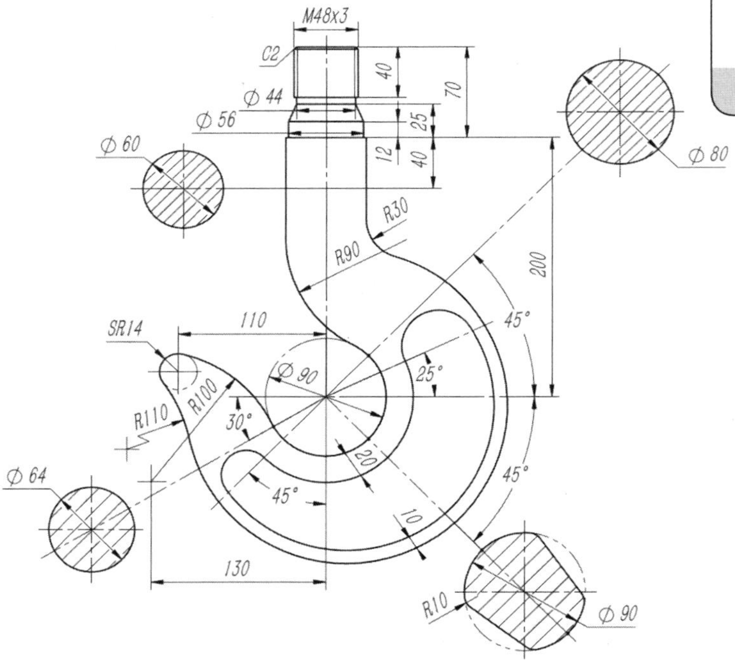

图 5-1　复杂曲面实例 1

实例分析：

该模型主体部分是多个不同的轮廓，可以使用放样曲面进行创建。由于放样曲面中轮廓边数不同时会造成曲面质量较差，此时可将所有轮廓均简化为圆，这样可保证放样曲面的质量，而圆环面部分通过草图剪裁，再将两长圆弧生成边界曲面，圆环两端部分用填充曲面填补。由于软件算法的数值误差，在复杂曲面中无法保证对称性，此处可用平面切除其中一半曲面后再镜像，以保证其完全对称，缝合所有曲面并创建实体，最后创建上端的回转体与螺纹部分。

操作步骤：

1）以“前视基准面”为基准绘制如图 5-2 所示草图。

注意

此草图较完整，包括几个作为角度参考的直线，含有大部分的图形要素，这与在实体建模中要求简约、仅绘制特征必要的草图不同，主要是为了在同一草图中方便参考，而并非作为特征草图，后续特征、草图会利用此草图中的部分元素作为参考。在复杂曲面创建中无法确定建模思路时，先绘制主要草图也有利于打开建模思路。

2）单击工具栏中的“曲面”/“参考几何体”/“基准面”，以“前视基准面”及上方“40mm”的构造几何线为参考生成新基准面，如图 5-3 所示。

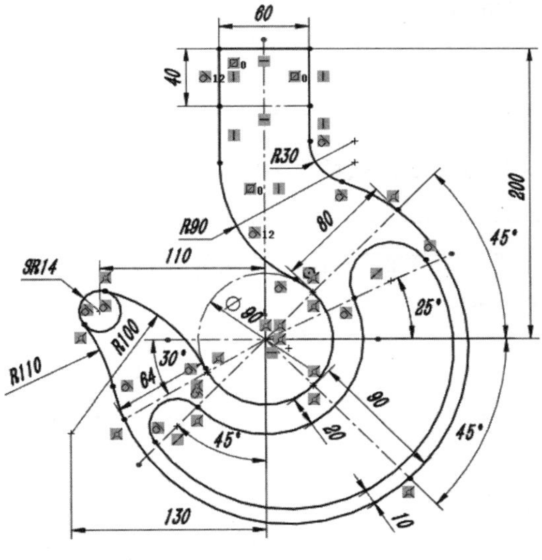

图 5-2　绘制草图 1

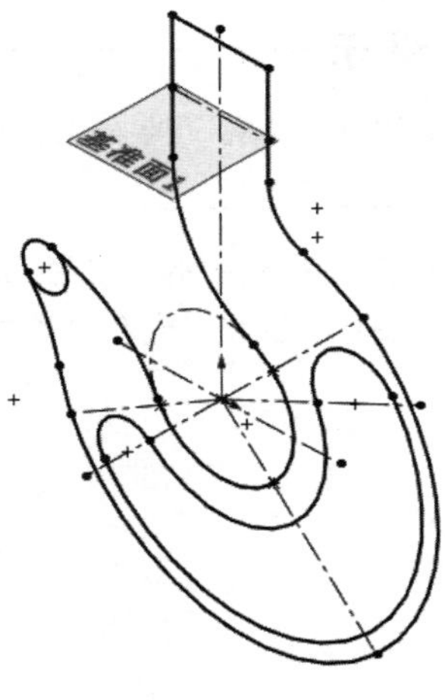

图 5-3　创建基准面 1

3）以新建基准面为基准绘制如图 5-4 所示草图。

提示

草图圆以原点为圆心，为圆上点与“草图 1”的相应线添加“穿透”的几何关系。后续几个轮廓草图均用几何关系完全定义草图。

4）单击工具栏中的“曲面”/“参考几何体”/“基准面”，以“前视基准面”及上侧“45 度”的构造几何线为参考生成新基准面，如图 5-5 所示。

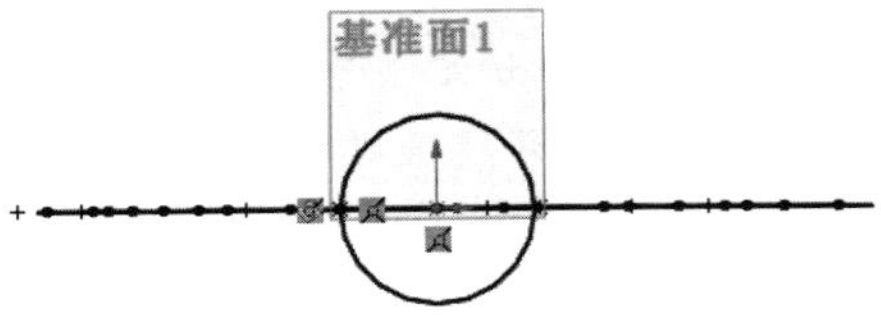

图 5-4　绘制草图 2

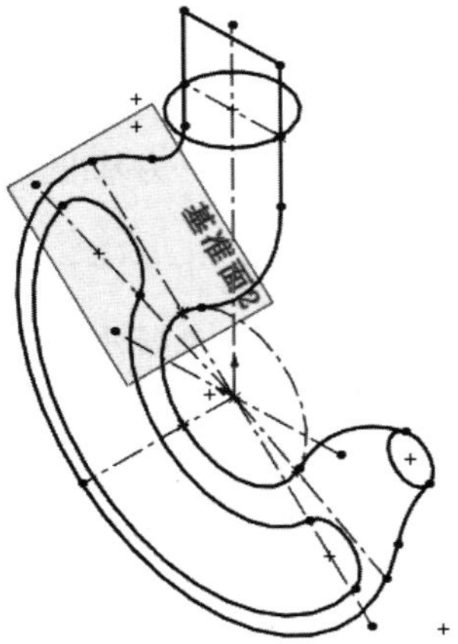

图 5-5　创建基准面 2

5）以新建基准面为基准绘制如图 5-6 所示草图。

提示

此处的“ϕ80”为灰色，从动尺寸，仅仅为了方便观察，下同。

6）单击工具栏中的“曲面”/“参考几何体”/“基准面”，以“前视基准面”及下侧“45 度”的构造几何线为参考生成新基准面，如图 5-7 所示。

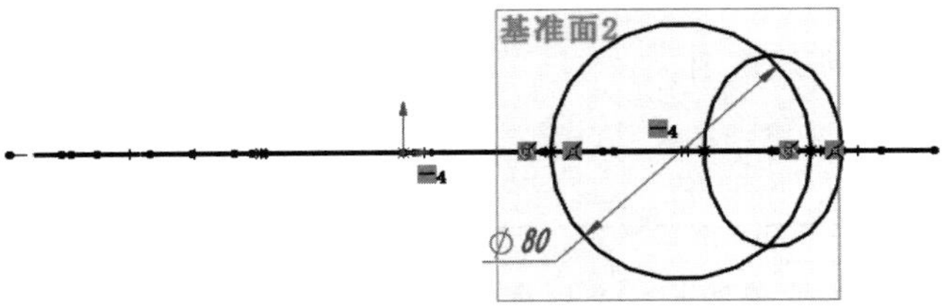

图 5-6　绘制草图 3

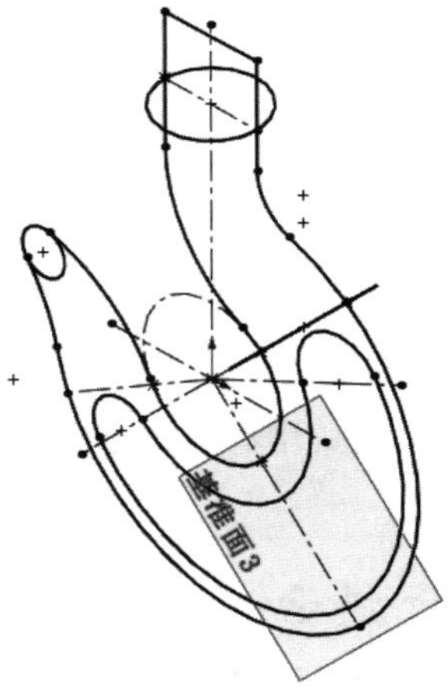

图 5-7　创建基准面 3

7）以新建基准面为基准绘制如图 5-8 所示草图。

8）单击工具栏中的“曲面”/“参考几何体”/“基准面”，以“前视基准面”及左下侧“30 度”的构造几何线为参考生成新基准面，如图 5-9 所示。

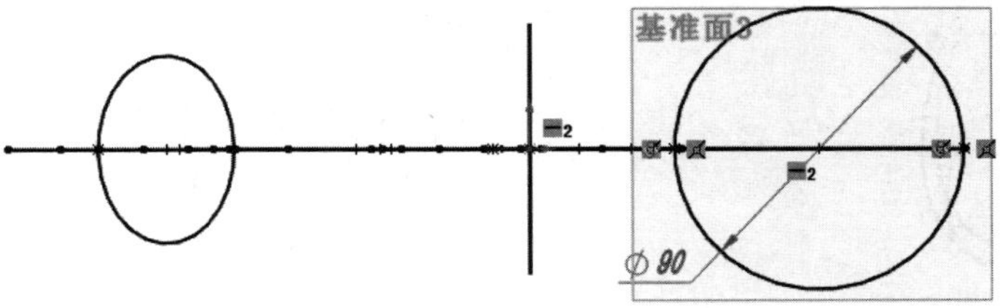

图 5-8　绘制草图 4

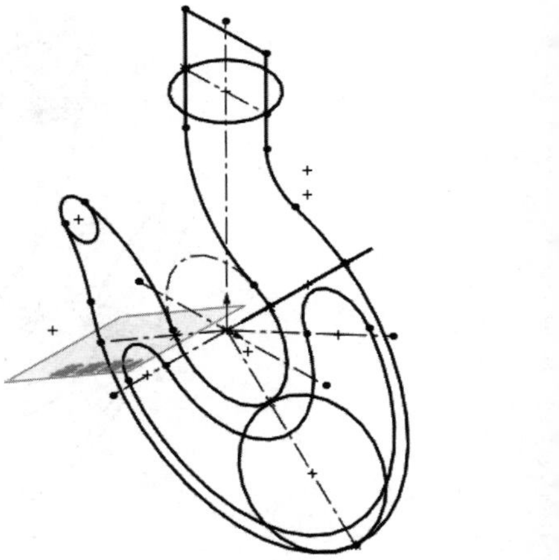

图 5-9　创建基准面 4

9）以新建基准面为基准绘制如图 5-10 所示草图。

10）以“前视基准面”为基准绘制如图 5-11 所示草图。

提示

该草图是为后续的“旋转曲面”准备的，转换第一个草图的端部圆，剪裁为半圆并添加回转轴线。

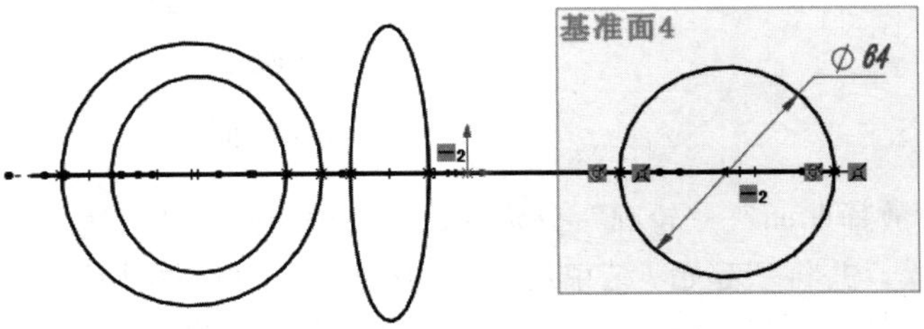

图 5-10　绘制草图 5

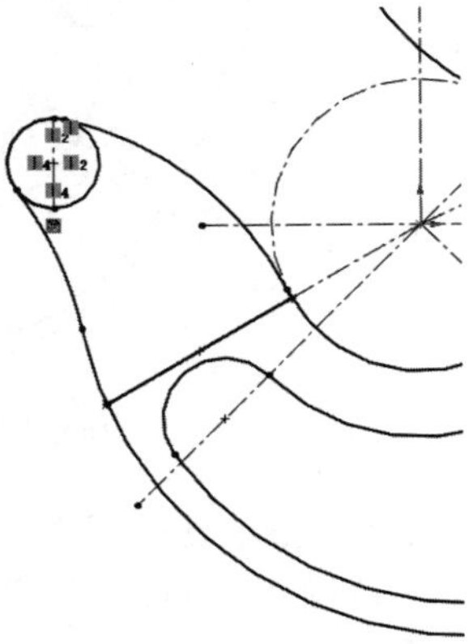

图 5-11　绘制草图 6

11）单击工具栏中的“曲面”/“拉伸曲面”，“所选轮廓”选择“草图 2”，“终止条件”选择“给定深度”，“深度”输入尺寸“40mm”，向 Y 轴的正方向拉伸曲面，结果如图 5-12 所示。

12）单击工具栏中的“曲面”/“旋转曲面”，以“草图 6”为参考生成旋转曲面，结果如图 5-13 所示。

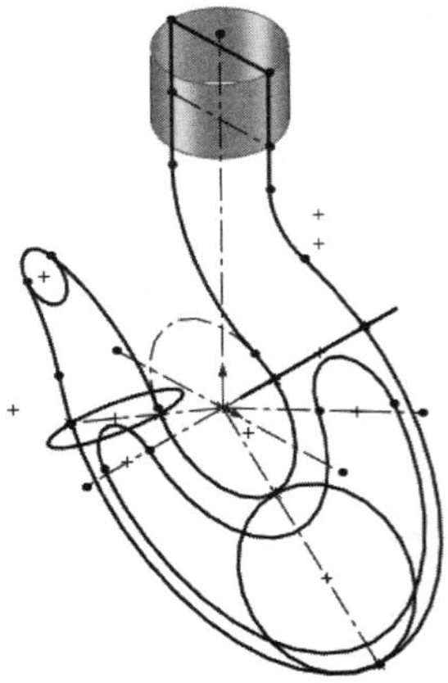

图 5-12　拉伸曲面

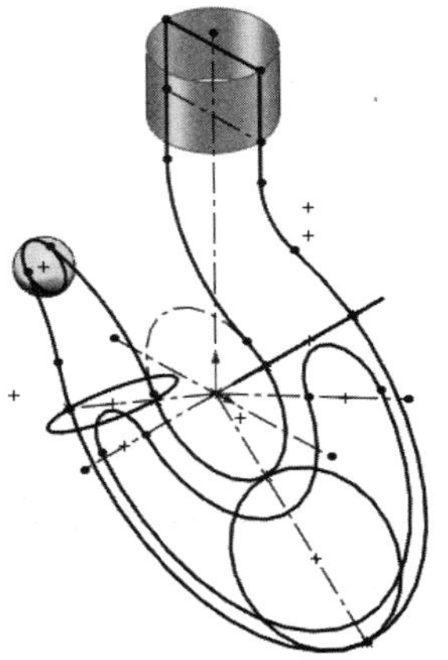

图 5-13　旋转曲面

13）单击工具栏中的“曲面”/“参考几何体”/“基准面”，以“前视基准面”及“*R*14”圆弧的两切点为参考生成新基准面，如图 5-14 所示。

14）单击工具栏中的“曲面”/“剪裁曲面”，“剪裁类型”选择“标准”，“剪裁工具”选择上一步创建的基准面，保留已有球面的外侧，结果如图 5-15 所示。

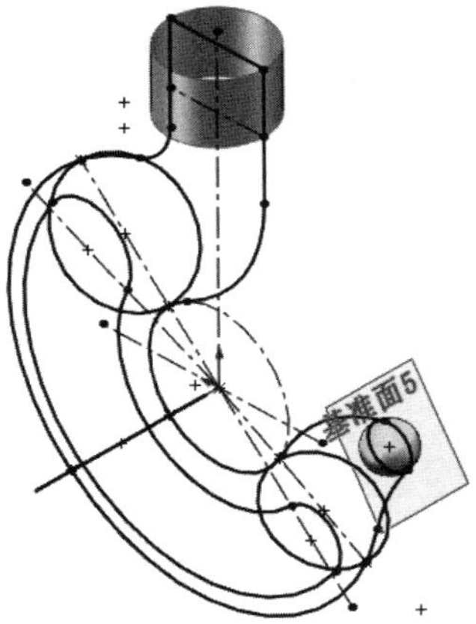

图 5-14　创建基准面 5

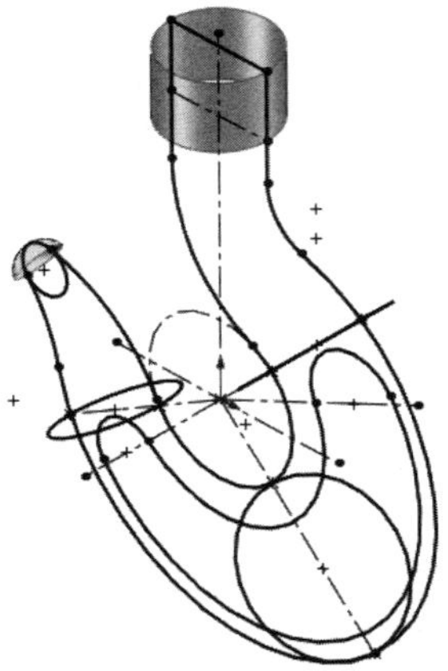

图 5-15　剪裁曲面 1

15）单击工具栏中的“曲面”/“放样曲面”，“轮廓”分别选择“拉伸曲面”的下边线、“草图 3”“草图 4”“草图 5”与球面边线，并将“起始 / 结束约束”均选择为“与面相切”，“引导线”通过“SelectionManager”选择工具分别将“草图 1”的内侧边线与外侧边线选为两组，结果如图 5-16 所示。

16）以“前视基准面”为基准绘制草图，将“草图 1”的内部圆弧槽边线转换至当前草图，如图 5-17 所示。

17）单击工具栏中的“曲面”/“剪裁曲面”，“剪裁类型”选择“标准”，“剪裁工具”选择上一步绘制的草图，保留放样曲面的外侧，结果如图 5-18 所示。

18）单击工具栏中的“曲面”/“边界曲面”，“方向 1 曲线”选择两条长圆弧边，结果如图 5-19 所示。

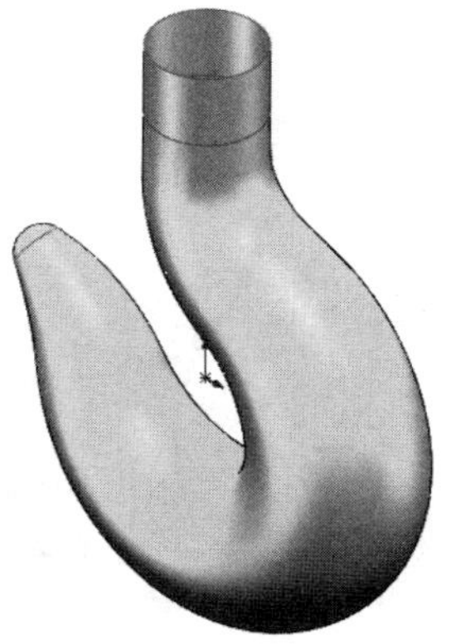

图 5-16　放样曲面

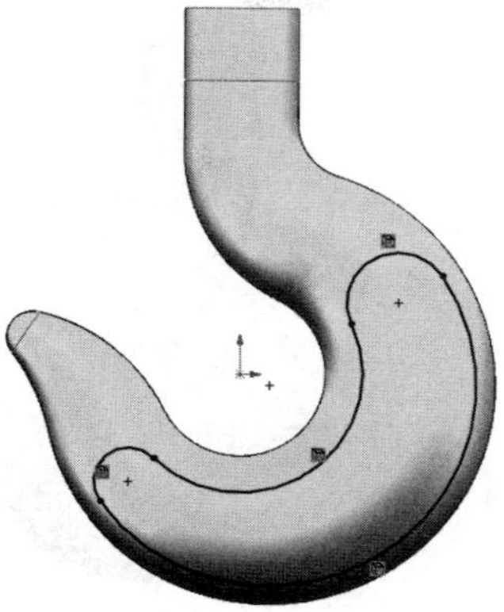

图 5-17　绘制草图 7

思考

此步操作是否可以用“放样曲面”替代？

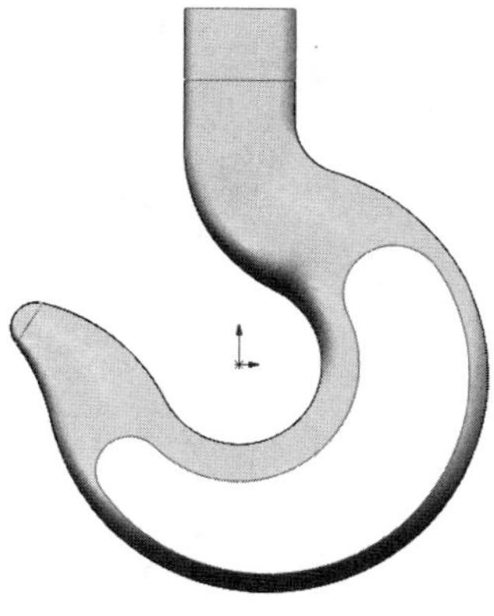

图 5-18　剪裁曲面 2

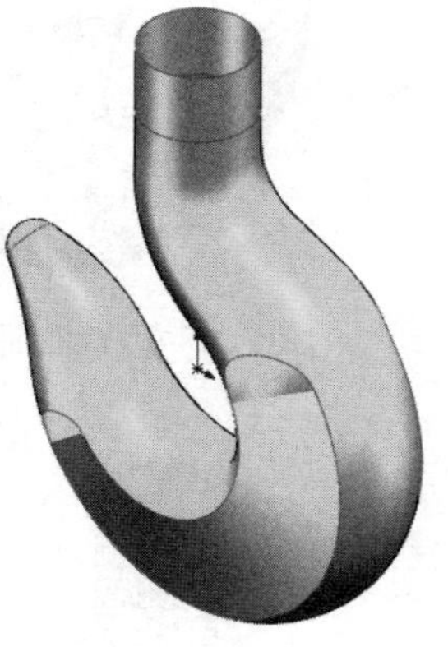

图 5-19　边界曲面

19）单击工具栏中的“曲面”/“填充曲面”，“修补边界”选择上一步生成的边界曲面的上边线及小圆弧边线，边界曲面边线设定为“相切”，小圆弧边线设定为“相触”，结果如图 5-20 所示。

20）同上一步操作，填充下侧缺口曲面，结果如图 5-21 所示。

21）单击工具栏中的“曲面”/“剪裁曲面”，“剪裁类型”选择“标准”，“剪裁工具”选择“前视基准面”，保留剪裁关联曲面的外侧部分，结果如图 5-22 所示。

22）单击工具栏中的“曲面”/“缝合曲面”，选择所有已有面，结果如图 5-23 所示。

23）单击工具栏中的“特征”/“镜像”，“镜像面”选择“前视基准面”，“要镜像的实体”选择缝合曲面，结果如图 5-24 所示。

24）单击工具栏中的“曲面”/“平面区域”，“边界实体”选择顶端圆的周边线，结果如图 5-25 所示。

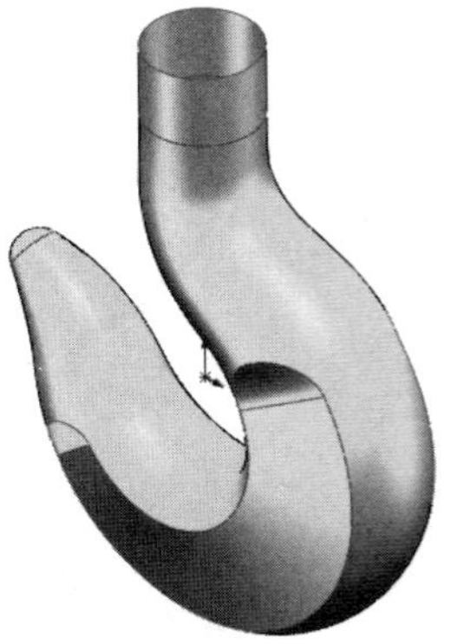

图 5-20　填充曲面 1

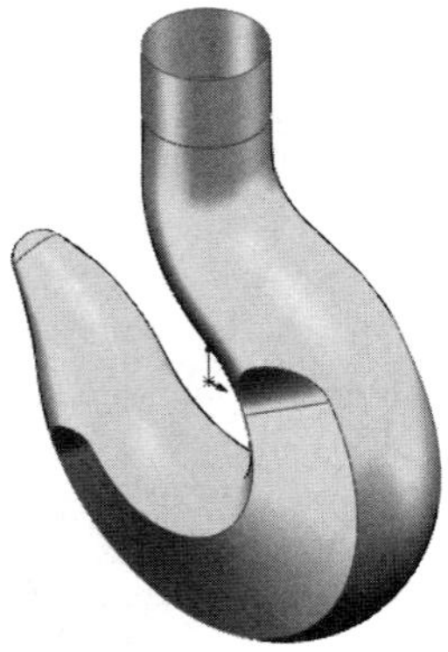

图 5-21　填充曲面 2

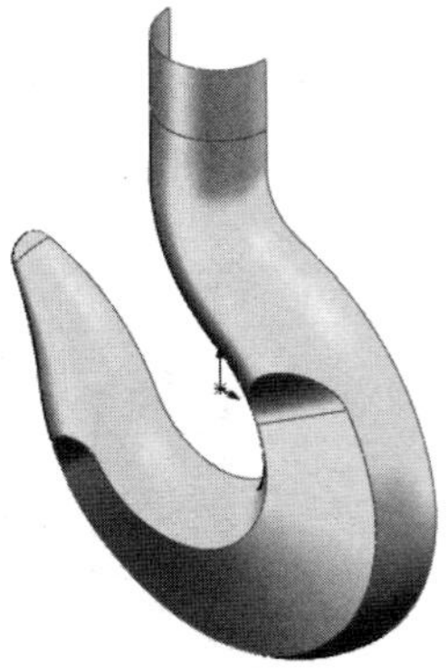

图 5-22　剪裁曲面 3

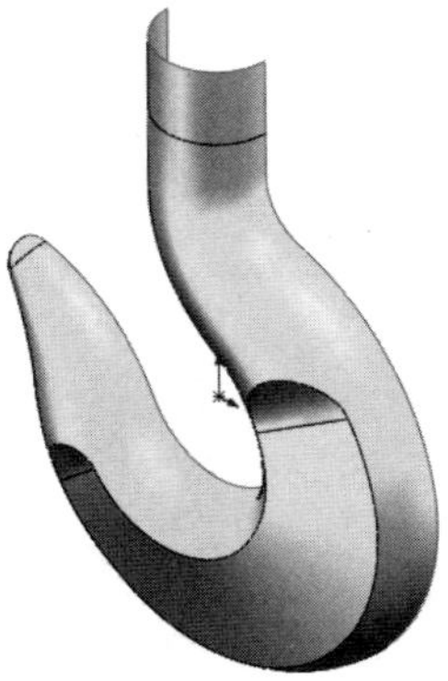

图 5-23　缝合曲面 1

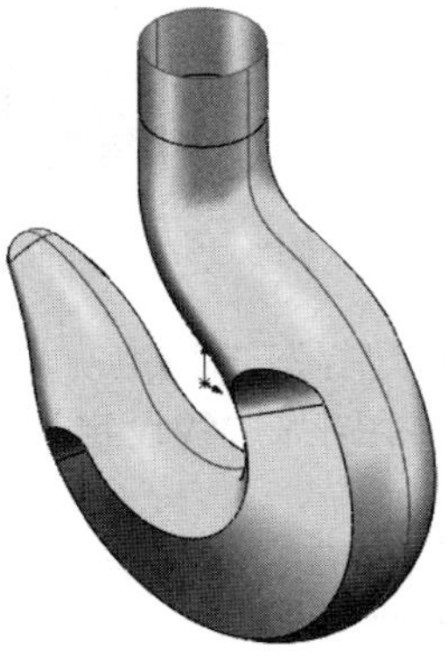

图 5-24　镜像面

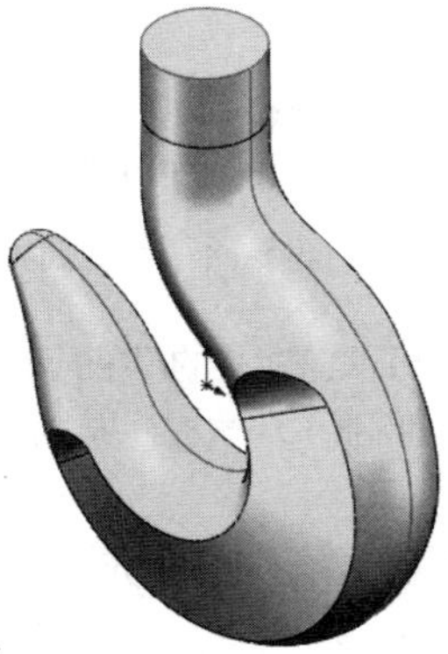

图 5-25　平面区域

25）单击工具栏中的“曲面”/“缝合曲面”，选择所有已有面，并勾选“创建实体”选项，结果如图 5-26 所示。

26）单击工具栏中的“特征”/“圆角”，“要圆角化的项目”选择两侧边界曲面边线，“半径”输入尺寸“10mm”，结果如图 5-27 所示。

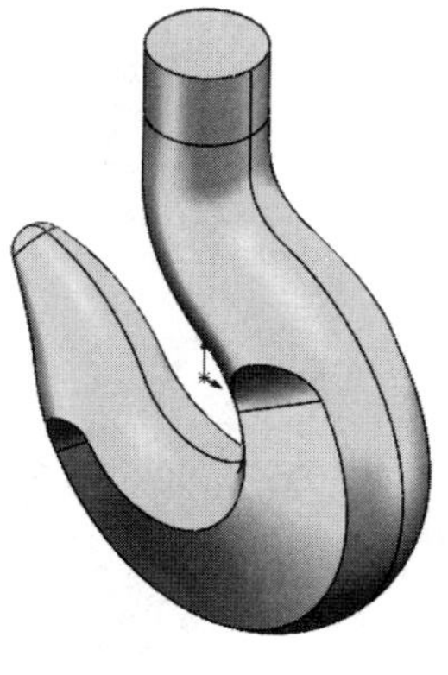

图 5-26　缝合曲面 2

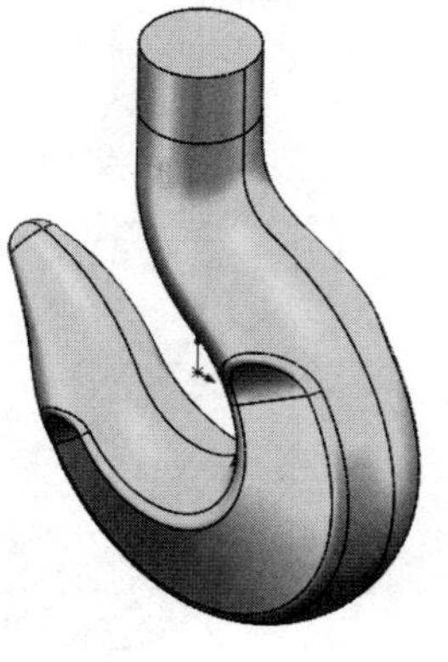

图 5-27　添加圆角

27）以“前视基准面”为基准绘制如图 5-28 所示草图。

28）单击工具栏中的“特征”/“旋转凸台 / 基体”，以上一步所绘草图为轮廓生成旋转特征，结果如图 5-29 所示。

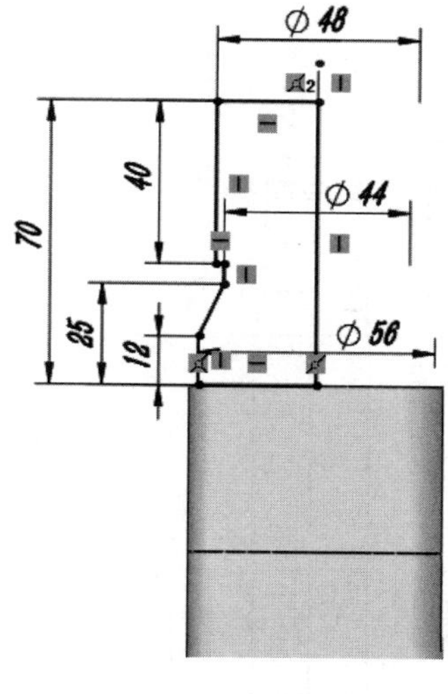

图 5-28　绘制草图 8

29）单击工具栏中的“特征”/“倒角”，“要倒角化的项目”选择旋转特征的顶端边线，“距离”输入尺寸“2mm”，结果如图 5-30 所示。

30）单击工具栏中的“特征”/“螺纹线”，“螺纹线位置”选择倒角的外侧边，勾选“偏移”选项，并输入“等距距离”为“5mm”，向圆柱体外侧等距，“结束条件”选择“依选择而定”，选择圆柱体的下端面为参考，“类型”选择“Metric Die”，“尺寸”选择“M48 × 3.0”，结果如图 5-31 所示。

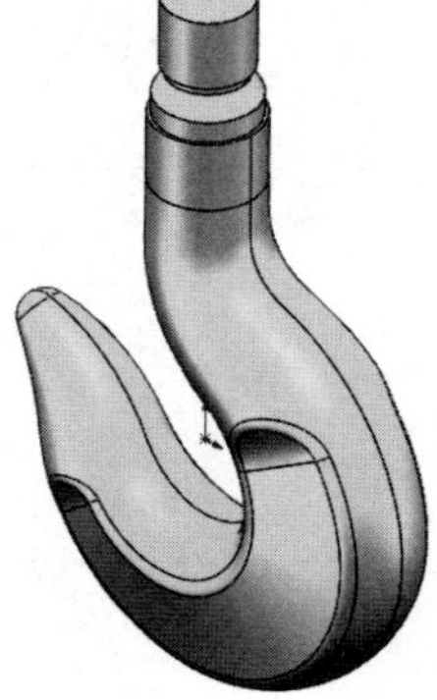

图 5-29　旋转特征

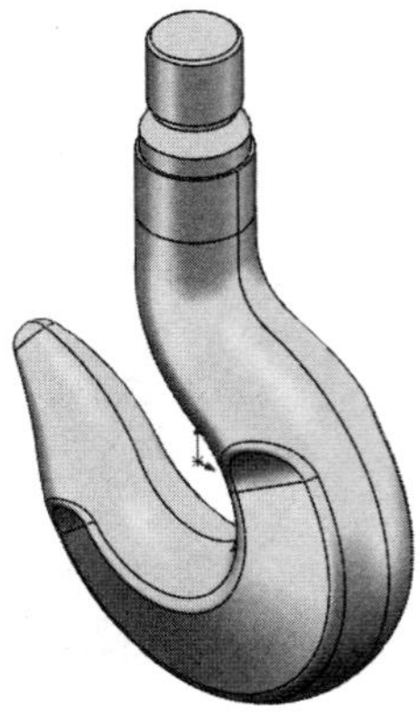

图 5-30　添加倒角

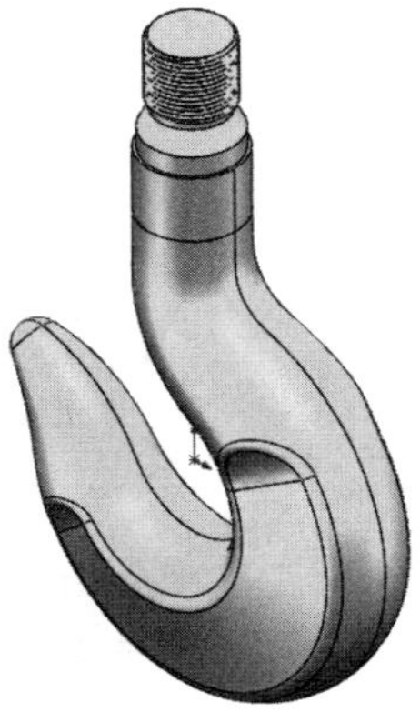

图 5-31　添加实体螺纹

5.2　复杂曲面实例 2

扫码看视频

通过曲面功能完成图 5-32 所示模型的创建。

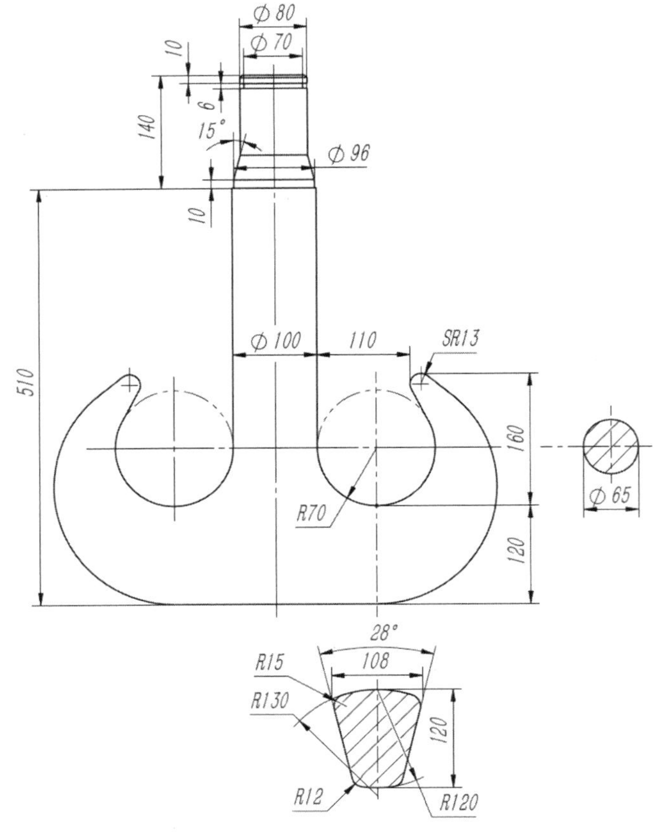

图 5-32　复杂曲面实例 2

实例分析：

该模型是吊钩的另一种类型，其主体部分为双钩，无法通过某一建模功能完成。此时就需要对其进行分拆，首先分为左右两部分，完成其中一半后再镜像。吊钩右半部分的右侧部分通过放样完成。可沿用实例 1 的做法，将左侧继续分拆为前后两部分。此时的四分之一部分由于边线过于复杂，又可将其分拆为上下两部分，下半部分用拉伸曲面完成，上半部分涉及多个边线条件，可使用填充曲面完成。同时为了保证填充曲面镜像后的连接质量，将边线先进行拉伸作为参考面，填充曲面完成后进行镜像，再进行曲面缝合生成实体，最后完成其他特征。

操作步骤：

1）以“前视基准面”为基准绘制如图 5-33 所示草图。

2）单击工具栏中的“曲面”/“参考几何体”/“基准面”，以“右视基准面”及“草图 1”右下方切点为参考生成新基准面，如图 5-34 所示。

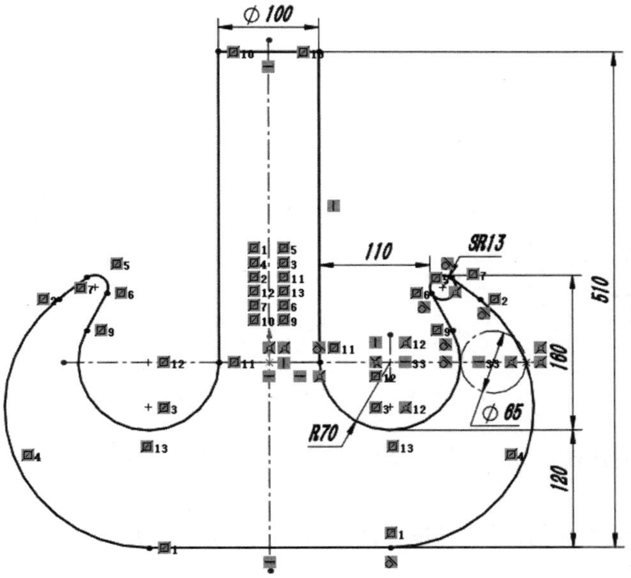

图 5-33　绘制草图 1

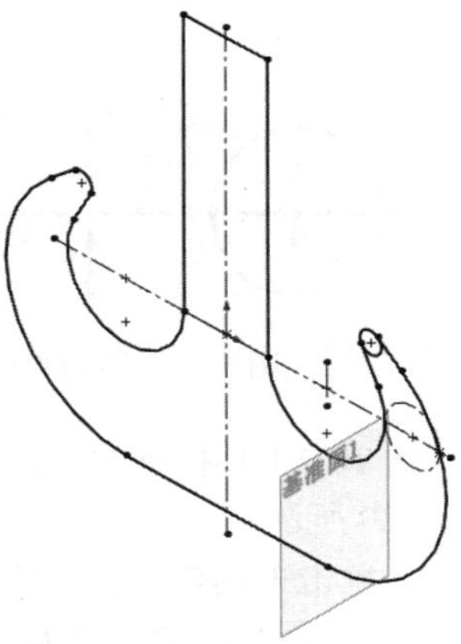

图 5-34　创建基准面 1

3）以新建基准面为基准绘制如图 5-35 所示草图。

提示

草图中上下两个圆弧的中点要分别与“草图 1”中对应的圆弧添加“穿透”的几何关系。

4）以“上视基准面”为基准绘制如图 5-36 所示草图。

5）以“上视基准面”为基准绘制如图 5-37 所示草图。

6）以“前视基准面”为基准绘制如图 5-38 所示草图，草图为球面准备，只需要半圆即可。

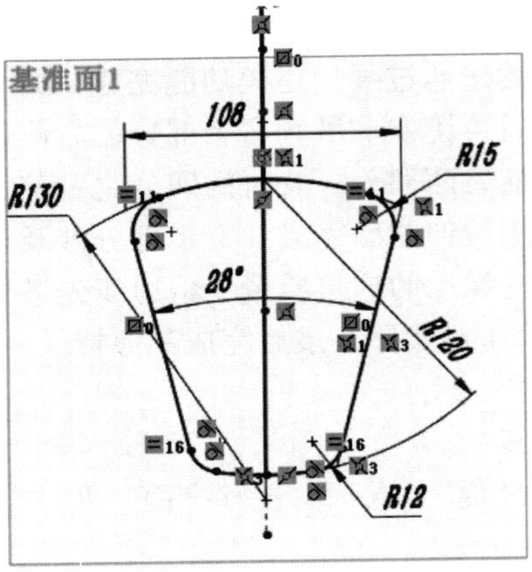

图 5-35　绘制草图 2

图 5-36　绘制草图 3

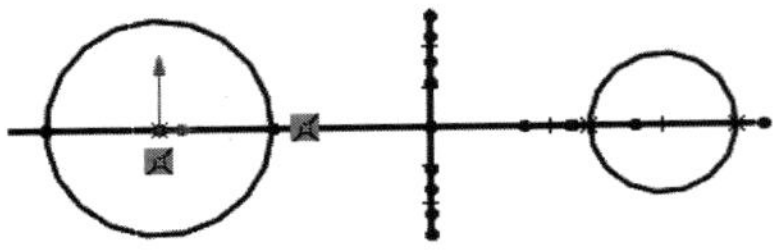

图 5-37　绘制草图 4

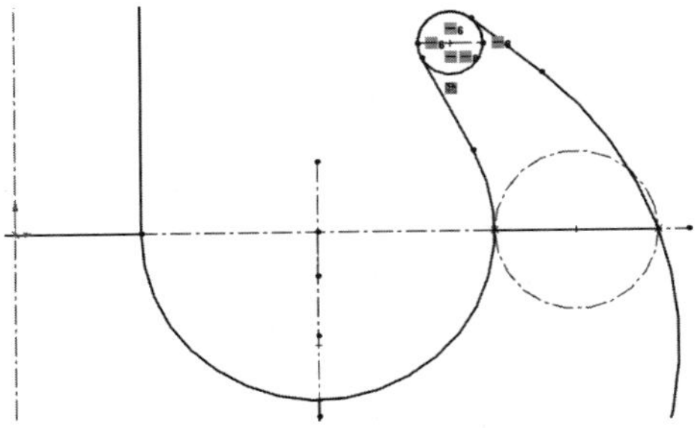

图 5-38　绘制草图 5

7）单击工具栏中的“曲面”/“旋转曲面”，以上一步所绘草图为参考生成旋转曲面，结果如图 5-39 所示。

8）单击工具栏中的“曲面”/“参考几何体”/“基准面”，以“前视基准面”及“草图 1”中 *SR*13mm 圆弧的两切点为参考生成新基准面，如图 5-40 所示。

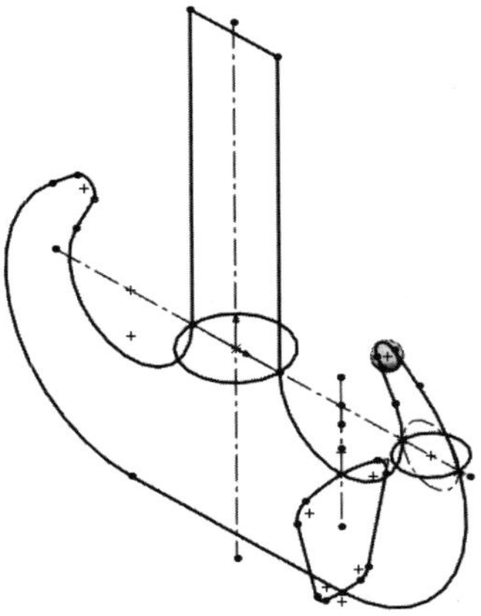

图 5-39　旋转曲面

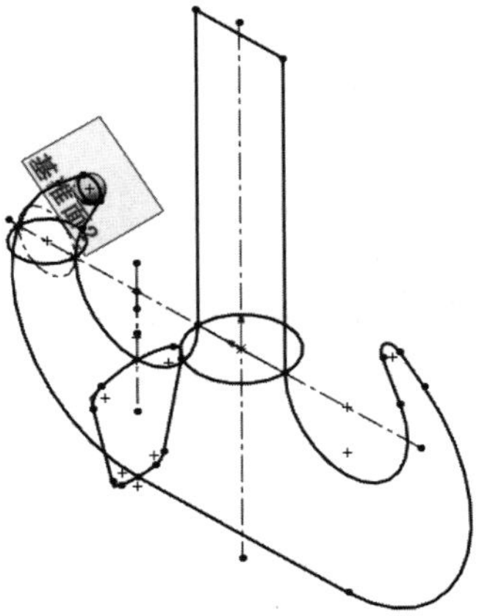

图 5-40　创建基准面 2

9）单击工具栏中的“曲面”/“剪裁曲面”，“剪裁类型”选择“标准”，“剪裁工具”选择上一步创建的基准面，保留已有球面的外侧，结果如图 5-41 所示。

10）单击工具栏中的“曲面”/“放样曲面”，“轮廓”分别选择球面边线、“草图 3”与“草图 2”，并将“开始约束”选择为“与面相切”，“线束约束”选择为“垂直于轮廓”，“引导线”通过“SelectionManager”选择工具分别将“草图 1”的内侧边线与外侧边线选为两组，结果如图 5-42 所示。

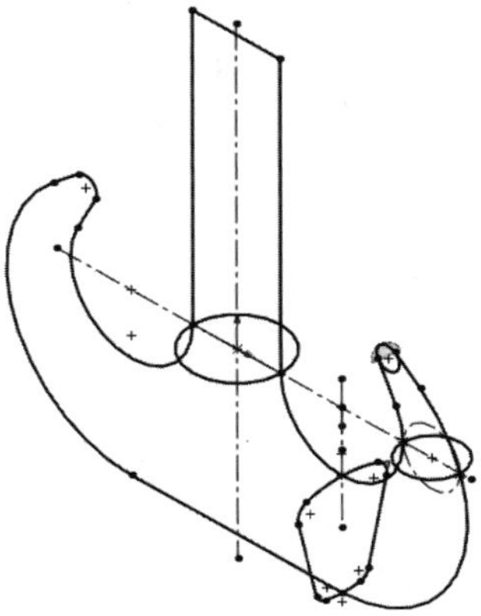

图 5-41　剪裁曲面

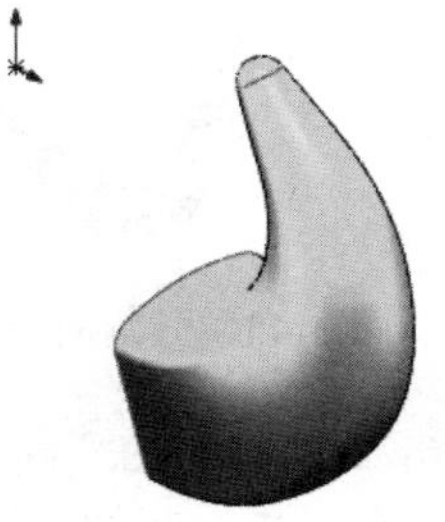

图 5-42　放样曲面

11）单击工具栏中的“曲面”/“拉伸曲面”，“终止条件”选择“给定深度”并输入尺寸“50mm”，“轮廓”选择“草图 4”，结果如图 5-43 所示。

提示

此曲面作为辅助曲面，其深度尺寸较为自由，通常取一整数即可。

12）以“前视基准面”为基准绘制如图 5-44 所示草图。

提示

此草图是为了分割上一步的拉伸曲面，其长度只要超过拉伸曲面长度即可。

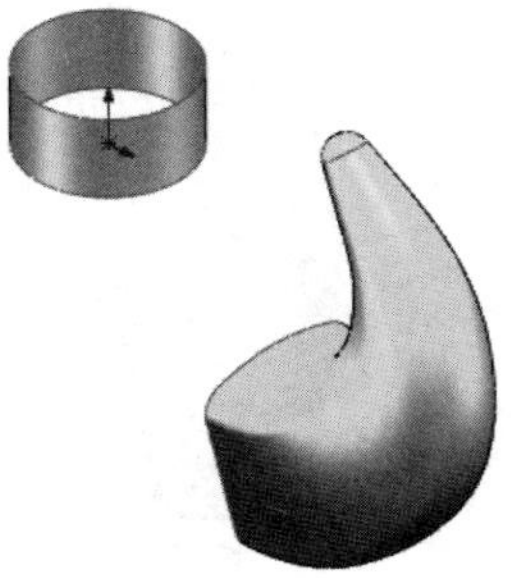

图 5-43　拉伸曲面 1

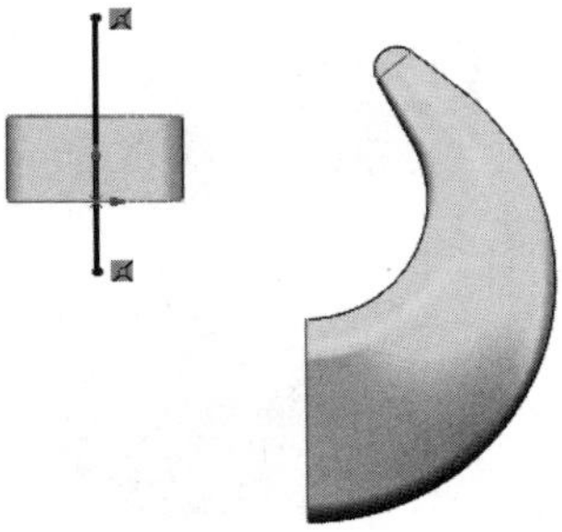

图 5-44　绘制草图 6

13）单击工具栏中的“曲面”/“曲线”/“分割线”，“分割类型”选择“投影”，“要投影的草图”选择上一步绘制的草图，“要分割的面”选择拉伸曲面，结果如图 5-45 所示。

14）以“右视基准面”为基准绘制如图 5-46 所示草图。

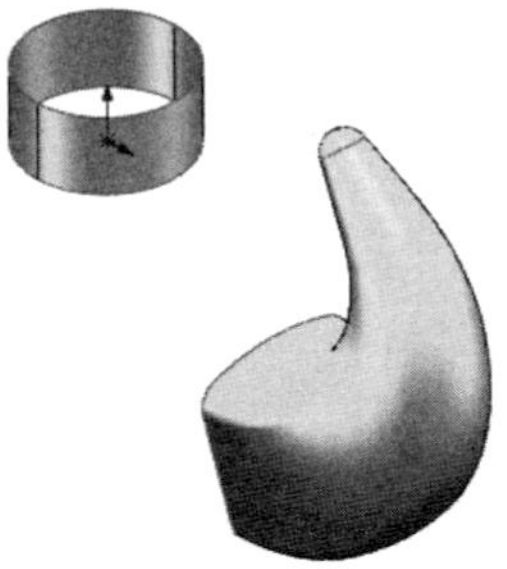

图 5-45　分割曲面 1

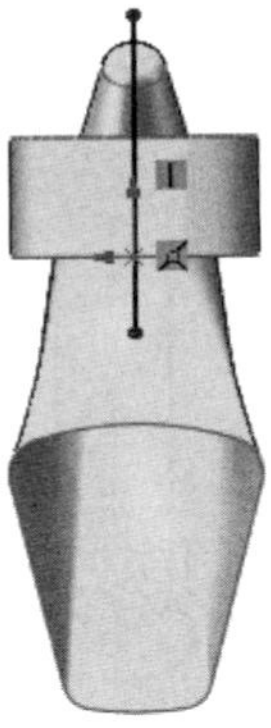

图 5-46　绘制草图 7

15）单击工具栏中的“曲面”/“曲线”/“分割线”，“分割类型”选择“投影”，“要投影的草图”选择上一步绘制的草图，“要分割的面”选择拉伸曲面的右半面，结果如图 5-47 所示。

思考

两次分割能否一次完成？如果可以该如何完成？此处分割是为了得到四分之一圆弧边，尝试找出更便捷的方法并进行对比。

16）以“基准面 1”为基准绘制如图 5-48 所示草图。

提示

此草图利用“草图 2”下半部分线条转换即可得到。

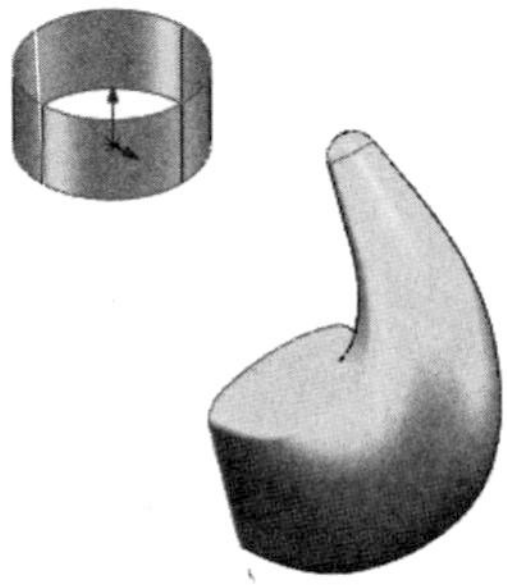

图 5-47　分割曲面 2

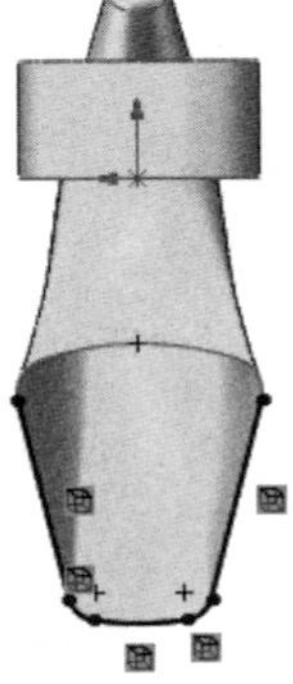

图 5-48　绘制草图 8

17）单击工具栏中的“曲面”/“拉伸曲面”，“终止条件”选择“成形到一面”并选择“右视基准面”为参考，“轮廓”选择“草图 8”，结果如图 5-49 所示。

18）以“右视基准面”为基准绘制草图，该草图为两点样条曲线，与相邻参考线添加“相切”的几何关系，绘制如图 5-50 所示草图。

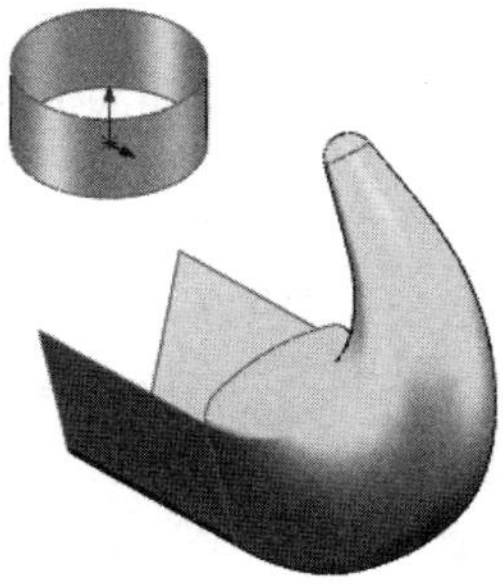
图 5-49 拉伸曲面 2

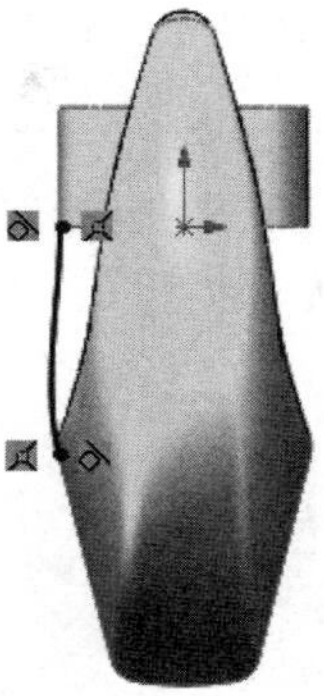
图 5-50 绘制草图 9

19）单击工具栏中的“曲面”/“拉伸曲面”，“终止条件”选择“给定深度”并输入尺寸“50mm”，“轮廓”选择上一步绘制的草图，结果如图 5-51 所示。

20）以“前视基准面”为基准绘制如图 5-52 所示草图，该草图为用“草图 1”的圆弧转换。

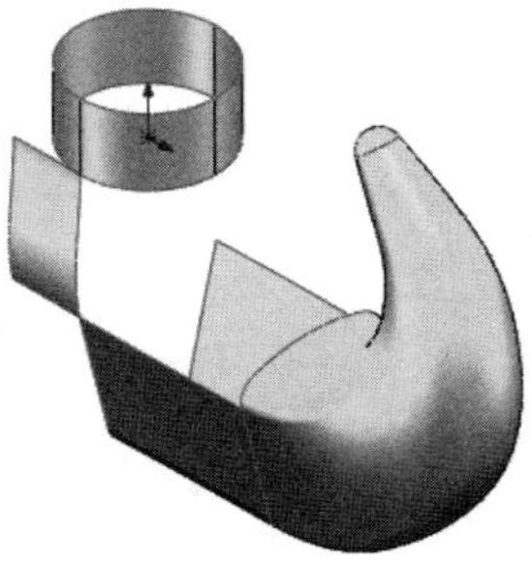
图 5-51 拉伸曲面 3

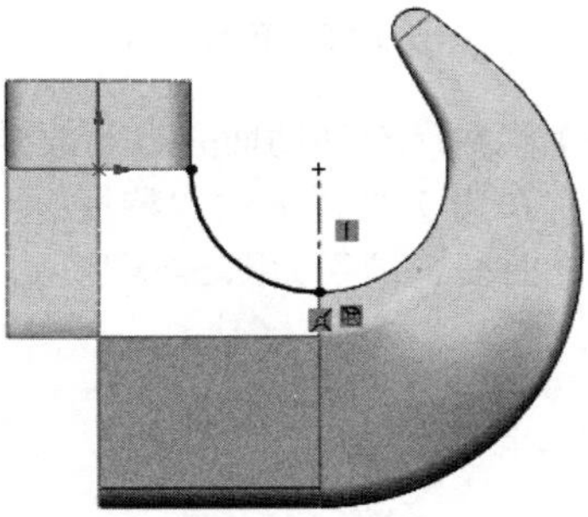
图 5-52 绘制草图 10

21）单击工具栏中的“曲面”/“拉伸曲面”，“终止条件”选择“给定深度”并输入尺寸“50mm”，“轮廓”选择上一步绘制的草图，结果如图 5-53 所示。

22）以“基准面 1”为基准绘制如图 5-54 所示草图。

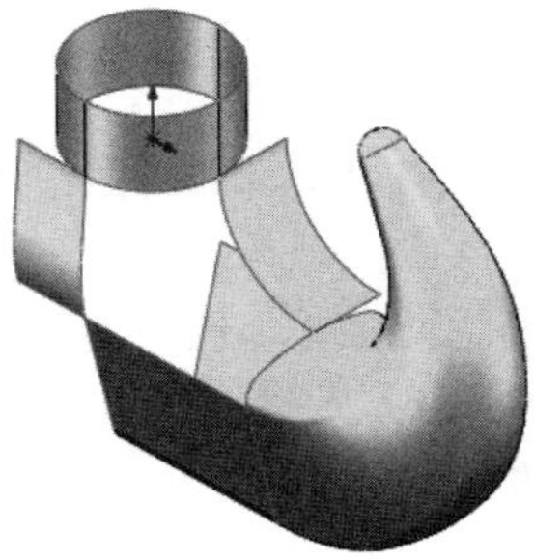
图 5-53 拉伸曲面 4

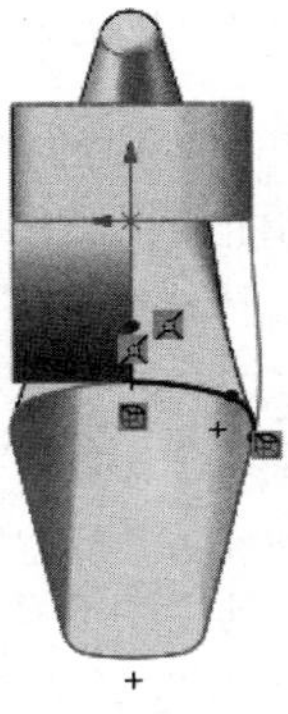
图 5-54 绘制草图 11

23）单击工具栏中的“曲面”/“拉伸曲面”，“终止条件”选择“给定深度”并输入尺寸“50mm”，“轮廓”选择上一步绘制的草图，结果如图 5-55 所示。

注意

为了方便显示，此处隐藏了放样曲面。

24）单击工具栏中的“曲面”/“填充曲面”，“修补边界”选择所有辅助面的边线，并将所有边线均设定为“相切”，结果如图 5-56 所示。

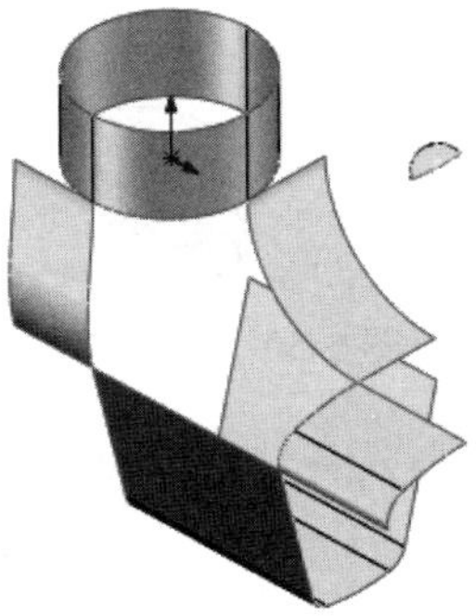

图 5-55　拉伸曲面 5

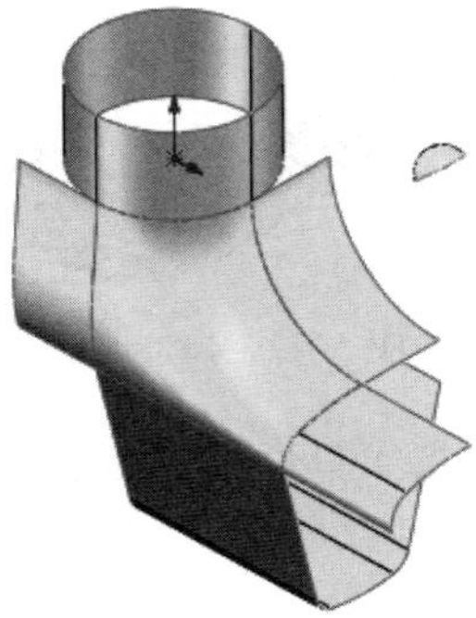

图 5-56　填充曲面

25）隐藏所有辅助面并显示放样曲面，结果如图 5-57 所示。

26）单击工具栏中的“特征”/“镜像”，“镜像面”选择“前视基准面”，“要镜像的实体”选择填充曲面，结果如图 5-58 所示。

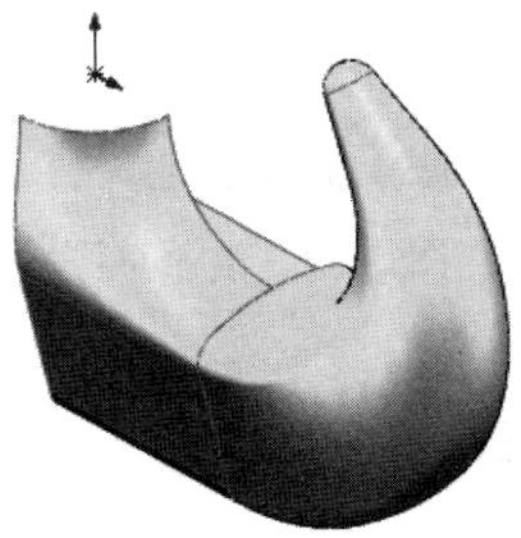

图 5-57　显示调整

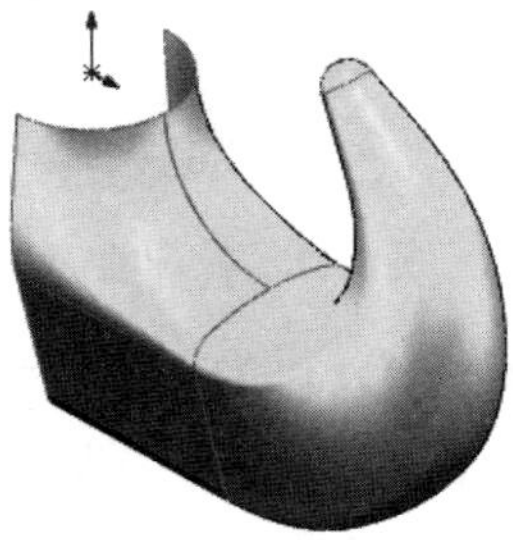

图 5-58　镜像曲面 1

27）单击工具栏中的“特征”/“镜像”，“镜像面”选择“右视基准面”，“要镜像的实体”选择所有显示的曲面，结果如图 5-59 所示。

28）单击工具栏中的“曲面”/“平面区域”，“边界实体”选择顶端圆的周边线，结果如图 5-60 所示。

29）单击工具栏中的“曲面”/“缝合曲面”，选择所有显示面，并勾选“创建实体”选项，结果如图 5-61 所示。

30）单击工具栏中的“特征”/“拉伸凸台 / 基体”，轮廓选择“草图 4”，“终止条件”选择“成形到一顶点”并选择“草图 1”的最顶端点为参考，结果如图 5-62 所示。

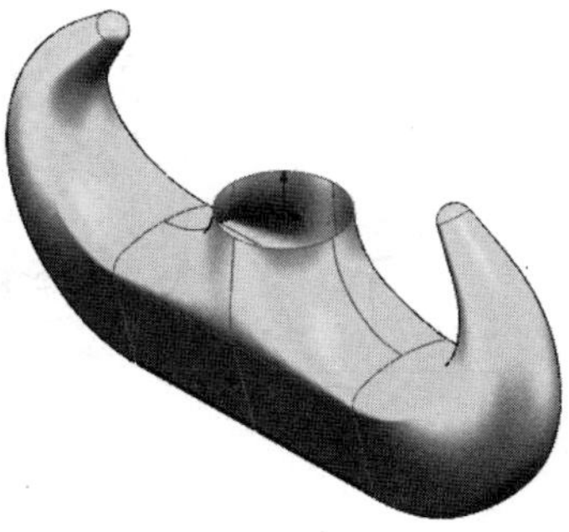

图 5-59　镜像曲面 2

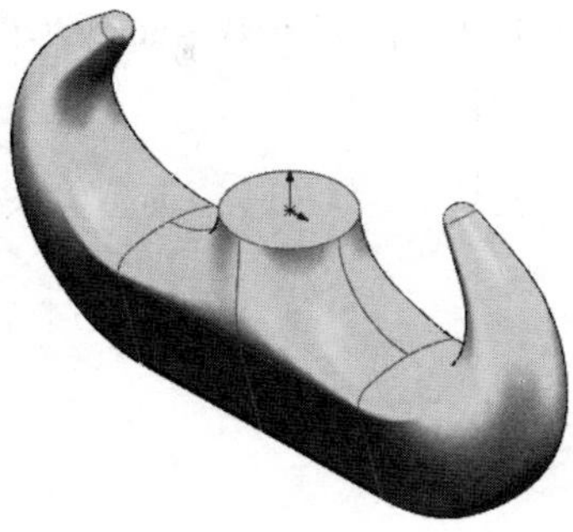

图 5-60　平面区域

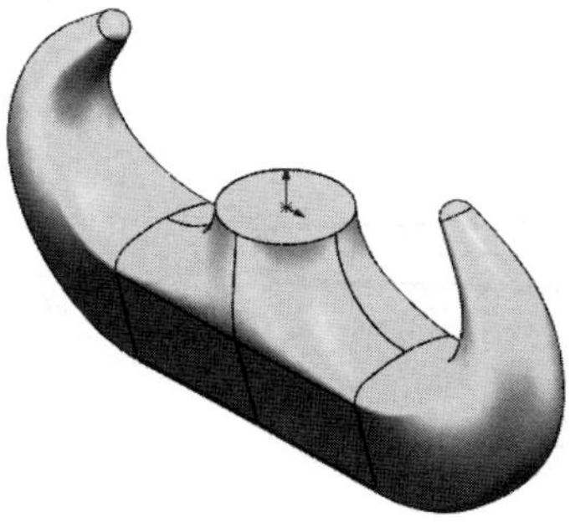

图 5-61　缝合曲面

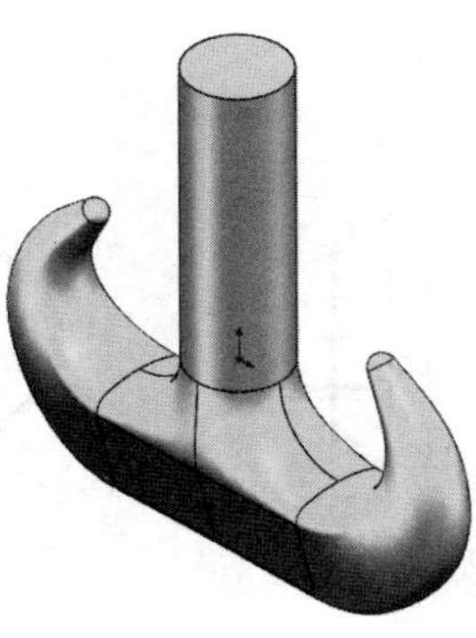

图 5-62　拉伸凸台

31）以“前视基准面”为基准绘制如图 5-63 所示草图。

32）单击工具栏中的“特征”/“旋转凸台 / 基体”，以上一步绘制的草图旋转一周生成特征，结果如图 5-64 所示。

33）单击工具栏中的“特征”/“倒角”，“要倒角化的项目”选择旋转特征的顶端边线，“距离”输入尺寸“3mm”，结果如图 5-65 所示。

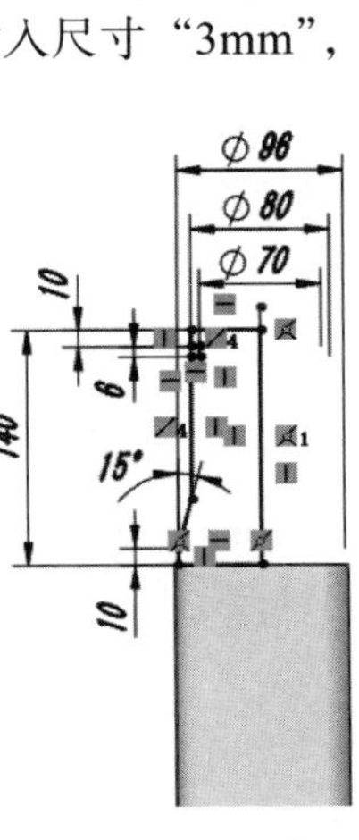

图 5-63　绘制草图 12

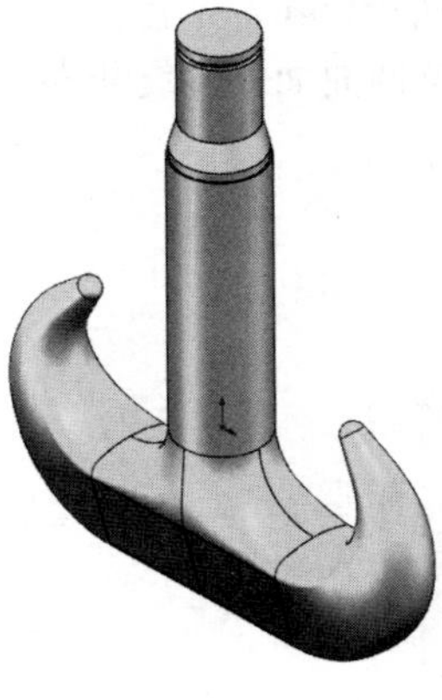

图 5-64　旋转凸台

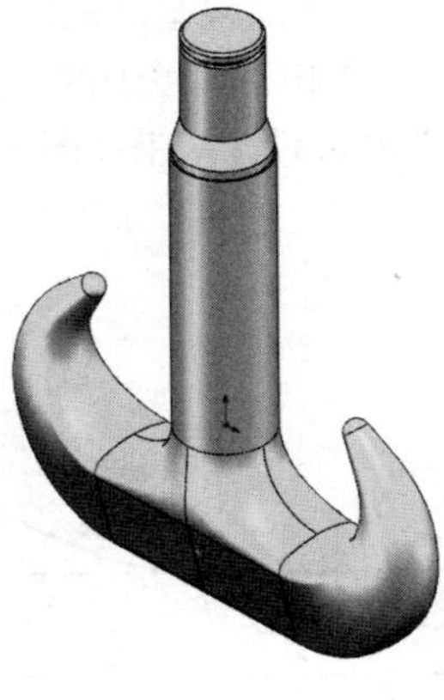

图 5-65　添加倒角

5.3 复杂曲面实例 3

扫码看视频

通过曲面功能完成图 5-66 所示模型的创建。

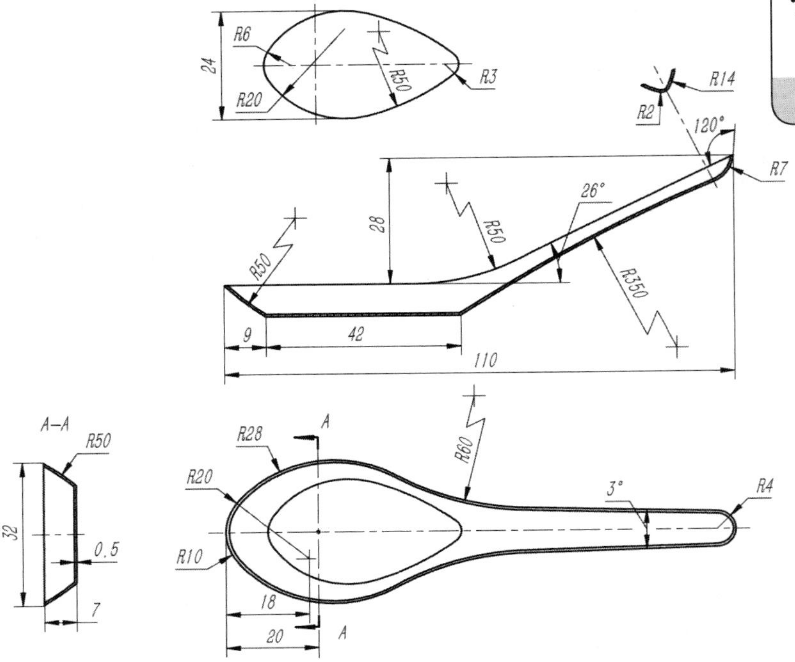

图 5-66　复杂曲面实例 3

实例分析：

该模型可以以竖直轴线为参考分为左右两个部分，加上底面共三个曲面。左侧的侧面三条圆弧加顶面与底面边线形成“边界曲面”，为了选择边线，需要将顶面与底面在竖直轴线处进行分割。右侧比较复杂，将所有作为条件的草图均绘制完成后用“填充曲面”完成。由于填充边界较为复杂，会有局部曲面质量不佳的现象，将质量欠缺的部分剪裁去除并修补，最后缝合形成实体并抽壳。

操作步骤：

1）以“前视基准面”为基准绘制如图 5-67 所示草图。

2）单击工具栏中的“曲面”/“拉伸曲面”，“终止条件”选择“两侧对称”，“深度”输入尺寸“40mm”，结果如图 5-68 所示。

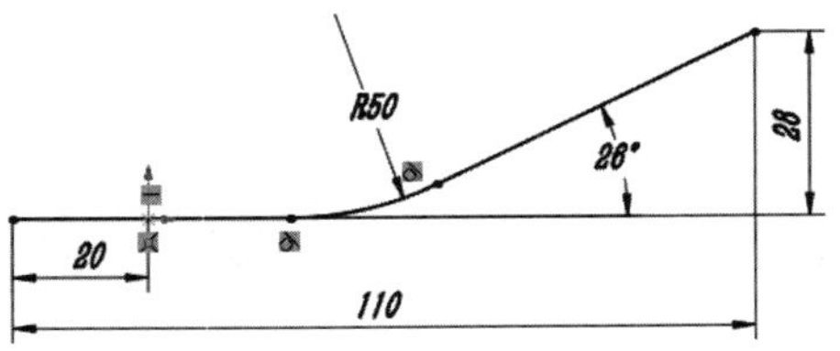

图 5-67　绘制草图 1

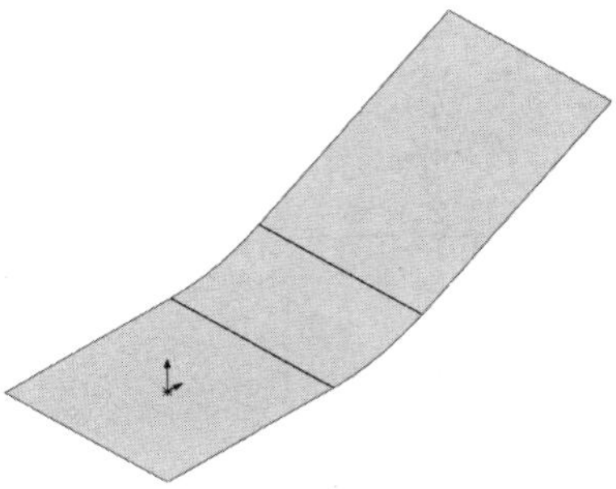

图 5-68　拉伸曲面

3）以“上视基准面”为基准绘制如图 5-69 所示草图。

提示

草图中几何关系、尺寸关系较多，不便观察，练习时可对照样例中给定的图样。

4）单击工具栏中的“曲面”/“剪裁曲面”，“剪裁类型”选择“标准”，“剪裁工具”选择上一步创建的草图，保留拉伸曲面的内侧，结果如图 5-70 所示。

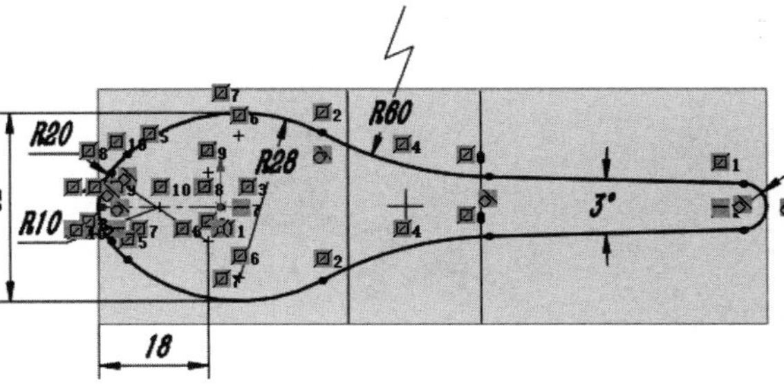

图 5-69 绘制草图 2

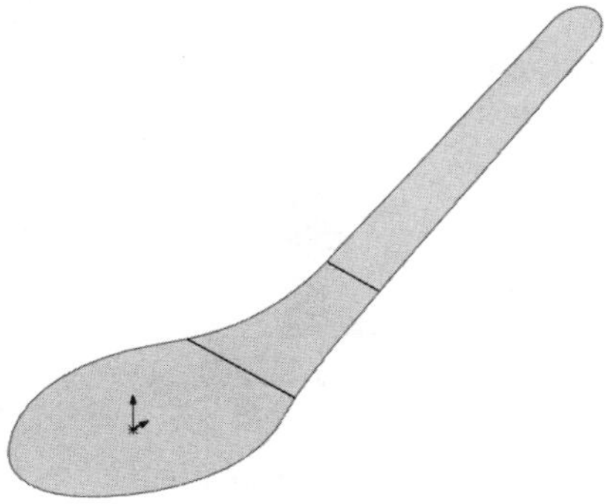

图 5-70 剪裁曲面 1

5）单击工具栏中的“曲面”/“参考几何体”/“基准面”，以“上视基准面”为参考，向 Y 轴的负方向等距“7mm”创建新基准面，结果如图 5-71 所示。

6）以新创建的基准面为基准绘制如图 5-72 所示草图。

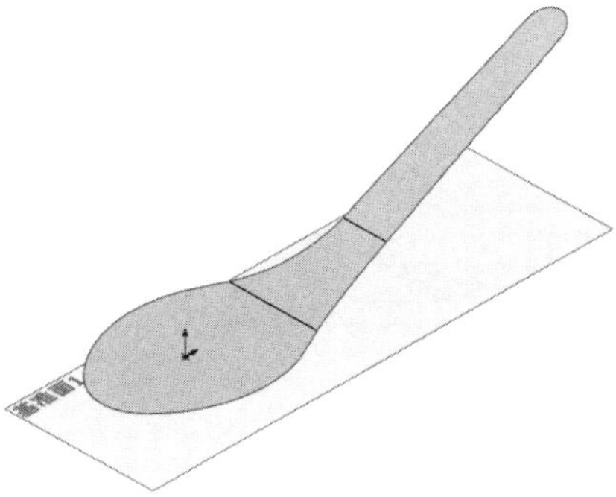

图 5-71 创建基准面 1

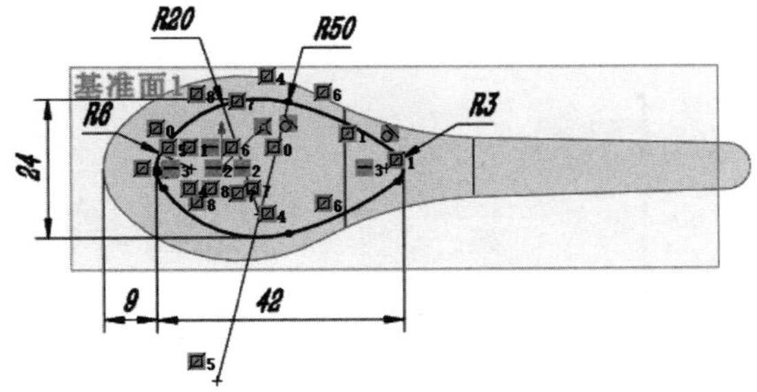

图 5-72 绘制草图 3

7）单击工具栏中的“曲面”/“平面区域”，“边界实体”选择上一步绘制的草图，结果如图 5-73 所示。

8）以“前视基准面”为基准绘制如图 5-74 所示草图。

注意

圆弧的两个端点与已有面边线添加“使穿透”的几何关系，后续步骤中的草图均需注意该几何关系的添加。

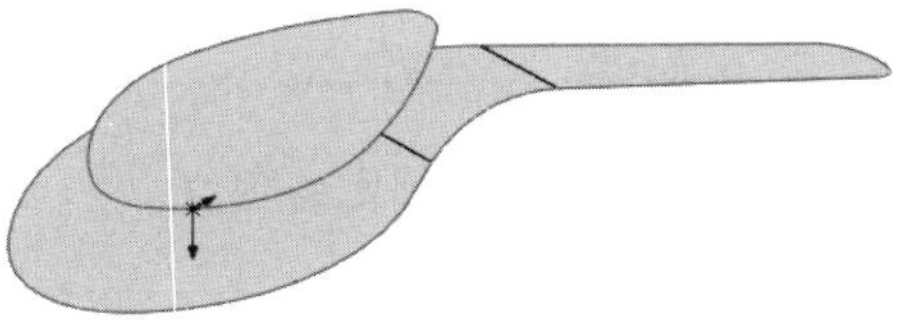

图 5-73　平面区域

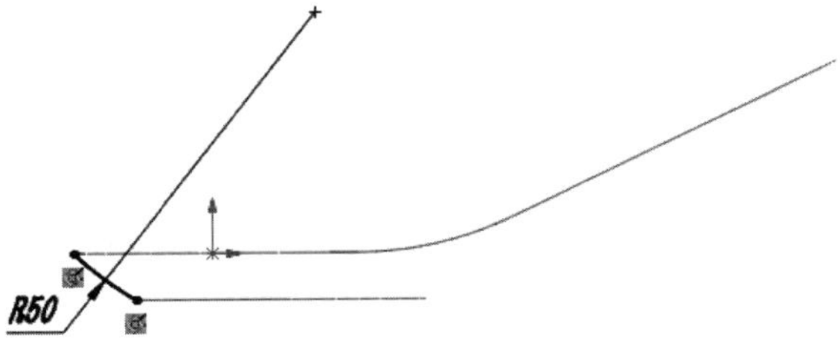

图 5-74　绘制草图 4

9）以“右视基准面”为基准绘制如图 5-75 所示草图。

10）以“右视基准面”为基准绘制如图 5-76 所示草图。

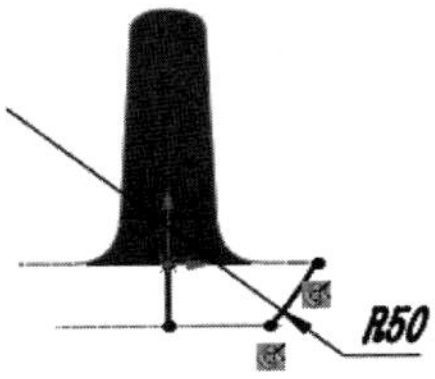

图 5-75　绘制草图 5

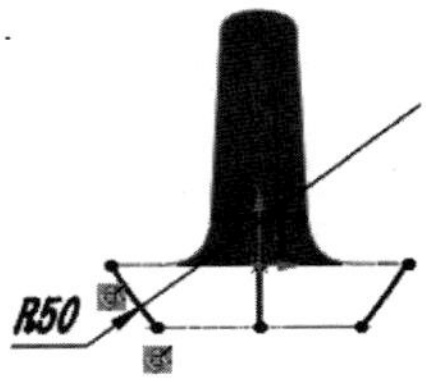

图 5-76　绘制草图 6

11）以“上视基准面”为基准绘制如图 5-77 所示草图。

12）单击工具栏中的“曲面”/“曲线”/“分割线”，“分割类型”选择“投影”，“要投影的草图”选择上一步绘制的草图，“要分割的面”选择上下两个平面，结果如图 5-78 所示。

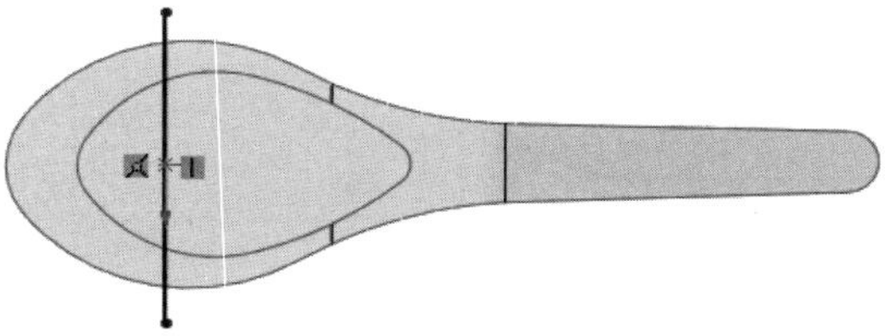

图 5-77　绘制草图 7

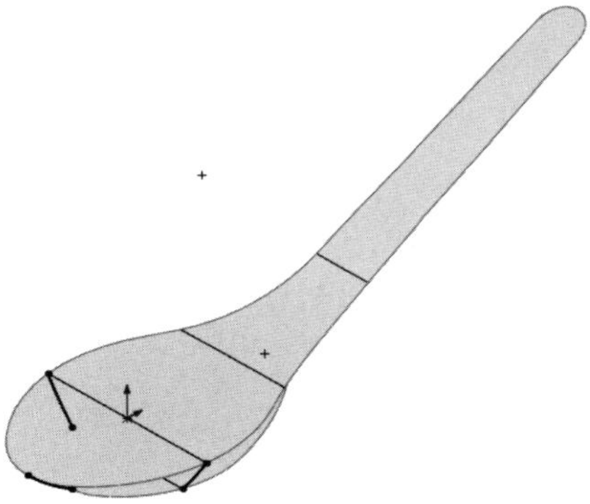

图 5-78　分割曲面 1

13）单击工具栏中的“曲面”/“边界曲面”，“方向 1 曲线”选择“草图 6”“草图 4”与“草图 5”，“方向 2 曲线”通过“SelectionManager”工具分别选择上一步分割曲面生成的左侧边的两组边线，结果如图 5-79 所示。

14）以“前视基准面”为基准绘制如图 5-80 所示草图。

15）单击工具栏中的“曲面”/“参考几何体”/“基准轴”，选择上一步绘制的草图中的切点及“剪裁曲面 1”的斜面为参考，创建如图 5-81 所示基准轴。

16）单击工具栏中的“曲面”/“参考几何体”/“基准面”，选择“前视基准面”与上一步创建的基准轴为参考创建基准面，结果如图 5-82 所示。

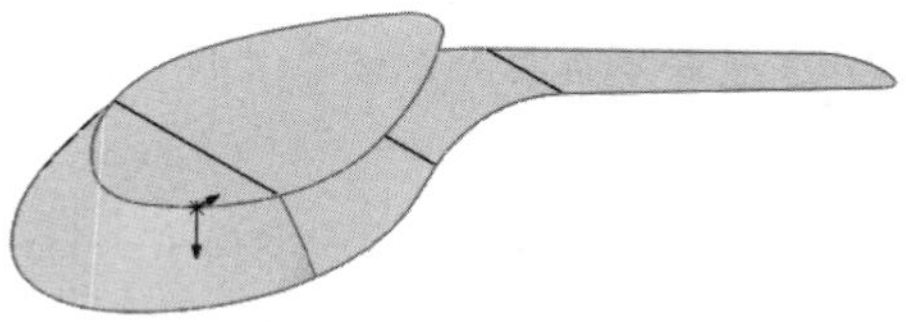

图 5-79　边界曲面 1

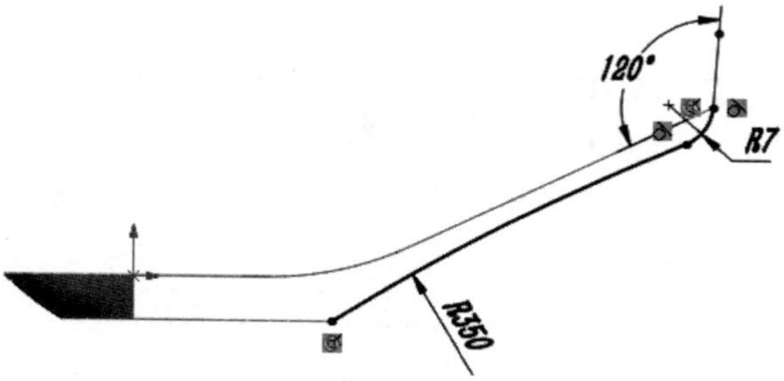

图 5-80　绘制草图 8

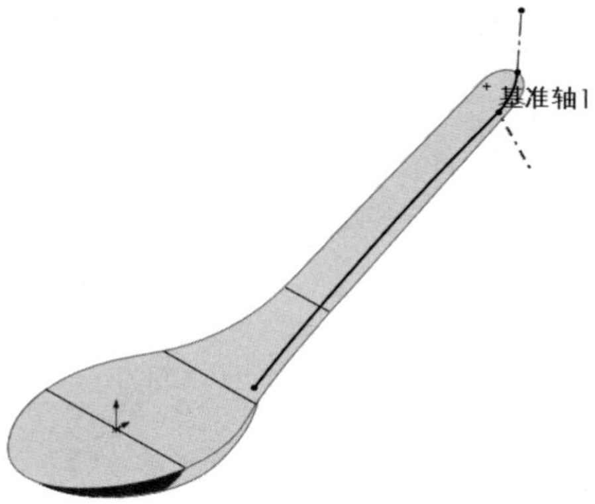

图 5-81　创建基准轴

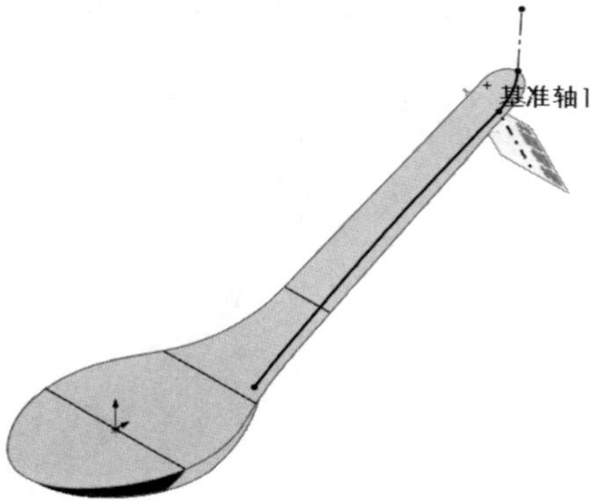

图 5-82　创建基准面 2

17）以新创建的基准面为基准绘制如图 5-83 所示草图。

18）单击工具栏中的“曲面”/“填充曲面”，“修补边界”选择所有右侧曲面的开口边线，并将“边界曲面 1”的两条边线设定为“相切”，其余的设定为“相触”，“约束曲线”选择“草图 8”与“草图 9”，结果如图 5-84 所示。

注意

选择边线较多，而且在剪裁曲面时形成了多条短边线，选择时按顺序选择，不能遗漏。

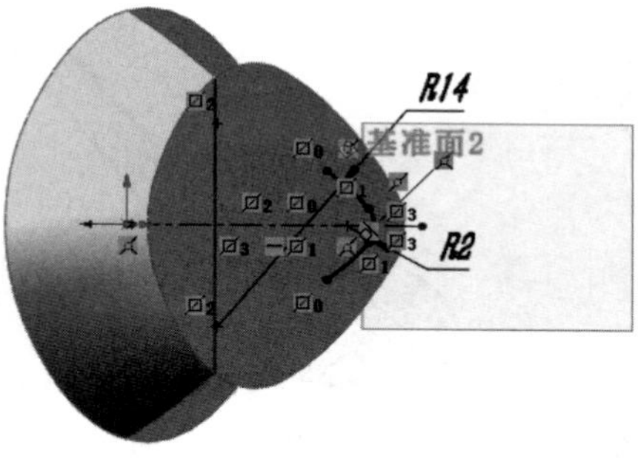

图 5-83　绘制草图 9

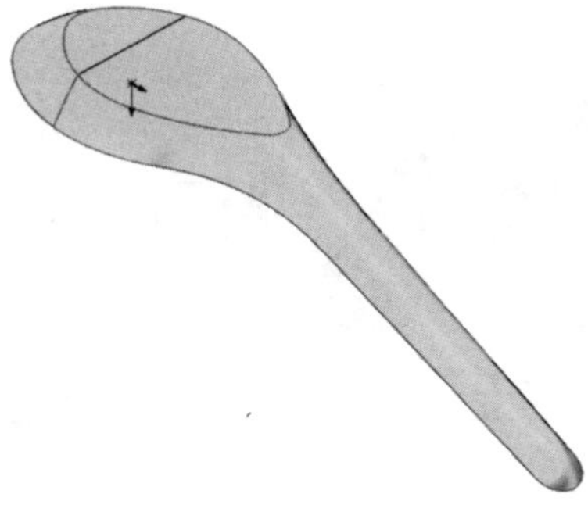

图 5-84　填充曲面

提示

生成填充曲面后通过观察及“斑马条纹”检查，会发现端部的曲面质量不佳，为了提升该部分的曲面质量，后续会将该部分切除再修补，这也是复杂曲面三板斧“拆、挖、补”的重要体现。

19）单击工具栏中的“曲面”/“剪裁曲面”，“剪裁类型”选择“标准”，“剪裁工具”选择“基准面 2”，保留已填充曲面的内侧部分，结果如图 5-85 所示。

20）单击工具栏中的“曲面”/“曲线”/“分割线”，“分割类型”选择“交叉点”，“分割实体 / 面”选择“基准面 2”，“要分割的面”选择“剪裁曲面 1”的斜面，结果如图 5-86 所示。

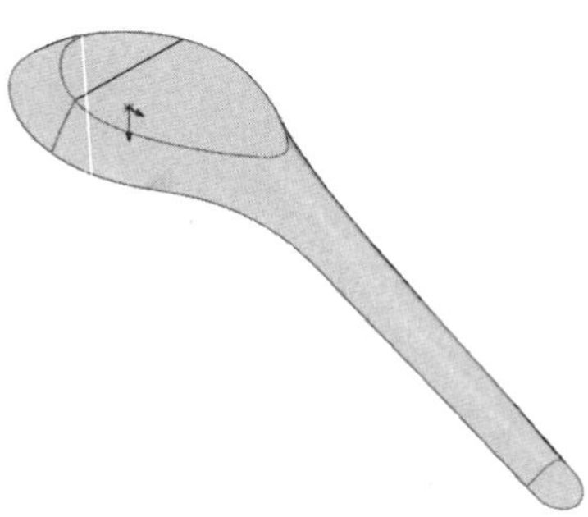

图 5-85　剪裁曲面 2

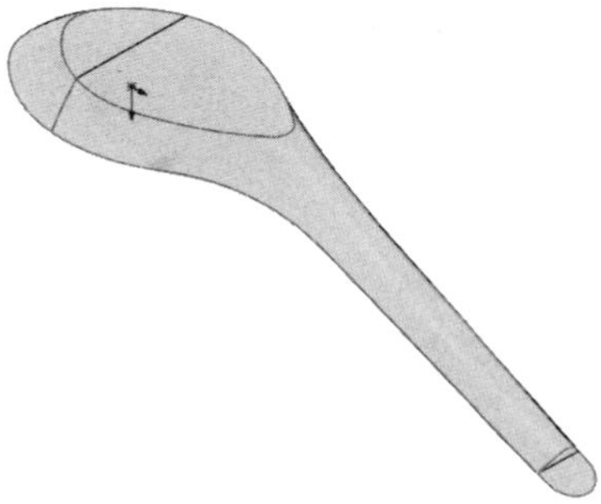

图 5-86　分割曲面 2

21）单击工具栏中的“曲面”/“边界曲面”，“方向 1 曲线”通过“SelectionManager”工具分别选择上一步分割曲面形成的两组开放边线与“草图 8”的 R7mm 圆弧，“方向 2 曲线”通过“SelectionManager”工具选择“剪裁曲面 2”生成边线并将“相切类型”更改为“与面相切”，结果如图 5-87 所示。

22）单击工具栏中的“曲面”/“缝合曲面”，选择所有显示面，并勾选“创建实体”选项，结果如图 5-88 所示。

23）单击工具栏中的“特征”/“抽壳”，“厚度”输入尺寸“0.5mm”，“移除的面”选择所有上表面，结果如图 5-89 所示。

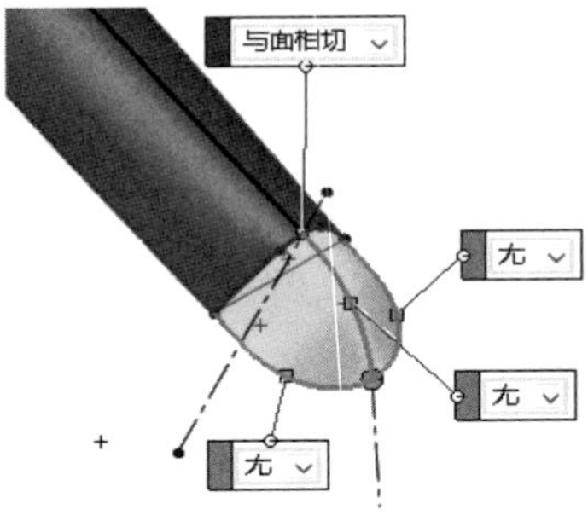

图 5-87　边界曲面 2

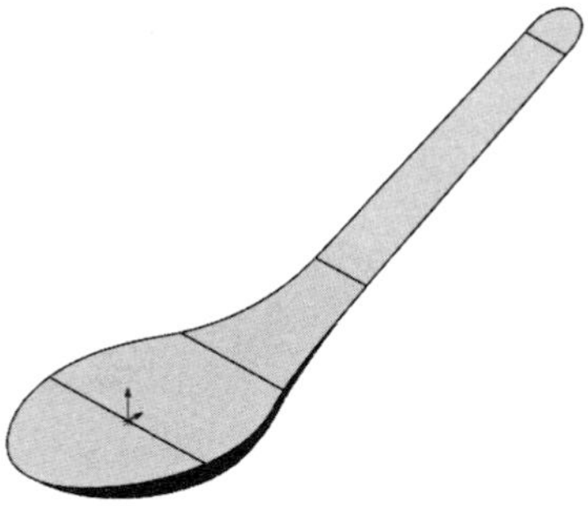

图 5-88　曲面缝合

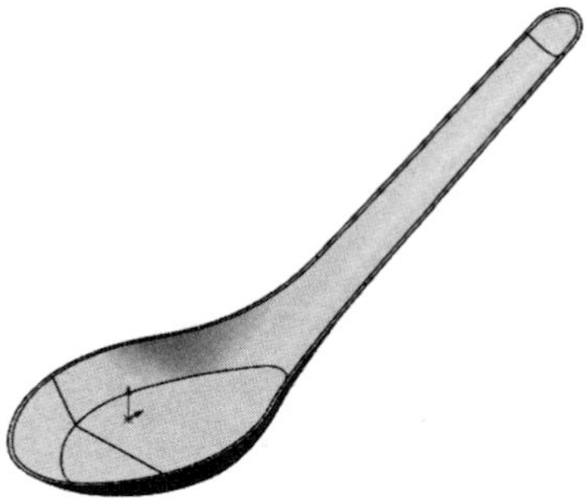

图 5-89　抽壳

5.4　复杂曲面实例 4

通过曲面功能完成图 5-90 所示模型的创建。

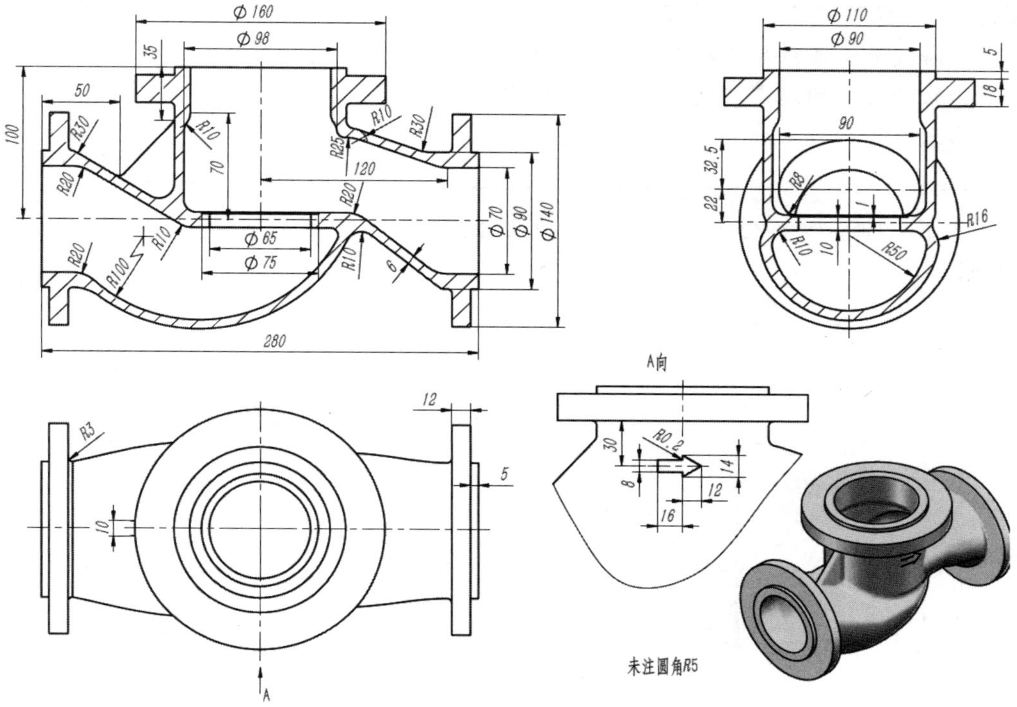

图 5-90　复杂曲面实例 4

实例分析：

该模型是常见阀门的阀体，属于较复杂的模型，初看图样时会感觉无从下手，此时合理的拆分显得非常重要。拆分时先忽略由基本特征能完成的法兰、筋、箭头等，其余主体部分分为进口腔与出口腔两大部分。先完成出口腔，出口腔又可拆分为左侧的旋转与右侧的放样两部分，两部分的连接处用剪裁曲面获得接口位置再放样。壁厚部分分为内外两部分生成，部分教材中使用等距曲面，在此不建议使用这种方法，因为模型法兰处厚度不等，而且由于曲面较复杂，曲率问题会造成等距后的曲面质量下降，后续处理困难。对于进口腔，为了保证中间 10mm 厚度的底面为平面，将其分拆为三个部分，中间部分用扫描完成，左右两侧用放样完成。主体曲面完成后，通过平面区域封闭曲面端口位置并缝合为实体，再将两部分进行组合，最后添加圆角、筋、法兰、箭头等附加特征。

提示

1）由于该模型操作过程较复杂，部分内容文字描述不好理解，建议学习时查看配套视频作为辅助。

2）操作步骤中大量使用特征标记，由于 SOLIDWORKS 中特征标记的序号只增不减，如果实际操作中对特征做了删除操作，其特征标记的序号会与所描述的不同，注意对应。

操作步骤：

1）以“前视基准面”为基准绘制如图 5-91 所示草图。

扫码看视频

注意

部分尺寸需要根据已有尺寸进行推导，操作时注意这些尺寸的来源，该草图中的尺寸“5mm”即是根据中间部分的厚度“10mm”计算出来的。

2）单击工具栏中的“曲面”/“旋转曲面”，以上一步所绘草图为参考生成旋转曲面，结果如图 5-92 所示。

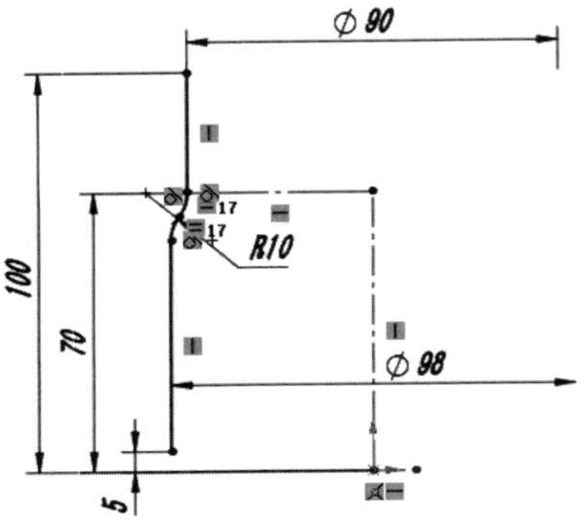

图 5-91　绘制草图 1

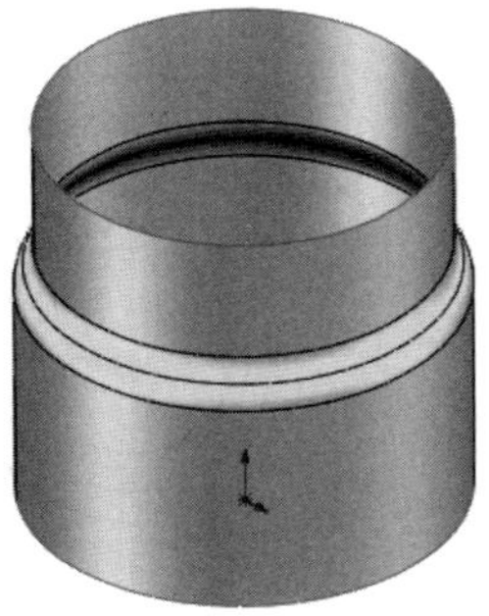

图 5-92　旋转曲面 1

3）单击工具栏中的“曲面”/“参考几何体”/“基准面”，以“右视基准面”为参考，向 X 轴的正方向等距“55mm”创建新基准面，结果如图 5-93 所示。

4）以新建基准面为基准绘制如图 5-94 所示草图。

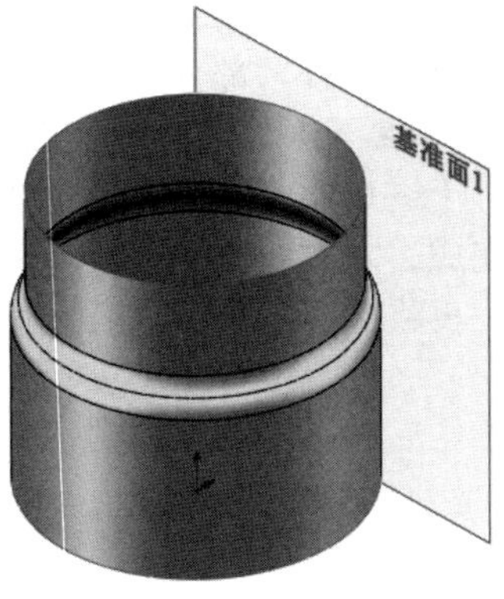

图 5-93　创建基准面 1

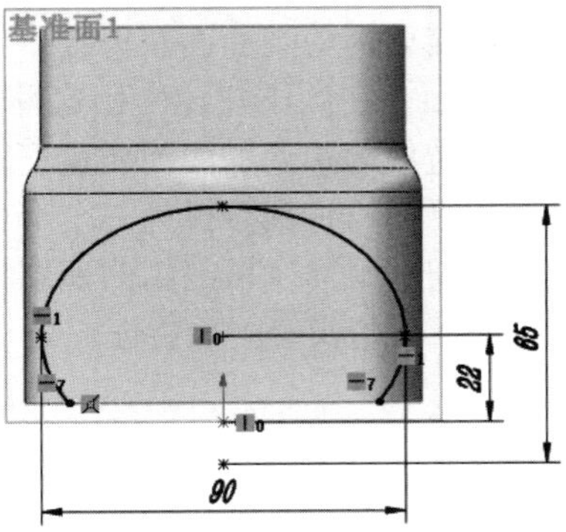

图 5-94　绘制草图 2

5）单击工具栏中的“曲面”/“拉伸曲面”，“终止条件”选择“给定深度”，方向向着旋转曲面的内部，“深度”输入尺寸“50mm”，结果如图 5-95 所示。

6）单击工具栏中的“曲面”/“剪裁曲面”，“剪裁类型”选择“相互”，“剪裁曲面”选择

“旋转曲面 1”与“拉伸曲面 1”，保留两曲面的外侧部分，结果如图 5-96 所示。

7）单击工具栏中的“曲面”/“参考几何体”/“基准面”，以“上视基准面”为参考，向 Y 轴的正方向等距“5mm”创建新基准面，结果如图 5-97 所示。

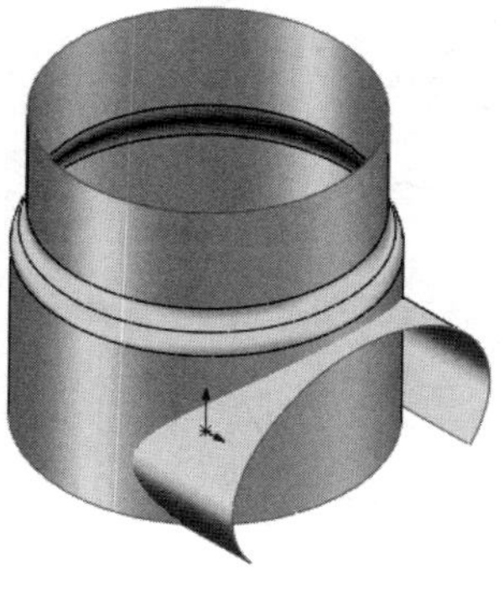

图 5-95 拉伸曲面 1

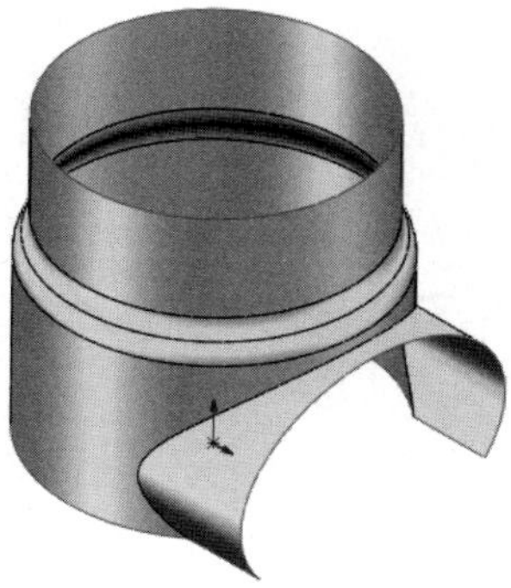

图 5-96 剪裁曲面 1

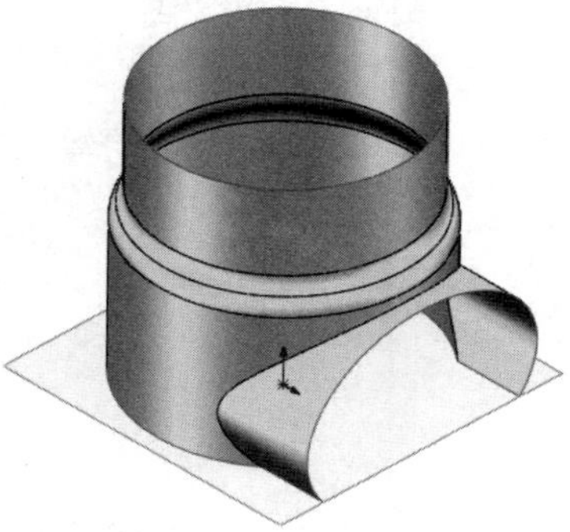

图 5-97 创建基准面 2

8）以“基准面 2”为基准绘制草图，将与该基准面相交的曲面边线“转换实体引用”，并补齐右侧竖直线，如图 5-98 所示。

9）单击工具栏中的“曲面”/“平面区域”，“边界实体”选择上一步绘制的草图，结果如图 5-99 所示。

10）单击工具栏中的“曲面”/“圆角”，“圆角类型”选择“面圆角”，“面组 1”选择剪裁后的两个面，“面组 2”选择上一步生成的平面，“半径”输入尺寸“8mm”，结果如图 5-100 所示。

注意

在添加“面圆角”时所选面的“面法向”要一致，且外圆角法向一致向内侧，内圆角法向一致向外侧。此处添加圆角前也可以先将面进行缝合，缝合后“圆角类型”可以选择“恒定大小圆角”，作为普通圆角添加。

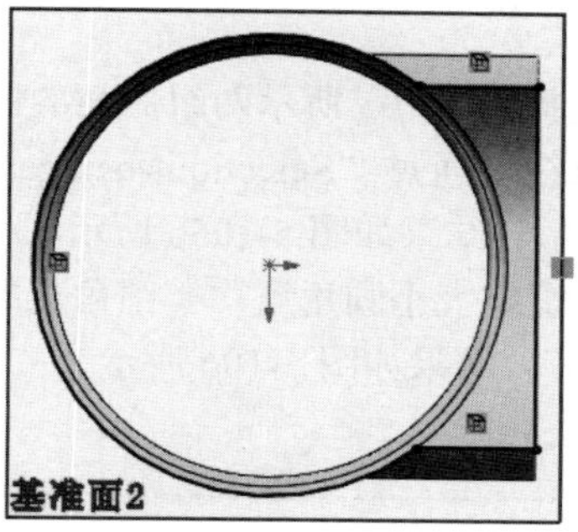

图 5-98 绘制草图 3

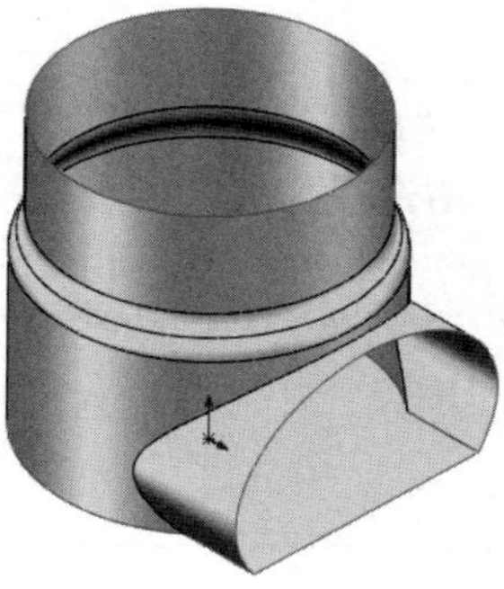

图 5-99 平面区域 1

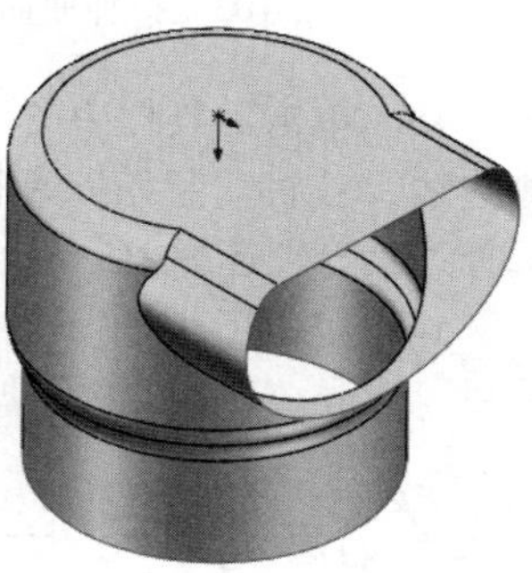

图 5-100 添加圆角 1

11）单击工具栏中的“曲面”/“参考几何体”/“基准面”，以“右视基准面”为参考，向 X 轴的正方向等距“120mm”创建新基准面，结果如图 5-101 所示。

12）以“基准面 3”为基准绘制如图 5-102 所示草图。

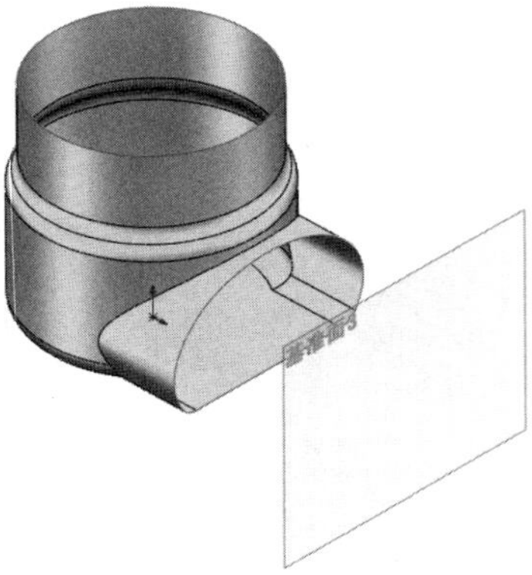

图 5-101　创建基准面 3

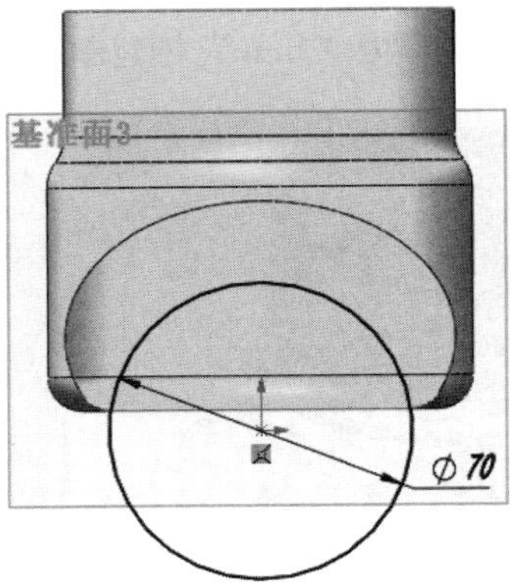

图 5-102　绘制草图 4

13）单击工具栏中的“曲面”/“拉伸曲面”，“终止条件”选择“给定深度”，“深度”输入尺寸“20mm”，结果如图 5-103 所示。

14）以“前视基准面”为基准绘制如图 5-104 所示草图。

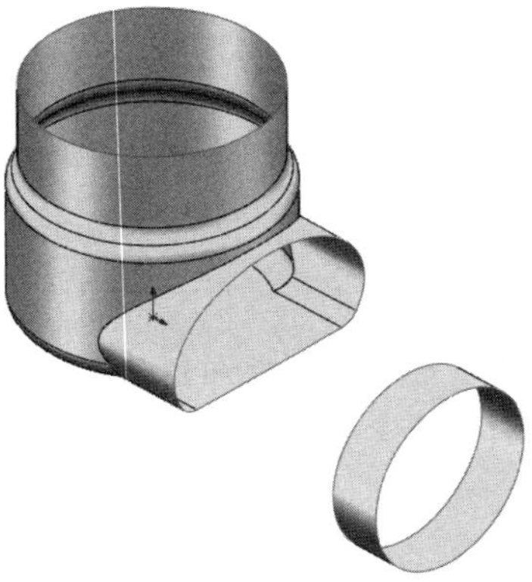

图 5-103　拉伸曲面 2

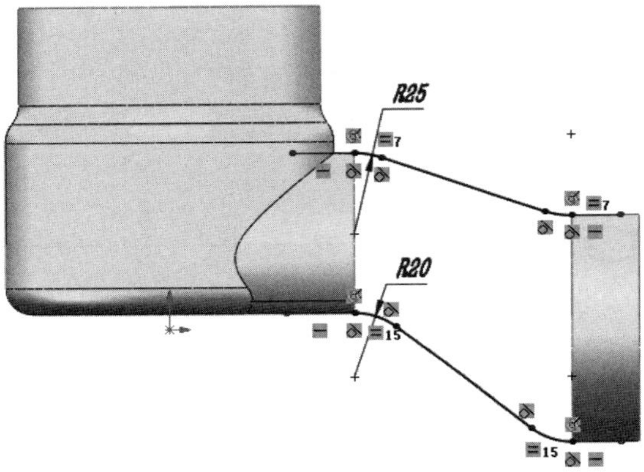

图 5-104　绘制草图 5

15）单击工具栏中的“曲面”/“放样曲面”，“轮廓”分别选择图 5-103 所示两组曲面的内侧边线，并将“起始/结束约束”均选择为“与面相切”，“引导线”通过“SelectionManager”选择工具分别选择上一步绘制草图的上下两组线，如图 5-105a 所示，结果如图 5-105b 所示。

16）单击工具栏中的“曲面”/“圆角”，“圆角类型”选择“恒定大小圆角”，“要圆角化的项目”选择“剪裁曲面”所形成的边线，“半径”输入尺寸“5mm”，结果如图 5-106 所示。

思考

为什么此处圆角不在剪裁后添加，而是在完成放样曲面后再添加？

17）以“前视基准面”为基准绘制如图 5-107 所示草图。

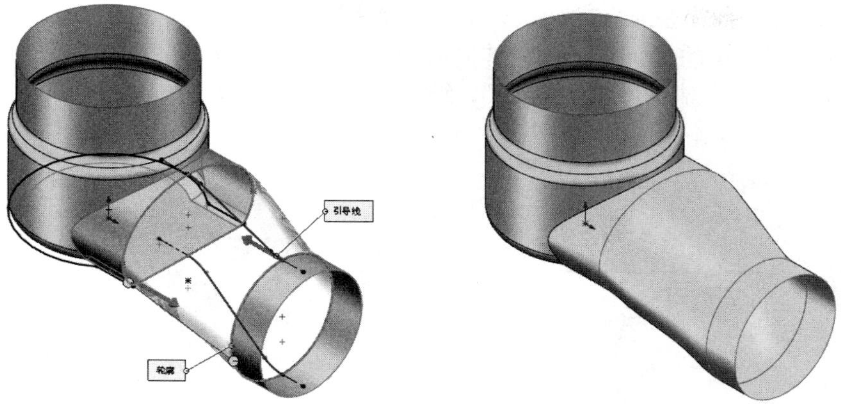

a）　　　　　　　　　　b）

图 5-105　放样曲面 1

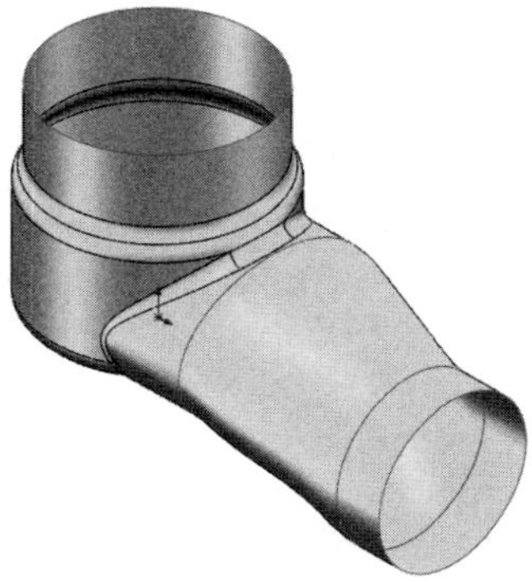

图 5-106　添加圆角 2

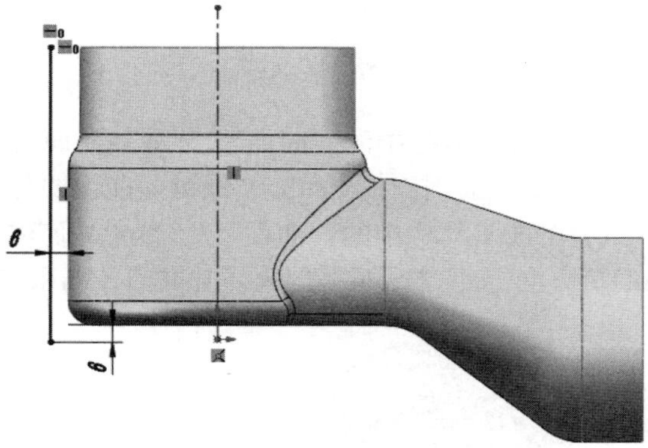

图 5-107　绘制草图 6

18）单击工具栏中的“曲面”/“旋转曲面”，以上一步所绘草图为参考生成旋转曲面，结果如图 5-108 所示。

19）单击工具栏中的“曲面”/“参考几何体”/“基准面”，以“右视基准面”为参考，向 *X* 轴的正方向等距“65mm”创建新基准面，结果如图 5-109 所示。

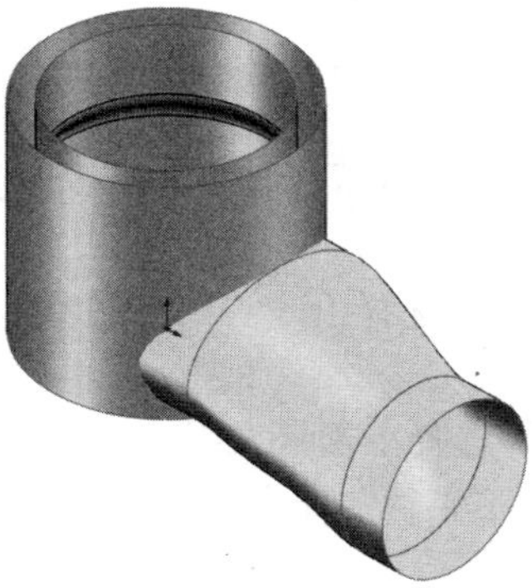

图 5-108　旋转曲面 2

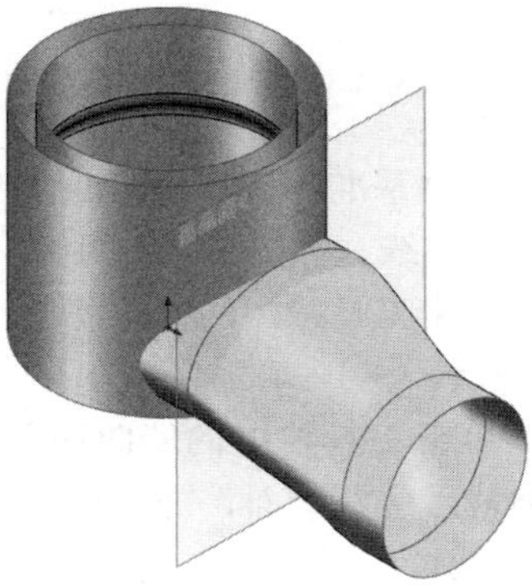

图 5-109　创建基准面 4

20）以新建基准面为基准绘制如图 5-110 所示草图。

21）单击工具栏中的“曲面”/“拉伸曲面”，“终止条件”选择“给定深度”，方向向着旋转曲面的内部，“深度”输入尺寸“50mm”，结果如图 5-111 所示。

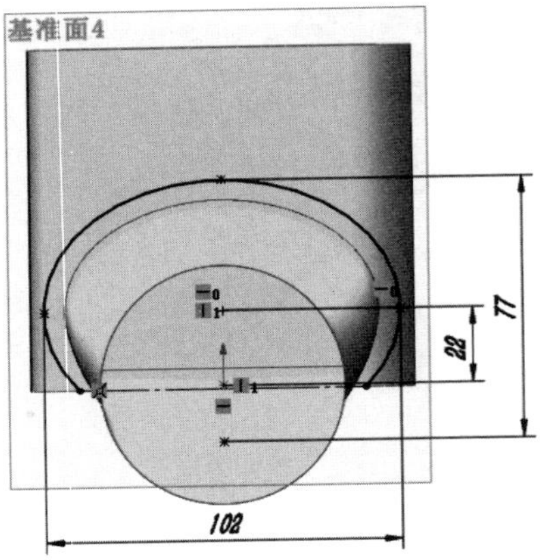

图 5-110　绘制草图 7

图 5-111　拉伸曲面 3

22）单击工具栏中的“曲面”/“剪裁曲面”，“剪裁类型”选择“相互”，“剪裁曲面”选择“旋转曲面 2”与“拉伸曲面 3”，保留两曲面的外侧部分，结果如图 5-112 所示。

23）单击工具栏中的“曲面”/“参考几何体”/“基准面”，以“上视基准面”为参考，向 Y 轴的负方向等距“1mm”创建新基准面，结果如图 5-113 所示。

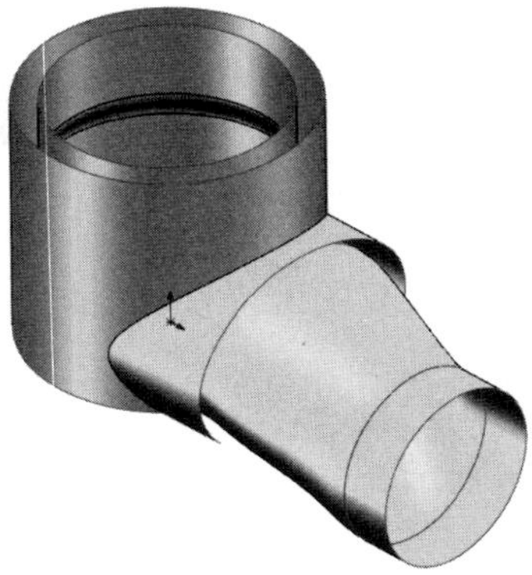

图 5-112　剪裁曲面 2

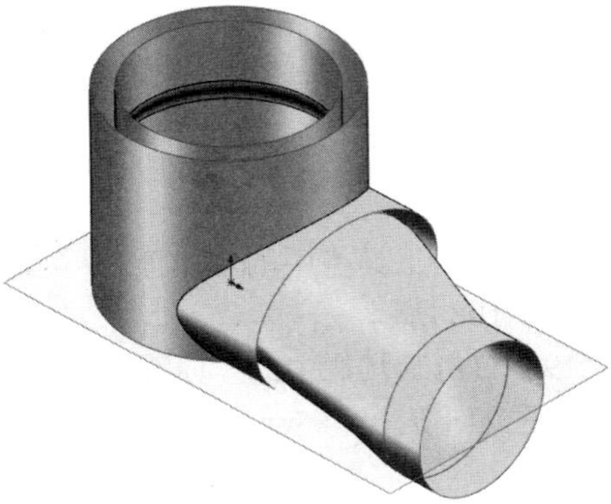

图 5-113　创建基准面 5

24）以“基准面 5”为基准绘制草图，将与该基准面相交的曲面边线“转换实体引用”，并补齐右侧竖直线，如图 5-114 所示。

25）单击工具栏中的“曲面”/“平面区域”，“边界实体”选择上一步绘制的草图，结果如图 5-115 所示。

26）单击工具栏中的“曲面”/“圆角”，“圆角类型”选择“面圆角”，“面组 1”选择第 22）步剪裁后的两个面，“面组 2”选择上一步生成的平面，“半径”输入尺寸“8mm”，结果如图 5-116 所示。

27）以“基准面 3”为基准绘制如图 5-117 所示草图。

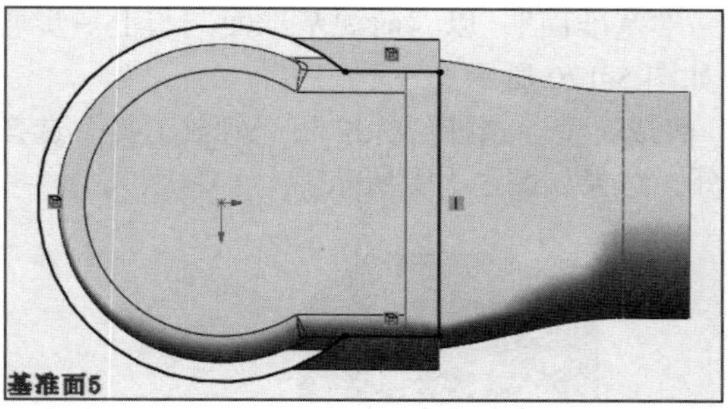

图 5-114　绘制草图 8

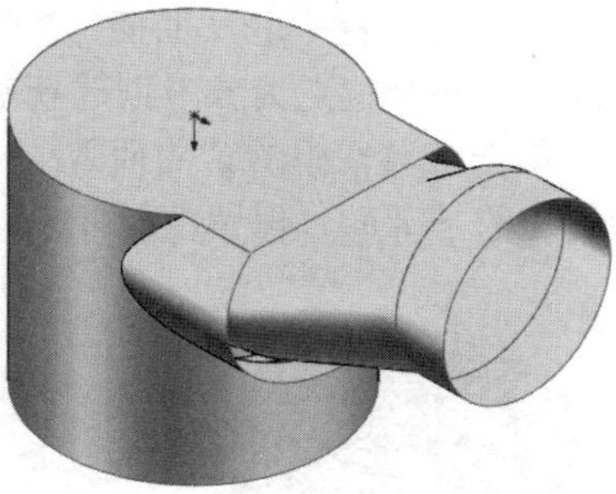

图 5-115　平面区域 2

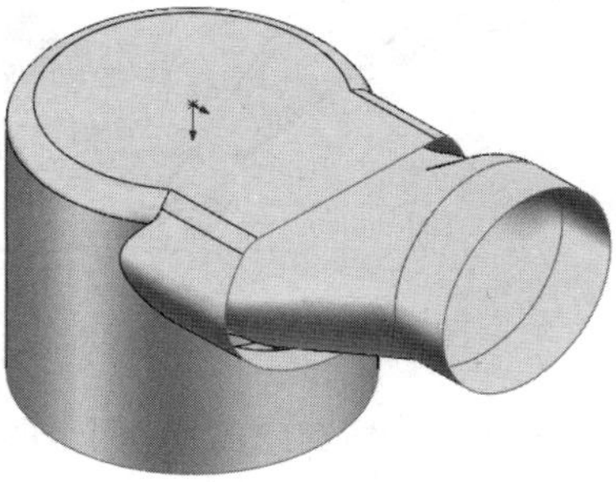

图 5-116　添加圆角 3

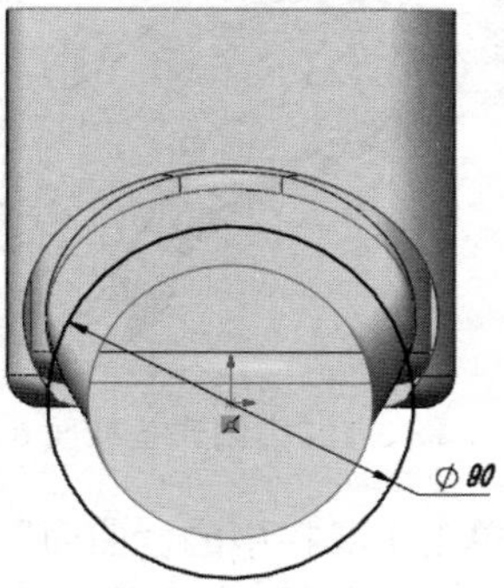

图 5-117　绘制草图 9

28）单击工具栏中的“曲面”/“拉伸曲面”，“终止条件”选择“给定深度”，“深度”输入尺寸“20mm”，结果如图 5-118 所示。

29）以“前视基准面”为基准绘制如图 5-119 所示草图。

注意

草图左侧端点与“拉伸曲面 3”并不相交，由于连接处与“草图 5”并非严格意义上的法向上等距，所以从此草图中也可以理解为什么不建议使用等距面生成外侧曲面。

图 5-118　拉伸曲面 4

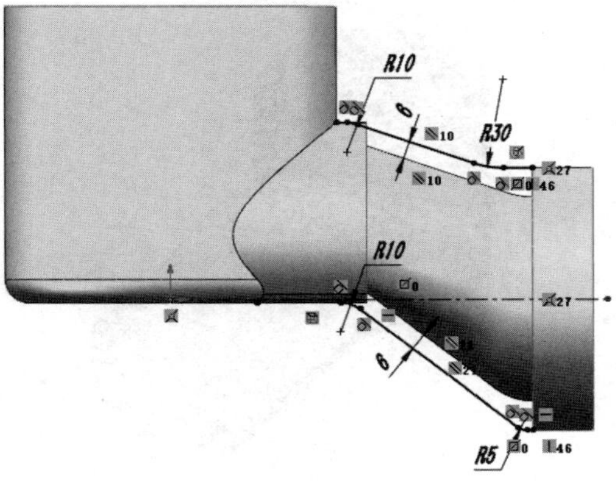

图 5-119　绘制草图 10

30）单击工具栏中的“曲面”/“参考几何体”/“基准面”，以“前视基准面”与上一步所绘制草图左侧两个端点为参考创建新基准面，结果如图 5-120 所示。

31）单击工具栏中的“曲面”/“剪裁曲面”，“剪裁类型”选择“标准”，“剪裁工具”选择上一步创建的基准面，保留“拉伸曲面 3”左侧部分，结果如图 5-121 所示。

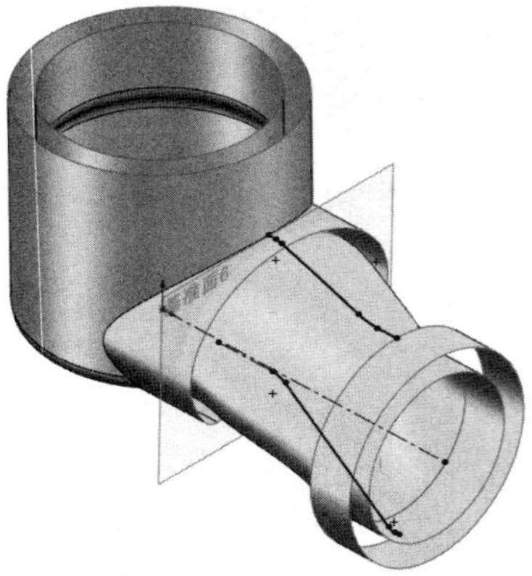

图 5-120　创建基准面 6

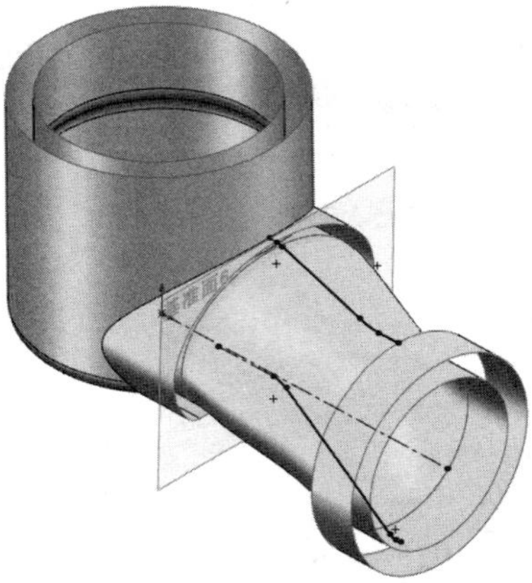

图 5-121　剪裁曲面 3

32）单击工具栏中的“曲面”/“放样曲面”，“轮廓”分别选择图 5-121 所示两组曲面的内侧边线，并将“起始 / 结束约束”均选择为“与面相切”，“引导线”通过“SelectionManager”选择工具分别选择上一步绘制草图的上下两组线，结果如图 5-122 所示。

提示

至此出口腔体的基本曲面已完成，接下去完成进口腔部分，为了截图显示方便，隐藏出口腔的已完成曲面。

33）单击工具栏中的“曲面”/“参考几何体”/“基准面”，以“右视基准面”为参考，向 X 轴的负方向等距“120mm”创建新基准面，结果如图 5-123 所示。

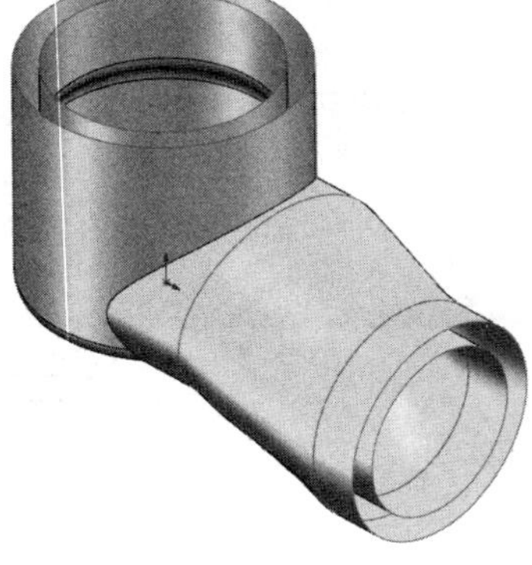

图 5-122　放样曲面 2

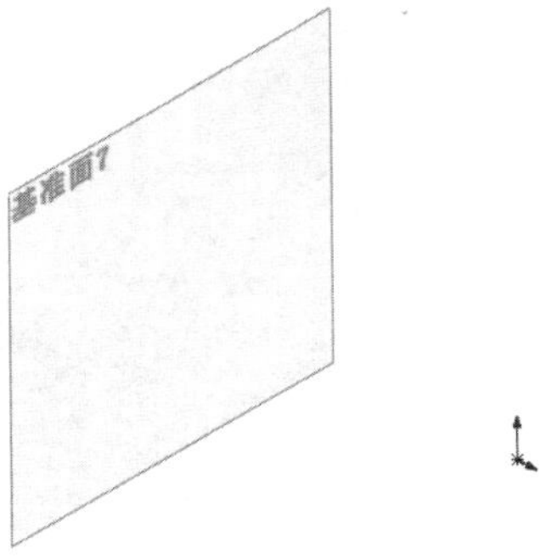

图 5-123　创建基准面 7

34）以新建基准面为基准绘制如图 5-124 所示草图。

35）以“前视基准面”为基准绘制如图 5-125 所示草图。

注意

在建模分析时提到了此处分为三部分完成，所以此处草图的水平直线与下方的大圆弧需要在 *Y* 轴方向进行分割，以方便后续曲面选择草图对象。

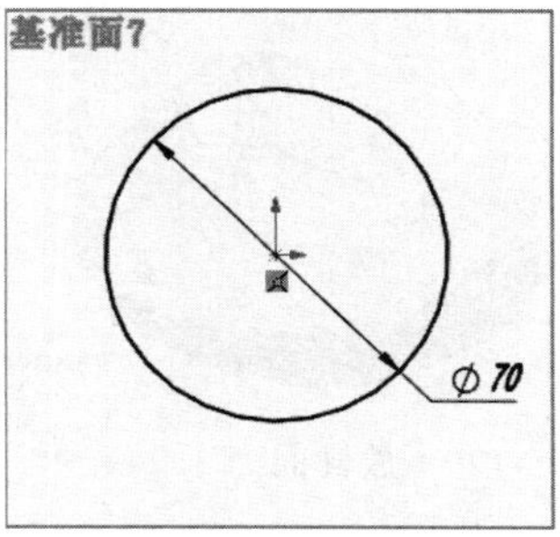

图 5-124 绘制草图 11

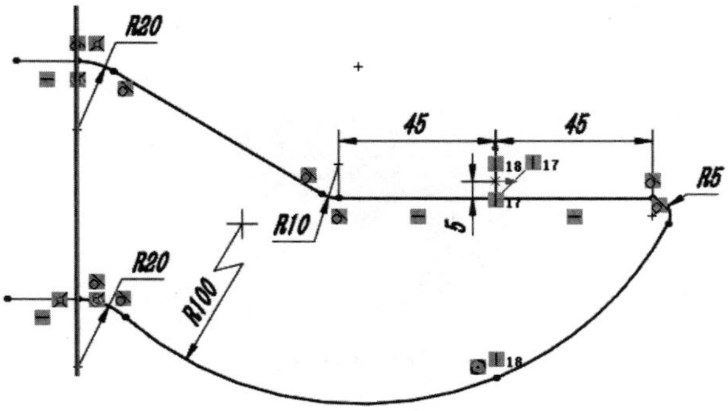

图 5-125 绘制草图 12

36）以“右视基准面”为基准绘制如图 5-126 所示草图。

提示

草图中下端圆弧中点需与上一步所绘草图的大圆弧添加“使穿透”的几何关系，这样才能保证扫描时圆弧是跟随引导线变化的。

37）单击工具栏中的“曲面”/“扫描曲面”，“轮廓”选择上一步所生成的草图，“路径”选择“草图 12”的水平线左侧段，“引导线”选择“草图 12”下侧圆弧的左侧段，结果如图 5-127 所示。

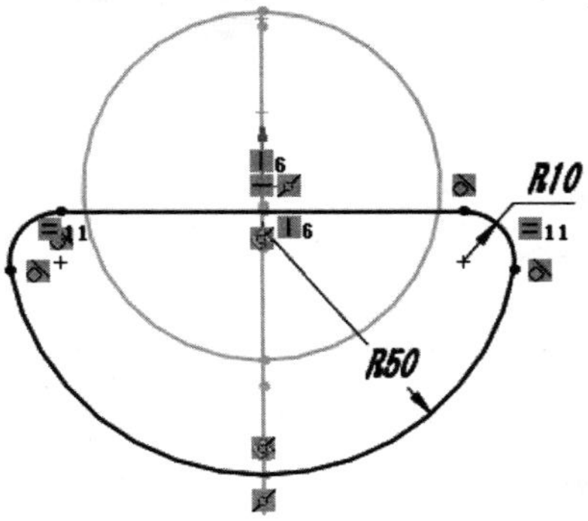

图 5-126 绘制草图 13

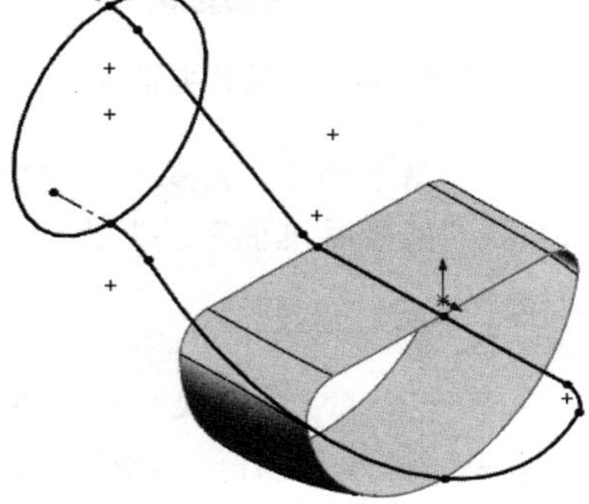

图 5-127 扫描曲面 1

38）单击工具栏中的“曲面”/“曲线”/“分割线”，“分割类型”选择“交叉点”，“分割实体 / 面”选择“前视基准面”，“要分割的面”选择“扫描曲面 1”的上下两个面，结果如图 5-128 所示。

39）单击工具栏中的“曲面”/“放样曲面”，“轮廓”分别选择上一步分割形成的两个端面边线与“草图 12”的右侧草图线，并将“起始 / 结束约束”均选择为“与面相切”，结果如图 5-129 所示。

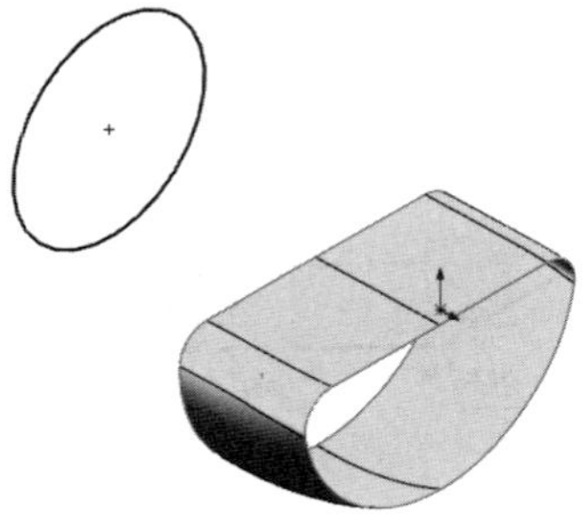

图 5-128　分割曲面 1

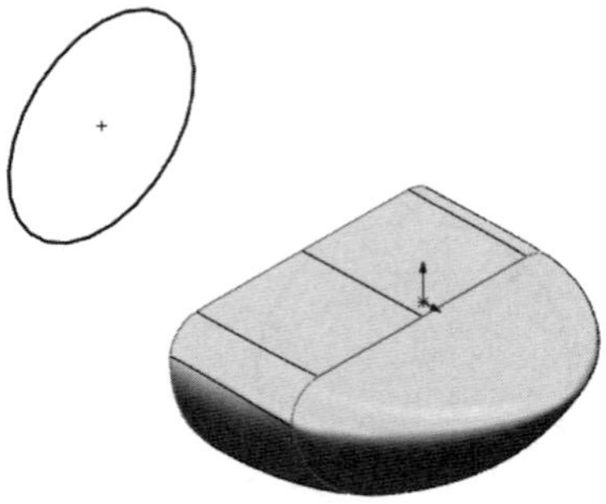

图 5-129　放样曲面 3

40）单击工具栏中的“曲面”/“放样曲面”，“轮廓”分别选择“草图 11”与“扫描曲面 1”的左侧边线，并将“开始约束”选择为“垂直于轮廓”，“结束约束”选择“与面相切”，“引导线”通过“SelectionManager”选择工具分别选择“草图 12”的上下两组线，结果如图 5-130 所示。

41）单击工具栏中的“曲面”/“拉伸曲面”，“终止条件”选择“给定深度”，“深度”输入尺寸“20mm”，“轮廓”选择“草图 11”，结果如图 5-131 所示。

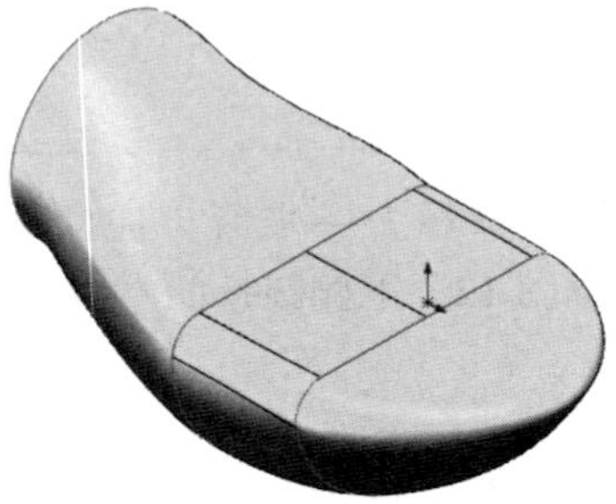

图 5-130　放样曲面 4

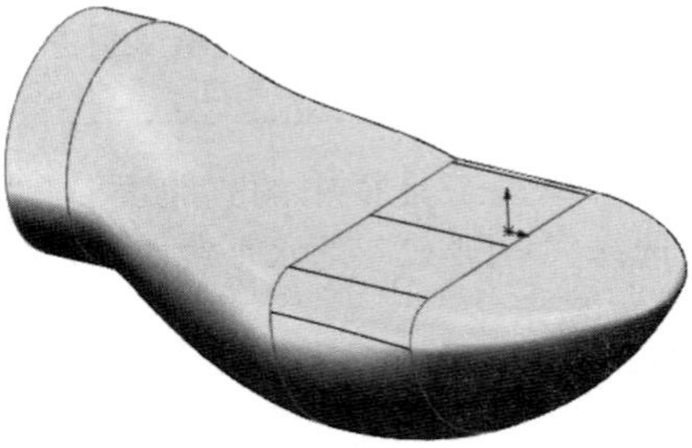

图 5-131　拉伸曲面 5

42）以“基准面 7”为基准绘制如图 5-132 所示草图。

43）以“前视基准面”为基准绘制如图 5-133 所示草图。

注意

此模型主体要优先保证的是壁厚“6mm”，在左上角的 $R30$mm 圆弧受条件限制，无法与水平辅助线相切时，此处仅连接处理，在后续实体特征中再添加圆角过渡以保证相切连续，这是复杂曲面中尺寸无法满足时常用的一种处理方法。

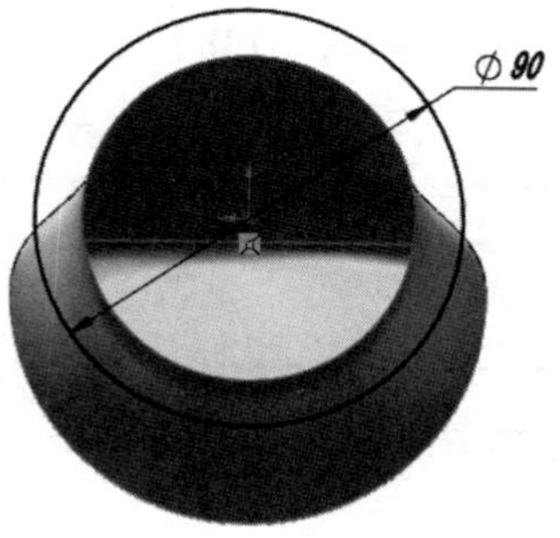

图 5-132　绘制草图 14

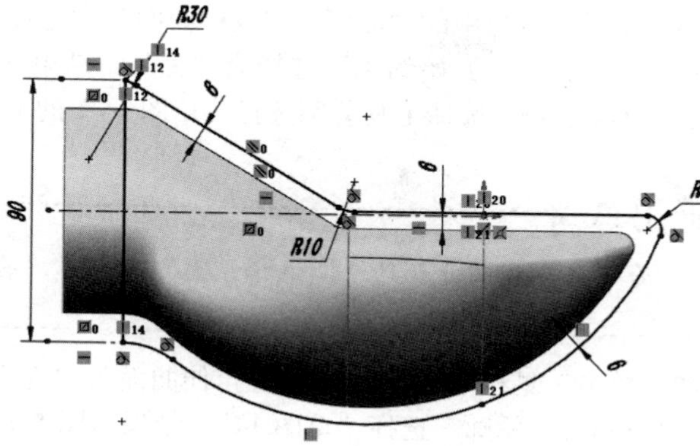

图 5-133　绘制草图 15

44）以“右视基准面”为基准绘制如图 5-134 所示草图。

45）单击工具栏中的“曲面”/“扫描曲面”，“轮廓”选择上一步所生成的草图，“路径”选择“草图 15”的水平线左侧段，“引导线”选择“草图 15”下侧圆弧的左侧段，结果如图 5-135 所示。

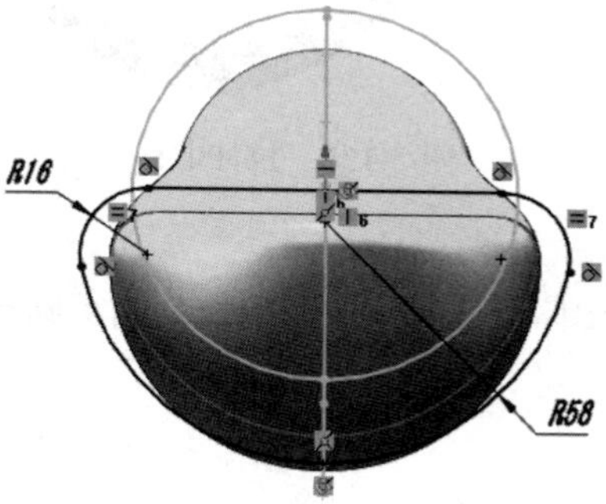

图 5-134　绘制草图 16

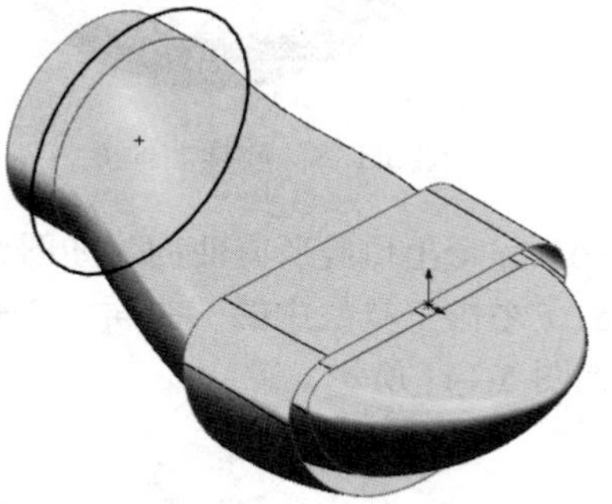
图 5-135　扫描曲面 2

46）单击工具栏中的“曲面”/“曲线”/“分割线”，“分割类型”选择“交叉点”，“分割实体 / 面”选择“前视基准面”，“要分割的面”选择“扫描曲面 2”的上下两个面，结果如图 5-136 所示。

47）单击工具栏中的“曲面”/“放样曲面”，“轮廓”分别选择上一步分割形成的两个端面边线与“草图 15”的右侧草图线，并将“起始 / 结束约束”均选择为“与面相切”，结果如图 5-137 所示。

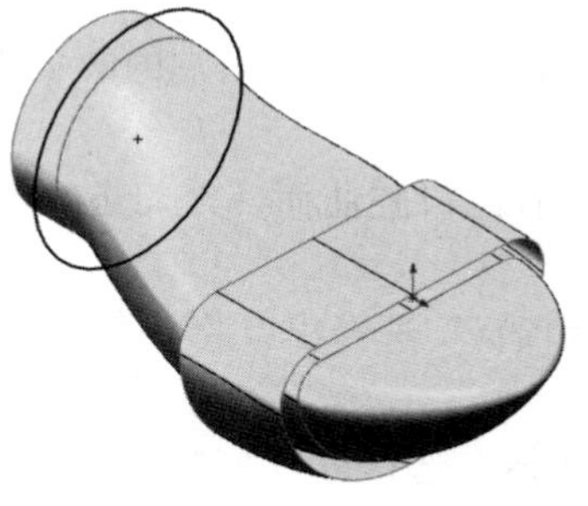
图 5-136　分割曲面 2

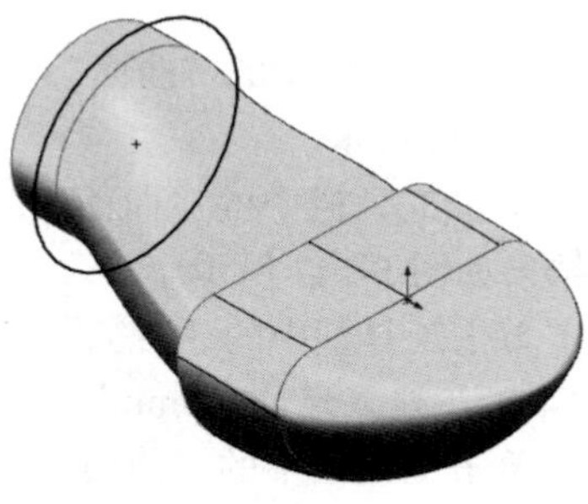
图 5-137　放样曲面 5

48）单击工具栏中的“曲面”/“放样曲面”，“轮廓”分别选择“草图 14”与“扫描曲面 2”的左侧边线，并将“开始约束”选择为“无”，“结束约束”选择“与面相切”，“引导线”通过“SelectionManager”选择工具分别选择“草图 15”的上下两组线，结果如图 5-138 所示。

思考

为什么此处“开始约束”选择“无”而不是“垂直于轮廓”？

49）单击工具栏中的“曲面”/“拉伸曲面”，“终止条件”选择“给定深度”，“深度”输入尺寸“20mm”，“轮廓”选择“草图 14”，结果如图 5-139 所示。

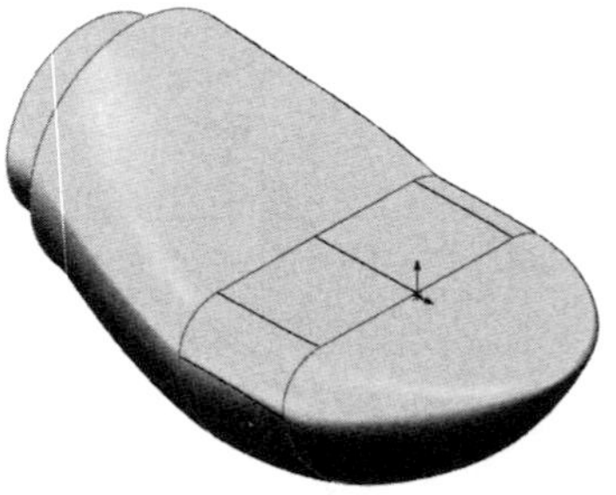

图 5-138　放样曲面 6

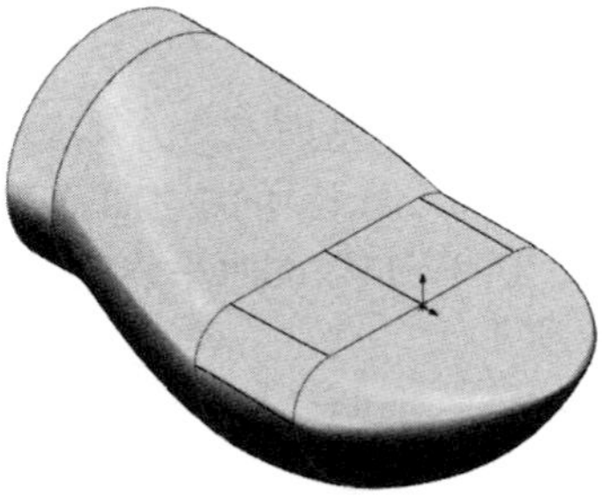

图 5-139　拉伸曲面 6

50）显示出口腔所有曲面，如图 5-140 所示。

51）单击工具栏中的“曲面”/“平面区域”，“边界实体”选择出口腔顶端的两个圆环边线，结果如图 5-141 所示。

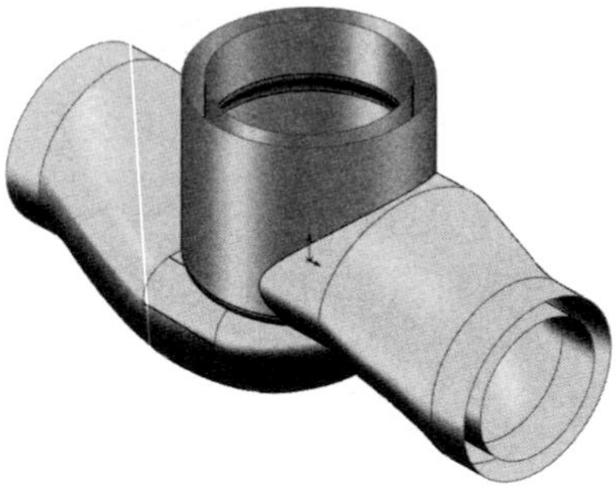

图 5-140　显示所有曲面

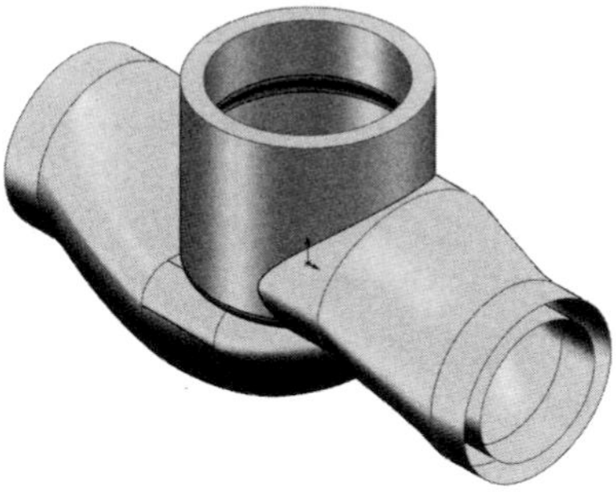

图 5-141　平面区域 3

52）单击工具栏中的“曲面”/“平面区域”，“边界实体”选择出口腔右端的两个圆环边线，结果如图 5-142 所示。

53）单击工具栏中的“曲面”/“缝合曲面”，选择所有出口腔曲面，并勾选“创建实体”选项，结果如图 5-143 所示。

54）单击工具栏中的“特征”/“圆角”，“要圆角化的项目”选择出口腔竖直与水平的交叉边线，“半径”输入尺寸“5mm”，结果如图 5-144 所示。

55）单击工具栏中的“曲面”/“平面区域”，“边界实体”选择进口腔端的两个圆环边线，结果如图 5-145 所示。

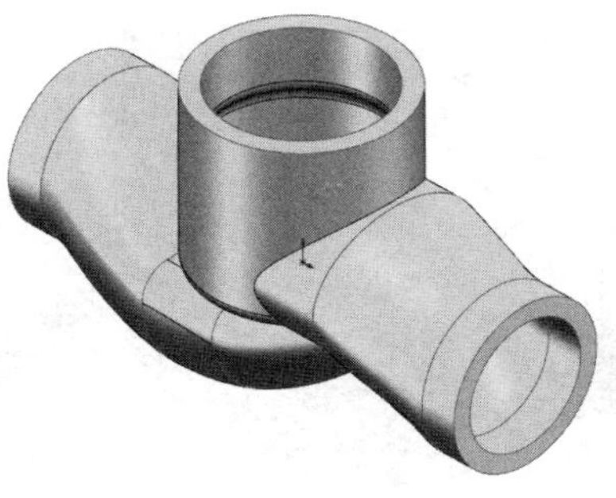

图 5-142　平面区域 4

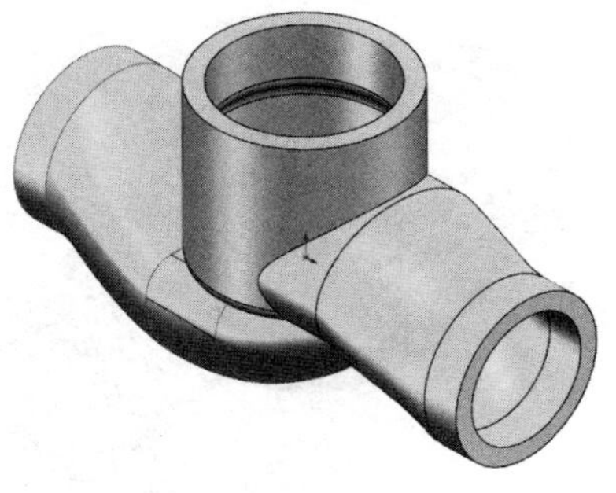

图 5-143　缝合曲面 1

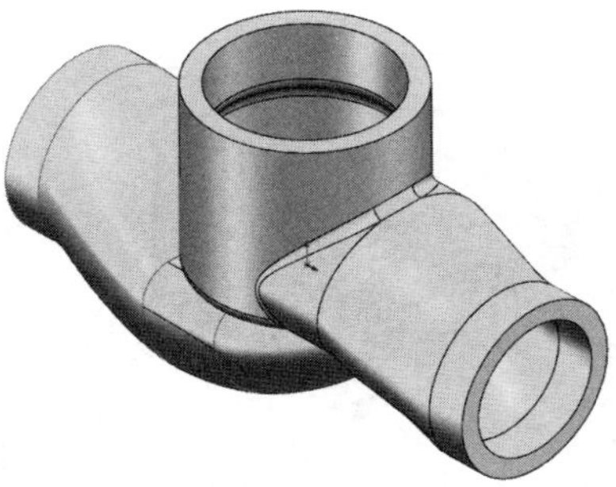

图 5-144　添加圆角 4

图 5-145　平面区域 5

56）单击工具栏中的“曲面”/“缝合曲面”，选择所有进口腔曲面，并勾选“创建实体”选项，结果如图 5-146 所示。

57）单击工具栏中的“特征”/“组合”，“操作类型”选择“添加”，“要组合的实体”选择两个腔体，结果如图 4-147 所示。

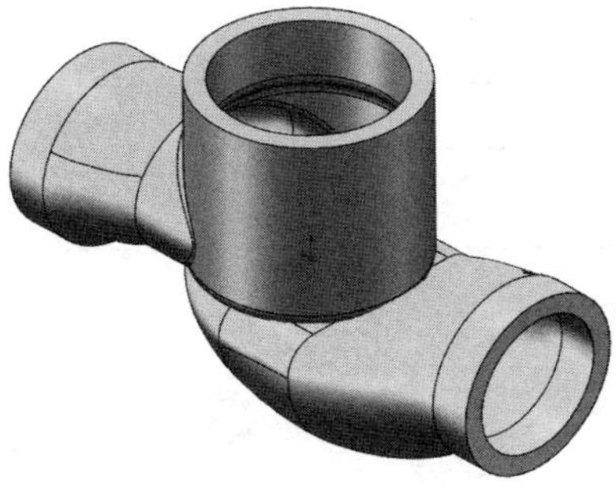

图 5-146　缝合曲面 2

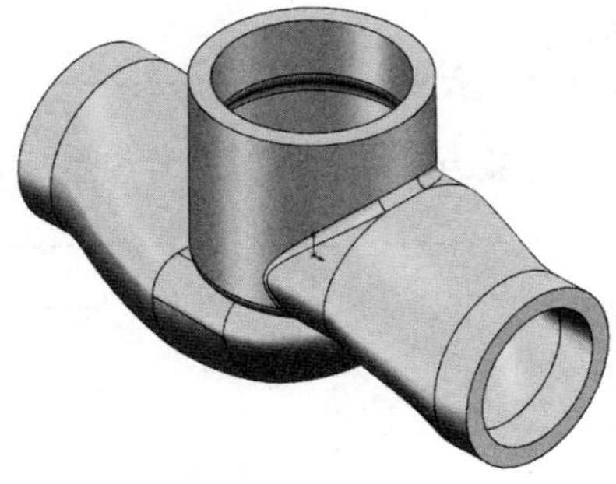

图 5-147　组合实体

58）单击工具栏中的“特征”/“圆角”，“要圆角化的项目”选择两个腔体的交叉边线，“半径”输入尺寸“10mm”，结果如图 5-148 所示。

59）以“前视基准面”为基准绘制如图 5-149 所示草图。

60）单击工具栏中的“特征”/“筋”，“筋厚度”输入尺寸“10mm”，结果如图 5-150 所示。

61）单击工具栏中的“特征”/“圆角”，“要圆角化的项目”选择筋特征的所有边线，“半径”输入尺寸“5mm”，结果如图 5-151 所示。

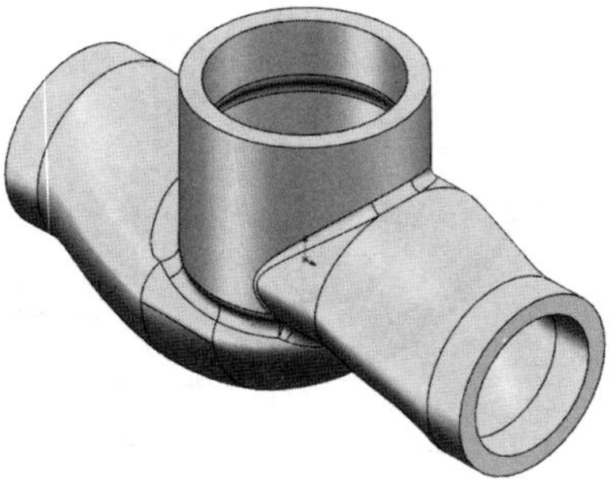

图 5-148　添加圆角 5

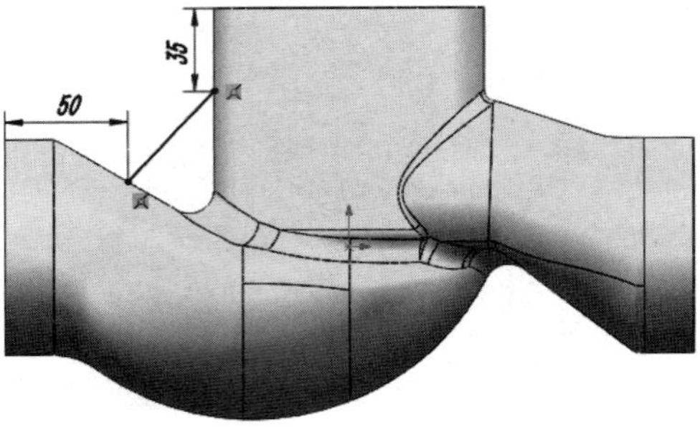

图 5-149　绘制草图 17

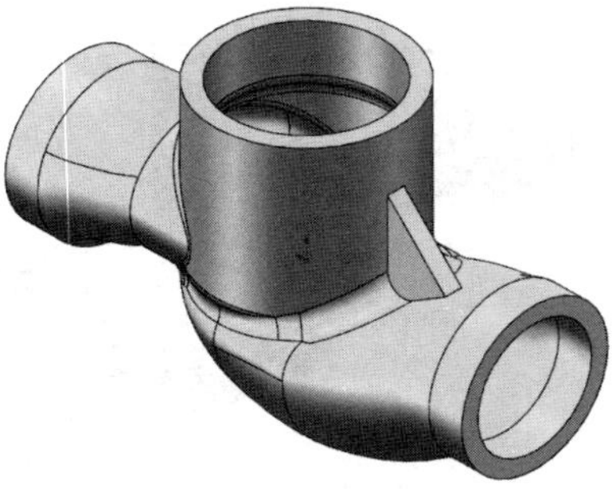

图 5-150　添加筋

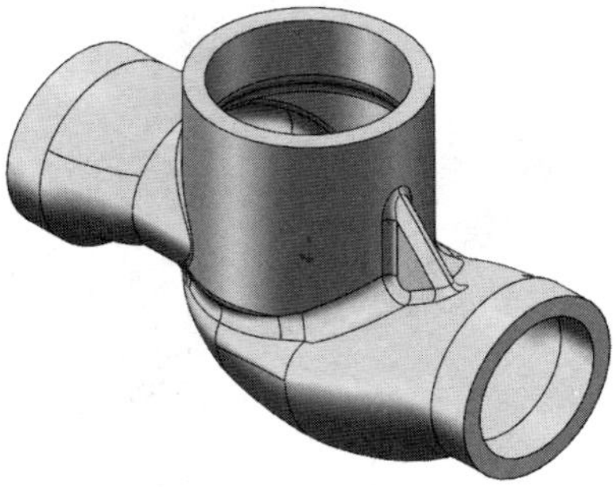

图 5-151　添加圆角 6

62）以出口腔的内部底平面为基准绘制如图 5-152 所示草图。

63）单击工具栏中的“特征”/“拉伸切除”，“终止条件”选择“给定深度”，“深度”输入尺寸“1mm”，结果如图 5-153 所示。

提示

此处为了观察方便，对模型进行了剖切显示。

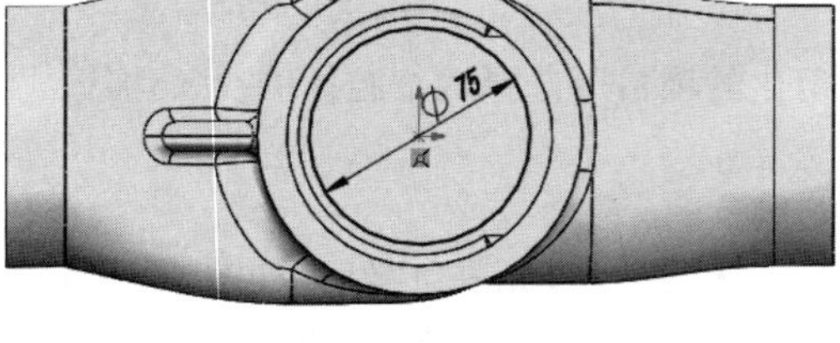

图 5-152　绘制草图 18

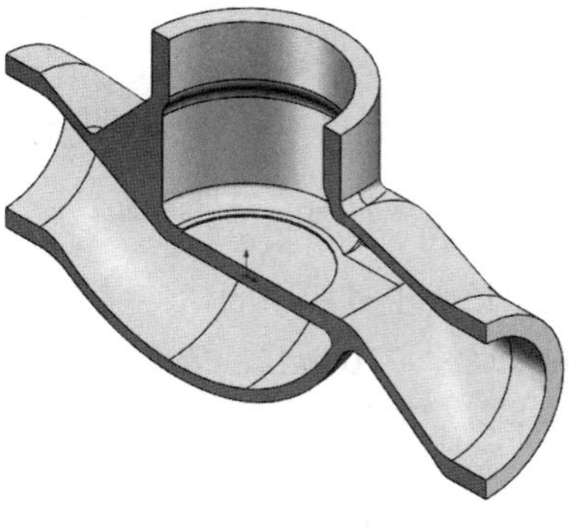

图 5-153　拉伸切除 1

64）以上一步切除的底平面为基准绘制如图 5-154 所示草图。

65）单击工具栏中的“特征”/“拉伸切除”，“终止条件”选择“成形到下一面”，结果如图 5-155 所示。

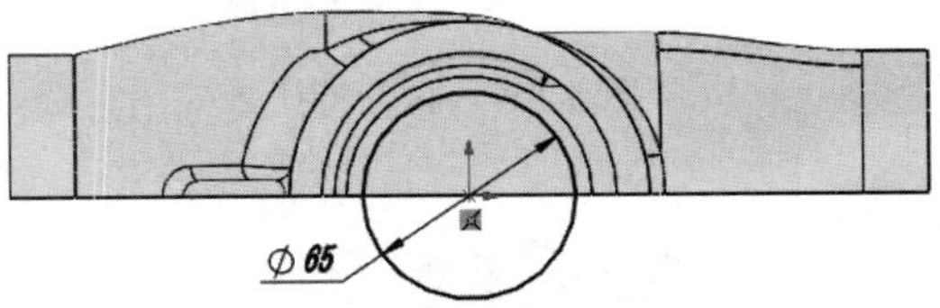

图 5-154　绘制草图 19

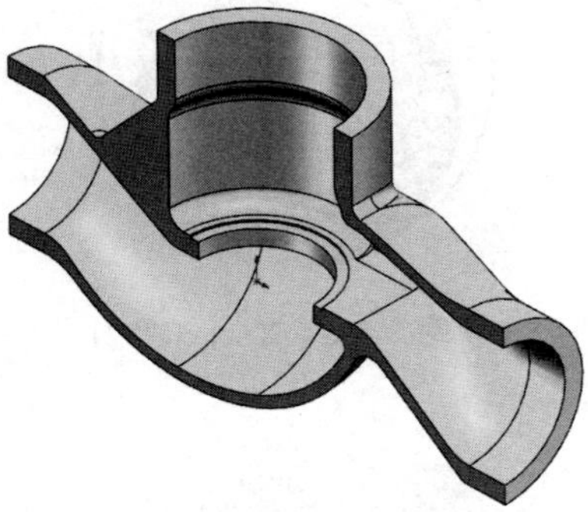

图 5-155　拉伸切除 2

66）以出口腔体顶端平面为基准绘制如图 5-156 所示草图。

67）单击工具栏中的“特征”/“拉伸凸台 / 基体”，“从”选择“等距”并输入尺寸“5mm”，“终止条件”选择“给定深度”，“深度”输入尺寸“18mm”，结果如图 5-157 所示。

注意

通过预览调整为合适的拉伸方向。

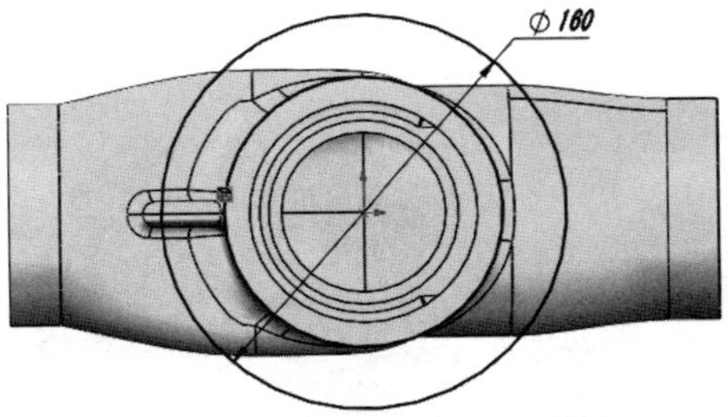

图 5-156　绘制草图 20

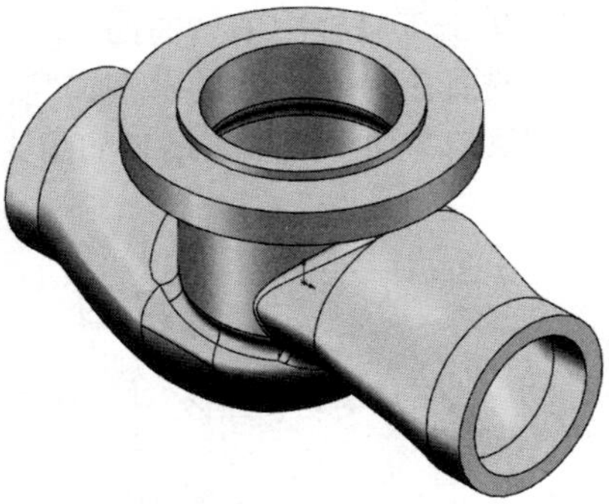

图 5-157　拉伸特征 1

68）以出口腔体右端平面为基准绘制如图 5-158 所示草图。

69）单击工具栏中的“特征”/“拉伸凸台 / 基体”，“从”选择“等距”并输入尺寸“5mm”，“终止条件”选择“给定深度”，“深度”输入尺寸“12 mm”，结果如图 5-159 所示。

70）单击工具栏中的“特征”/“镜像”，“镜像面”选择“右视基准面”，“要镜像的特征”选择上一步创建的拉伸特征，结果如图 5-160 所示。

71）单击工具栏中的“特征”/“圆角”，“要圆角化的项目”选择三个法兰与腔体的内侧相交边线，“半径”输入尺寸“3mm”，结果如图 5-161 所示。

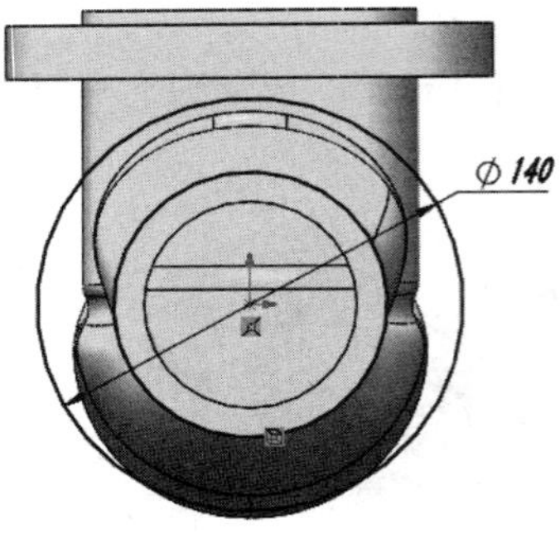

图 5-158　绘制草图 21

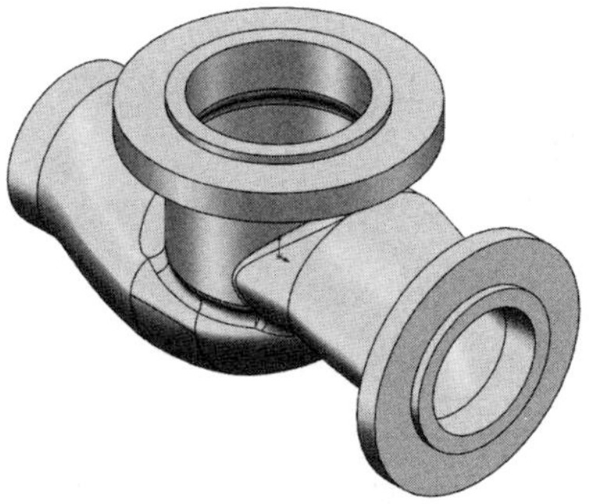

图 5-159　拉伸特征 2

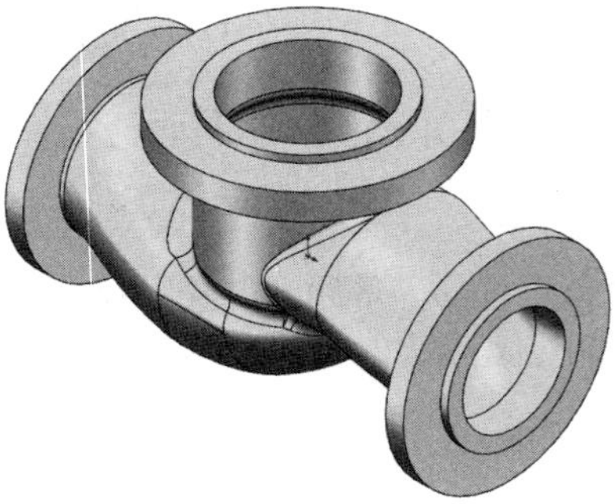

图 5-160　镜像法兰

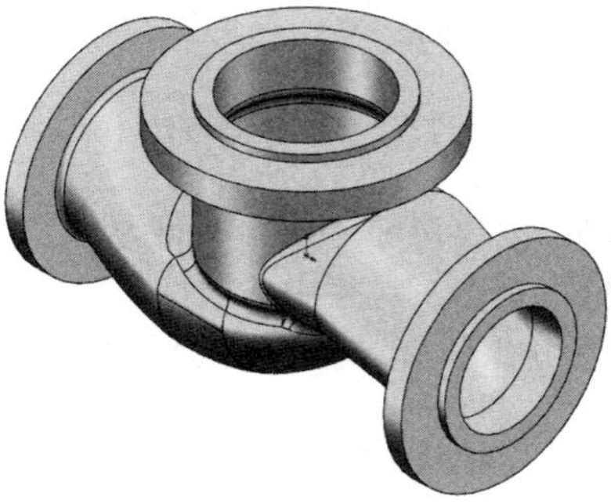

图 5-161　添加圆角 7

72）以“前视基准面”为基准绘制如图 5-162 所示草图。

73）单击工具栏中的“曲面”/“曲线”/“分割线”，“分割类型”选择“投影”，“要投影的草图”选择上一步绘制的草图，“要分割的面”选择模型中 Z 轴正方向的外侧表面，并选择“单向”“反向”两个选项，结果如图 5-163 所示。

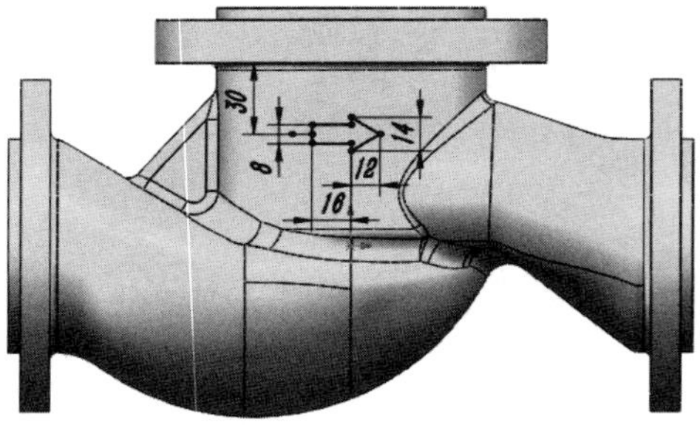

图 5-162　绘制草图 22

图 5-163　分割曲面 3

74）单击工具栏中的“曲面”/“等距曲面”，“要等距的曲面”选择分割所形成的箭头内侧面，“等距距离”输入尺寸“0mm”，结果如图 5-164 所示。

75）单击工具栏中的“曲面”/“加厚”，“要加厚的曲面”选择上一步等距产生的面，厚度输入尺寸“0.5mm”，结果如图 5-165 所示。

图 5-164　等距曲面

图 5-165　加厚曲面

76）单击工具栏中的“特征”/“圆角”，“要圆角化的项目”选择加厚特征的所有边线，“半径”输入尺寸“0.2mm”，结果如图 5-166 所示。

图 5-166　添加圆角 8

提示

作为曲面教程，此处省略了模型中法兰孔、配合锥面等基础特征，练习时可根据需要自行增加。

练　习　题

一、简答题

1. 简要描述复杂曲面模型的分析思路。
2. 曲面圆角与实体圆角的异同与应用场合是什么？
3. 当曲面质量不佳时如何处理？

二、操作题

1. 创建图 5-167 所示的模型。

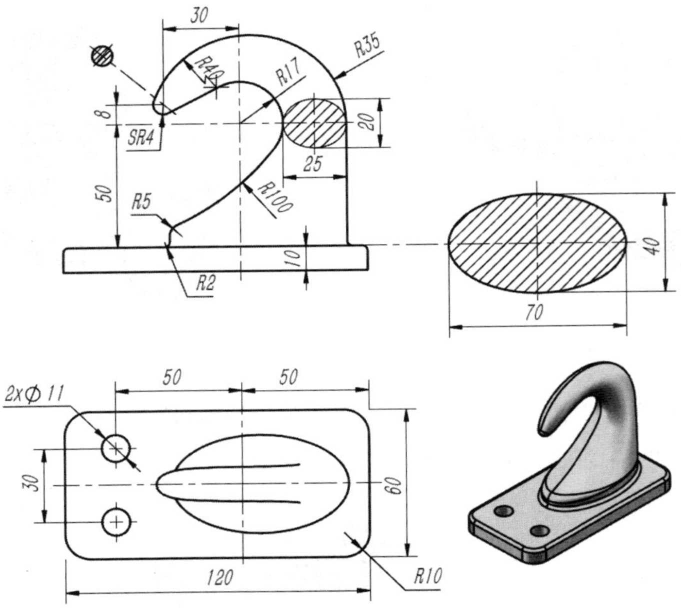

图 5-167　操作题 1

2. 创建图 5-168 所示的模型。

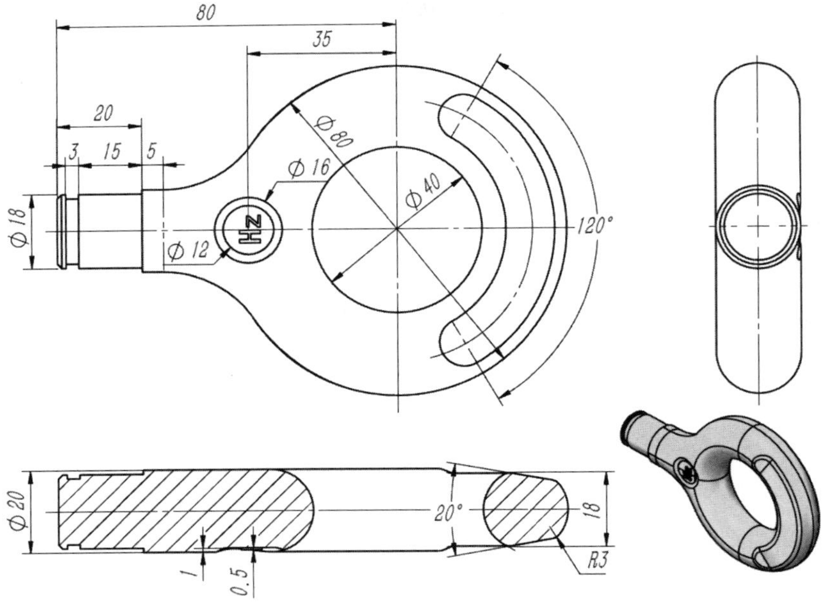

图 5-168　操作题 2

第 6 章 工业造型实例

学习目标：

1）了解工业造型的基本方法。

2）掌握实例的操作方法。

3）熟悉提升曲面质量的方法。

工业造型是一个宽泛的概念，本章主要讲解与外观相关的各类产品的造型方法。通过本章内容的学习可以了解常用工业造型的方法，包括实体方法、曲面方法、逆向方法等。本章实例都是生活中常见的实物，通过这些实例的训练可以对工业造型有一个整体认识，为今后工业造型打下良好的基础。当然，只是靠几个实例就成为工业造型高手是不现实的，工业造型中创意非常重要，这部分内容在本书中没有涉及，请读者配合其他教材加以学习。

6.1 工业造型的常用手段

工业造型在这里指的是与外观建模相关的内容，不包含功能结构上的设计。工业造型与结构设计的主要区别是工业造型关注外观形状，对具体尺寸的要求比结构设计低。我们接触工业造型通常首先想到的是复杂的曲面、很炫的技巧，其实这些只是其中很小的一部分，大部分的工业造型并不需要很复杂的曲面，关键的是创意，工程技术人员所要做的是将这些创意通过软件表达出来。

在这里主要讲解几种常用的工业造型的手段：

1）实体建模。部分工业造型并不需要复杂曲面功能，其主体通过实体建模功能完成，结合部分曲面功能完成模型的创建。

2）曲面建模。以曲面功能为主创建模型。

3）外观图片建模。图片作为一种条件，可以是手绘图片，也可以是拍摄照片，利用图片提供的信息作为参考，通过实体或曲面的方法进行建模。

4）逆向建模。对已有的实物通过三坐标测量、激光扫描等获取外观数据，然后导入软件进行调整、修正，最终转化为实体模型。

5）利用已有几何体建模。不同软件有着各自的优势，有时需要用不同软件工具完成不同部分，再转入 SOLIDWORKS 进行编辑修改或增加其他特征形成所需的模型，这也是不同软件间协作的重要手段。

注意

本章的实例均以模型外形为主，不关注具体的结构设计部分。

6.2 实体建模实例

使用合适的建模方法完成图 6-1 所示模型的创建。

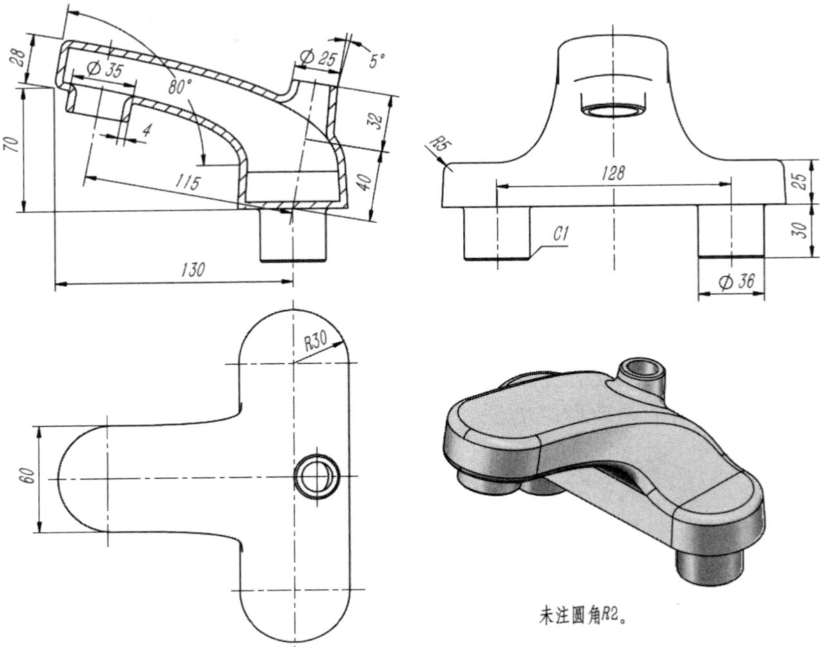

图 6-1　实体建模实例

实例分析：

在学习过前面的曲面内容后会发现，曲面操作相对于实体建模而言要显得繁杂，所以对于一些相对简单的模型要优先使用实体特征功能，创建基本实体后再使用曲面功能作为辅助以达到设计要求。图 6-1 所示模型可分为底座与头部两部分，底座是基本的拉伸特征，而头部也可通过拉伸生成基本特征，利用圆角创建半圆部分，再通过“自由形”功能对两侧面进行变形以满足设计要求。而通过分析模型的尺寸发现，主视图中两条主要的样条曲线只有端点定位尺寸而没有其他参考尺寸，这就需要根据给定外形进行推定。这在外形类模型中较为常见，由于表达不便而无法标注相关尺寸，由建模人员根据给定的条件进行推定，这也是同一条件不同人员创建的模型有所差异的主要原因之一。

操作步骤：

1）以“上视基准面”为基准绘制如图 6-2 所示草图。

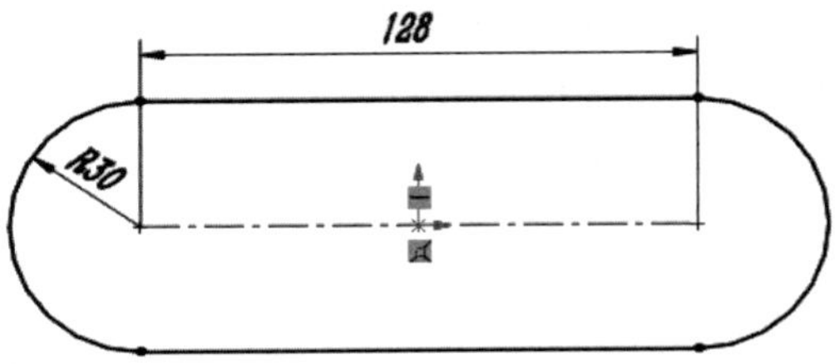

图 6-2　绘制草图 1

2）单击工具栏中的“特征”/“拉伸凸台/基体”，“终止条件”选择“给定深度”，“深度”输入尺寸“25mm”，打开“拔模开关”并输入角度“3 度”，结果如图 6-3 所示。

3）以“右视基准面”为基准绘制如图 6-4 所示草图。

提示

上下两条曲线用“样式曲线”绘制，并添加“相切”与“垂直”的几何关系。

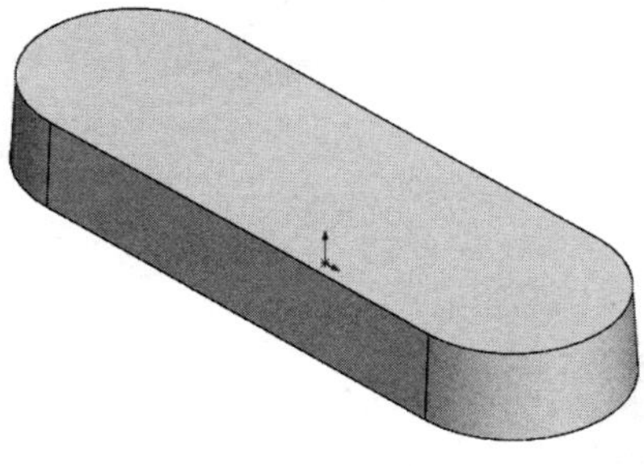

图 6-3　拉伸特征 1

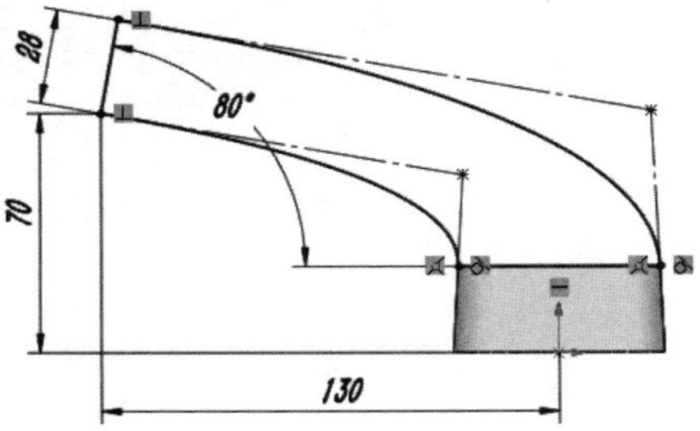

图 6-4　绘制草图 2

4）单击工具栏中的“特征”/“拉伸凸台/基体”，“终止条件”选择“两侧对称”，“深度”输入尺寸“60mm”，结果如图 6-5 所示。

5）单击工具栏中的“特征”/“圆角”，“圆角类型”选择“完整圆角”，“要圆角化的项目”分别选择上一步生成的拉伸特征端部的三个相邻面，结果如图 6-6 所示。

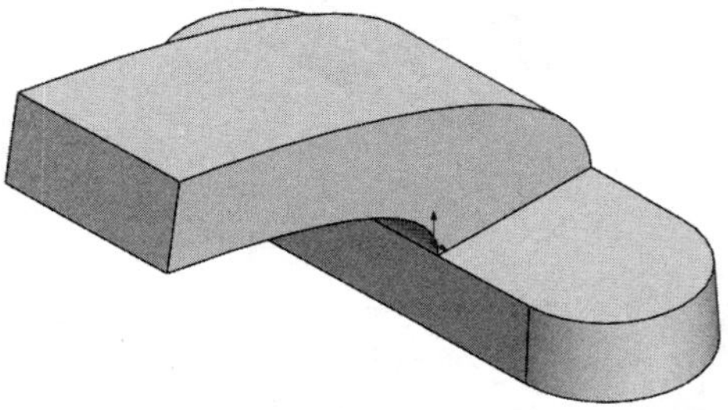

图 6-5　拉伸特征 2

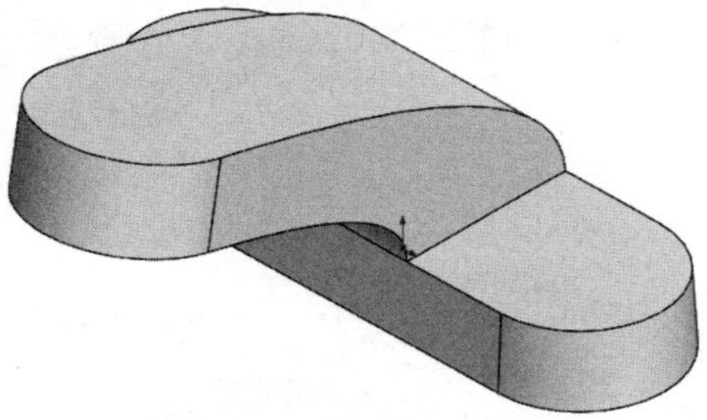

图 6-6　添加圆角 1

6）单击工具栏中的“曲面”/“自由形”，“要变形的面”选择“拉伸特征 2”的侧面，并将端部边线的连续性选择为“相切”，其余三条边线的连续性选择为“可移动”，如图 6-7a 所示；然后选择与底座相交的边线，如图 6-7b 所示；按住键盘 <Ctrl> 键选择所选边线的四个控标，再拖动左下角的控标点到底座上表面的切点，如图 6-7c 所示；选择上侧样条曲线的边，拖动方向控标与水平边线平行，如图 6-7d 所示；再选择下侧样条曲线的边，拖动方向控标与水平边线平行，如图 6-7e 所示。单击“确定”，结果如图 6-7f 所示。

7）单击工具栏中的“曲面”/“使用曲面切除”，“进行切除的所选曲面”选择“右视基准面”，切除未做自由形变形的一侧，结果如图 6-8 所示。

思考

此处为什么要切除一半？

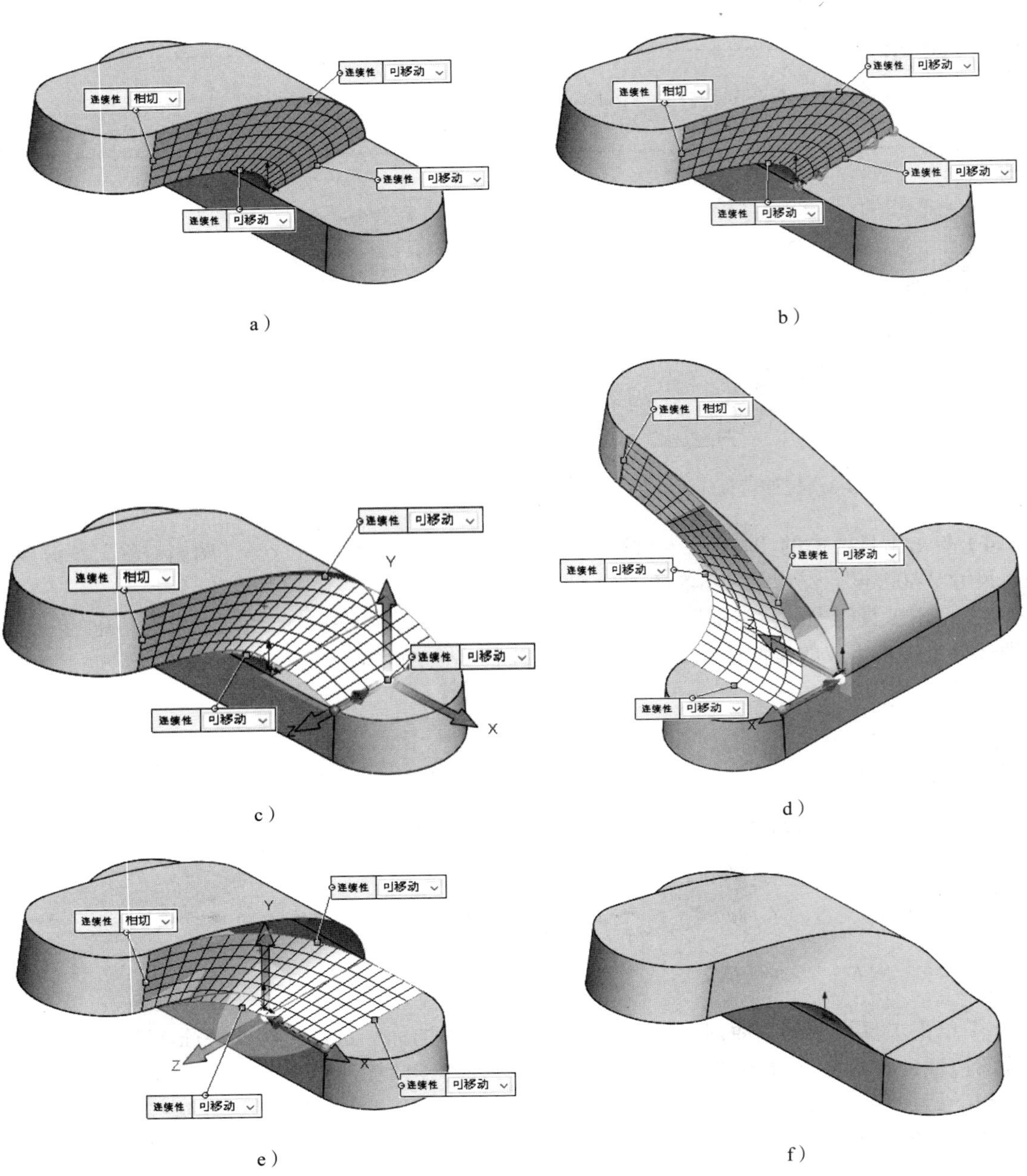

图 6-7　自由形

8）以底座底面为基准绘制如图 6-9 所示草图。

9）单击工具栏中的“特征” / “拉伸凸台 / 基体”，“终止条件”选择“给定深度”，“深度”输入尺寸“30mm”，结果如图 6-10 所示。

10）单击工具栏中的“特征” / “圆角”，“圆角类型”选择“恒定大小圆角”，“要圆角化的项目”选择上一步生成的拉伸特征与底座的交线，“半径”输入尺寸“2mm”，结果如图 6-11 所示。

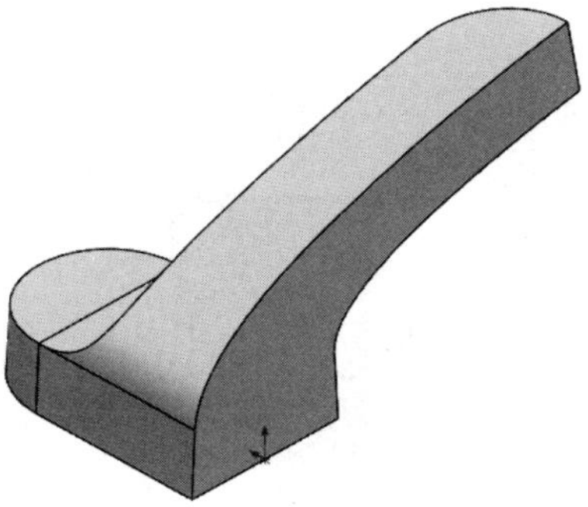

图 6-8　切除实体

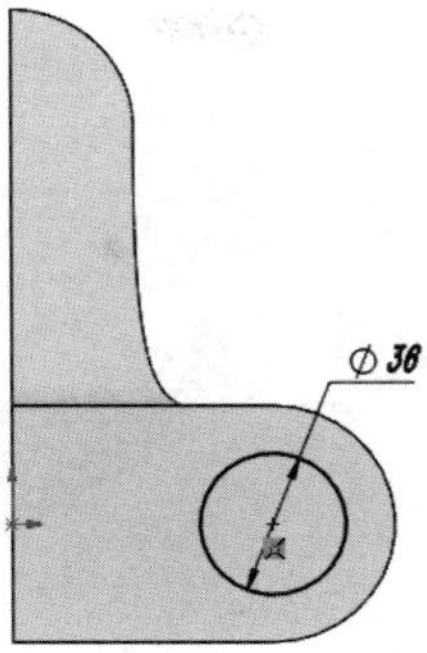

图 6-9　绘制草图 3

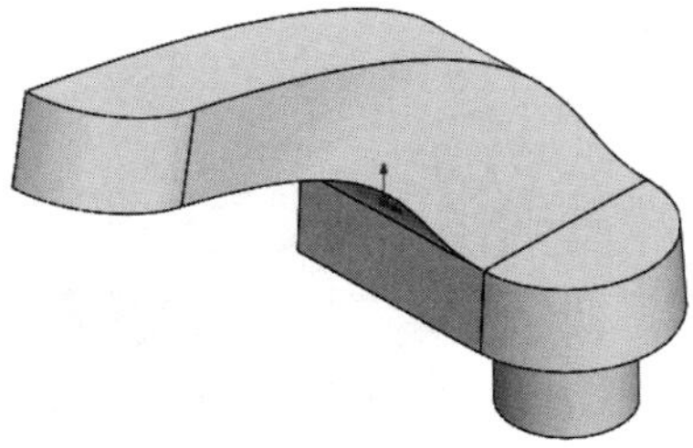

图 6-10　拉伸特征 3

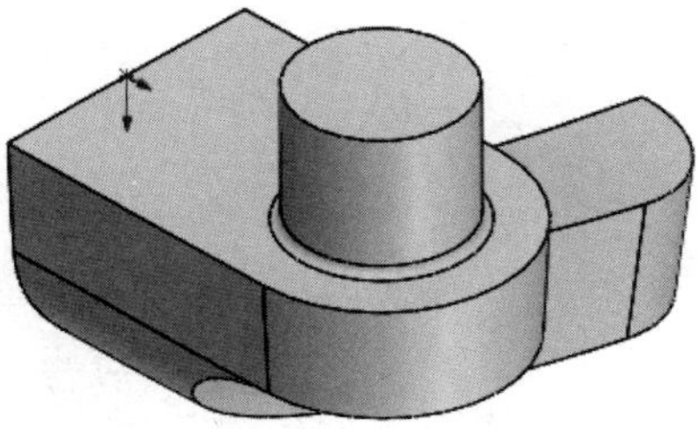

图 6-11　添加圆角 2

11）单击工具栏中的“特征”/“镜像”，“镜像面”选择“右视基准面”，“要镜像的实体”选择整体实体，结果如图 6-12 所示。

12）单击工具栏中的“特征”/“圆角”，“圆角类型”选择“恒定大小圆角”，“要圆角化的项目”选择头部边线，“半径”输入尺寸“5mm”，结果如图 6-13 所示。

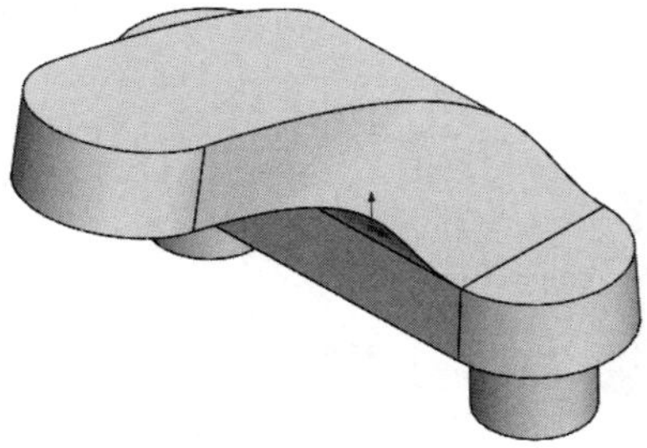

图 6-12　镜像实体

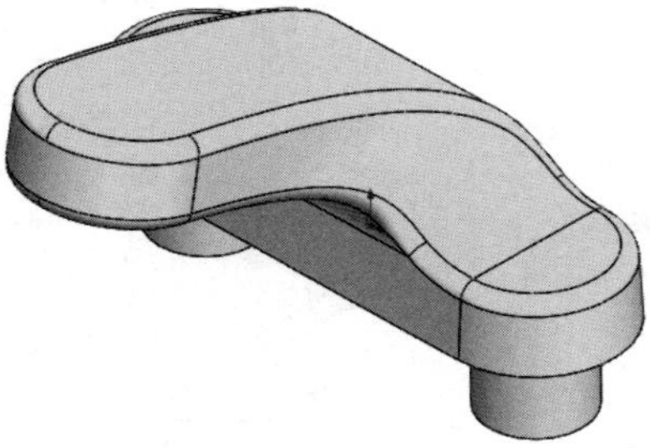

图 6-13　添加圆角 3

13）单击工具栏中的“曲面”/“参考几何体”/“基准面”，参考对象选择头部顶面的三个点，结果如图 6-14 所示。

14）以新创建的基准面为基准绘制如图 6-15 所示草图。

15）单击工具栏中的“特征”/“拉伸凸台/基体”，“从”选择“等距”并输入尺寸“10mm”，“终止条件”选择“给定深度”，“深度”输入尺寸“30mm”，结果如图 6-16 所示。

16）单击工具栏中的“特征”/“圆角”，“圆角类型”选择“恒定大小圆角”，“要圆角化的项目”选择上一步生成的拉伸特征与实体的交线，“半径”输入尺寸“2mm”，结果如图 6-17 所示。

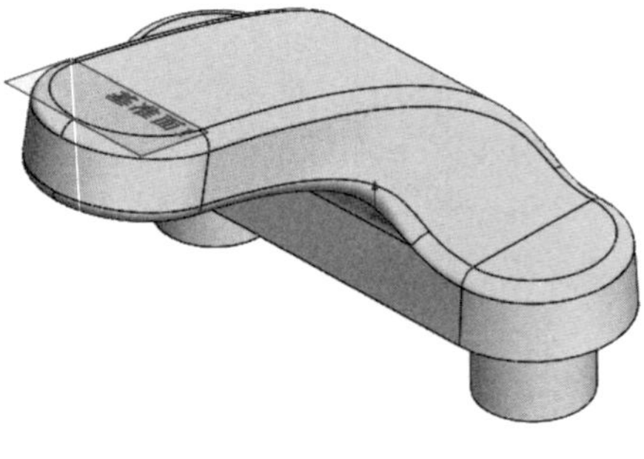

图 6-14　创建基准面

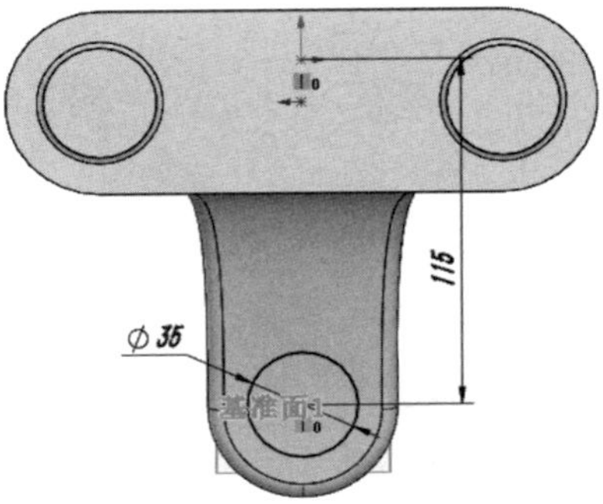

图 6-15　绘制草图 4

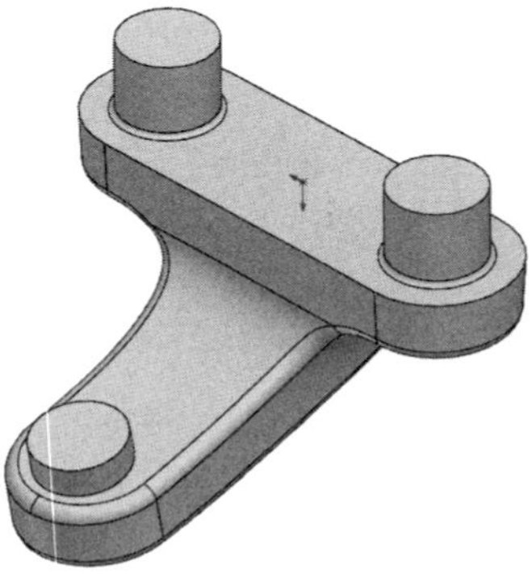

图 6-16　拉伸特征 4

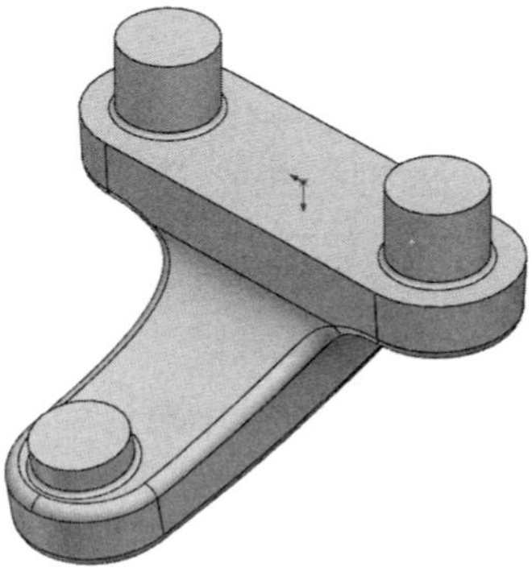

图 6-17　添加圆角 4

17）以“右视基准面”为基准绘制如图 6-18 所示草图。

18）单击工具栏中的“特征”/“旋转凸台 / 基体”，生成旋转特征，结果如图 6-19 所示。

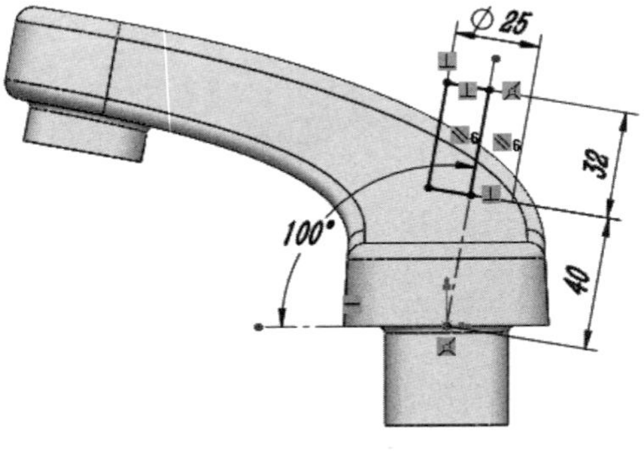

图 6-18　绘制草图 5

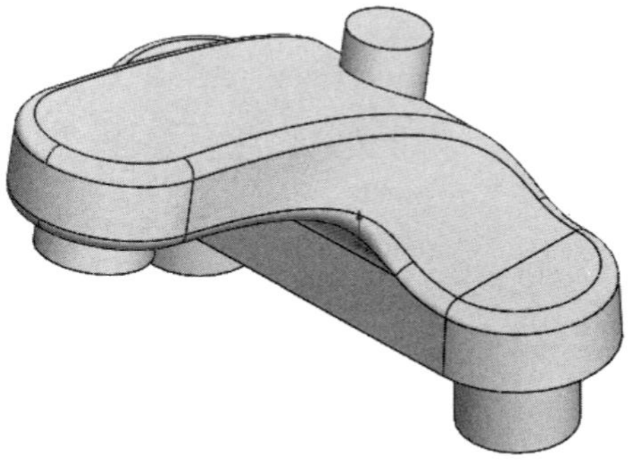

图 6-19　旋转特征

19）单击工具栏中的“特征”/“拔模”，“拔模类型”选择“中性面”，“拔模角度”输入“5 度”，“中性面”选择上一步生成的旋转特征的顶面，“拔模面”选择上一步生成的旋转特征的圆柱面，结果如图 6-20 所示。

20）单击工具栏中的“特征”/“圆角”，“圆角类型”选择“恒定大小圆角”，“要圆角化的项目”选择拔模面与实体的交线，“半径”输入尺寸“5mm”，结果如图 6-21 所示。

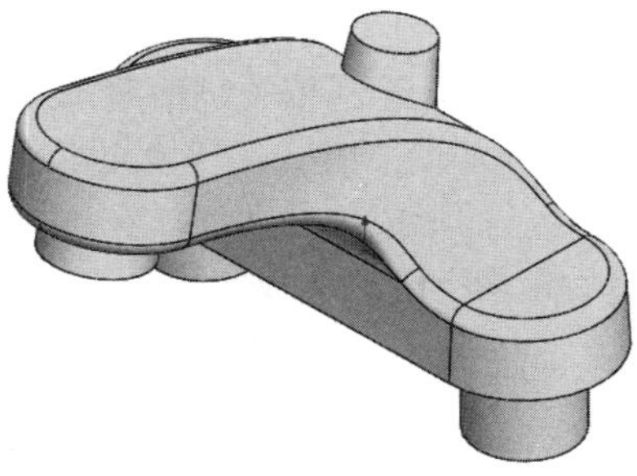

图 6-20 拔模面

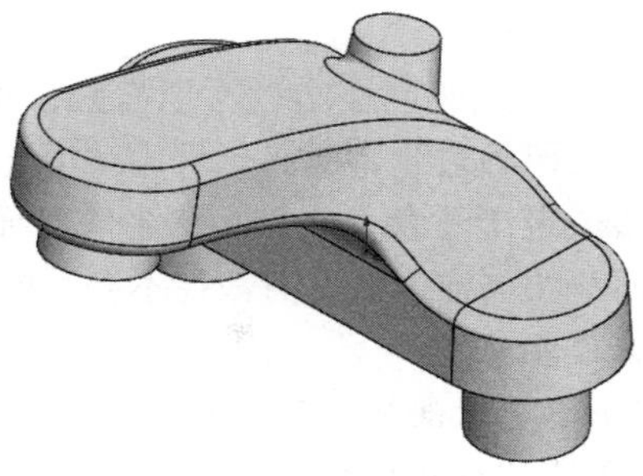

图 6-21 添加圆角 5

21）单击工具栏中的“特征”/“抽壳”，“厚度”输入尺寸“4mm”，“移除的面”选择四个回转体端面，结果如图 6-22 所示。

22）单击工具栏中的“特征”/“倒角”，“要倒角化的项目”选择四个回转体端面边线，“距离”输入尺寸“1mm”，结果如图 6-23 所示。

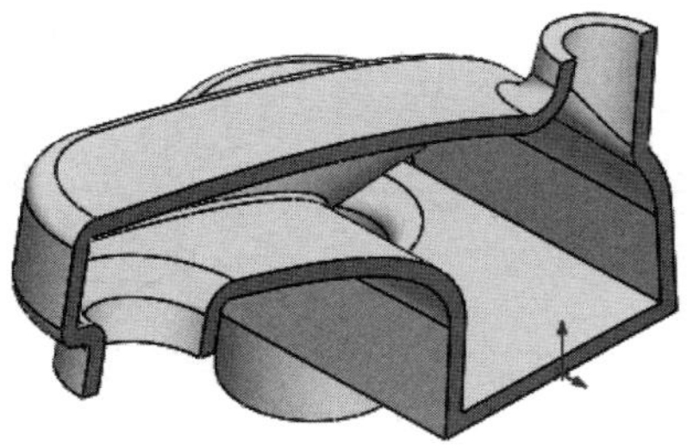

图 6-22 抽壳

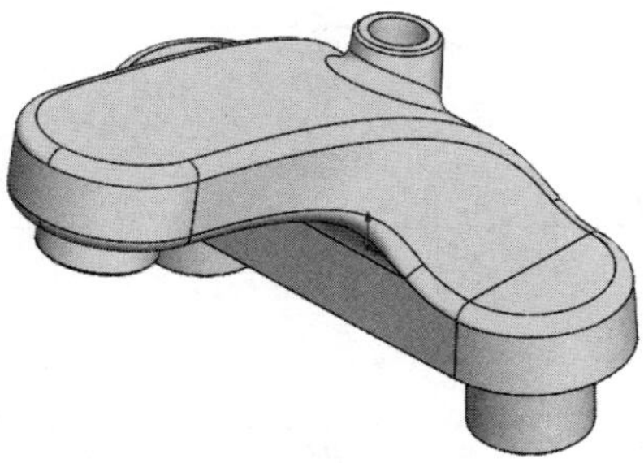

图 6-23 添加倒角

6.3 曲面建模实例

使用合适的建模方法完成图 6-24 所示模型的创建。

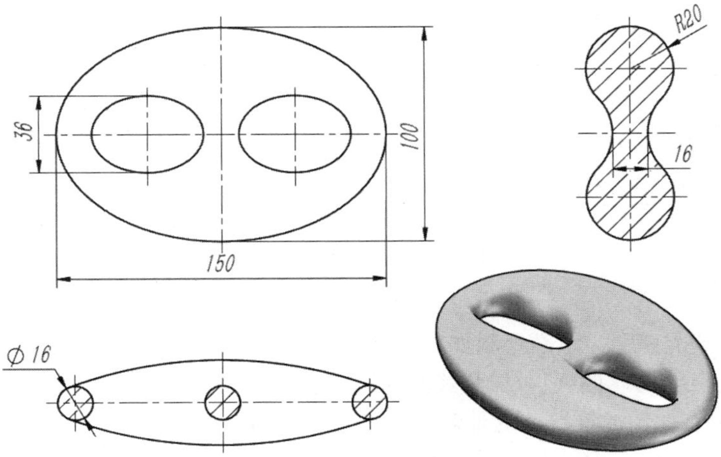

图 6-24 曲面建模实例

实例分析：

该模型无明确棱边，所以看到模型后首先“拆”，拆为八份后绘制相关剖面草图。由于是多条无规律的边线，所以想到用“填充曲面”，但当使用“填充曲面”时会发现填充不了，这是因为边线过于复杂，软件无法生成曲面。此种情况会按已有条件形成部分曲面。在这里先用两个剖面草图放样，然后剪裁掉不合适的部分，再填充，最后镜像、缝合生成实体。

操作步骤：

1）以“上视基准面”为基准绘制如图 6-25 所示草图。

2）以“右视基准面”为基准绘制如图 6-26 所示草图。

提示

未标注尺寸的元素添加与已有草图的几何关系以保证草图完全定义。

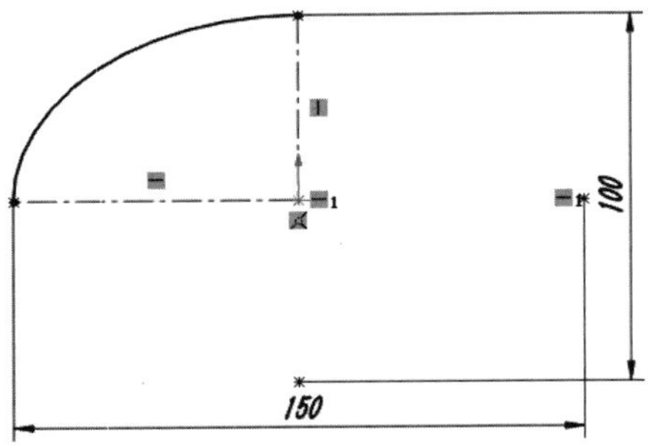

图 6-25　绘制草图 1

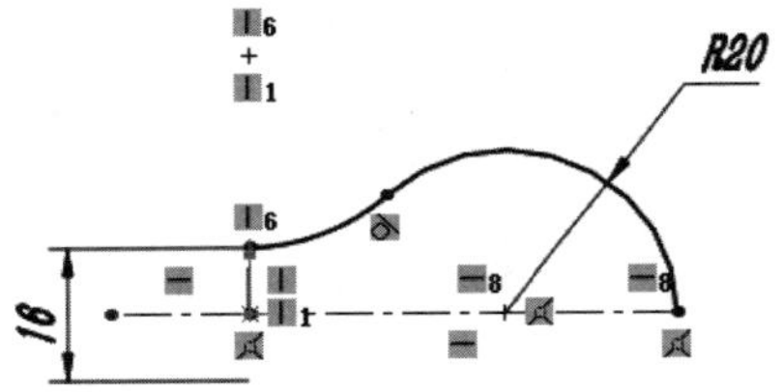

图 6-26　绘制草图 2

3）以“前视基准面”为基准绘制如图 6-27 所示草图。

4）单击工具栏中的“曲面”/“放样曲面”，“轮廓”选择“草图 2”与“草图 3”，“起始/结束约束”均选择“垂直于轮廓”，“引导线”选择“草图 1”，“类型”选择“垂直于轮廓”，结果如图 6-28 所示。

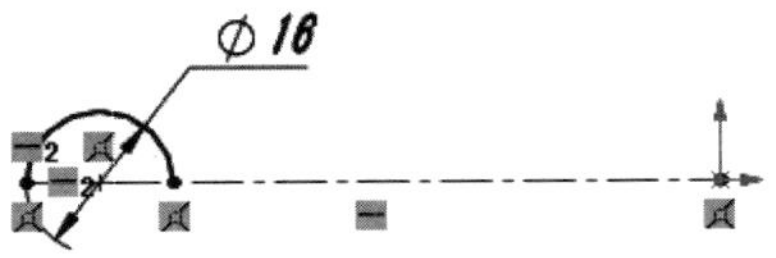

图 6-27　绘制草图 3

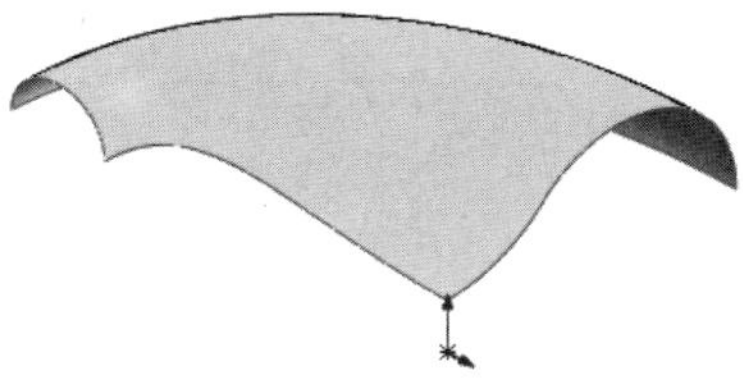

图 6-28　放样曲面

5）以“上视基准面”为基准绘制如图 6-29 所示草图。

6）单击工具栏中的“曲面”/“剪裁曲面”，“剪裁类型”选择“标准”，“剪裁工具”选择上一步绘制的草图，保留放样曲面的外侧部分，结果如图 6-30 所示。

7）以“前视基准面”为基准绘制如图 6-31 所示草图。

8）以“上视基准面”为基准绘制如图 6-32 所示草图。

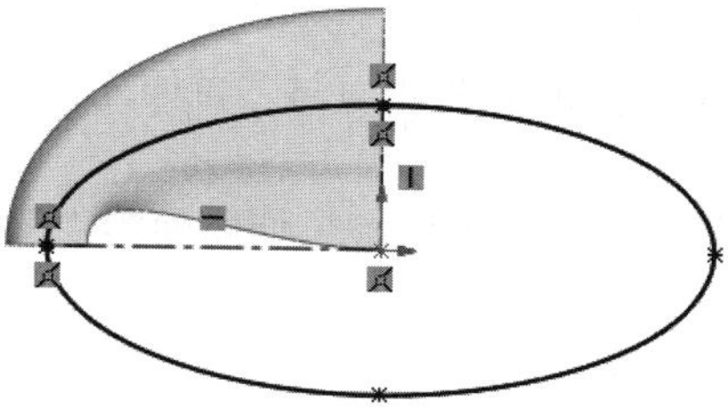

图 6-29　绘制草图 4

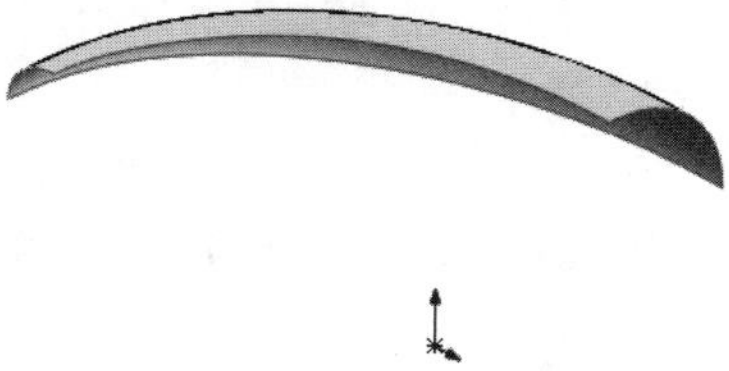

图 6-30　剪裁曲面

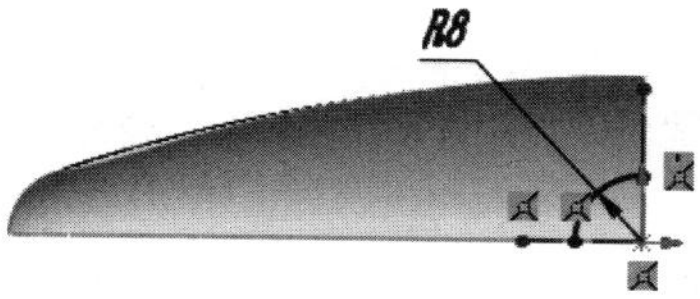

图 6-31　绘制草图 5

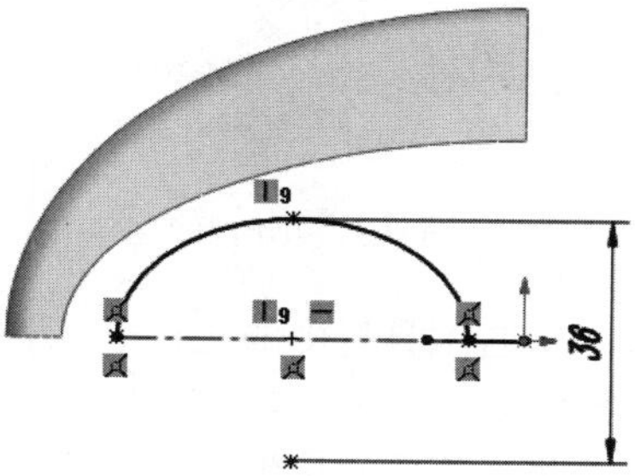

图 6-32　绘制草图 6

9）单击工具栏中的“曲面”/“拉伸曲面”，“终止条件”选择“给定深度”，“深度”输入尺寸“10mm”，“轮廓”选择“草图 2”，结果如图 6-33 所示。

10）单击工具栏中的“曲面”/“拉伸曲面”，“终止条件”选择“给定深度”，“深度”输入尺寸“10mm”，“轮廓”选择“草图 5”，结果如图 6-34 所示。

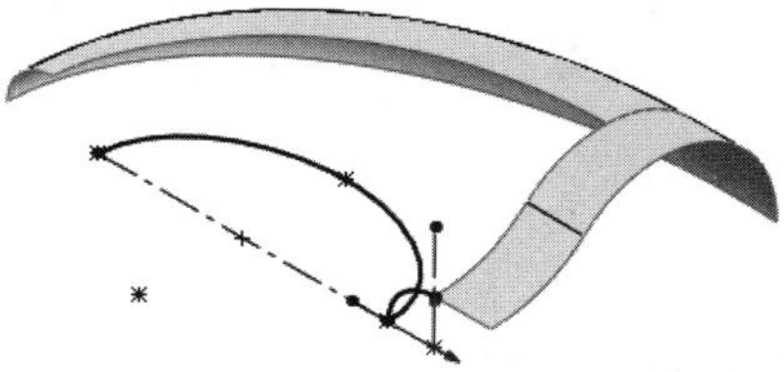

图 6-33　拉伸曲面 1

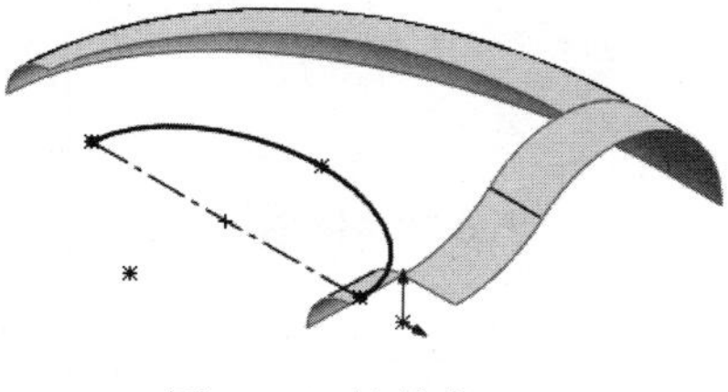

图 6-34　拉伸曲面 2

11）单击工具栏中的“曲面”/“拉伸曲面”，“终止条件”选择“给定深度”，“深度”输入尺寸“10mm”，“轮廓”选择“草图 3”，结果如图 6-35 所示。

12）单击工具栏中的“曲面”/“拉伸曲面”，“终止条件”选择“给定深度”，“深度”输入尺寸“10mm”，“轮廓”选择“草图 6”，结果如图 6-36 所示。

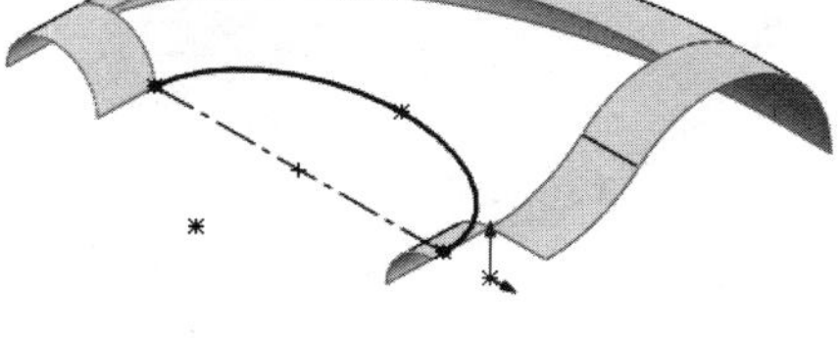

图 6-35　拉伸曲面 3

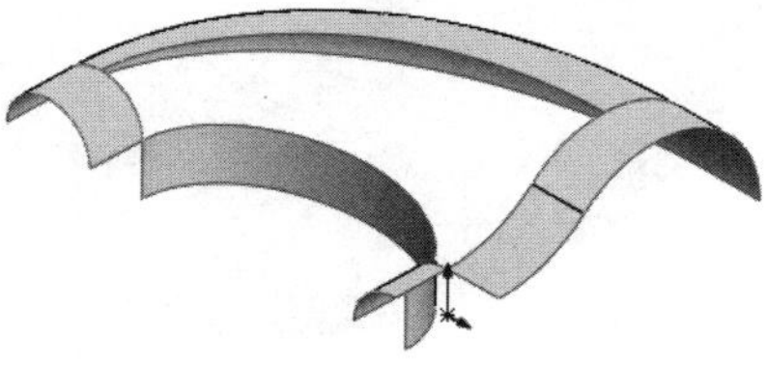

图 6-36　拉伸曲面 4

13）单击工具栏中的“曲面”/“曲线”/“分割线”，“分割类型”选择“投影”，“要投影的草图”选择“草图 4”，“要分割的面”选择“拉伸曲面 1”的大圆弧面与“拉伸曲面 3”，结果如图 6-37 所示。

14）单击工具栏中的“曲面”/“填充曲面”，“修补边界”选择所有拉伸曲面的内侧边线，并将所有边线均设定为“相切”，结果如图 6-38 所示。

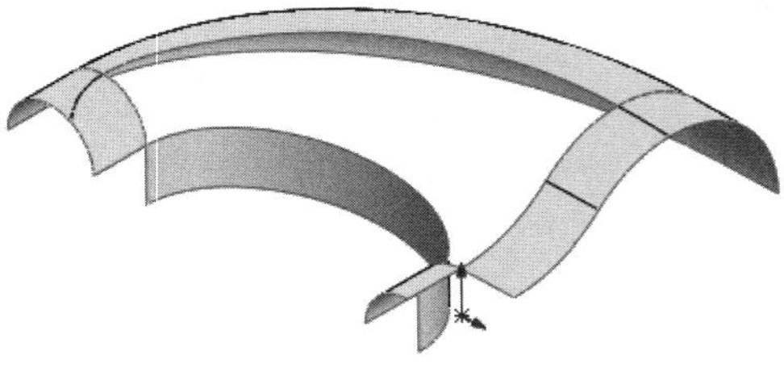

图 6-37 分割曲面

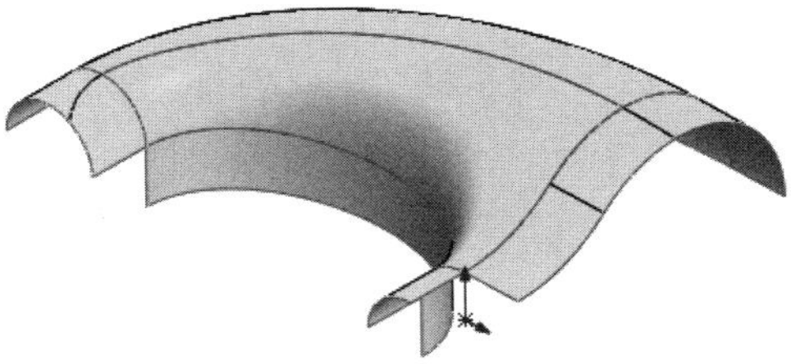

图 6-38 填充曲面

15）单击工具栏中的“特征”/“镜像”，“镜像面”选择“前视基准面”，“要镜像的实体”选择放样曲面与填充曲面，结果如图 6-39 所示。

16）单击工具栏中的“特征”/“镜像”，“镜像面”选择“右视基准面”，“要镜像的实体”选择已有曲面，结果如图 6-40 所示。

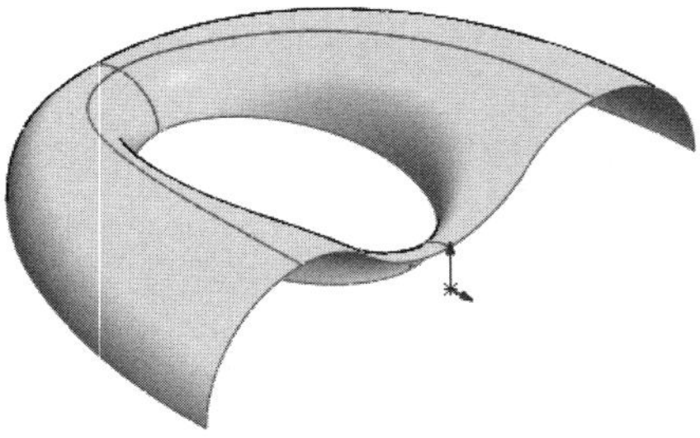

图 6-39 镜像曲面 1

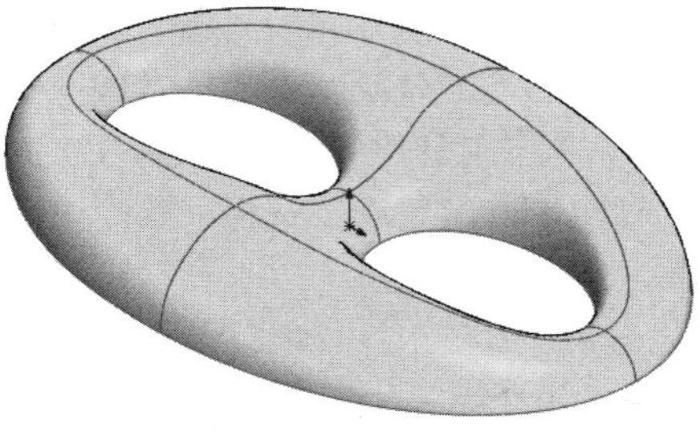

图 6-40 镜像曲面 2

17）单击工具栏中的“特征”/“镜像”，“镜像面”选择“上视基准面”，“要镜像的实体”选择已有曲面，结果如图 6-41 所示。

18）单击工具栏中的“曲面”/“缝合曲面”，选择所有显示曲面，并勾选“创建实体”，结果如图 6-42 所示。

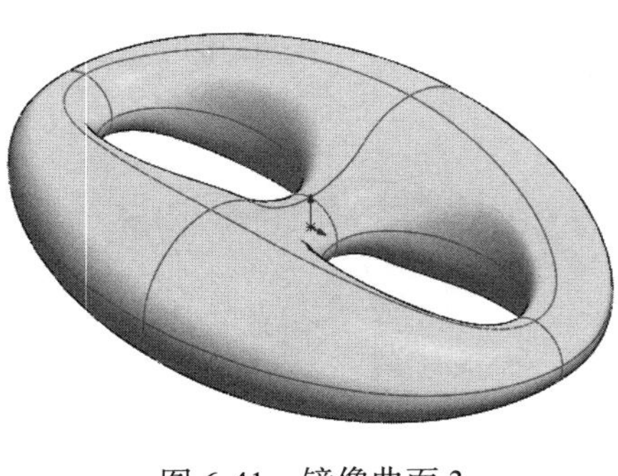

图 6-41 镜像曲面 3

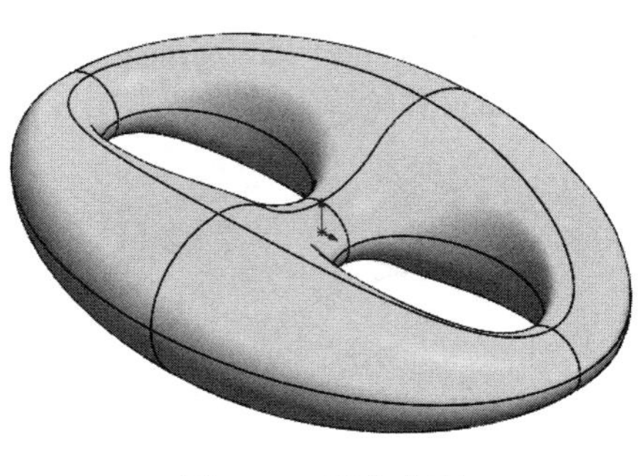

图 6-42 缝合曲面

6.4 外观图片建模实例

根据图 6-43 所示图片，使用合适的建模方法创建模型。

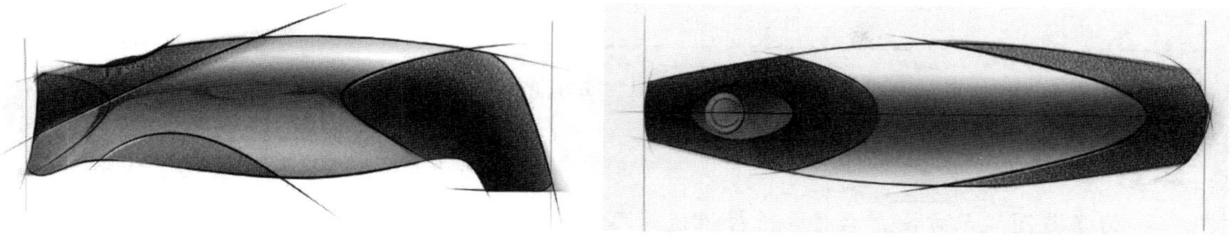

图 6-43 外观图片建模实例

实例分析：

该模型没有具体尺寸，只有外观手绘图片，这在新产品创意、产品仿制中较为常见，需要根据图片、照片等外观信息进行产品建模。对于此类情形，首先需要确定模型的尺寸，在草图中插入图片作为参考，根据确定的尺寸对图片的大小进行调整。本实例中将主体部分拆分为两半，用“扫描曲面”辅以“自由形”功能进行变形以贴合参考图片，然后切除头部区域平面后镜像，再放样生成尾部特征，头部用“边界曲面”生成弧形面切除已有实体，最后增加圆角等辅助特征。

操作步骤：

1）以“前视基准面”为基准绘制草图，通过“草图图片”插入“主视图”图片，绘制长度为“120mm”的参考线作为参考对图片进行缩放，结果如图 6-44 所示。

注意

调整图片位置时一定要确定好参考点。由于没有具体尺寸，不同人的建模结果可能差异较大，虽然基于同一条件，但每一个具体尺寸的预估值不一定相同，此类尺寸通常会进行圆整处理。

2）以“上视基准面”为基准绘制草图，通过“草图图片”插入“俯视图”图片，以上一步草图图片为参考对图片进行缩放，结果如图 6-45 所示。

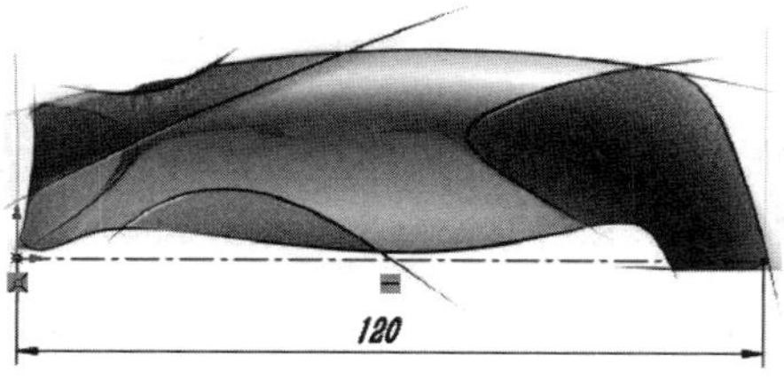

图 6-44 绘制草图 1

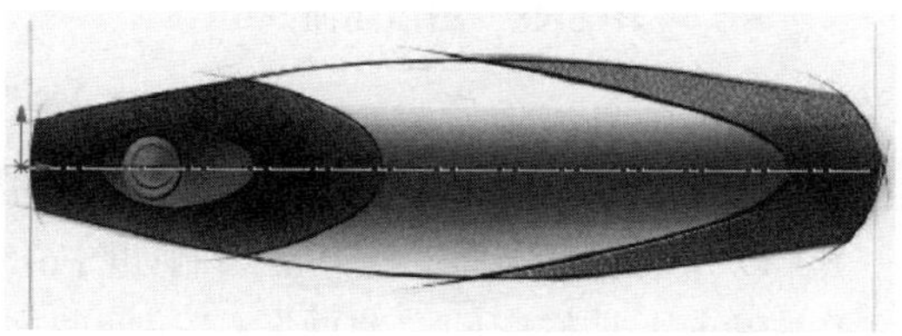

图 6-45 绘制草图 2

3）以“前视基准面”为基准，参考“草图图片 1”绘制如图 6-46 所示草图。

提示

对于创意类模型，虽然尺寸的完全定义并非必需项，但为了方便通过“Instant3D”进行调整，通常建议对草图进行完全定义。

4）以“右视基准面”为基准绘制如图 6-47 所示草图。

注意

为了截图显示方便，后续会选择性地将参考图片进行隐藏或显示，练习时请注意区分。

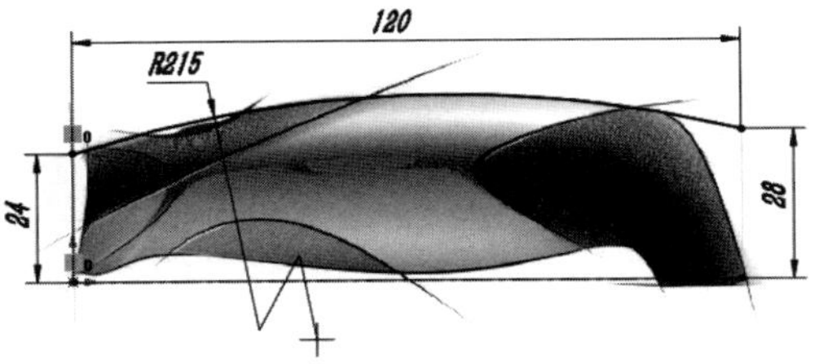

图 6-46　绘制草图 3

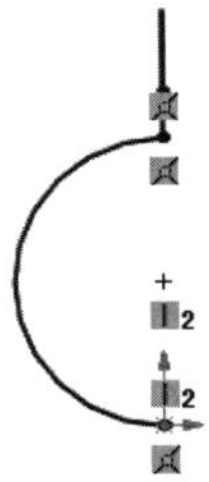

图 6-47　绘制草图 4

5）单击工具栏中的“曲面”/“扫描曲面”，“轮廓”选择“草图 4”，“路径”选择“草图 3”，“轮廓方位”选择“保持法向不变”，结果如图 6-48 所示。

6）单击工具栏中的“曲面”/“自由形”，将“扫描曲面”的上边线更改为“相切”，下边线更改为“可移动/相切”，并添加合适的点，调整其与“草图图片 1”相吻合，结果如图 6-49 所示。

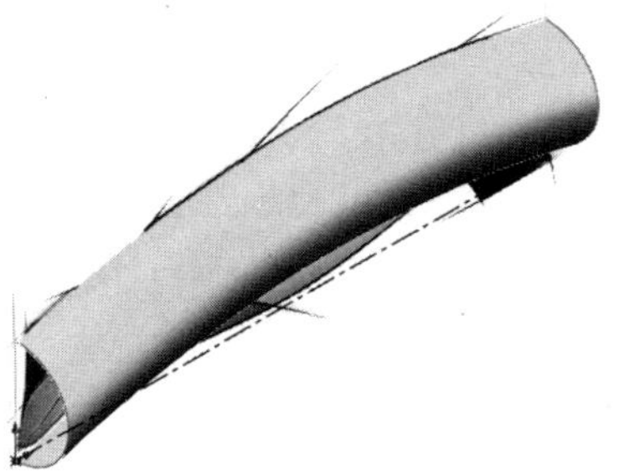

图 6-48　扫描曲面

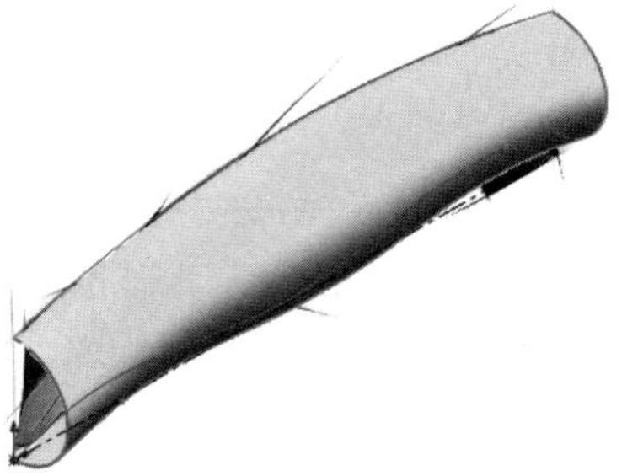

图 6-49　自由形 1

7）单击工具栏中的“曲面”/“自由形”，将“扫描曲面”的上边线更改为“相切”，添加曲面中部曲线，并添加合适的点，将其移至与“草图图片 2”相吻合，结果如图 6-50 所示。

8）以“上视基准面”为基准绘制如图 6-51 所示草图。

9）单击工具栏中的“曲面”/“拉伸曲面”，“终止条件”选择“给定深度”，“深度”输入尺寸“40mm”，“轮廓”选择“草图 5”，结果如图 6-52 所示。

10）单击工具栏中的“曲面”/“剪裁曲面”，“剪裁类型”选择“相互”，“剪裁曲面”选择两个已有曲面，“扫描曲面”保留外侧部分，“拉伸曲面”保留内侧部分，结果如图 6-53 所示。

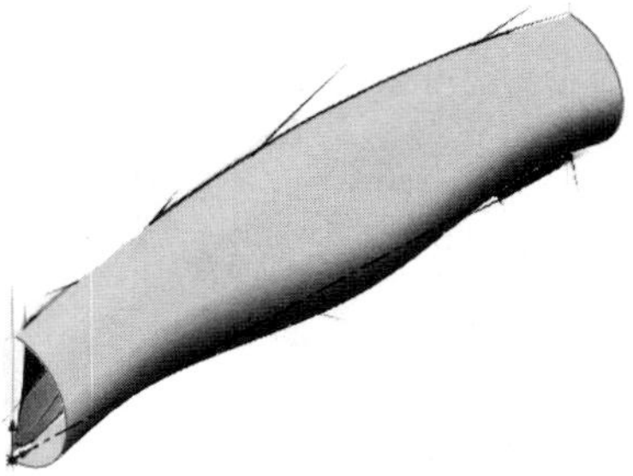

图 6-50　自由形 2

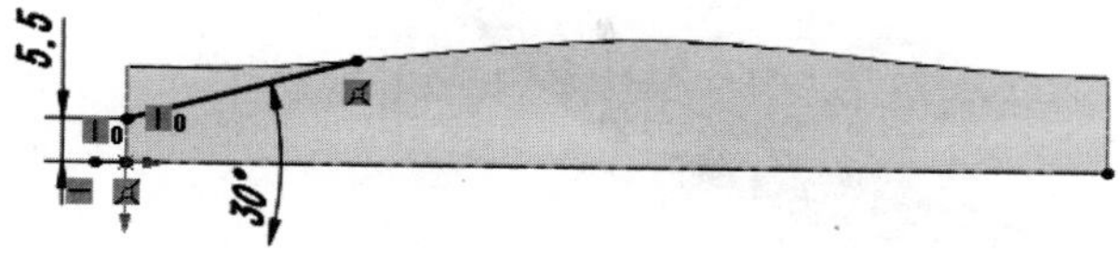

图 6-51　绘制草图 5

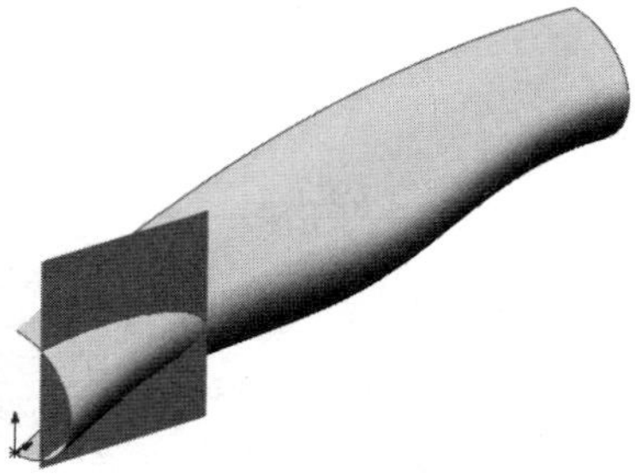

图 6-52　拉伸曲面

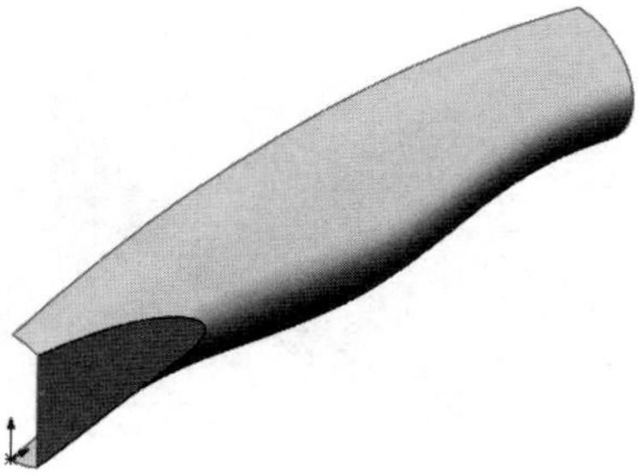

图 6-53　剪裁曲面 1

11）单击工具栏中的“特征”/“镜像”，“镜像面”选择“前视基准面”，“要镜像的实体”选择所有曲面，结果如图 6-54 所示。

12）单击工具栏中的“曲面”/“缝合曲面”，选择所有显示曲面，结果如图 6-55 所示。

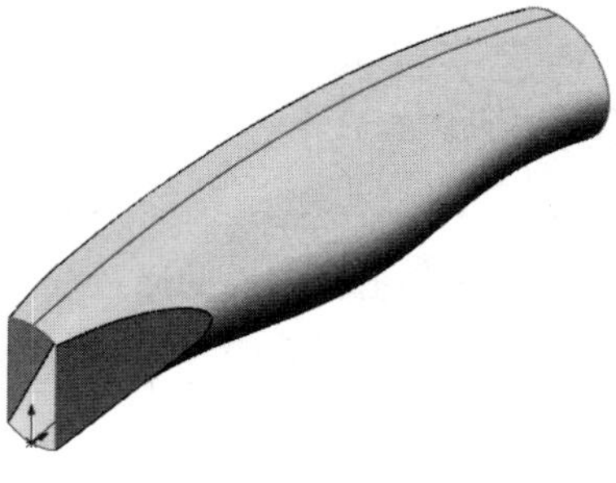

图 6-54　镜像曲面

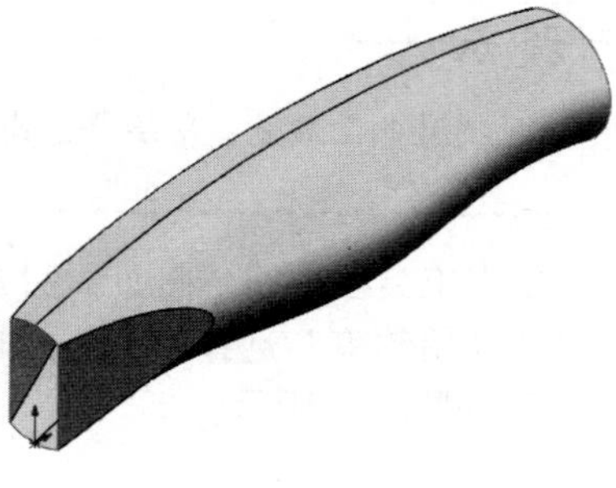

图 6-55　缝合曲面 1

13）单击工具栏中的“曲面”/“参考几何体”/“基准面”，以“右视基准面”为参考，向 *X* 轴的正方向偏距“95mm”生成新基准面，结果如图 6-56 所示。

14）单击工具栏中的“曲面”/“剪裁曲面”，“剪裁类型”选择“标准”，“剪裁工具”选择上一步创建的基准面，保留已有曲面的头部部分，结果如图 6-57 所示。

15）单击工具栏中的“曲面”/“参考几何体”/“基准面”，以“上视基准面”为参考，向 *Y* 轴的负方向偏距“2mm”生成新基准面，结果如图 6-58 所示。

16）以新创建的基准面为基准绘制如图 6-59 所示草图。

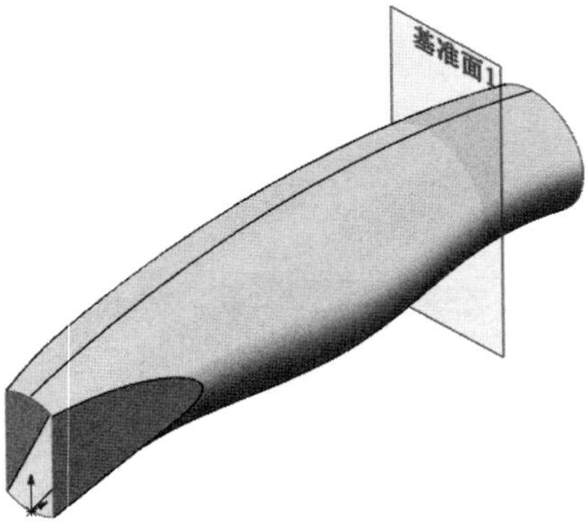

图 6-56　创建基准面 1

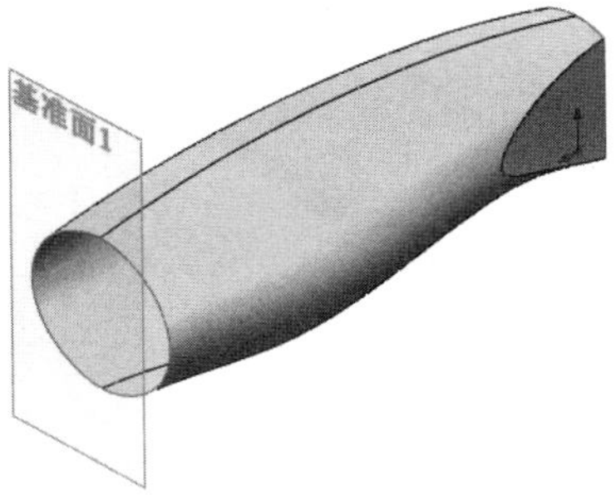

图 6-57　剪裁曲面 2

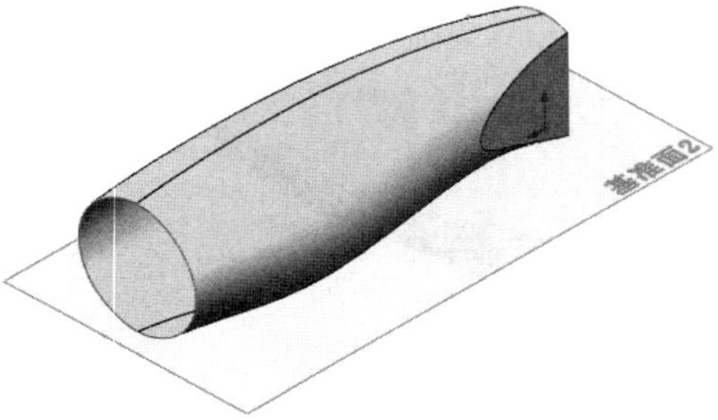

图 6-58　创建基准面 2

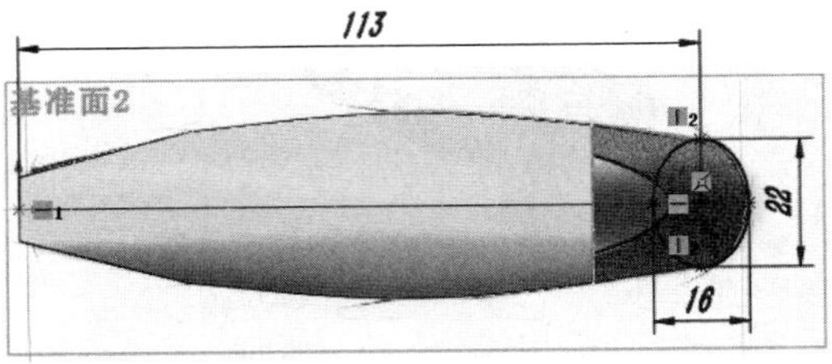

图 6-59　绘制草图 6

17）以“前视基准面”为基准绘制如图 6-60 所示草图。

提示

为了提升曲面质量，所绘样条曲线要与已有曲面边线及辅助线添加“相切”的几何关系。

18）单击工具栏中的“曲面”/“放样曲面”，“轮廓”分别选择剪裁曲面的周边线与“草图 6”，并将“开始约束”选择为“与面相切”，“引导线”分两组选择“草图 6”的上下两条样条曲线，结果如图 6-61 所示。

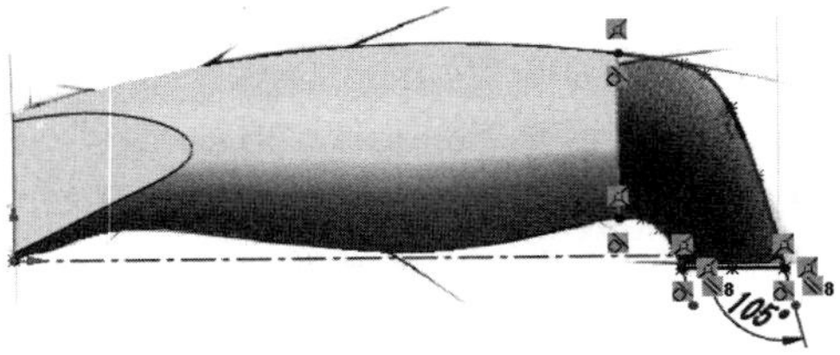

图 6-60　绘制草图 7

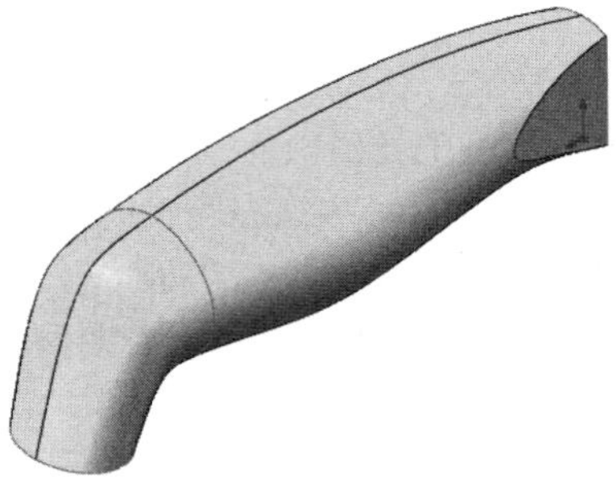

图 6-61　放样曲面

19）单击工具栏中的“曲面”/“平面区域”，“边界实体”选择尾部边线，结果如图 6-62 所示。

20）单击工具栏中的“曲面”/“平面区域”，“边界实体”选择头部边线，结果如图 6-63 所示。

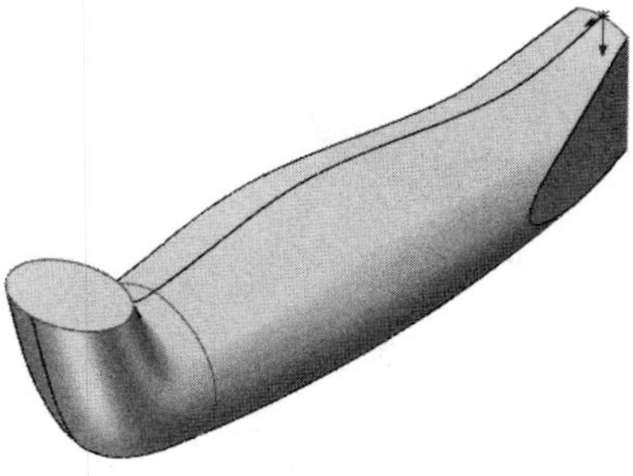

图 6-62　平面区域 1

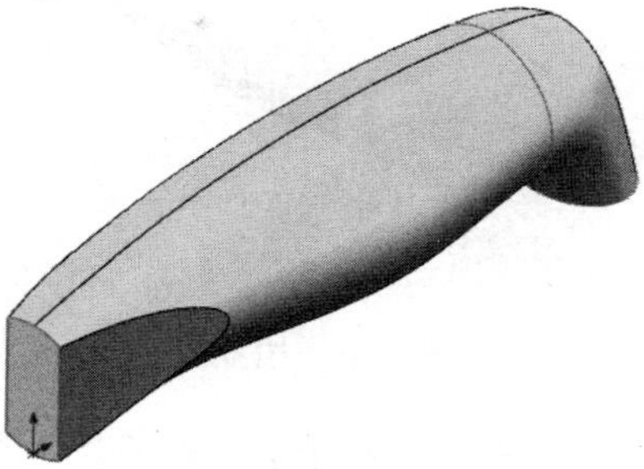

图 6-63　平面区域 2

21）单击工具栏中的“曲面”/“缝合曲面”，选择所有显示曲面，并勾选“创建实体”，结果如图 6-64 所示。

22）单击工具栏中的“特征”/“圆角”，“圆角类型”选择“恒定大小圆角”，“要圆角化的项目”选择尾部边线，“半径”输入尺寸“3mm”，结果如图 6-65 所示。

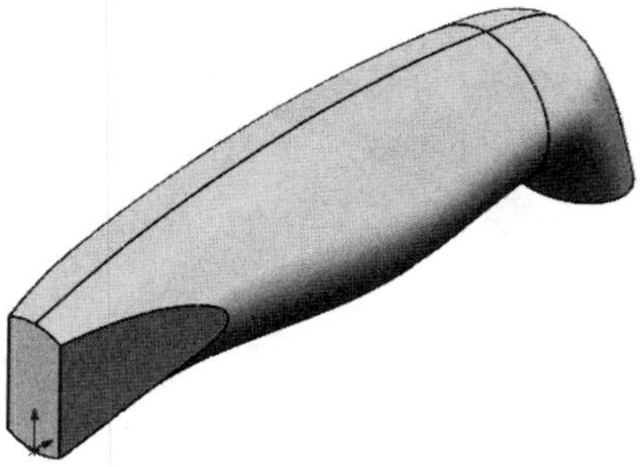

图 6-64　缝合曲面 2

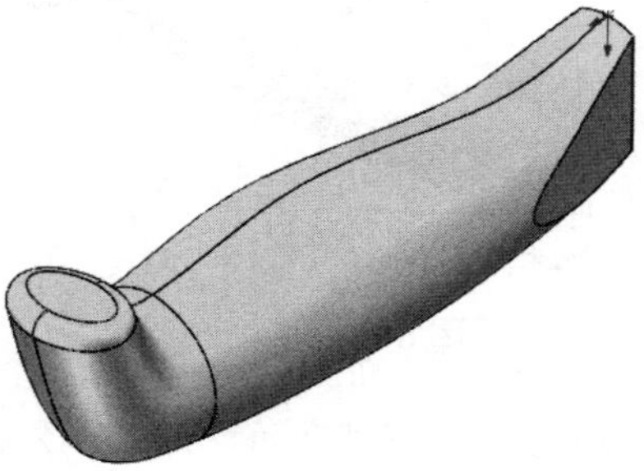

图 6-65　添加圆角 1

23）以“前视基准面”为基准绘制如图 6-66 所示草图。

24）以“上视基准面”为基准绘制如图 6-67 所示草图。

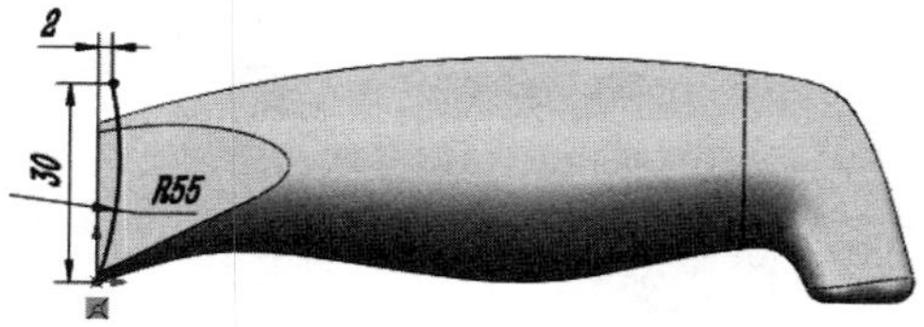

图 6-66　绘制草图 8

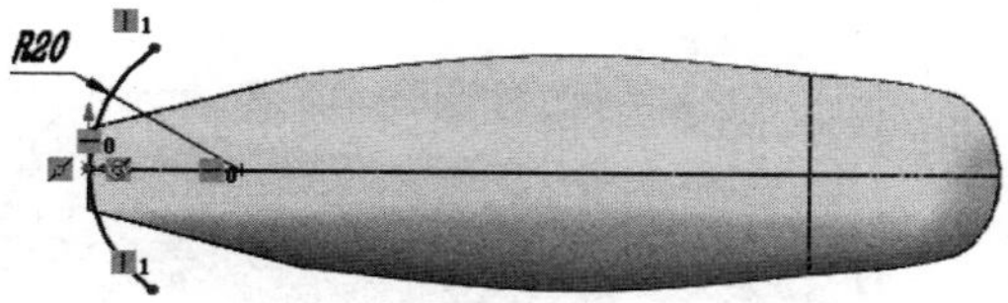

图 6-67　绘制草图 9

25）单击工具栏中的“曲面”/“边界曲面”，“方向 1 曲线”与“方向 2 曲线”分别选择“草图 8”与“草图 9”，结果如图 6-68 所示。

26）单击工具栏中的“曲面”/“使用曲面切除”，用上一步创建的“边界曲面”切除已有实体，结果如图 6-69 所示。

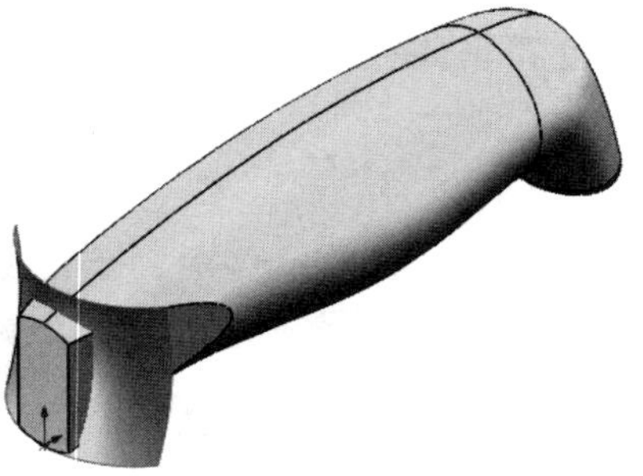

图 6-68　边界曲面

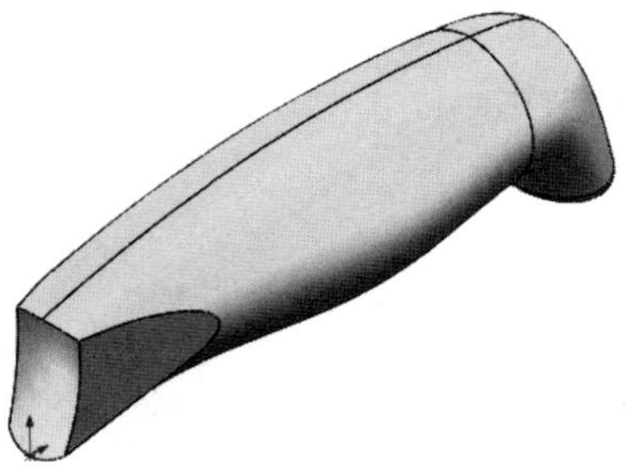

图 6-69　曲面切除

27）单击工具栏中的“特征”/“圆角”，“圆角类型”选择“恒定大小圆角”，“要圆角化的项目”选择头部平面边线，“半径”输入尺寸“2mm”，结果如图 6-70 所示。

28）单击工具栏中的“特征”/“圆角”，“圆角类型”选择“恒定大小圆角”，“要圆角化的项目”选择头部顶面边线，“半径”输入尺寸“2mm”，结果如图 6-71 所示。

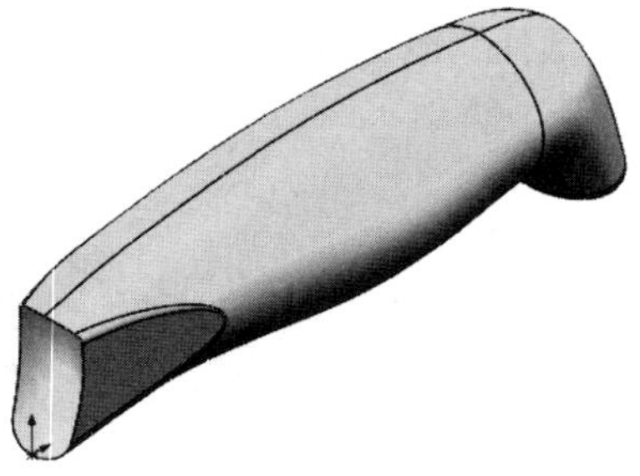

图 6-70　添加圆角 2

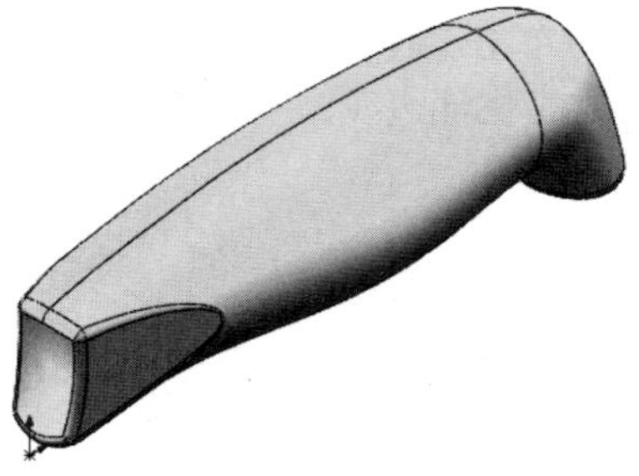

图 6-71　添加圆角 3

29）以“前视基准面”为基准绘制如图 6-72 所示草图。

30）单击工具栏中的“特征”/“拉伸切除”，“终止条件”选择“完全贯穿 - 两者”，用上一步绘制的草图切除已有实体，结果如图 6-73 所示。

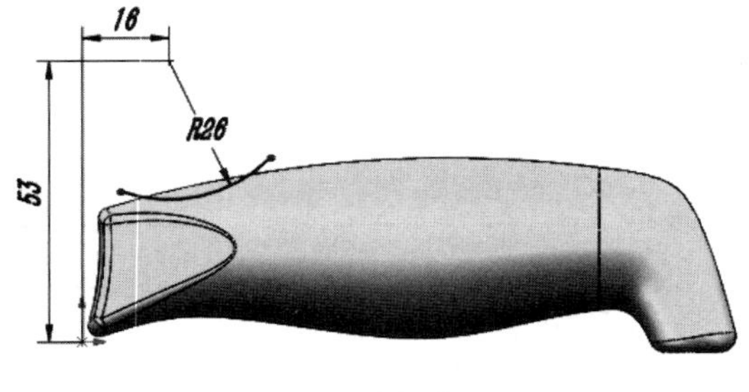

图 6-72　绘制草图 10

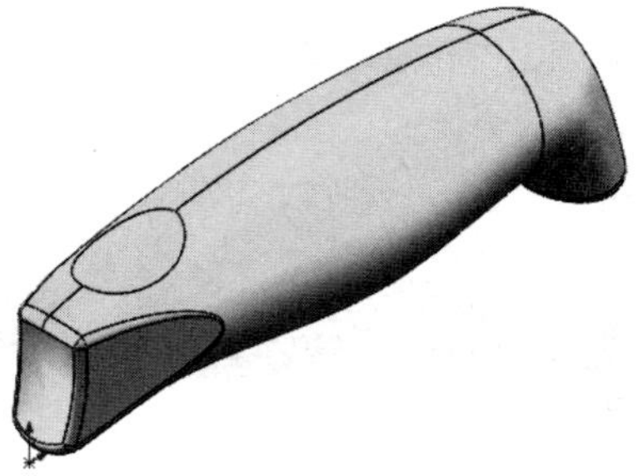

图 6-73　拉伸切除

31）以“前视基准面”为基准绘制如图 6-74 所示草图。

32）单击工具栏中的“曲面”/“曲线”/“分割线”，“分割类型”选择“投影”，“要投影的草图”选择“草图 11”，“要分割的面”选择所有与“草图 11”投影相交的曲面，结果如图 6-75 所示。

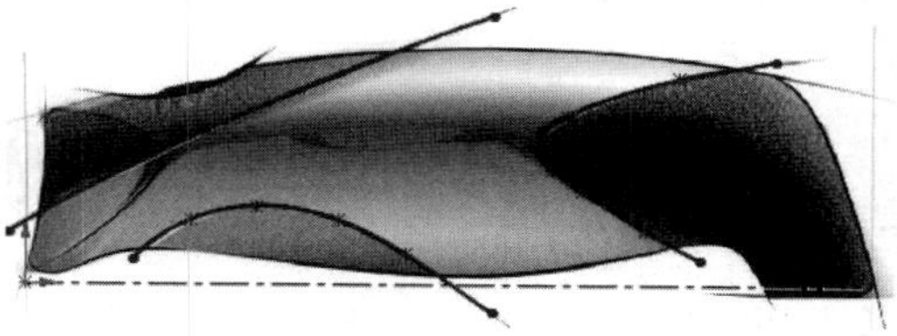

图 6-74　绘制草图 11

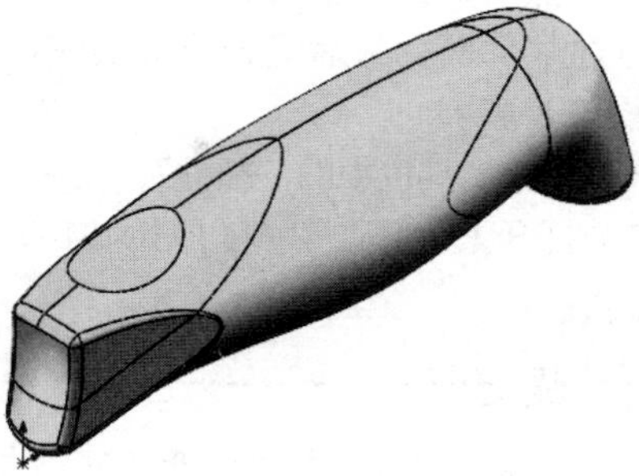

图 6-75　分割曲面

33）对分割后中间区域的所有面更改配色，结果如图 6-76 所示。

34）单击工具栏中的“特征”/“抽壳”，“厚度”输入尺寸“1mm”，结果如图 6-77 所示。

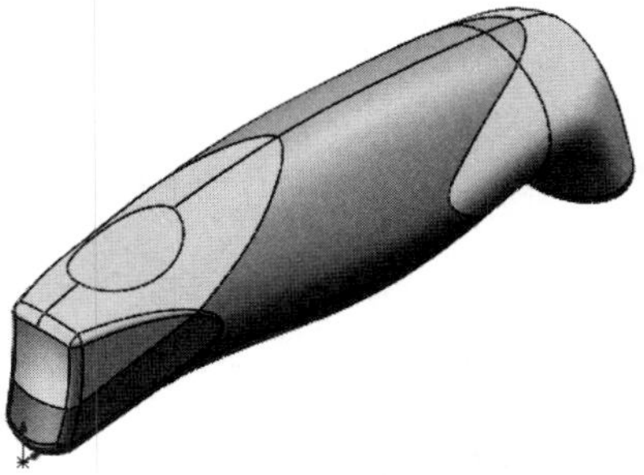

图 6-76　更改配色

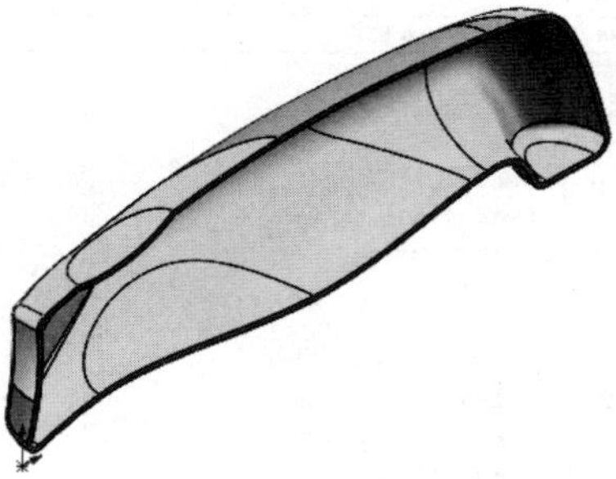

图 6-77　抽壳

注意

由于手绘图片并非严格按照投影关系绘制，在创建类似模型时要注意各参考条件的取舍与平衡。

6.5　逆向建模实例

通过三坐标、红外、拍照等方式对已有模型进行测量，再对测量数据进行处理，转化为实体模型，这在生物体、复杂曲面等场合是较为常用的方法。虽然 SOLIDWORKS 并非专业的逆向建模软件，但其插件“ScanTo3D”可以满足一般要求的逆向建模，对于要求不太高的测量数据完全可以处理。

图 6-78 所示图片为通过测绘形成的面数据，下面将其转化为 SOLIDWORKS 中的实体模型。

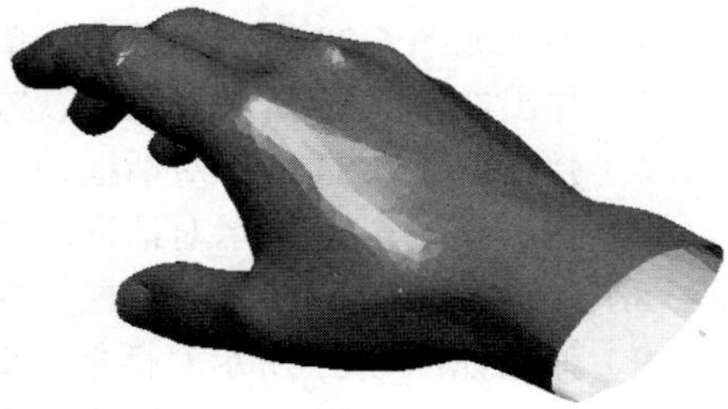

图 6-78　逆向建模实例

实例分析：

打开所提供的素材模型，首先通过“ScanTo3D”和“网格处理向导”对网格进行简化、优化处理，然后通过“曲面向导”将网格数据处理为曲面，再对不理想的面进行剪裁、删除、修补并创建端部面，最后缝合形成实体。

操作步骤：

1）单击工具栏中的“插件”，在弹出的对话框中勾选“ScanTo3D”，如图 6-79 所示，启动插件。

2）打开素材模型“6-5 原始 .SLDPRT”，如图 6-80 所示。

提示

“ScanTo3D”支持打开的网格与点云文件包括 *.3ds、*.obj、*.stl、*.wrl、*.ply、*.ply2、*.xyz、*.txt、*.asc、*.vda、*.igs、*.ibl。

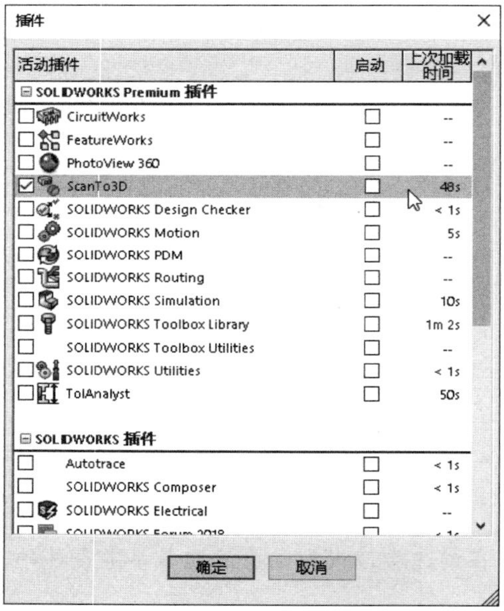

图 6-79　启动插件

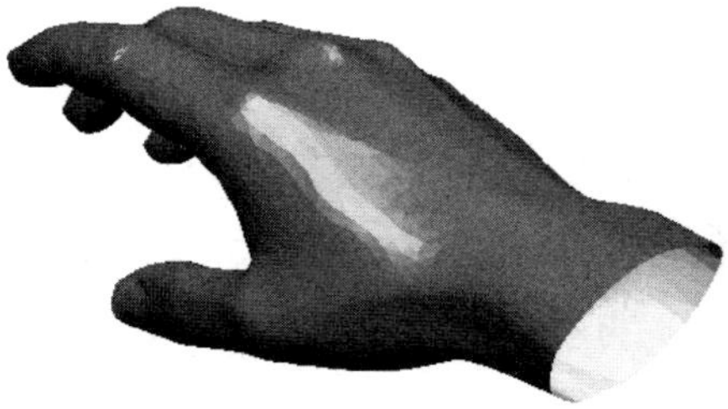

图 6-80　打开素材模型

3）在设计树中的“网格 1”上单击鼠标右键，在弹出的快捷菜单中单击“网格处理向导”，如图 6-81 所示。

4）弹出如图 6-82 所示对话框，单击“下一步”。

5）弹出如图 6-83 所示对话框，“定位方法”保持“无”选项，单击“下一步”。

6）弹出如图 6-84 所示对话框，不做删除处理，单击“下一步”。

7）弹出如图 6-85 所示对话框，“缩减比例”调整为 20%，单击“下一步”。

8）弹出如图 6-86 所示对话框，“整体平滑”滑动条调整至中间位置，单击“下一步”。

9）弹出如图 6-87 所示对话框，此处列表框中列出了已有的孔洞。由于腕部的孔洞不需要自动处理，删除“待修补孔洞”列表框中的对象，单击“下一步”。

10）弹出如图 6-88 所示对话框，勾选“启动曲面向导”，单击“下一步”。

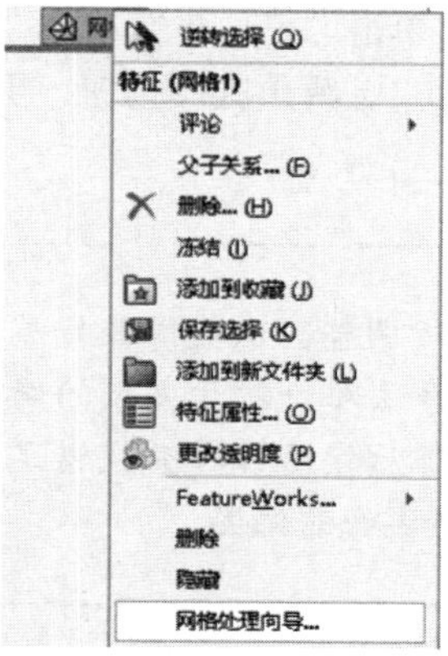

图 6-81　网格处理向导

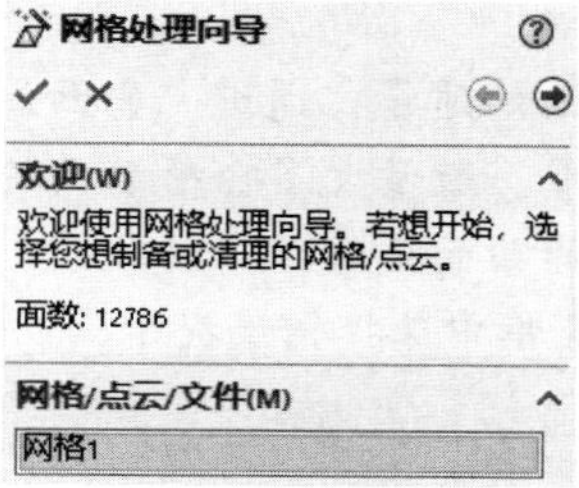

图 6-82　选择对象

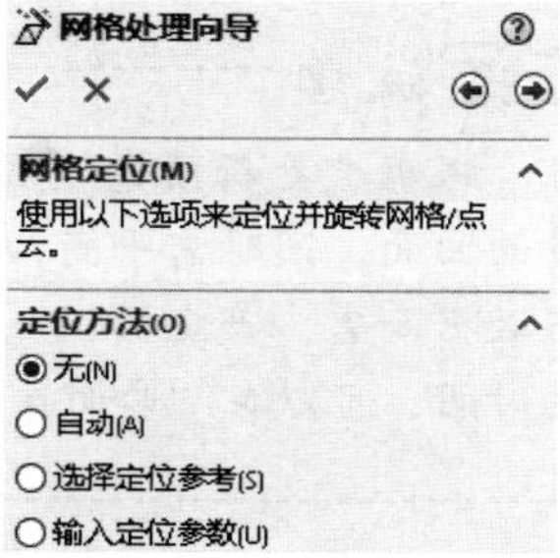

图 6-83　选择定位方法

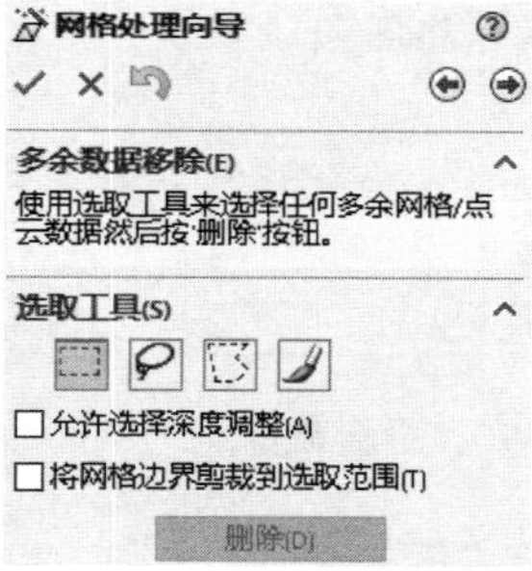

图 6-84　不做删除处理

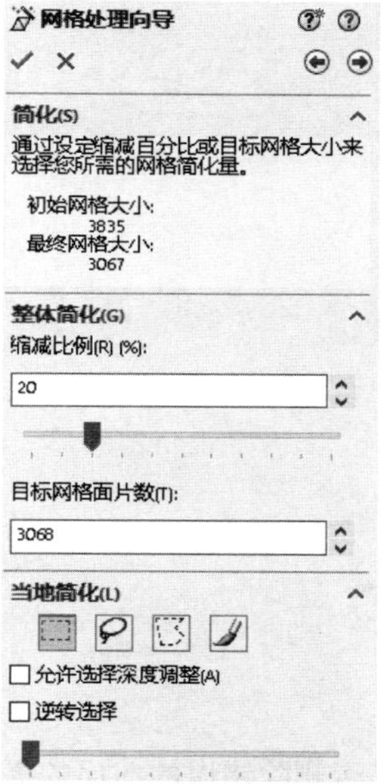

图 6-85　调整缩减比例

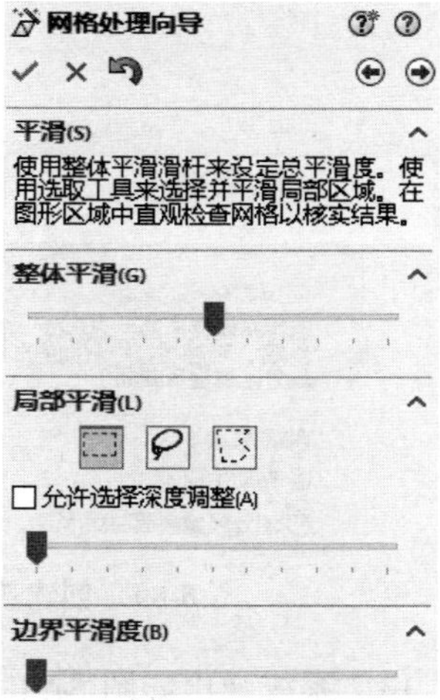

图 6-86　平滑处理

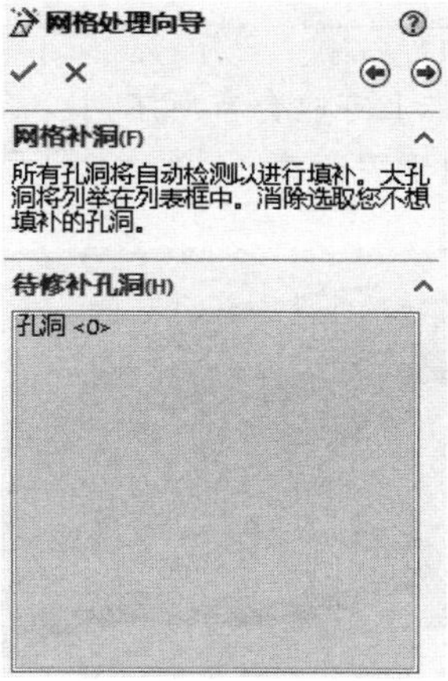

图 6-87　网格补洞

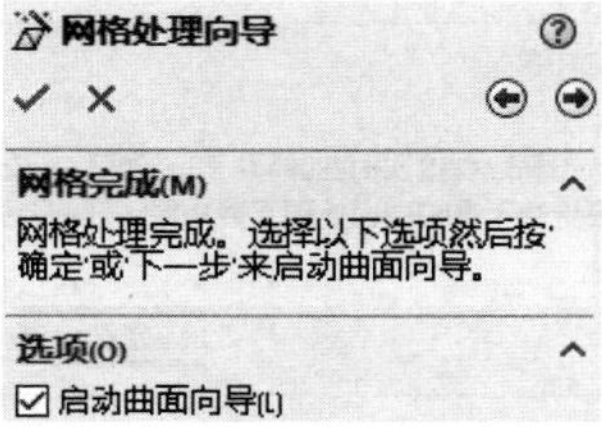

图 6-88　启动曲面向导

11）弹出如图 6-89 所示对话框，“创建选项”选择“自动生成”，单击“下一步”。

12）弹出如图 6-90 所示对话框，“曲面细节”保持默认值，单击“更新预览”按钮，更新完成后单击“下一步”。

注意

根据“更新预览”生成的曲面的质量，通过“曲面细节”进行调整，以获得较好质量的曲面。同时需平衡曲面的数量，数量太多会给后面的处理带来困难。对于复杂的网格数据而言，产生错误、不合理的曲面是较正常的状态，为了减少后续修补时查找错误的时间，可以在“曲面错误”列表框中选择错误提示，以便观察错误面的位置。

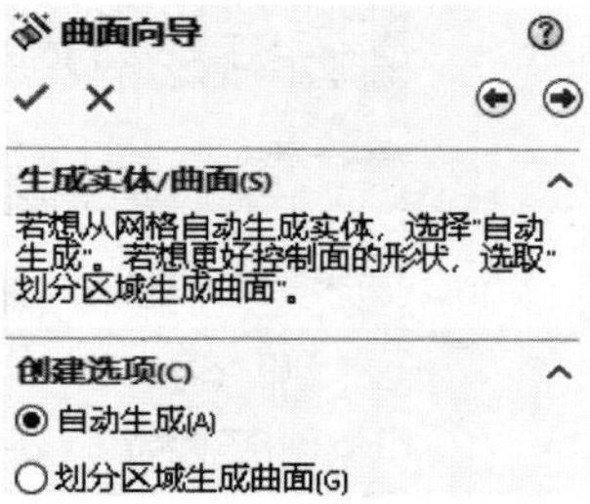

图 6-89　创建选项

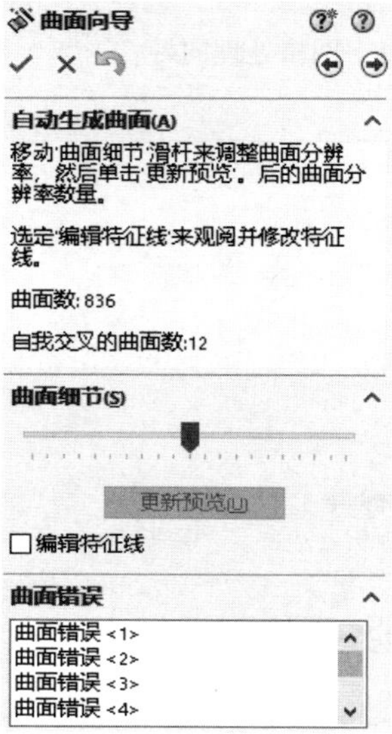

图 6-90　更新预览

13）系统弹出如图 6-91 所示的是否删除错误的曲面的提示，单击“是”按钮。

14）单击“确定”，系统生成如图 6-92 所示曲面。

注意

由于计算的数值误差，自动生成的曲面在不同计算机上可能会有所不同，后续处理会存在差异，在实际学习中要注意处理的方法而非严格的步骤顺序。

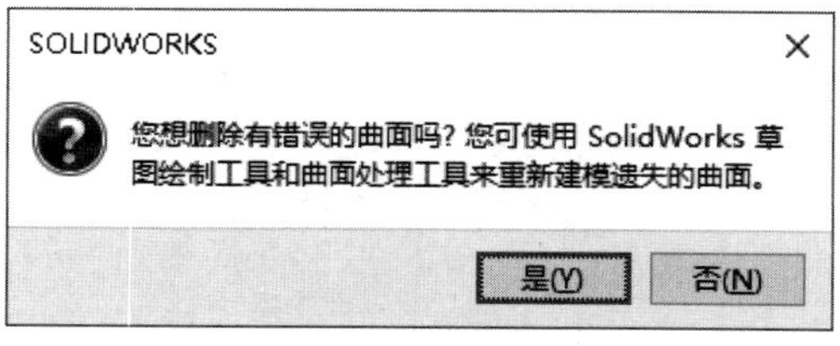

图 6-91　系统提示

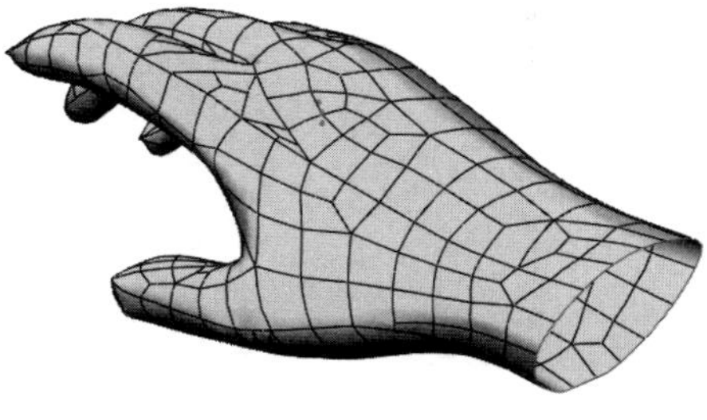

图 6-92　生成曲面

15）放大“无名指”顶面，如图 6-93 所示，由于系统删除了错误的曲面，此处出现破面，需要进一步处理。

16）单击工具栏中的“草图”/“曲面上的样条曲线”，绘制过破面处下侧曲面的样条曲线，样条曲线范围适当大于不合理区域，如图 6-94 所示。

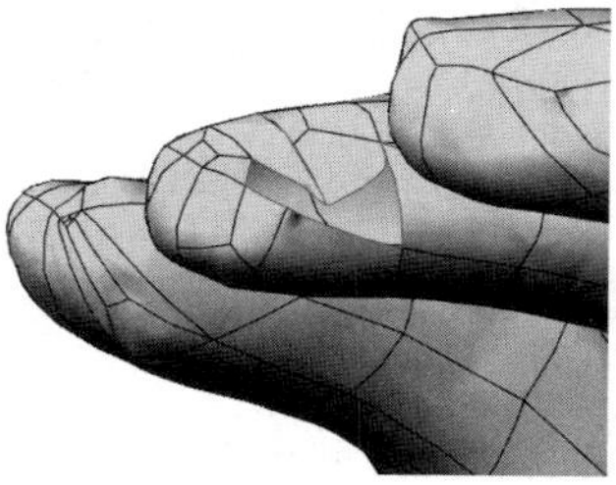

图 6-93　显示破面

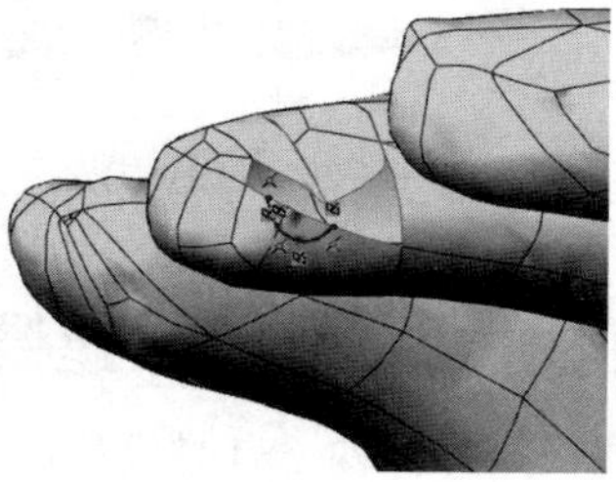

图 6-94　绘制曲面上样条曲线

17）单击工具栏中的“曲面”/“剪裁曲面”，对破面处曲面进行剪裁，保留质量较好侧的曲面，结果如图 6-95 所示。

18）单击工具栏中的“曲面”/“填充曲面”，选择破面外围面的边线进行填充，结果如图 6-96 所示。

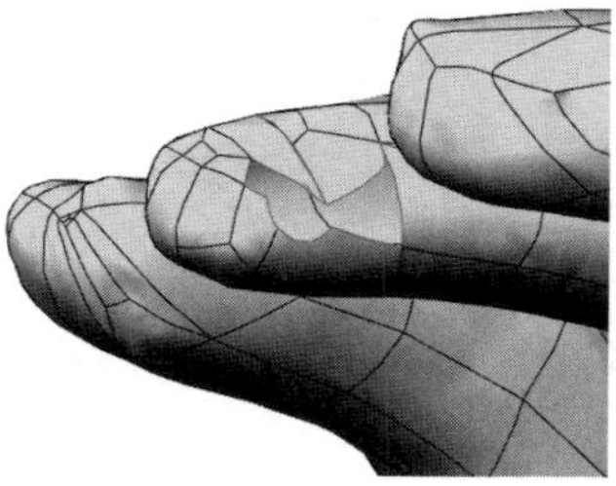

图 6-95　剪裁曲面

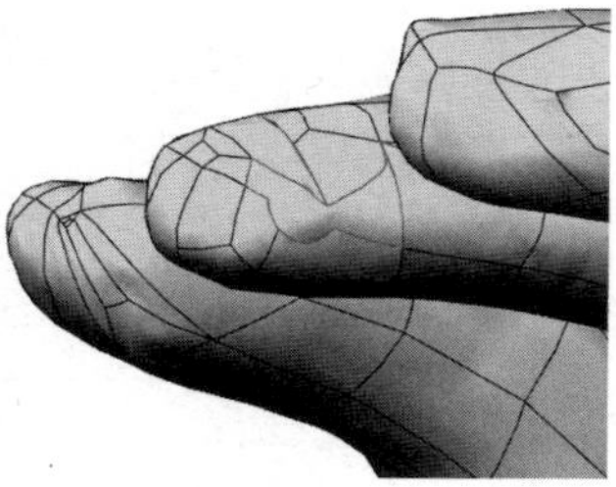

图 6-96　填充曲面

19）分别对其他破面处按类似方法处理。

提示

当整块面质量均不佳时，可以通过“删除面”功能直接删除该面。

20）单击工具栏中的“曲面”/“平面区域”，选择腕部所有边线，结果如图 6-97 所示。

21）单击工具栏中的“曲面”/“缝合曲面”，选择所有显示曲面，并勾选“创建实体”，结果如图 6-98 所示。

提示

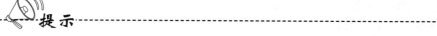

“ScanTo3D”是一个系统工具，除了可以将测量数据处理为曲面，还可以提取曲线进行二次建模。

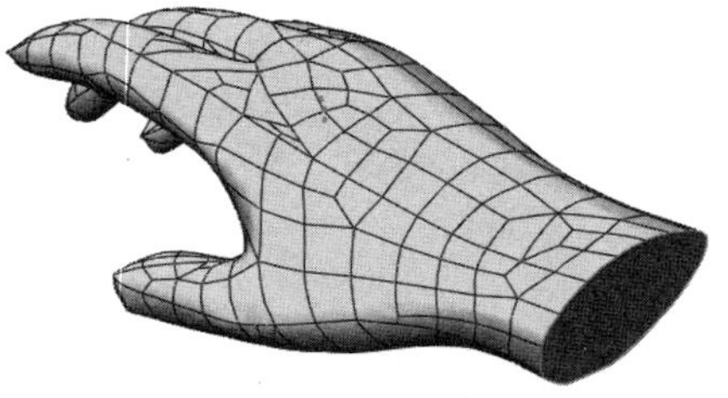

图 6-97　平面区域

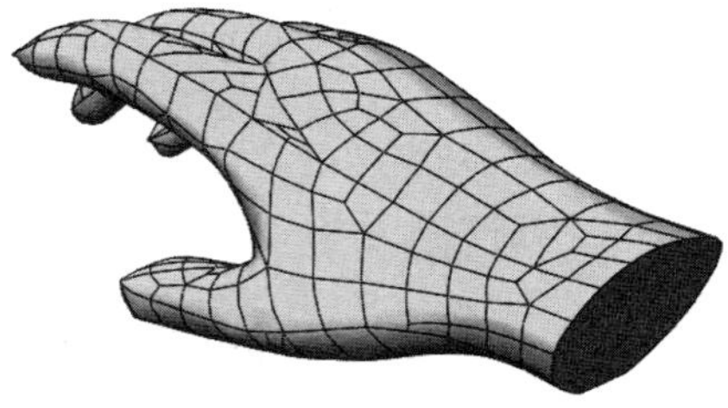

图 6-98　缝合曲面

6.6　利用已有几何体建模实例

三维软件有多种，有时模型需要在不同的软件中进行更改。而模型在不同的三维软件间转换时会丢失设计树，只留下模型结果，此时需要利用各种面的编辑工具进行修改，以达到所需的设计要求。

利用所提供的素材模型，根据图 6-99 所示尺寸要求更改，未标尺寸的特征保持原有状态。

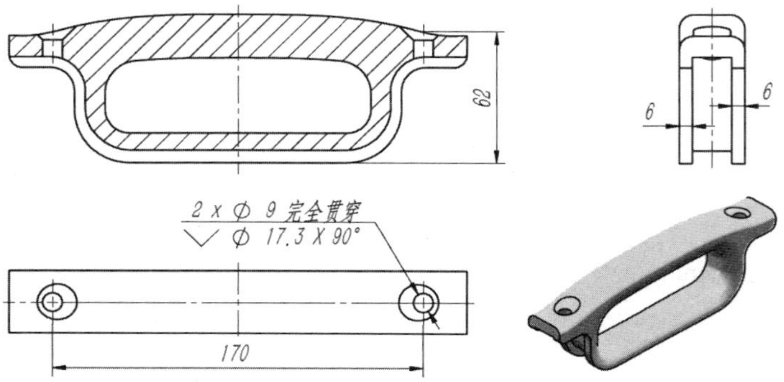

图 6-99　利用已有几何体建模实例

实例分析：

打开所提供的模型，从图中可以看到壁厚做了更改。首先测量原有壁厚，以计算出需要增加的厚度，得到数值后使用“移动”命令对劈面进行移动，然后使用“异型孔向导”增加两个孔。由于孔所处的面并非平面，会造成圆锥面无法切除所有范围内的实体。将圆锥面等距“0”厚度，延伸一定距离后再使用曲面切除实体，最后删除作为辅助的面。

操作步骤：

1）打开所提供的素材模型“6-6 原始.x_t”，如图 6-100 所示。

2）单击工具栏中的“评估”/“测量”，选择壁的两个侧面，如图 6-101 所示，得到壁厚为 3mm。图 6-99 中需要的壁厚为 6mm，因此需要向内侧移动 3mm。

3）选择右侧内壁面，单击鼠标右键，在关联菜单中选择“移动”，弹出如图 6-102a 所示属性框，“移动面”选择“等距”，“距离”输入尺寸“3mm”，结果如图 6-102b 所示。

4）选择左侧内壁面，单击鼠标右键，在关联菜单中选择“移动”，“移动面”选择“等距”，“距离”输入尺寸“3mm”，结果如图 6-103 所示。

5）单击工具栏中的“曲面”/“参考几何体”/“基准面”，以“上视基准面”为参考，向 Y 轴的正方向等距“62mm”创建新基准面，结果如图 6-104 所示。

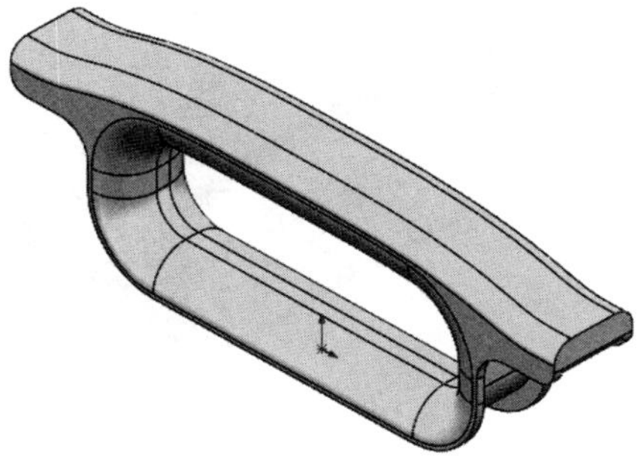

图 6-100　打开素材模型

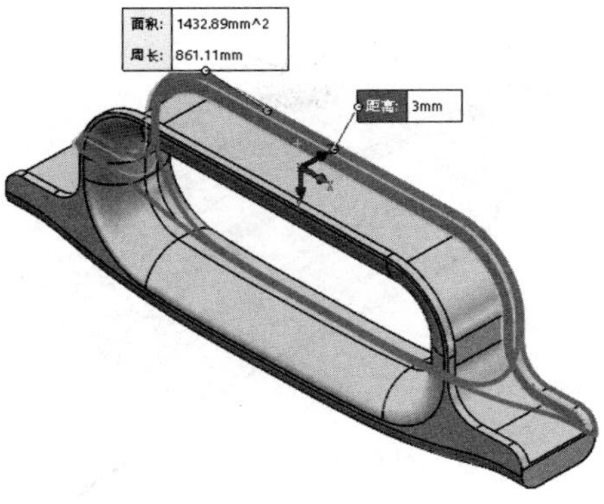

图 6-101　测量壁厚

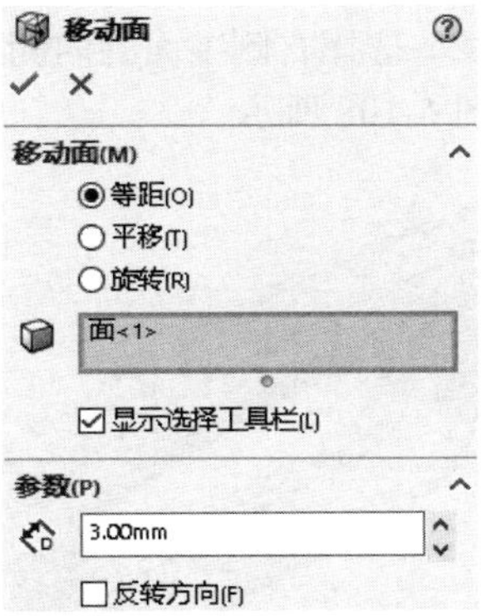

a）

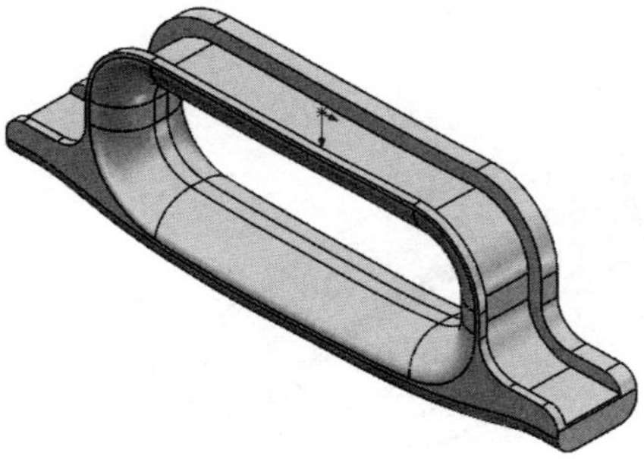

b）

图 6-102　移动面 1

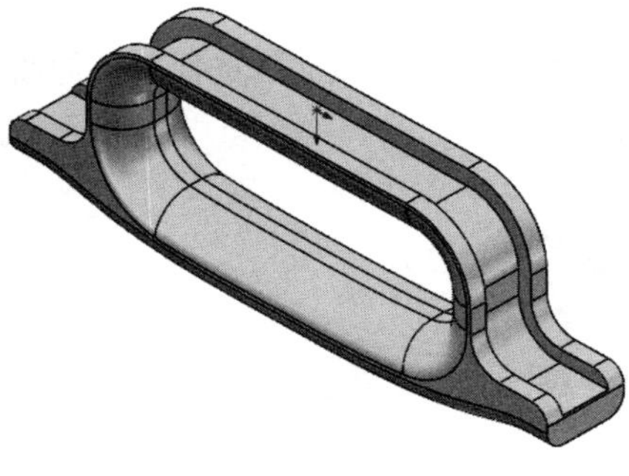

图 6-103　移动面 2

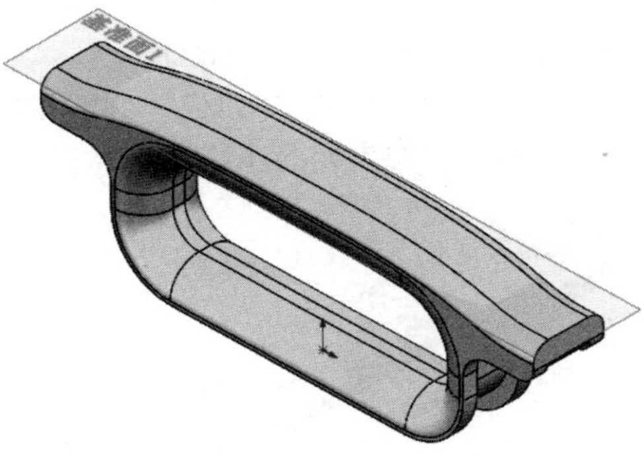

图 6-104　创建基准面

6）单击工具栏中的“特征”/“异型孔向导”，“孔类型”选择“锥形沉头孔”，“标准”选择“GB”，“类型”选择“十字槽沉头木螺钉”，“孔规格”选择“M8”，“终止条件”选择“完全贯穿”，“位置”选择“基准面 1”，绘制草图点并标注尺寸为“170mm”，结果如图 6-105 所示。

7）单击工具栏中的“曲面”/“等距曲面”，“要等距的曲面”选择两个圆锥面，“等距距离”输入尺寸“0mm”，结果如图 6-106 所示。

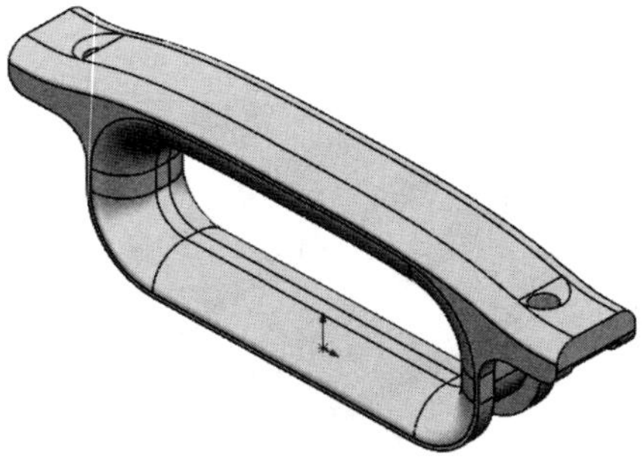

图 6-105　创建孔

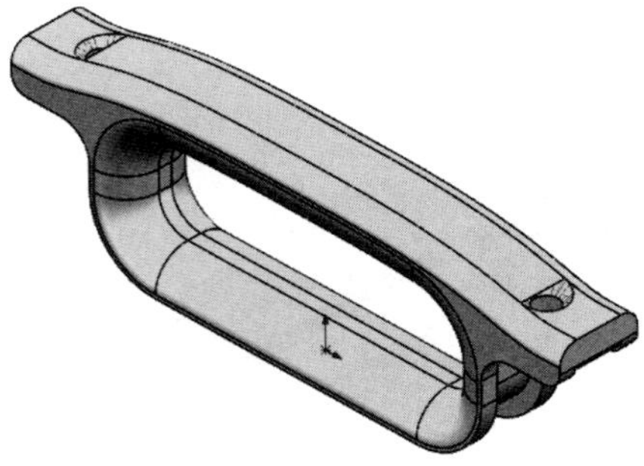

图 6-106　等距曲面

8）单击工具栏中的“曲面”/“延伸曲面”，“所选面 / 边线”选择左侧锥面的内侧边线，“终止条件”选择“距离”，“距离”输入尺寸“10mm”，结果如图 6-107 所示。

9）单击工具栏中的“曲面”/“延伸曲面”，“所选面 / 边线”选择右侧锥面的内侧边线，“终止条件”选择“距离”，“距离”输入尺寸“10mm”，结果如图 6-108 所示。

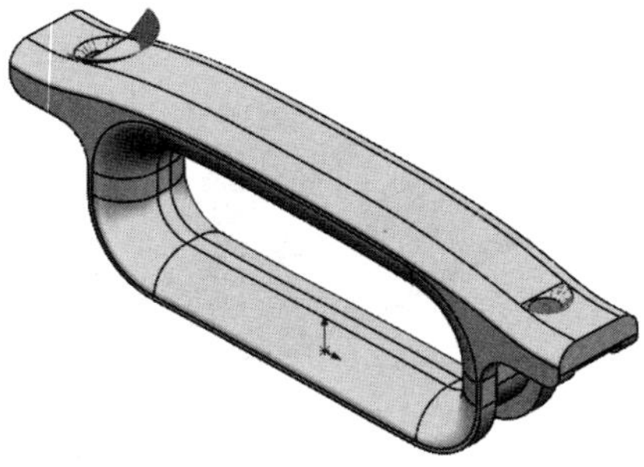

图 6-107　延伸曲面 1

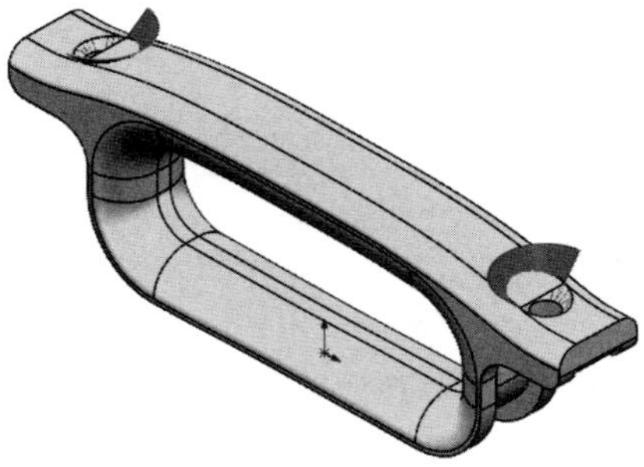

图 6-108　延伸曲面 2

10）单击工具栏中的“曲面” / “使用曲面切除”，“进行切除所选的曲面”选择“延伸曲面 1”，切除锥孔侧，结果如图 6-109 所示。

11）单击工具栏中的“曲面” / “使用曲面切除”，“进行切除所选的曲面”选择“延伸曲面 2”，切除锥孔侧，结果如图 6-110 所示。

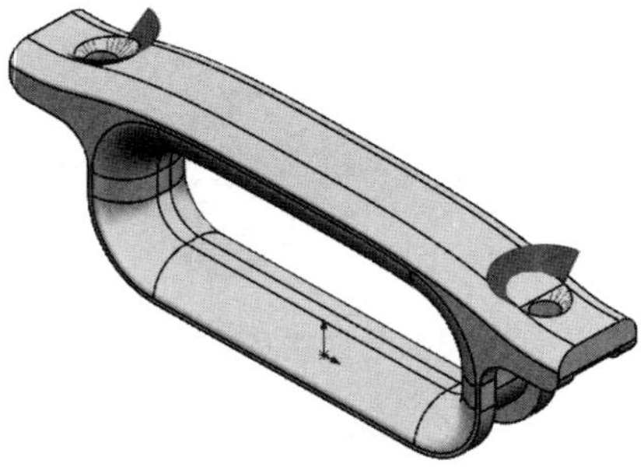

图 6-109　曲面切除 1

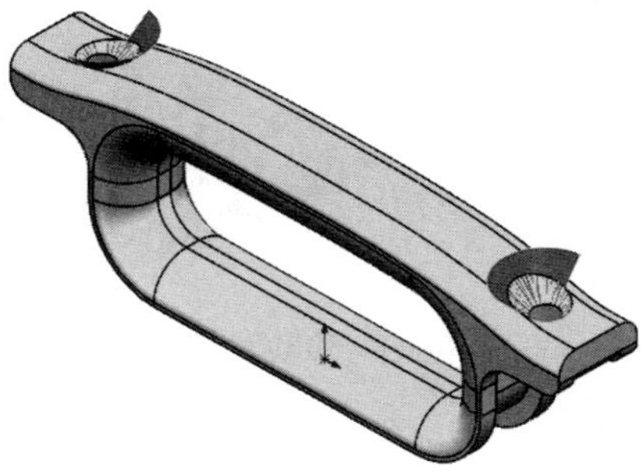

图 6-110　曲面切除 2

12）单击工具栏中的“特征”/“删除 / 保留实体”，弹出如图 6-111a 所示属性框，“类型”选择“删除实体”，“要删除的实体”选择两个延伸曲面，结果如图 6-111b 所示。

思考

此处为什么要用删除实体命令？能否用删除曲面命令？删除的目的又是什么？

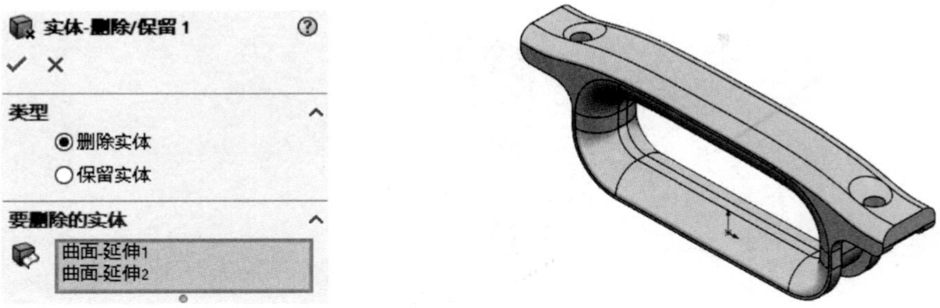

a）　　　　b）

图 6-111　删除曲面实体

练　习　题

一、简答题

1. 简述常用的工业造型手段及其应用场合。
2. 描述实体建模与曲面建模的差异及关联。
3. 当在展览会中发现一个特别感兴趣的产品外形时，若想将其创建为三维模型，有哪些必要的步骤？

二、操作题

1. 创建图 6-112 所示的模型。

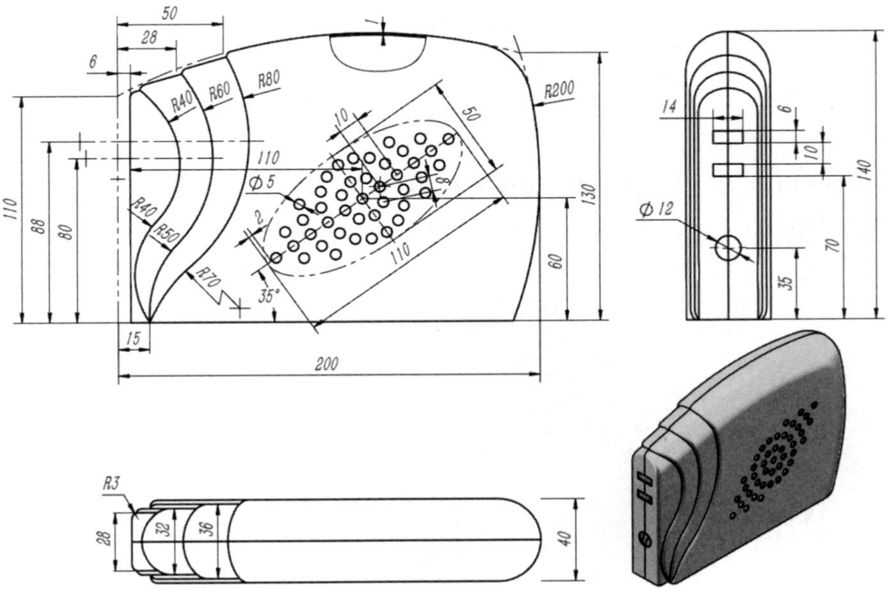

图 6-112　操作题 1

2. 如图 6-113 所示克莱因瓶，其管状部分外径为 25mm，壁厚为 2mm，试推导出其他未注明尺寸并创建模型。

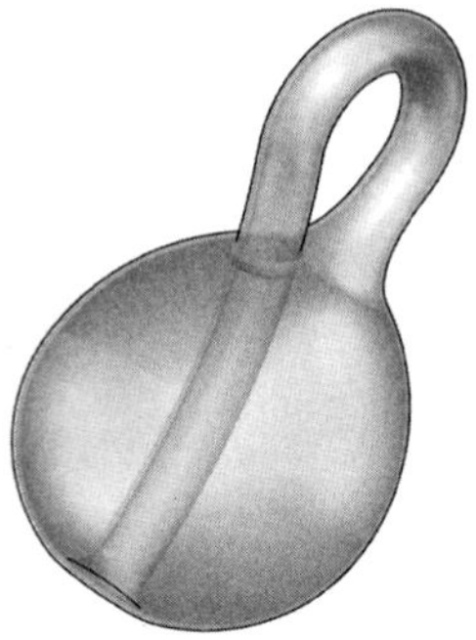

图 6-113　操作题 2

3. 图 6-114 所示为一耳温计的外形图，试根据图片中的参考尺寸创建其模型。

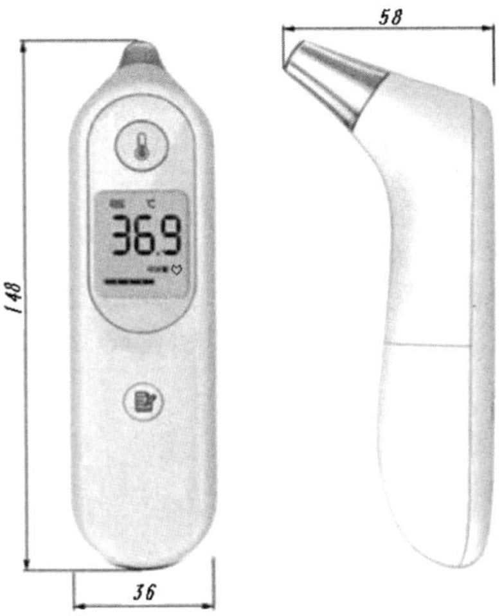

图 6-114　操作题 3

4. 图 6-115 所示为一有问题的中间格式模型“L6-2-4.igs”，请在 SOLIDWORKS 中打开，找出问题并将其修复。

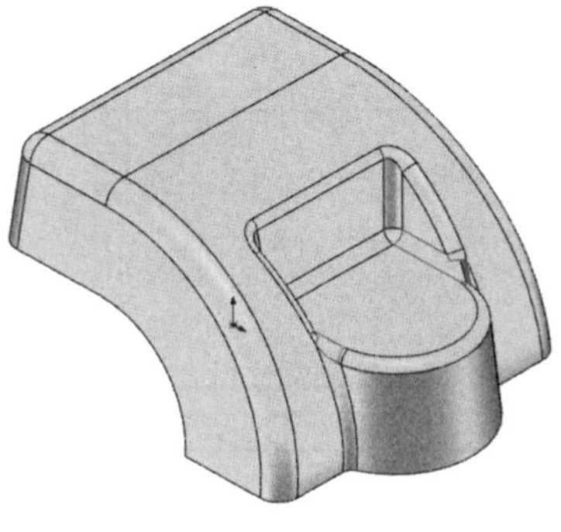

图 6-115　操作题 4

参考文献

[1] 金杰，李荣华，严海军. SOLIDWORKS 数字化智能设计 [M]. 北京：机械工业出版社，2023.

[2] 罗蓉，王彩凤，严海军. SOLIDWORKS 参数化建模教程 [M]. 北京：机械工业出版社，2021.

[3] 严海军，肖启敏，闵银星. SOLIDWORKS 操作进阶技巧 150 例 [M]. 北京：机械工业出版社，2020.

[4] 王琼，严海军，麻东升. SOLIDWORKS CSWA 认证指导 [M]. 北京：机械工业出版社，2021.